高职高专“十三五”规划教材

化工机械结构原理

全　源　主编
靳兆文　主审

化学工业出版社
·北京·

本书分为三篇，共计十章。第一篇为化工设备基础知识，内容包括：化工设备材料选用、化工设备选型与检验；第二篇为化工设备结构拆装，内容包括：储存容器结构选用、换热器结构拆装、反应器结构拆装、塔器结构拆装；第三篇为化工机器结构拆装，内容包括：压缩机结构拆装、泵结构拆装、离心机结构拆装、风机结构拆装。

本书紧密联系行业、企业生产实际，可作为高职高专化工类专业教材及中等职业学校和技术工人培训教材，也可供化工生产操作人员、化工机械检修人员或安全管理人员学习参考。

图书在版编目（CIP）数据

化工机械结构原理/仝源主编. —北京：化学工业出版社，2017.9（2023.10重印）
高职高专“十三五”规划教材
ISBN 978-7-122-30159-8

Ⅰ.①化…　Ⅱ.①仝…　Ⅲ.①化工机械-构造-高等职业教育-教材　Ⅳ.①TQ050.3

中国版本图书馆CIP数据核字（2017）第164156号

责任编辑：高　钰　　　　文字编辑：陈　喆
责任校对：王素芹　　　　装帧设计：刘丽华

出版发行：化学工业出版社（北京市东城区青年湖南街13号　邮政编码100011）
印　　装：北京建宏印刷有限公司
787mm×1092mm　1/16　印张14¾　字数363千字　2023年10月北京第1版第3次印刷

购书咨询：010-64518888　　　　售后服务：010-64518899
网　　址：http://www.cip.com.cn
凡购买本书，如有缺损质量问题，本社销售中心负责调换。

定　　价：38.00元

前言

化工行业是我国国民经济的重要基础和支柱行业，在宏观经济的发展中占有举足轻重的地位。多年来，在我国国民经济高速发展过程中，化工行业的自主创新、产业布局、结构调整、实施循环经济、资源节约与综合运用、环境保护、能源替代、安全生产、危险化学品管理、装备更新以及新领域的发展，包括核能应用、海洋发展等诸多方面得到了长足发展和进步。同时国际经济建设的发展也为化工行业创造了更广阔的发展空间和发展机会。我国的石油化工还实现了走出去战略，进入了世界大舞台，煤化工、生物能源和生物化工等发展迅速，促进了能源多样化。

国家经济建设需要发展化工，人们生活需要化工，化工生产中的机械设备多种多样，并且现代化工生产是高技术的集约化生产系统，需要长周期连续性运行，维护化工机械正常运行、提高维修质量显得非常重要。因此，无论是化工生产操作人员，还是化工机械检修人员，或者是安全管理人员，都必须了解化工机械的结构原理，能用好化工机械，维护好化工机械。

本书正是面向化工生产操作人员、化工机械检修人员或安全管理人员，针对化工生产企业化工机械的使用、维护、检修和管理的需要，学习与化工机械相关知识，以利于职业岗位工作。

本书的教学资源包括：用于多媒体教学的 PPT 课件及习题答案，并将免费提供给采用本书作为教材的院校使用。如有需要，请发电子邮件至 cipedu@163.com 获取，或登录 www.cipedu.com.cn 免费下载。

本书由仝源主编，并编写了第一～六、九、十章，施健编写了第七章、第八章。靳兆文主审并提出了很多很好的意见和建议。在编写过程中还得到了朱红雨、朱方鸣、金燕等有关领导、老师和诸多兄弟院校同行的指导和支持，特别是参加本书提纲确定及审稿的企业专家、同行，对本书的编写也提出了许多有建设性的意见。在此，一并表示衷心的感谢。

本书为江苏高校品牌专业建设工程资助项目（PPZY2015C232）。

由于编者水平所限，教材不足之处，敬请各位同行和读者予以批评指正。

编者

2017 年 4 月

目录

第三篇　化工机器结构拆装

第一篇

化工设备基础知识

第一章

化工设备材料选用

【学习目标】

① 掌握化工设备材料的分类。

② 能综合分析设备的工作环境、操作条件和用材要求，正确选用化工设备材料。

一、化工设备常用金属材料

压力容器及受压元件用钢有板材、管材、型材、锻件及铸件等，目前化工设备的金属用材主要是碳素钢、合金钢、有色金属及其合金。

（一）钢板

压力容器的筒体大多是由钢板卷焊而成的，封头则是用模具整体冲压、旋压成形或用拼焊方法制造而成的。钢板的常用厚度见表 1-1。

表 1-1 钢板的常用厚度 mm

2	3	3	(5)	6	8	10	12	14	16	18	20	22	25	28	30	32	34	36	38
40	42	46	50	55	60	65	70	75	80	85	90	95	100	105	110	115	120		

注：5mm 为不锈钢常用厚度。

1. 碳素钢

按照 GB/T 700—2006 的规定，碳素钢又称非合金钢，是指碳的质量分数小于 2.11%的铁碳合金。根据质量不同，碳素钢分为普通碳素钢和优质碳素钢。普通碳素钢根据含碳量的不同，又分为低碳钢（C≤0.25%）、中碳钢（0.25%<C<0.6%）和高碳钢（C≥0.6%）。低碳钢的塑性、韧性和焊接性较好，但强度、硬度不高；高碳钢的强度、硬度较大，但塑性、韧性和焊接性差。

碳素钢的应用见表 1-2、表 1-3，表 1-4 列出了碳素结构钢的使用条件。

表 1-2 普通碳素钢的应用

钢号	质量等级	σ_s/MPa	σ_b/MPa	δ_s/%	性能及应用
Q195	—	195	315	33	用于制作承受载荷不大的金属结构件、铆钉、垫圈、地脚螺栓、冲压件及焊接件等
Q215	A,B	215	335	31	
Q235	A,B,C,D	235	375	26	有良好的强度、塑性和焊接性，用于制作一般的金属结构件、钢筋、型钢、螺栓、螺母、轴、非受压容器。B、C 在限定条件下可制作压力容器的壳体

续表

钢号	质量等级	σ_s/MPa	σ_b/MPa	δ_s/%	性能及应用
Q255	A,B	255	410	24	强度较高，用于制作承受中等载荷的零件，如键、销、转轴、拉杆及链轮等
Q275	—	275	490	20	

表 1-3　优质碳素钢的应用

钢号	σ_s/MPa	σ_b/MPa	δ_s/%	ψ/%	性能及应用
10	205	335	31	55	强度、硬度低，塑性、韧性好，冷塑性、加工性和焊接性优良，切削加工性欠佳
20	245	410	25	55	
40	335	570	19	45	综合力学性能好，热塑性、加工性和切削性较差，冷变形能力和焊接性中等，多在调质或正火下使用；45 钢应用范围最广
45	355	600	16	40	
60	400	670	12	35	强度、硬度高，耐磨性、弹性好，切削性能中等，焊接性能不佳，可用于制作弹簧、钢丝绳等
65	410	695	10	30	
60Mn	410	695	11	35	淬透性较好，强度较高，可用于制造截面尺寸较大的零件；65Mn 常用
65Mn	430	735	9	30	

表 1-4　碳素结构钢的使用条件

钢号	钢板标准	规格厚度/mm	使用条件			
			容器设计压力/MPa	钢板使用温度/℃	做壳体时的厚度/mm	介质
Q235AF	GB/T 912 GB/T 3274	3～4 4.5～16	≤0.6	0～250	≤12	①
Q235A		3～4 4.5～40	≤1.0	0～350	≤16	②
Q235B		3～4 4.5～40	≤1.6	0～350	≤20	③
Q235C		3～4 4.5～40	≤2.5	0～400	≤30	

① 不得用于易燃介质及毒性程度为中度、高度或极度危害介质的压力容器。

② 不得用于液化石油气介质及毒性程度为高度或极度危害介质的压力容器。

③ 不得用于毒性程度为高度或极度危害介质的压力容器。

2. 合金钢

合金钢是在碳素钢的基础上有目的地加入一定量的合金元素而形成的钢种。常加入的合金元素有 Si、Mn、Cr、B、W、V、Ni、Ti、Nb、Al 等。

(1) 低合金钢

低合金钢是指合金元素含量在 5%以内（一般不超过 3%）的合金钢。常用的钢种有 Q345R、15CrMoR 和 18MnMoNbR 等。对低合金钢除要求具有一定的强度外，还要求有较好的塑性和焊接性，以利于设备的加工制造，但强度较高，其塑性和焊接性将有所下降。因此，必须根据容器的具体工作条件（如温度、压力等）和加工制造要求（如卷板、焊接等）来选用适当强度级别的钢材。低合金钢的使用性能见表 1-5。

(2) 不锈钢

不锈钢分为铬不锈钢和铬镍不锈钢两种。铬不锈钢的主要牌号有 0Cr13、1Cr13、2Cr13、0Cr17Ti 等，铬镍不锈钢主要牌号有 0Cr18Ni9、0Cr18Ni11Ti 和 0Cr17Ni12Mo2 等。不锈钢的应用见表 1-6。

表 1-5 低合金钢的使用性能

钢号	钢板标准	厚度范围/mm	使用温度/℃	说明
Q345R	GB 713—2008	3～200	−20～475	Q345R 是在低碳钢的基础上加入合金元素 Mn 而得到的低合金钢，与 20R 钢相比，含碳量相仿，但加入适量的 Mn 元素后，使 Q345R 的强度显著提高
15MnVR		6～60	−20～400	15MnVR 是在 Q345R 的基础上加入 0.04%～0.12%的 V 元素而得到的强度级别为 400MPa 的低合金钢，一般在热轧状态下使用。其强度、塑性、韧性以及可焊性均较好
15MnVNR		6～60	−20～400	15MnVNR 是在 Q345R 和 15MnVR 钢的基础上添加 N 元素。在高温时，显著降低钢的过热敏感性，并大大提高钢的常温和高温强度
18MnMoNbR		30～100	−10～475	18MnMoNbR 是在采用 Mn 元素的基础上添加 Mo、Nb 元素进行复合强化后的一种高强度钢。它不仅具有强度高的特点，而且也可作为中温和抗氢容器用钢。热轧状态下，其塑性和韧性值偏低，故一般在正火＋回火状态下使用，是制造石油、化工压力容器和锅炉汽包的一种有前景的钢种
13MnNiMoNbR		30～120	−20～400	13MnNiMoNbR 是 GB 150—2011 中强度级别较高的一种钢材，强度级别达到 650MPa
15CrMoR		6～100	−20～550	15CrMoR 是一种耐热低合金钢。由于钢中加入了 Cr、Mo 元素，除具有良好的常温力学性能和工艺性能外，还具有较好的热强性、热稳定性和高温抗氧化性

表 1-6 不锈钢的应用

钢号	耐腐蚀性	应用举例
0Cr13	耐水蒸气、碳酸氯胺母液及 500℃下含硫石油等介质的腐蚀	制作设备衬里、内部元件垫片等
1Cr13	在 30℃以下的弱腐蚀性介质中有良好的耐蚀性，在淡水蒸气和潮湿的大气中有足够的耐蚀性	在 450℃以下可制造法兰、汽轮机的叶片、螺栓和螺母等零件
1Cr17	对氧化性酸(如一定温度和浓度的硝酸)有良好的耐蚀性	制作用于腐蚀性不强的环境下的防污染设备、家庭用品、家用电器部件
00Cr18Ni8	对氧化性酸有较强的耐蚀性，对碱液及大部分有机酸也有一定的耐蚀性，有一定耐晶间腐蚀的能力	制作食品设备、化工设备、耐酸管道和容器等
00Cr18Ni10	耐硝酸、大部分有机酸的水溶液及碱的耐蚀、能耐晶间腐蚀	制作硝酸、维尼纶及制药等工业设备和管道
00Cr17Ni12Mo2	在海水等介质中耐腐蚀性能比 0Cr18Ni9Ti 好，主要用于制作耐小孔腐蚀的设备，高温下有较高的强度	制作锅炉过热器、蒸气管道、高温耐腐蚀螺栓等
0Cr18Ni9	在不同的温度和浓度的各种强腐蚀性介质中有较好的耐蚀性	广泛用于制作耐酸设备、管道及衬里等

(3) 耐热钢与低温钢

耐热钢是用于 650℃以上的高温环境下工作的设备。其主要特点是具有良好的化学稳定性、抗氧化性以及热强性。按耐热要求的不同，耐热钢可分为抗氧化钢和热强钢。抗氧化钢主要能抗高温氧化，但强度不高，常用于制作直接着火但受力不大的零部件，如热裂解管、热交换器等。热强钢主要能抗蠕变，也有一定的抗氧化能力，常用于制作高温下受力的零部件，如加热炉管、再热蒸汽管等。

在化工生产中，有些设备如深冷分离、空气分离、润滑油脱脂、液化天然气储存设备等，常处于低温状态（−20℃以下）下工作，因而其零件必须采用承受低温的金属材料制造。常用牌号有 15MnNiNbDR、09MnNiDR、07MnNiMoDR 等。

3. 有色金属及其合金

（1）铜及其合金

铜在各种浓度的硝酸、氨和铵盐溶液中耐蚀性差，对稀的硫酸、亚硫酸、盐酸、醋酸、氢氟酸及其他非氧化性酸等介质的耐蚀性较好。纯铜（紫铜）主要用于制造有机合成和有机酸工业中用的蒸发器、蛇管等，常用的牌号有 T1、T2、T3。

Cu-Zn 系合金（黄铜）由于其价格较低，锌的质量分数小于 45%时又具有良好的压力加工性和较好的力学性能，耐蚀性与铜相似，特别是在大气中耐蚀性要比铜好，因此在化工设备中应用很广。化工行业中常用的黄铜牌号是 H80、H68 和 H62 等。H80 和 H68 塑性好，可在常温下冲压成形，用于制造容器零件。H62 在常温下塑性较差，力学性能较好，可用于制作深冷设备的筒体、管板、法兰和螺母等。

锡青铜不仅强度高、硬度高，铸造性能好，而且耐蚀性好，在许多介质中的耐蚀性都比铜高，特别是在稀硫酸溶液、有机酸和焦油、稀盐溶液、硫酸钠溶液、氢氧化钠溶液和海水介质中，都具有很好的耐蚀性。锡青铜主要用来铸造耐蚀和耐磨零件，如泵外壳、阀门、齿轮、轴瓦、蜗轮等。

（2）铝及其合金

工业纯铝广泛应用于制造硝酸、含硫石油工业、橡胶硫化和含硫的药剂等生产所用的设备，如反应器、热交换器、槽车和管件等。

防锈铝的耐蚀性比纯铝高，可用于制作空气分离的蒸馏塔、热交换器等各式容器。

铸铝可用来铸造形状复杂的耐蚀零件，如化工管件、气缸、活塞等。

（3）铅及其合金

铅在硫酸中具有很好的耐蚀性。由于铅的强度和硬度低，因此不适宜单独制作化工设备零件，主要用于制作设备衬里。铅和铅锑合金（又称硬铅）在化肥、化学纤维、农药等设备中用作耐酸、耐蚀和防护材料。

（二）钢管

压力容器上的各种工艺接管、换热管等需要使用大量的钢管，这些钢管多为无缝钢管，常用钢管的使用情况见表 1-7。

表 1-7　常用钢管的使用情况

钢管材料类型	标准	钢号	厚度/mm	使 用 说 明
碳素钢和低合金钢管	GB 8163	10,20	≤10	无缝钢管，适用于流体输送，可与壳体所用的 Q235、20R、Q345R 等材料配合使用，是压力容器使用最为广泛的一类无缝钢管
	GB 9948	10,20	≤16	无缝钢管，主要用作石油加工中管式加热炉辐射室炉管以及高温条件下换热管和热油管等

续表

钢管材料类型	标准	钢号	厚度/mm	使用说明
碳素钢和低合金钢管	GB 6479	10,20,16Mn,15MnV	≤40	化肥设备用高压无缝钢管，适用温度为 -40～400℃，适用压力为 10～32MPa，可与多种压力容器壳体钢板配合使用，还可用作低温用钢管
低温钢管	该钢管未列入冶金产品标准	09Mn2VD,09MnD		无缝钢管
中温抗氢钢管	GB 9948	12CrMo,15CrMo	≤16	无缝钢管，用作石油加工中的管式加热炉辐射室炉管以及高温条件下的换热管和热油管等
	GB 6479	12CrMo,15CrMo,10MoWVNb,12Cr2Mo,1Cr5Mo	≤40	化肥设备用高压无缝钢管
高合金钢管	GB/T 14796	0Cr13,0Cr18Ni9,0Cr18Ni10Ti,0Cr17Ni12Mo2,0Cr18Ni12Mo2Ti,0Cr19Ni13-Mo3,00Cr19Ni10,00Cr17-Ni14Mo2	≤16	热轧和冷拔无缝钢管，适用于腐蚀介质、高温或低温的设备

二、化工设备常用非金属材料

非金属材料主要有陶瓷、搪瓷、玻璃、不透性石墨、塑料、橡胶、涂料等。

陶瓷的主要成分是黏土和助溶剂，用水混合后经过干燥和高温焙烧而成，耐蚀性好，具有足够的不透性、耐热性和一定的机械强度，但导热性差，线胀系数较大，受碰击或温差急变时易破裂。化工陶瓷产品有塔、储槽、泵、阀门、旋塞、反应器、搅拌器管道和管件等。

化工搪瓷是将含硅量高的瓷釉涂敷在金属表面，通过900℃左右的高温煅烧，使其与金属形成致密的、耐腐蚀的玻璃质薄层。化工搪瓷具有优良的耐腐蚀性能、力学性能和电绝缘性能，但易碎裂。目前我国生产的搪瓷设备主要有反应釜、储罐、换热器、塔和阀门等。

玻璃具有好的热稳定性和耐腐蚀性，且具有清洁、透明、阻力小、价格低等特点，但质脆，耐温急变性差，不耐冲击和振动。在化工生产上，可用来制作管道和管件，也可制作容器、反应器、泵、换热器等。

不透性石墨是用各种树脂石墨消除孔隙后得到的。它的优点是具有较高的化学稳定性和良好的导热性，线胀系数小，耐温急变性好，不污染介质，能保证产品纯度，加工性能良好。其缺点是机械强度低，力学性能较差。由于其耐腐蚀性强和导热性好，因此常被用于制作介质腐蚀性强的换热器，如氯碱生产中应用的换热器和盐酸合成炉等；也可制作泵、管道和机械密封中的密封环及压力容器用的安全爆破装置。

塑料是以高分子为主要原料，在一定条件下塑制而成的型材或产品。塑料的特点是密度小、电绝缘性好、耐腐蚀、耐磨等，可制作容器、管道、阀门等。

三、选材的一般原则

化工设备材料费用占总成本的30%以上，材料的性能对压力容器运行的安全性有显著的影响。选材不当，不仅会增加总成本，而且可能会导致出现压力容器破坏事故。因此，合理选材是压力容器设计的关键之一。

① 压力容器应优先选用低合金钢。低合金钢的价格略高于碳素钢，其强度却比碳素钢高 30%～60%。按强度设计时，若要求壁厚减薄 15%以上，则可采用低合金钢，否则采用碳素钢。

在强度设计为主的场合，应根据压力、温度、介质等使用限制，依次选用 Q235B、20R、Q345R 等钢板。Q235B 钢板的适用范围为：容器设计压力不大于 1.6MPa；使用温度为 0～350℃；用于壳体时，钢板厚度不大于 20mm。Q235C 钢板的适用范围为：容器设计压力不大于 2.5MPa；使用温度为 0～400℃；用于壳体时，钢板厚度不大于 30mm。容器使用温度低于 0℃时，不得选用 Q235 系列钢板。

中低压容器一般可选用屈服强度为 225～345MPa 级别的低合金钢，直径较大、压力较高的中压容器可选用屈服强度为 400MPa 级别的低合金钢，高压容器则宜选用屈服强度为 400～500MPa 级别的低合金钢。

② 按介质选用时，一般应遵循以下原则：碳素钢用于介质腐蚀性不强的常压、低压容器，厚度不大的中压容器，锻件、承压钢管、非受压元件以及其他由刚性或结构决定壁厚的场合；低合金钢用于介质腐蚀性不强、厚度较大的场合；不锈钢用于介质腐蚀性较高或设计温度大于 500℃（或小于－100℃）的耐热或低温用钢。

③ 高温容器用钢。容器长期在高温条件下工作，材料内部的应力远小于屈服极限时，也会发生缓慢、连续不断的塑性变形，即蠕变，最终导致容器破坏。当碳钢的使用温度大于 350℃、合金钢的使用温度大于 400℃时就应考虑蠕变问题，选用耐热钢。

【习题】

1. 不锈钢中常含有什么合金元素？为什么不锈钢含碳量一般都很低？
2. 化工设备中常用的非金属材料有哪些？有何用途？
3. 化工设备选材的原则是什么？

第二章

化工设备选型与检验

【学习目标】

① 能够根据工艺条件，正确选用压力容器标准零部件。

② 了解高压容器的结构及特点。

③ 能够按照标准对设备进行压力检验。

第一节　化工设备类型选择

化工设备广泛地应用于化工、食品、医药、石油及其他工业部门。虽然它们服务的对象、操作条件、内部结构不同，但它们都有一外壳，这一外壳称为容器。若容器同时具备以下三个条件，则称之为压力容器。

① 最高工作压力大于或等于0.1MPa（不含液柱静压力）；

② 内直径（非圆形截面指断面最大尺寸）大于或等于0.15m，且容积大于或等于$0.025m^3$；

③ 介质为气体、液化气体或最高温度大于或等于标准沸点的液体。

压力容器的压力主要来源于压缩机、蒸汽锅炉、液化气体的蒸发压力及化学反应产生的压力等。

一、压力容器的分类

压力容器的种类很多，从使用、制造和监察的角度出发，有以下几种分类方法。

1. 按承压性质分类

按承压性质分为内压容器和外压容器。当容器内部压力大于外部压力时，称为内压容器，反之则为外压容器。若压力小于一个标准大气压，即为真空容器。如未特别说明，则容器所承受的压力均指表压。压力容器根据承受压力的大小可分为低压容器、中压容器、高压容器和超高压容器四个等级。

① 低压容器（代号L）：$0.1MPa \leqslant p < 1.6MPa$。

② 中压容器（代号M）：$1.6MPa \leqslant p < 10MPa$。

③ 高压容器（代号H）：$10MPa \leqslant p < 100MPa$。

④ 超高压容器（代号U）：$p \geqslant 100MPa$。

2. 按工艺过程中的作用分类

① 反应容器（代号 R）：用于完成介质物理、化学反应的容器，如反应器、反应釜、合成塔、变换炉、分解塔等。

② 换热容器（代号 E）：用于完成介质热量交换的容器，如管壳式余热锅炉、热交换器、冷却器、冷凝器、加热器等。

③ 分离容器（代号 S）：用于完成介质流体压力平衡缓冲，气体净化，固、液、气分离的容器，如分离器、过滤器、集油器、缓冲器、吸收塔、除氧器等。

④ 储存容器（代号 C，球罐代号为 B）：用于盛装液体或气体物料的容器，如各种形式的储罐等。

3. 按安全技术监察规程分类

为了更有效地实施科学管理和安全监检工作，我国《固定式压力容器安全技术监察规程》（简称《容规》）中根据工作压力、介质危害性及其在生产中的作用将压力容器分为三类。介质毒性危害程度分级见表 2-1。

表 2-1　介质毒性危害程度分级

指标	分级			
	Ⅰ(极度危害)	Ⅱ(高度危害)	Ⅲ(中度危害)	Ⅳ(轻度危害)
急性中毒发病状况	生产中易发生中毒,后果严重	生产中可发生中毒,愈合良好	偶可发生中毒	迄今未见急性中毒,但有急性影响
慢性中毒发病状况	患病率高(≥5%)	患病率较高(<5%)或症状发生率高(≥20%)	偶有中毒病例发生或症状发生率较高(≥10%)	无慢性中毒而有慢性影响
慢性中毒后果	脱离接触后,中毒情况继续进展或不能治愈	脱离接触后,可基本治愈	脱离接触后,可恢复,不致严重后果	脱离接触后,自行恢复,无不良后果
致癌性	人体致癌物	可疑人体致癌物	实验动物致癌物	无致癌性
最高容许浓度/(mg/m^3)	<0.1	0.1～1.0	1.0～10	>10
实例	光气(碳酰氯)、汞、氰化氢、氯甲醚等	甲醇、氟、氯化氢、丙烯腈等	一氧化碳、二氧化硫、硫酸、氨等	氢氧化钠、四氟乙烯等

(1)《容规》规定有下列情况之一的为第三类压力容器：

① 高压容器；

② 中压容器（仅限毒性程度为极度和高度危害介质）；

③ 中压储存容器（仅限易燃或毒性程度为中危害介质，且 pV 乘积大于等于 $10MPa \cdot m^3$；易燃介质是指与空气混合的爆炸下限小于 10%，或爆炸上限、下限之差大于等于 20%的气体，如丁二烯、丁烷、乙烯、丙烷等）；

④ 中压反应器（仅限易燃或毒性程度为中度危害介质，且 pV 乘积大于等于 $0.5MPa \cdot m^3$）；

⑤ 低压容器（仅限毒性程度为极度和高度危害介质，且 pV 乘积大于等于 $0.2MPa \cdot m^3$）；

⑥ 高压、中压管壳式余热锅炉；

⑦ 中压搪玻璃压力容器；

⑧ 使用强度级别较高（指相应标准中抗拉强度规定值下限大于等于 540MPa）的材料制造的压力容器；

⑨ 移动式压力容器，包括铁路罐车（介质为液化气体、低温液体）、罐式汽车［液化气体运输（半挂）车、低温液体运输（半挂）车、永久气体运输（半挂）车］和罐式集装箱（介质为液化气体、低温液体）等；

⑩ 球形储罐（容积大于等于 $50m^3$）；

⑪ 低温液体储存容器（容积大于 $5m^3$）。

(2) 有下列情况之一的为第二类压力容器：

① 中压容器；

② 低压容器（仅限毒性程度为极度和高度危害介质）；

③ 低压反应容器和低压储存容器（仅限易燃介质或毒性程度为中毒危害介质）；

④ 低压管壳式余热锅炉；

⑤ 低压搪玻璃压力容器。

(3) 第一类压力容器：

除已列入第二类或第三类的所有低压容器。

第三类压力容器要求最高，第二类次之。类别越高，设计、制造、检验、管理等方面的要求越严格。《容规》对每个类别的压力容器设计、制造过程以及检验项目、内容和方式作出了不同的规定。

4. 按相对壁厚分类

根据器壁厚度的不同，压力容器分为薄壁和厚壁容器，两者是按外径 D_o 与内径 D_i 的比值大小来划分的，中低压容器一般为薄壁容器。

① 薄壁容器：直径之比 $K=D_o/D_i\leqslant1.2$ 的容器。

② 厚壁容器：直径之比 $K=D_o/D_i>1.2$ 的容器。

5. 按容器壁温分类

① 低温容器：设计温度 $t\leqslant-20℃$。

② 常温容器：设计温度 $-20℃<t\leqslant20℃$。

③ 中温容器：设计温度 $20℃<t\leqslant450℃$。

④ 高温容器：设计温度 $t>450℃$。

另外，压力容器按材料可分为金属、非金属和复合材料压力容器；按形状可分为圆筒形、球形和矩形容器等。

二、化工设备的基本要求

化工设备首先应满足化工工艺要求。除此之外，还必须保证在使用年限内能安全运行，便于制造、安装、维修与操作，有较高的技术经济指标。

1. 安全性要求

化工设备在使用年限内安全可靠是化工生产对化工设备最基本的要求。要达到这一目的，就必须对化工设备有以下几方面的要求：

(1) 强度

强度是指容器抵抗外力破坏的能力。化工容器应具备足够的强度，若容器的强度不足，则会引起塑性变形、断裂甚至爆破，危害化工生产及人员的生命安全，后果极其严重。但是，盲目地提高强度则会使设备笨重，浪费材料，增加成本。

(2) 刚度

刚度是指容器抵抗外力使其变形的能力。若容器在工作时，强度虽满足要求，但在外载荷作用下发生较大变形，则也不能保证其正常运转。例如常压容器根据强度计算，其壁厚数值很小，在制造、运输及现场安装过程中会发生较大变形，故应根据其刚度要求来确定其壁厚。

（3）稳定性

稳定性是指容器或零部件在外力作用下维持原有形状的能力。长细杆在受压时可能发生弯曲的失稳问题，受外压的容器也可能出现突然压瘪的失稳问题，使得容器不能正常工作。

（4）耐蚀性

耐蚀性是指容器抗腐蚀的能力，它对保证化工设备安全运转十分重要。化工厂里的许多介质或多或少具有一定腐蚀性，它会使整个设备或某个局部区域减薄，致使设备的使用年限缩短。设备局部减薄还会引起突然的泄露或爆破，危害更大。选择合适的耐蚀材料或采用正确的防腐措施是提高设备耐蚀性能的有效手段。

（5）密封性

化工设备必须具备良好的密封性。对于易燃易爆、有毒的介质，若密封性不好，则会引起污染、中毒甚至是燃烧或爆炸，造成极其严重的后果，所以必须引起足够的重视。

2. 合理性要求

化工设备设计是否合理，会影响到制造、安装、运输与维修成本，还会影响到设备是否能安全运行，操作是否方便，失误动作是否减少等。因此，设备在结构上应避免复杂的加工工序，减少加工量，应尽量采用标准件，在设置平台、人孔、楼梯时，位置要合适，以便于操作和维修，对要长途运输的设备，还应考虑运输工具、吊装及沿途道路等一系列问题。

3. 经济性要求

只有低成本的产品在市场上才有竞争力。要降低产品的总成本，设备的单位生产能力应越高越好，制造与管理费用应越低越好。有时先进设备虽然制造与管理费用高一点，但单位生产能力、能源材料消耗系数及保证产品质量上有突出优点，因此应优先采用先进设备。

化工设备对材料也有严格的要求，目前应用较多的是低碳钢（如 Q235C、20R 等）、低合金钢（如 Q345R、15MnV、15MnVR 等）。在腐蚀严重或产品纯度要求较高的场合，使用不锈钢或不锈钢复合板。在深度冷冻冷藏操作中，可用铜或铝来制造设备。不承压的设备，可用铸铁来制造。非金属材料既可做衬里，又可做独立的构件。常用的有硬聚氟乙烯、玻璃钢、不透性石墨、化工搪瓷、化工陶瓷、橡胶衬里等。

为了设计、制造出高质量的化工设备，我国已正式颁发了一系列有关设计、制造、安全管理等方面的标准与规定，如 GB 150—2011《压力容器》，GB 151—2014《热交换器》，质检总局颁发的《固定式压力容器安全技术监察规程》，以及有关部门规定的设计、制造必须遵守的技术条件等。

第二节 化工设备零部件选用

一、压力容器基本结构

从形状来看，压力容器主要有圆筒形、球形和矩形三种形式。其中，矩形容器由于承压能力差，多用作小型常压储槽；球形容器由于制造困难，通常用作有一定压力的大中型储罐；而对于圆筒形容器，由于制造容易、安装内件方便、承压能力较好，在工业中应用最为广泛。

压力容器的基本结构如图 2-1 所示，用单层钢板卷制而成，由筒体、封头、支座、接管法兰、人孔（手孔）、安全附件等零部件组成。对厚壁容器可采用多层包扎结构，如图 2-2 所示。

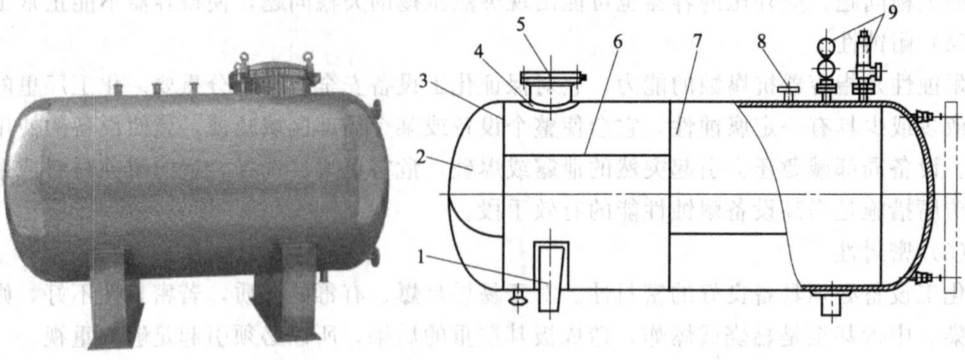

图 2-1　压力容器的基本结构

1—鞍式支座；2—封头；3—封头环向拼焊焊缝；4—补强圈；5—人孔；6—筒体纵向拼焊焊缝；7—筒体；8—管法兰；9—压力表与安全阀

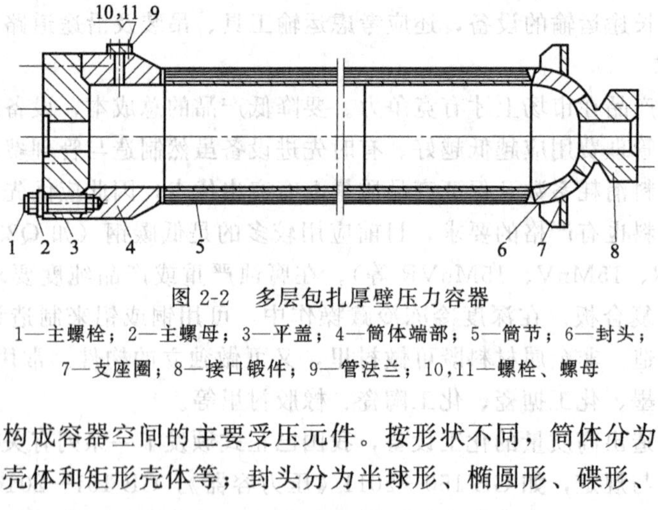

图 2-2　多层包扎厚壁压力容器

1—主螺栓；2—主螺母；3—平盖；4—筒体端部；5—筒节；6—封头；7—支座圈；8—接口锻件；9—管法兰；10,11—螺栓、螺母

筒体与封头是构成容器空间的主要受压元件。按形状不同，筒体分为圆筒壳体、圆锥壳体、球壳体、椭圆壳体和矩形壳体等；封头分为半球形、椭圆形、碟形、球冠形、锥形和平板形封头等。

支座是用于支承和固定设备的部件。根据压力容器结构形式的不同，常见的有立式和卧式支座。支座形式主要是根据容器的重量、结构、承受的载荷以及操作和维修要求来选定的。

人孔、手孔的开设是为了满足工艺过程和检修的需要，便于制造、检验和维护管理而设置的部件，属于主要受压元件；而工艺接管是介质进出容器的通道。

密封装置的作用是避免介质发生泄漏以保证压力容器正常、安全、可靠地运行，连接处常采用法兰密封结构。法兰为主要受压元件，分为压力容器法兰和管法兰两种。

安全附件是为了使压力容器安全运行而安装在设备上的一种安全装置，包括安全阀、爆破片、压力表、液面计、测温仪表、紧急切断装置等。

组成压力容器的各零部件统称为化工设备通用零部件，它们的设计、制造、验收均已标准化，设计时可查阅有关标准直接选用。

二、内压封头的选用

封头是压力容器的重要组成部分，根据工艺过程、承载能力、制造技术等方面的要求选用封头的结构形式。

封头按照形状不同，可分为凸形封头、锥形封头、平板形封头三种，其中凸形封头包括半球形封头、椭圆形封头、碟形封头和球冠形封头；锥形封头根据其是否带有折边，分为折边锥形封头和无折边锥形封头两种。封头的形式如图 2-3 所示。

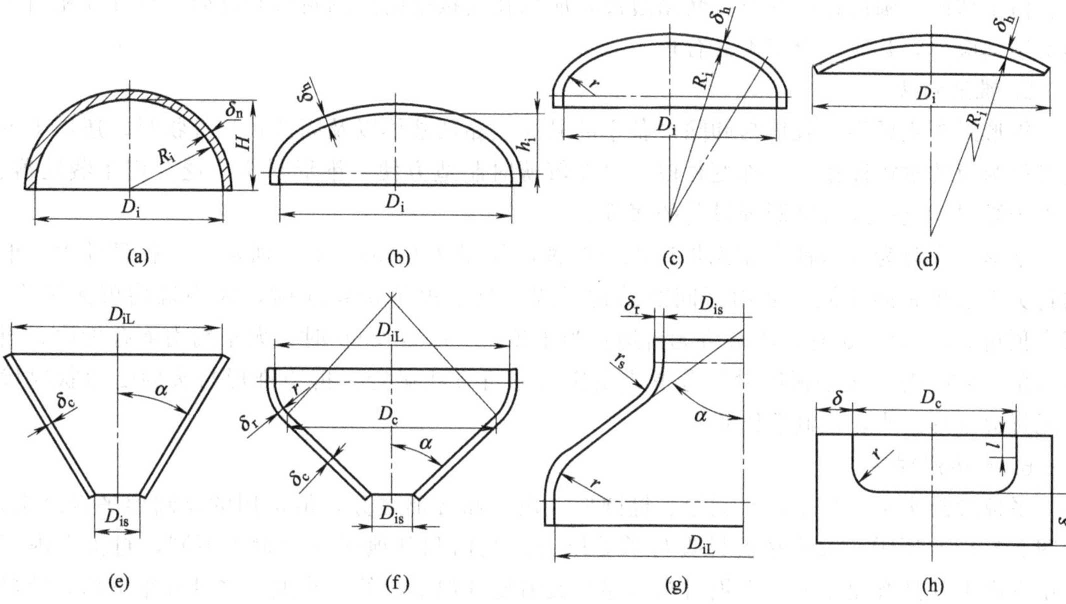

图 2-3　封头的形式

1. 半球形封头

半球形封头如图 2-3（a）所示，是由半个球壳构成的，与球壳形状相同。从受力来看，半球形封头是最理想的结构形式，但缺点是深度大、直径小时整体冲压困难，直径大时采用分瓣冲压，但拼焊工作量较大。因此对一般中小直径的容器很少采用半球形封头，对于大直径（$D_i>2.5$m）的半球形封头，通常将数块钢板先在水压机上用模具压制成形后再进行拼焊。

2. 椭圆形封头

椭圆形封头如图 2-3（b）所示，是由半个椭球壳和高度为 h 的短圆筒（直边）所构成的。设置直边的目的是为了避免筒体与封头间的焊接热应力与边缘应力相叠加，以改善封头与筒体连接处的受力情况。由于椭圆部分经线曲率平滑连续，因此封头的应力分布较为均匀，另外椭圆形封头深度较半球形封头小得多，易于冲压成形，所以椭圆形封头是目前中、低压容器中应用较为普遍的一种。理论分析证明，当椭圆形封头的长、短半轴之比 $a/b=D_i/2h_i=2$ 时，椭圆形封头的应力分布较好，且封头的壁厚与相连接的筒体壁厚大致相等，便于焊接、经济合理，所以我国将此种封头定为标准椭圆形封头。

3. 碟形封头

碟形封头如图 2-3（c）所示，由以 R_i 为半径的球面、以 r 为半径的过渡圆弧（即折边）和高度为 h 的直边三部分构成。碟形封头设置直边段的作用与椭圆形封头相同，直边段 h 的取法与椭圆形封头 h 值的取法一致。

碟形封头的强度与封头过渡区内半径 r 有关，r 过小则封头应力过大。因而一般要求半径 $r \geqslant 10\% D_i$，且 $r \geqslant 3\delta$，且球面部分内半径 $R_i \leqslant D_i$。

4. 球冠形封头

球冠形封头如图 2-3（d）所示，由一个圆球底和一个弧面组成，深度较浅。球冠形封头部分球面与圆筒直接连接，结构简单，制造方便，常用作容器中两独立受压室的中间封头。由于球面与圆筒连接处没有转角过渡，所以在连接处附近的封头和圆筒上都存在相当大的不连续应力，其应力分布不甚合理。

5. 锥形封头

锥形封头主要用于收集与卸除设备中的悬浮或黏稠液体以及固体颗粒等物料，还用于不同直径圆筒的过渡连接，又称变径段，厚度较薄时制造方便。锥形封头广泛应用于蒸发器、喷雾干燥器、结晶及沉降器等设备的底部。

锥形封头分为折边锥形和无折边锥形两种，如图 2-3（e）、（f）所示。工程设计中，根据封头半顶角 α 的不同，采用不同的结构形式：当半顶角 $\alpha \leqslant 30°$ 时，大小端均可无折边；当半顶角 $30° < \alpha \leqslant 45°$ 时，小端可无折边；当半顶角 $45° < \alpha \leqslant 60°$ 时，大小端均须有折边；当半顶角 $\alpha > 60°$ 时，按平板形封头考虑或用应力分析方法确定。折边锥形封头的受力状况优于无折边锥形封头，但制造困难。

6. 平板形封头

平板形封头又称平盖，有圆形、椭圆形、矩形和方形之分，最常用的是圆形平板封头，如图 2-3（g）所示。圆形平板封头与承受压力的圆筒和其他形状的封头不同，封头在内压作用下产生的是弯曲变形，平板封头内存在数值比其他形状的封头大得多且分布不均匀的弯曲应力，因此在相同情况下比其他凸形封头的厚度大得多。由于这个缺点，平板封头的应用受到了很大的限制，承压设备的封头一般不采用平板形。但是，由于平板封头结构简单，制造方便，板厚可以根据压力提高而相应增厚，因此高压容器，需要经常拆卸的人孔、手孔的盖板，操作时需要用盲板封闭的地方以及某些换热设备的端面等都可以采用平板封头。

综上所述，从承压能力来看，半球形、椭圆形封头最好，碟形、折边锥形封头次之，而球冠形、无带折边锥形和平板形封头较差。

平板形、球冠形、无折边锥形封头加工比较容易，但压力较高时，封头与筒体连接处会产生较大的边缘应力，因此这几种封头只能用于压力较低的场合。

三、法兰的选用

石油化工生产中，为了安装和检修方便，在筒体与筒体、筒体与封头、管道与管道、管道与阀门之间常采用可拆卸的法兰连接。其中与筒体或封头相连的为压力容器法兰，与管道或阀门相连的为管法兰。

法兰连接由一对法兰、垫片和若干螺栓、螺母组成，如图 2-4 所示。

法兰连接最主要的问题是确保连接处具有严密的密封性。它是依靠螺栓预紧力的作用，使得垫片发生变形，填满两法兰凹凸不平的密封表面，从而阻止流体泄漏的。垫片应具有良

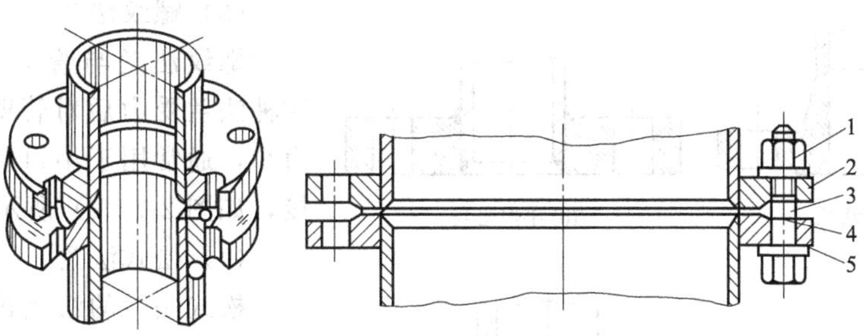

图 2-4　法兰连接

1—螺母；2—法兰；3—螺栓；4—垫片；5—垫圈

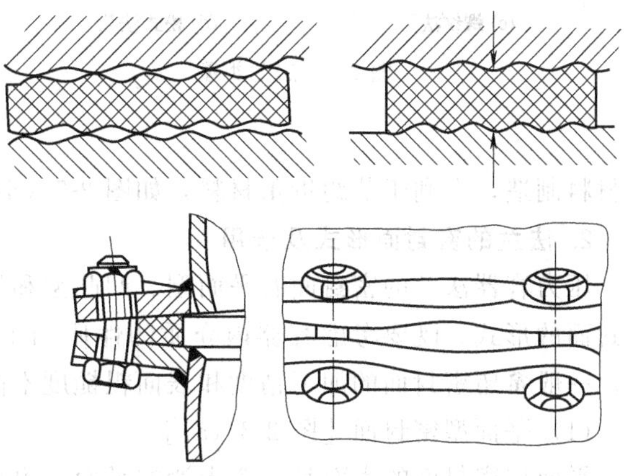

图 2-5　法兰密封

好的弹性以适应化工生产中压力的波动。使用时应注意预紧力不能过大，否则易使垫片丧失弹性，影响密封。此外，预紧力过大、法兰刚度不够会导致法兰产生翘曲变形，也会引起密封失效，如图 2-5 所示。

1. 法兰的结构类型及选用

法兰的外形有椭圆形、方形和圆形之分，其中圆形法兰使用广泛，椭圆形法兰常用于阀门和小直径高压管道，如图 2-6 所示。根据法兰与容器或接管的连接方式不同可分为：

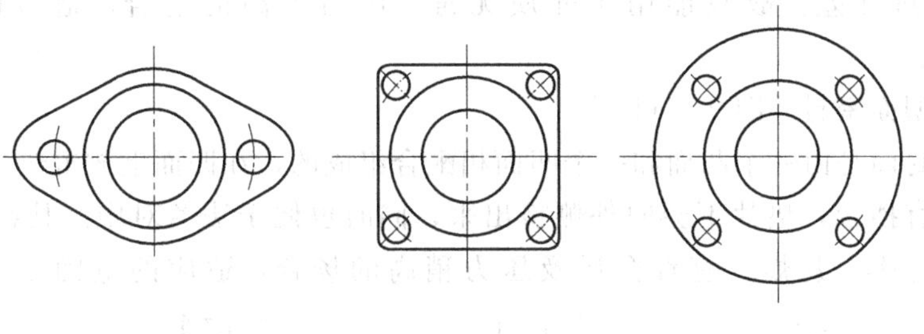

图 2-6　法兰形状

（1）对焊法兰

对焊法兰与设备或管道采用对接焊缝连接，它使得法兰与设备筒体（或接管）成为一个整体，同时带过渡的长颈有利于提高法兰的刚性，降低法兰的附加边缘应力，故又称整体法兰或长颈对焊法兰。这种法兰适用于压力、温度较高或设备直径较大的场合，通常采用锻件加工制造，成本高，如图 2-7（a）所示。

（2）平焊法兰

平焊法兰与设备或管道采用平角焊缝连接，它也是整体法兰，但其受力较对焊法兰差。一方面法兰与筒体和接管连接处边缘应力大，另一方面平角焊缝较对接焊缝强度低，因此这种法兰受力过大，容易产生翘曲变形。故平焊法兰适合于温度、压力不高的场合。其结构简单，可直接采用钢板加工制造，如图 2-7（b）所示。

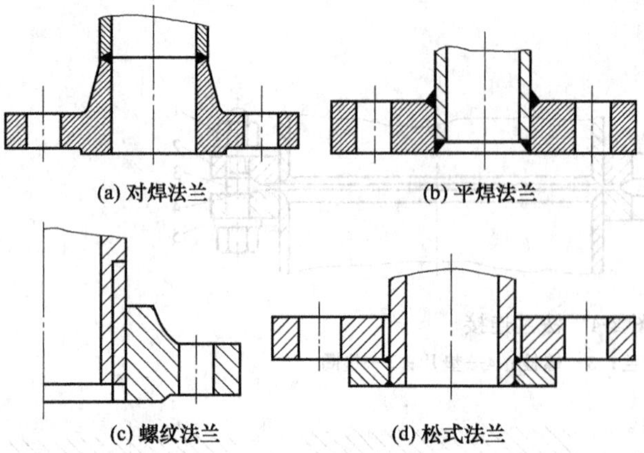

图 2-7 法兰类型

(3) 螺纹法兰

螺纹法兰与管道采用螺纹连接。这种法兰受力后对管壁产生的附加应力小，通常用于小口径高压管道的连接，如图 2-7（c）所示。

(4) 松式法兰

松式法兰的法兰盘与设备筒体或管道间无连接焊缝，它松套在设备或管道的外面，整体受力较差，适用于压力较低的场合。这种法兰受力后不会对筒体或管道产生附加的弯曲应力，同时因腐蚀性介质与法兰盘不接触，故法兰盘与设备或管道可采用不同材料制造，有利于节约贵重材料，如图 2-7（d）所示。

2. 法兰的密封面形式及选用

压力容器法兰的密封面有平面型、凹凸型和榫槽型三种形式，如图 2-8 所示。选择法兰密封面的形式，既要考虑容器内介质的性质和工作压力的高低，也要考虑垫片的材质和形状。一般希望密封面的加工精度和表面粗糙度不高，而且所需螺栓预紧力不要过大。

(1) 平面型密封面［图 2-8（a）］

平面型密封面的表面是一个光滑的平面，也可车制 2～3 条沟槽以提高密封性能。这种密封面结构简单，加工方便。但是，密封面垫片接触面积较大，预紧时垫片容易往两边挤，不宜压紧，密封性差，故只能用于介质无毒、压力不高的场合，适应的压力范围是 $PN<2.5$MPa。

(2) 凹凸型面密封［图 2-8（b）］

凹凸型密封面是由一个凸面和一个凹面相配合组成的，在凹面上放置垫片。压紧时，由于凹面的外侧有挡台，垫片不会向外侧挤出来，同时也便于法兰对中。其密封性比平面型好，故可用于易燃、易爆、有毒介质及压力稍高的场合，适应的范围是 $DN>800$mm、

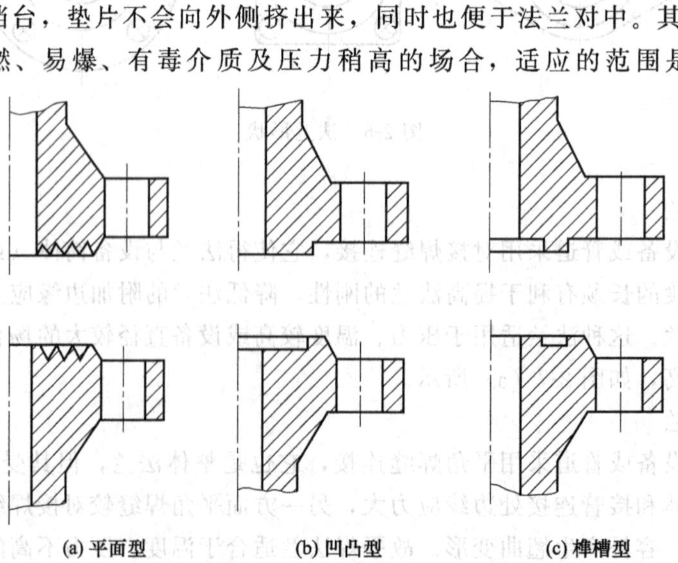

图 2-8 压力容器法兰的密封面形式

$PN \leqslant 6.4$MPa，随着直径增大，公称压力等级降低。

（3）榫槽型密封面［图 2-8（c）］

榫槽型密封面是由一个榫和一个槽组成的，垫片置于槽中，不会被挤动。垫片可以较窄，因而压紧垫片所需的螺栓力也相应较小。即使用于压力较高之处，螺栓尺寸也不致过大。因此，它比以上两种密封面更易获得良好的密封效果。这种密封面的缺点是结构制造较复杂，更换挤在槽中的垫片较困难。榫面部分容易损坏，在拆装或运输过程中应加以注意。榫槽密封面适用于易燃、易爆、剧毒的介质以及压力较高的场合。当压力不大时，即使直径较大，也能很好地密封。当 $DN=800$mm 时，该密封面适应的压力范围可以达到$PN=20$MPa。

除上述密封面外，还有锥形密封面和梯形槽密封面。锥形密封面是和球面金属垫片（亦称透镜垫片）配合使用的，锥角为 20°，如图 2-9 所示。锥形密封面通常用于高压管件密封，可用于 100MPa 甚至更大的压力条件下，其缺点是所需的尺寸精度高、表面粗糙度小，直径大时加工困难。梯形槽密封面是利用槽的内外锥面与垫片接触形成密封的，槽底不起密封作用，如图 2-10 所示。这种密封面一般与槽的中心线成 23°角，与椭圆形或八角形的金属垫圈配合，密封可靠，适用于高压容器和高压管道，使用压力一般为 7～70MPa。

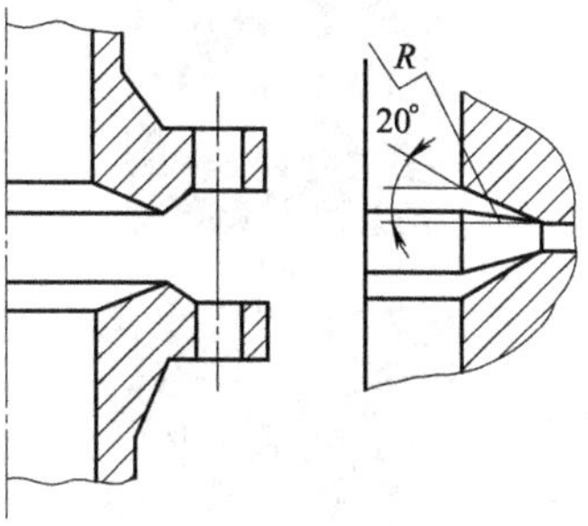

图 2-9　锥形密封面

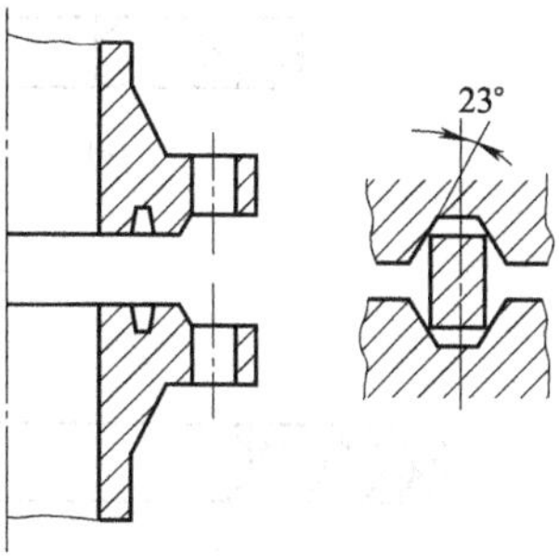

图 2-10　梯形槽密封面

管法兰的密封面有全平面、突面、凹凸面、榫槽面和环连接面五种形式，其结构如图 2-11 所示。全平面和突面密封的垫圈没有定位挡台，密封效果差；凹凸面和榫槽面的垫圈

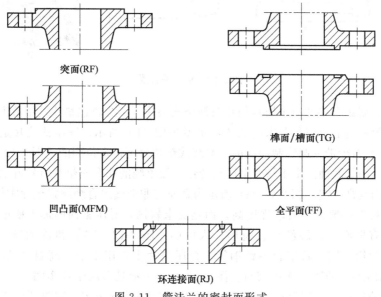

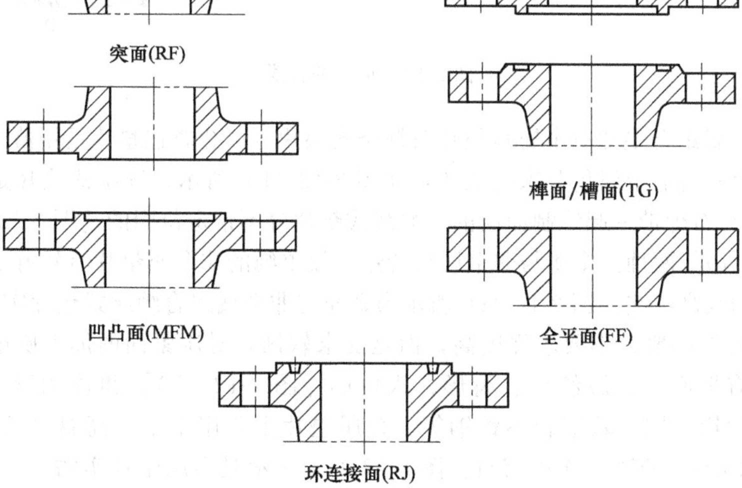

图 2-11　管法兰的密封面形式

放在凹面的槽内，不容易被挤出，密封效果有较大改进。

适用于板式平焊法兰的密封面有全平面和突面；适用于带颈平焊法兰的密封面有全平面、突面、凹凸面、榫槽面；对于带颈平焊法兰的密封面则五种均适用。

3. 法兰的密封垫片及选用

垫片是构成密封的重要元件，垫片的作用是封住两法兰密封面之间的间隙，阻止流体泄漏。垫片的材质、形状和尺寸对法兰连接的密封性能有很大影响。对垫片材质的要求是：具有良好的变形能力和回弹能力，以适应操作压力和温度的波动；耐介质的腐蚀，不易硬化或软化；有一定的机械强度和适应的柔软性，确保垫片经久耐用。

最常用的垫片按材料不同可以分为非金属垫片、金属垫片、金属与非金属组合垫片。

非金属垫片的材料有橡胶石棉板、聚四氟乙烯和膨胀石墨等，如图 2-12（a）所示，这些材料的断面形状一般为平面或 O 形，柔软，耐腐蚀，但使用压力较低，耐温度和压力的性能较金属垫片差，通常只适用于中、低温度和压力的设备和管道的法兰密封。如图 2-12（c）所示为非金属垫片实物。

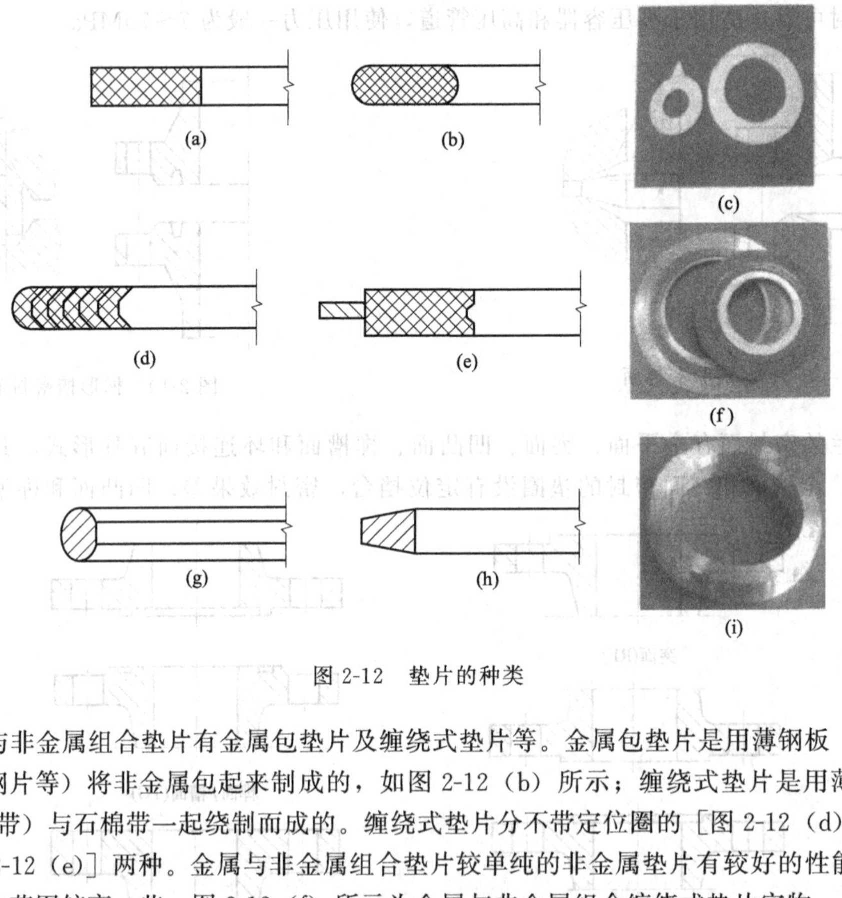

图 2-12　垫片的种类

金属与非金属组合垫片有金属包垫片及缠绕式垫片等。金属包垫片是用薄钢板（镀锌薄钢板或不锈钢片等）将非金属包起来制成的，如图 2-12（b）所示；缠绕式垫片是用薄低碳钢带（或合金钢带）与石棉带一起绕制而成的。缠绕式垫片分不带定位圈的［图 2-12（d）］和带定位圈的［图 2-12（e）］两种。金属与非金属组合垫片较单纯的非金属垫片有较好的性能，适应的温度与压力范围较高一些。图 2-12（f）所示为金属与非金属组合缠绕式垫片实物。

金属垫片材料一般并不要求强度高，而是要求软韧，对压紧面的加工质量和精度要求较高，断面形状有平面形、波纹形、齿形、八角形［图 2-12（h）］和透镜形［图 2-12（g）］等。常用的是软铝、铜、软钢和不锈钢等。金属垫片主要用于中、高温（$t \geqslant 350$℃）和中、高压（$p \geqslant 6.4$MPa）的法兰连接密封。图 2-12（i）所示是金属垫片实物。

垫片材料的选择应根据温度、压力以及介质的腐蚀情况决定，同时还要考虑密封面的形式、螺栓力的大小以及装卸要求等，其中操作压力与温度是影响密封的主要因素，是选用垫片的主要依据。对于高温高压的情况，一般采用金属垫片；中温、中压可采用金属与非金属组合垫片或非金属垫片；中、低压情况多采用非金属垫片；高真空或深冷温度下宜采用金属垫片。

法兰垫片的选用见表 2-2。

表 2-2　法兰垫片的选用

<table>
<tr><th>介质</th><th>法兰公称压力 PN/大气压</th><th>介质温度/℃</th><th>法兰密封面形式</th><th>垫片</th></tr>
<tr><td rowspan="2">蒸汽</td><td>10、16</td><td>≤250</td><td>平面型</td><td>石棉橡胶垫</td></tr>
<tr><td>25、40</td><td>251～450</td><td>凹凸面型</td><td>金属包石棉垫片</td></tr>
<tr><td rowspan="2">水、盐水</td><td rowspan="2">≤16</td><td>≤60</td><td rowspan="6">平面型
凹凸面型</td><td>橡胶垫片</td></tr>
<tr><td>≤150</td><td rowspan="4">石棉橡胶垫片</td></tr>
<tr><td>空气、惰性气体</td><td>≤16</td><td>≤200</td></tr>
<tr><td>碱液</td><td>≤16</td><td>≤60</td></tr>
<tr><td rowspan="2">≤98%的硫酸
<35%的盐酸
45%的硝酸</td><td>≤16</td><td>≤90</td></tr>
<tr><td>2.5、6</td><td>≤45</td><td>软聚氯乙烯垫片</td></tr>
<tr><td>气氨、液氨</td><td>25</td><td>≤150</td><td>榫槽型</td><td rowspan="2">石棉橡胶垫片</td></tr>
<tr><td rowspan="6">油品、油气、丙烷、丙酮、苯、酚、异丙醇、氢气、≤25%的尿素</td><td rowspan="2">≤16</td><td>≤200</td><td rowspan="4">平面型
凹凸面型</td></tr>
<tr><td>201～300</td><td>缠绕式垫片</td></tr>
<tr><td>25</td><td rowspan="2">≤200</td><td>石棉橡胶垫</td></tr>
<tr><td>40</td><td>缠绕式垫片</td></tr>
<tr><td rowspan="2">25～40</td><td>201～450</td><td rowspan="2">凹凸面型</td><td>金属包垫片</td></tr>
<tr><td>451～600</td><td>缠绕式垫片</td></tr>
</table>

4. 法兰标准介绍

我国现行法兰标准有压力容器法兰标准和管法兰标准，相同公称压力和公称直径的两者尺寸不同，不可互相套用。

其中压力容器法兰标准（NB/T 47020～47027—2012《压力容器用法兰、垫片、紧固件》）有平焊和对焊两种结构形式。

管法兰标准较多，主要有 GB/T 9112—2010、HG/T 20592～20635—2009 等。其中 HG/T 20592～20635—2009 是一个内容完整、体系清晰、适合国情、与国际接轨的钢制管法兰系列标准，我国《固定式压力容器安全技术监察规程》提出压力容器管法兰应优先采用该标准。

法兰选用的基本参数是公称直径和公称压力。法兰的公称直径表示法兰的大小，指与它相连的筒体、封头或接管的公称直径；法兰的公称压力表示法兰的承载能力，目前我国规定的公称压力等级为：常压、0.25MPa、0.6MPa、1.0MPa、1.6MPa、2.5MPa、4.0MPa、6.4MPa。法兰的选用就是根据工艺条件（压力、温度、介质）和接管、容器的公称直径确定法兰的公称直径、公称压力，进一步确定法兰的类型、材料、密封面、垫片以及螺栓螺母等。

四、支座的选用

设备支座在支承整个设备的重量的同时，还能承受各种动载荷及附加载荷。容器支座有卧式和立式之分，卧式容器支座包括鞍式、支承式、圈式，立式容器支座包括腿式、耳式、支承式和裙座。

（一）鞍式支座的选用

1. 鞍座类型

鞍座是应用最广泛的一种卧式容器支座，常见的卧式容器和大型卧式储槽、热交换器等多采用这种支座。它分为焊制与弯制两种，如图 2-13（a）所示为焊制鞍座。焊制鞍座通常由底板、腹板、筋板和垫板组焊而成，而弯制鞍座的腹板与底板是由同一块钢板弯曲而成的，两板之间没有焊缝。考虑承载能力，只有 $DN \leqslant 900\text{mm}$ 的设备才使用弯制鞍座，如图 2-13（b）所示。

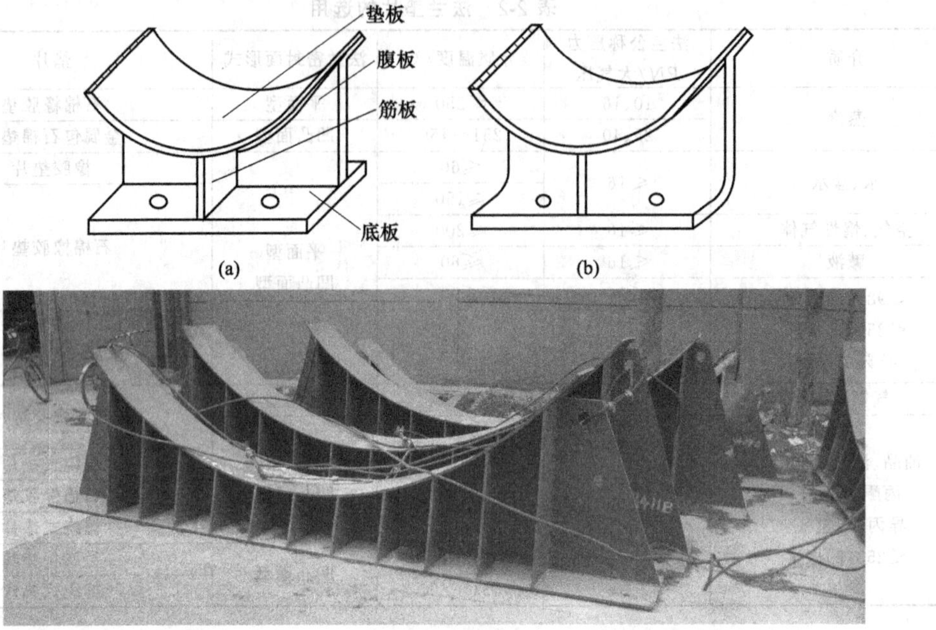

图 2-13 鞍座

为了使容器的壁温发生变化时能够沿轴线方向自由伸缩，鞍座的底板有两种，一种底板上的螺栓孔是圆形的，为固定式鞍座（代号 F）；另一种底板上的螺栓孔是长圆形的，为滑动式鞍座（代号 S），如图 2-14 所示。安装时，F 型鞍座固定在基础上，S 型鞍座使用两颗

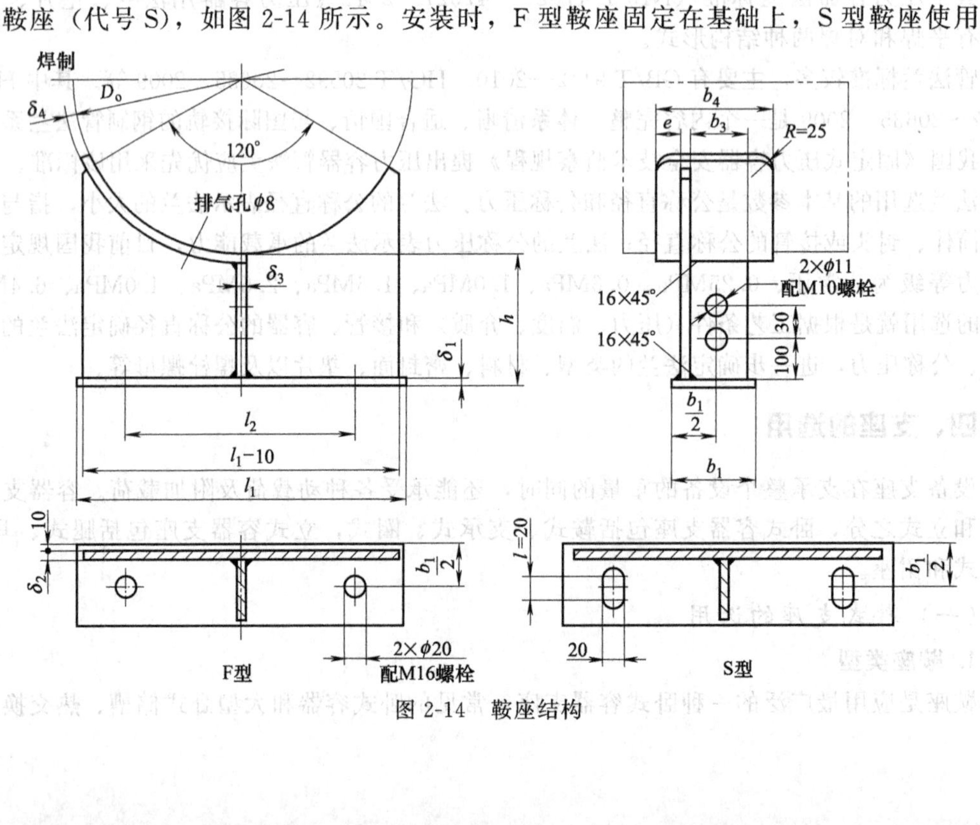

图 2-14 鞍座结构

螺母，先拧上去的螺母较松，用第二个螺母锁紧，当设备出现热变形时，鞍座可以随设备一起轴向移动。

同一公称直径的容器由于长度和质量（包括介质、保温等质量）不同，所以同一公称直径的鞍座按其允许承受的最大载荷分为轻型（代号为A）和重型（代号为B）两类，其中重型又分为BⅠ～BⅤ五种型号。轻型和重型的区别在于筋板、底板和垫板等尺寸不同或数量不同，重型鞍座的筋板、底板和垫板的厚度都比轻型的稍厚，有时筋板的数量也较多，因而承载能力大，适宜于换热器等较重的容器。对 $DN<900$mm 的鞍座，由于直径小，轻重型差别不大，因此只有重型没有轻型。

鞍式支座的鞍座包角为120°或150°，以保证容器在支座上安放稳定。鞍座的高度有200mm、300mm、400mm和500mm四种规格，但可以根据需要改变，改变后应作强度校核。鞍式支座的宽度 b 可根据容器的公称直径查出。鞍座类型见表2-3。

表2-3　鞍座类型

类型	代号	通用公称直径/mm	结构特征
轻型	A	1000～4000	焊制，120°包角，带垫板，4～6筋
重型	BⅠ	159～4000	焊制，120°包角，带垫板，4～6筋
	BⅡ	1500～4000	焊制，150°包角，带垫板，4～6筋
	BⅢ	159～900	焊制，120°包角，不带垫板，单、双筋
	BⅣ	159～900	弯制，120°包角，带垫板，单、双筋
	BⅤ	159～900	弯制，120°包角，不带垫板，单、双筋

2. 鞍座的数目及安装位置

一台卧式容器的鞍式支座，一般情况下不宜多于两个。因为鞍座水平高度的微小差异都会造成各支座间的受力不均，从而引起筒壁内的附加应力。

采用双鞍座时，为了减小筒体内因自重产生的弯曲应力，充分利用封头对筒体邻近部分的加强，鞍座与筒体端部的距离 A 与筒体长度 L 及筒体外直径 D_0 的关系（图2-15）可按下述原则确定：

① 当筒体的 L/D_0 较大，且鞍座所在平面内又无加强圈时，应尽量利用封头对支座处筒体的加强作用，取 $A\leqslant 0.25D_0$；

② 当筒体的 L/D_0 较小，δ/D_0 较大，或鞍座所在平面内有加强圈时，取 $A\leqslant 0.2L$。

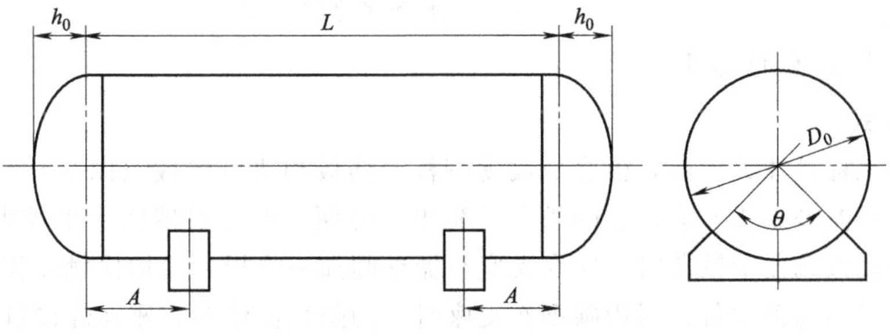

图2-15　鞍座安装

3. 鞍座尺寸和标记

我国鞍座已建立标准JB/T 4712.1—2007《容器支座　第1部分：鞍式支座》，按容器公称直径和重量进行选用。鞍座材料大多采用Q235AF，如果需要可改用其他材料，垫板材料一般应与容器壳体材料相同。鞍座采用如下方法进行标记：

JB/T 4712.1—2007，鞍座××-×

——固定支座 F，滑动鞍座 S

——公称直径，mm

——型号(A，BⅠ，BⅡ，BⅢ，BⅣ，BⅤ)

4. 鞍座的选用原则

选用鞍座的依据是设备的公称直径，选用鞍座应遵循以下原则：

① 鞍座实际承受的最大载荷 F_{max} 必须小于鞍座的允许载荷 [F]。

② 对于 DN≤900mm 的设备，鞍座有带垫板和不带垫板两种结构，具有下列情况之一时，需选用带垫板的鞍座：

a. 当设备壳体的有效厚度≤3mm 时；

b. 当设备有热处理要求时；

c. 当壳体与鞍座间的温差大于 200℃时；

d. 当壳体材料与鞍座材料不具有相同或相近的化学成分和性能指标时。

（二）支承式支座的选用

1. 结构形式与尺寸

支承式支座一般用于高度不大且离基础较近的立式容器。支承式支座可以用钢管、角钢或槽钢制成，也可用数块钢板焊成。支承式支座与筒体接触面积小，会使壳壁产生较大的局部应力，所以需在支座和壳壁间加一块垫板，以改善筒壁的受力状况。该支座分为两种，如图 2-16（a）所示为钢板焊制而成的 A 型支承式支座，图 2-16（b）所示为钢管制作的 B 型支承式支座。A 型支承式支座适用于 DN＝800～3000mm 的容器，B 型支承式支座则适用于 DN＝800～4000mm 的容器，它们均焊在容器的下封头上。

2. 支承式支座的材料和标记

A 型支承式支座筋板材料为 Q235AF，B 型支承式支座钢管材料为 10 钢，底板材料为 Q235AF。垫板材料与容器壳体材料相同或相近。支承式支座采用以下标记方法：

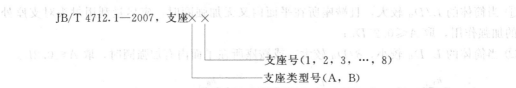

JB/T 4712.1—2007，支座××

——支座号(1，2，3，…，8)

——支座类型号(A，B)

（三）耳式支座的选用

1. 结构形式

耳式支座也称悬挂式支座，由底板或支脚板、筋板和垫板组成（图 2-17），广泛用于反应釜及立式换热器等立式容器。它的优点是简单、轻便，但会对器壁产生较大的局部应力。因此，当设备较大或器壁较薄时，应在支座与器壁间加一垫板，增加接触面积，降低筒壁的局部应力。对于不锈钢设备，当用碳钢作支座时，为防止器壁与支座在焊接过程中不锈钢中合金元素的流失，也需在支座与器壁间加一个不锈钢垫板。当设备公称直径不超过 900mm，且壳体有效壁厚大于 3mm，壳体材料与支座材料相同或相近时，也可以采用不带垫板的耳式支座。

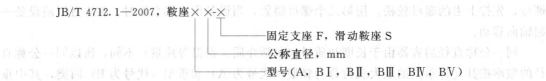

小型设备的耳式支座可以安装在管子或型钢的立柱上，而较大型直立设备的耳式支座一般紧固在钢梁或混凝土基础上。为使容器的重力均匀地传给基础，底板的尺寸不宜过小，以

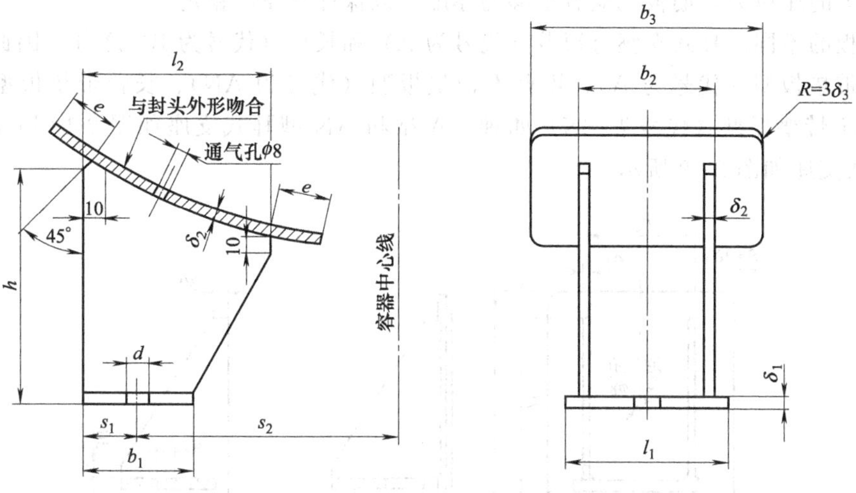

(a)

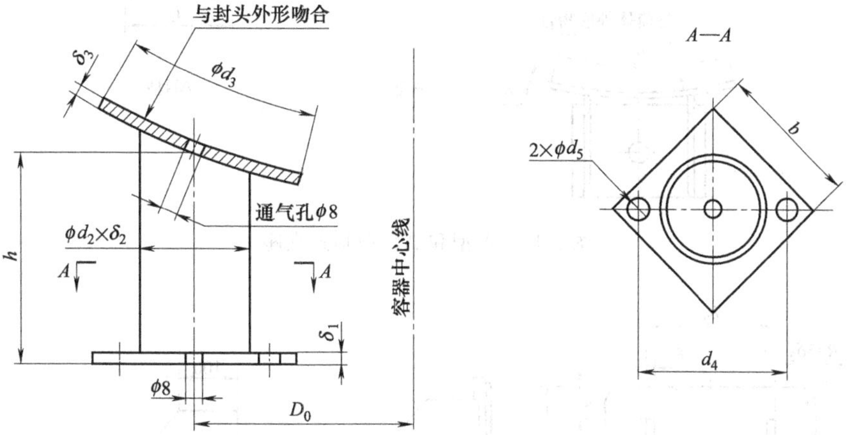

(b)

图 2-16 支承式支座

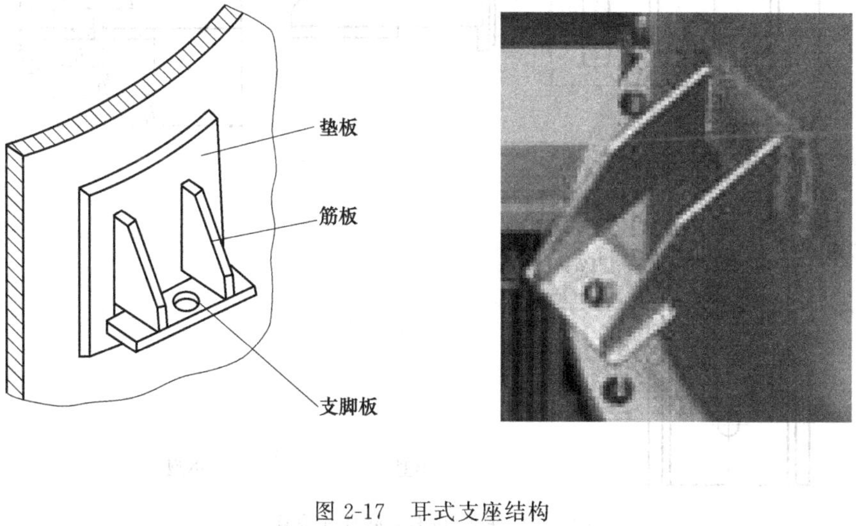

图 2-17 耳式支座结构

免产生过大的压应力，筋板也应有足够的厚度，以保证支座的稳定。

按筋板的不同，耳式支座有短臂（代号为 A）和长臂（代号为 B）之分。因此，耳式支座有短臂带垫板型（代号为 A）、短臂不带垫板型（代号为 AN）、长臂带垫板型（代号为 B）、长臂不带垫板型（代号为 BN）四种。A 型和 AN 型耳式支座如图 2-18 所示，B 型和 BN 型耳式支座如图 2-19 所示。

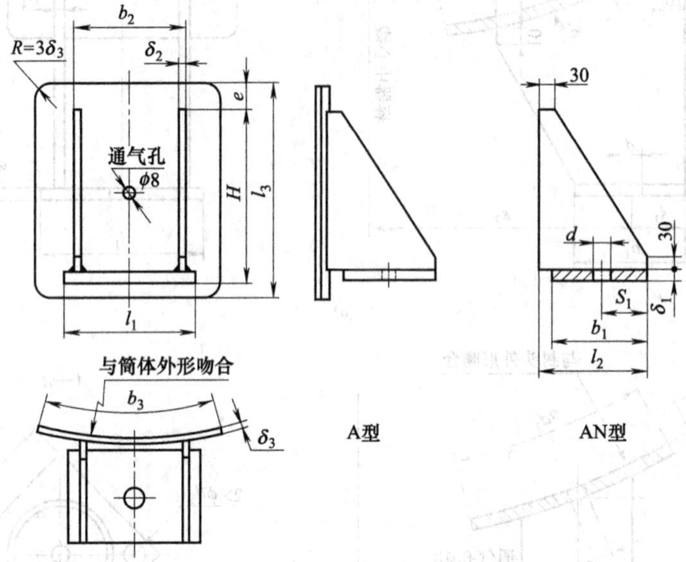

图 2-18　A 型和 AN 型耳式支座

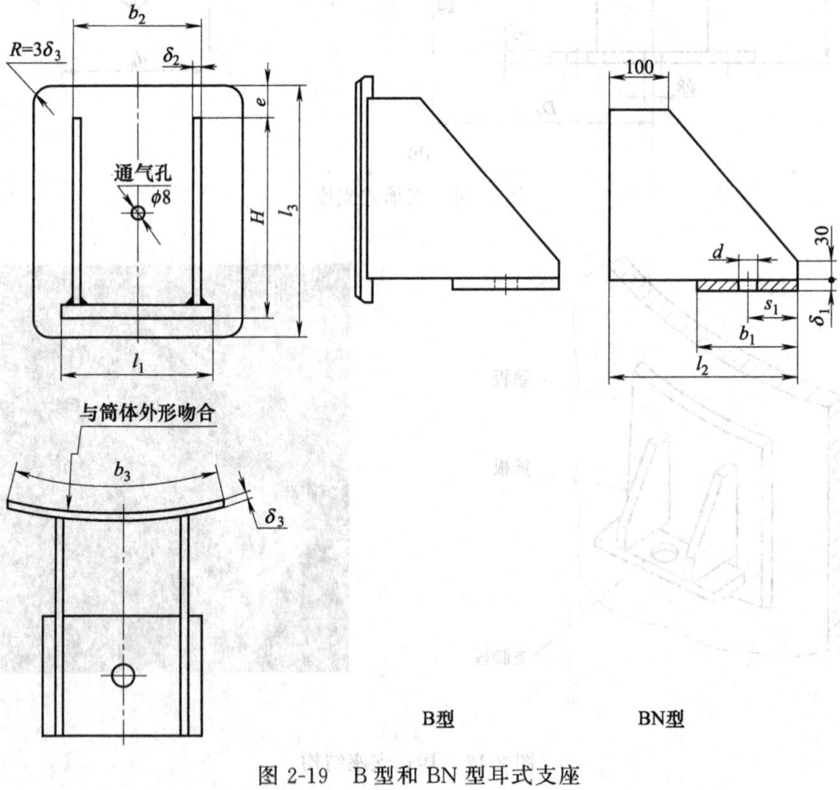

图 2-19　B 型和 BN 型耳式支座

B 型耳式支座有较大的安装尺寸，当设备有外保温层或将设备直接放置在楼板上时，可选用 B 型耳式支座。A 型耳式支座适合于安装在管子或型钢的立柱上。

2. 耳式支座的尺寸

耳式支座的尺寸可查标准 JB/T 4712.3—2007。

（四）腿式支座的选用

腿式支座如图 2-20 所示，由盖板、垫板、支柱和底板四部分组成，有 A 型、AN 型、B 型、BN 型四种，见标准 JB/T 4712.4—2007。A 型和 AN 型是角钢支柱，B 型和 BN 型是钢管支柱。A 型和 B 型带垫板，AN 型和 BN 型不带垫板。垫板厚度与筒体厚度相等，也可根据需要确定。当容器直径较小时用三个支腿，容器直径较大时用四个支腿。

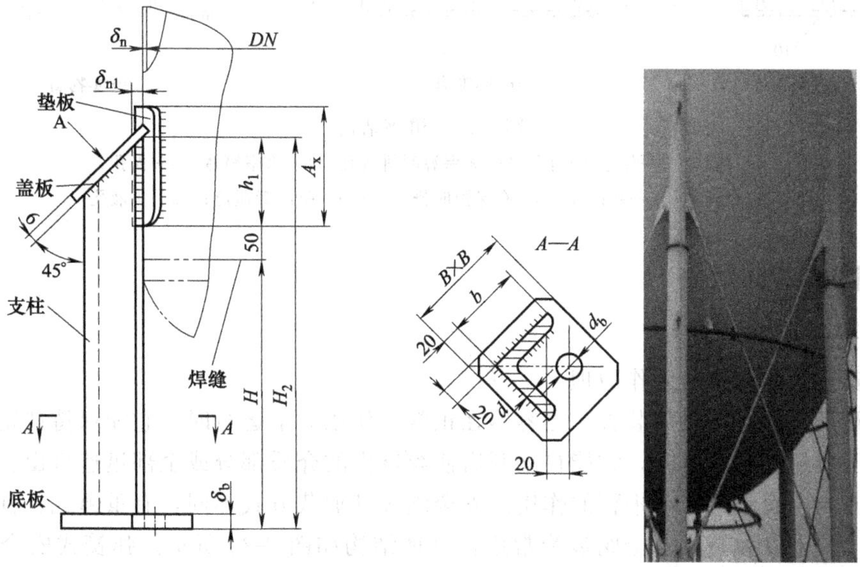

图 2-20　腿式支座

腿式支座适用于安装在刚性基础上且符合下列条件的容器：公称直径为 $DN400\sim1600$mm；圆筒长度 L 与公称直径 DN 之比 $L/DN\leqslant5$；容器总高 $H_0\leqslant5$m，不适合用于通过管线直接与产生脉动载荷的机器设备刚性连接的容器。

（五）裙式支座的选用

裙座用于高大的塔设备，目前尚无标准，有圆筒形和圆锥形两种结构，如图 2-21 所示。圆筒形裙座通常用在承受风载荷和地震载荷不大的塔上；圆锥形裙座的稳定性好于圆筒形，故用于受风载荷和地震载荷较大的高塔。

裙座由裙座筒体、基础环、地脚螺栓座、人孔、排气孔、引出管通道、保温支承圈等组成。

由于裙座不与介质直接接触，也不承受设备内压力作用，因此不受压力容器用材所限，可用较经济的普通碳素结构钢。但在选材时，还应考虑塔的操作条件、载荷大小以及环境温度。常用的裙座体及地脚螺栓材质为 Q235A 和 Q235AF，但这两种材质不适用于温度过低的操作环境。当设计温度不超过 20℃时，其材质应选择 16Mn。当塔的封头材质为低合金或高合金钢时，裙座应增设与封头相同材质的短节，短节的长度一般取保温层厚度的 4 倍。

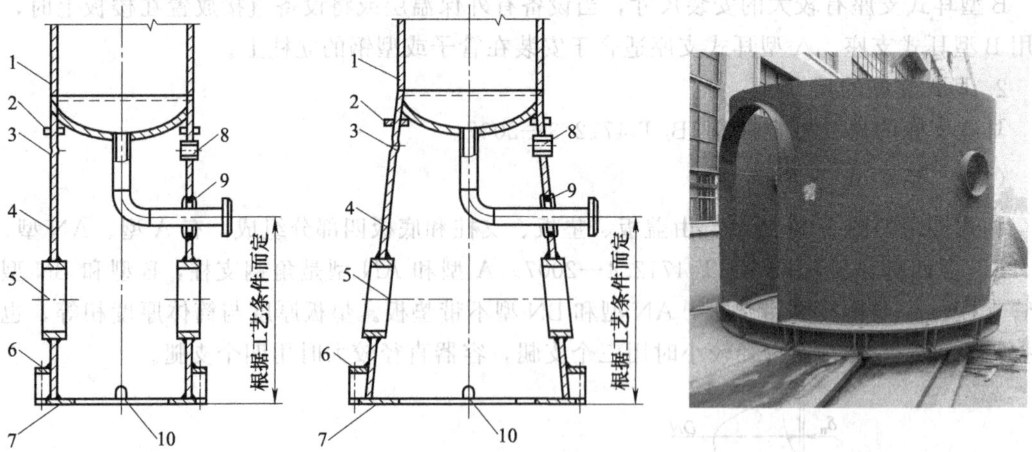

(a) 圆筒形　　(b) 圆锥形　　(c) 实物图

图 2-21　裙座结构

1—塔体；2—保温支承圈；3—无保温时排气孔；4—裙座筒体；5—人孔；6—螺栓座；7—基础环；8—有保温时排气孔；9—引出管通道；10—排液孔

五、附件的选用

1. 安全阀

(1) 安全阀的构造及工作原理

安全阀是一种超压泄放装置，当容器在正常工作压力下运行时，它能保持严密不漏；而当容器内压力超过规定值时，它能自动开启使容器内的介质部分或全部迅速排出，并能发出较大的气流响声而起到自动报警的作用。安全阀按其加载方式不同，有重锤式、杠杆式和弹簧式三种，其中以弹簧式安全阀最为常用，具体结构如图 2-22 所示。弹簧式安全阀的加载机构是压紧在阀瓣上的弹簧，通过调节阀杆上的锁紧螺母来改变弹簧的压缩量，达到调整安全阀开启压力的目的。

(2) 安全阀的选用

① 结构形式。

安全阀的结构形式主要决定于设备的工艺条件和工作介质的特性，一般情况下大多选用弹簧式安全阀。若介质属于极度、高度、中度毒性和易燃、易爆的类型，则可选用全封闭式安全阀，介质全部经排放管排放并密闭回收；若介质对环境不会造成多大污染，则可选用半封闭式安全阀，排放介质部分经排放管回收，部分向大气排放；若介质不会对大气环境造成污染，则可选用敞开式安全阀，介质直接排入周围大气空间。

② 泄放量。

安全阀的额定泄放量必须大于等于容器的安全泄放量。安全阀的额定泄放量可由其铭牌查取，容器的安全泄放量按 GB 150—2011 的有关规定计算。

③ 压力范围。

安全阀是按公称压力标准系列设计制造的，每一种安全阀都有一定的工作压力范围。选用时，应使安全阀在容器设计温度下的许可压力大于等于容器的设计压力。

2. 爆破片

(1) 爆破片装置的构造及工作原理

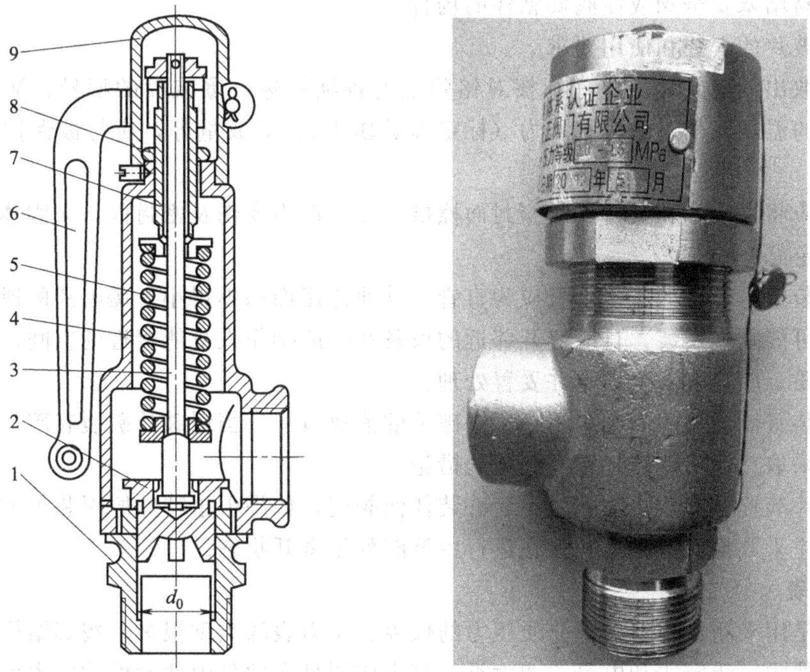

图 2-22　弹簧式安全阀

1—阀体；2—阀瓣；3—阀杆；4—阀盖；5—弹簧；6—提升手柄；7—调整螺杆；8—锁紧螺母；9—阀帽

爆破片装置是由爆破片、夹持器及管法兰组成的，如图 2-23 所示。爆破片是由金属或非金属材料制成的薄片，在标定爆破压力及温度下爆破泄压的元件；夹持器则是在容器的适当部位装接夹持爆破片的辅助元件。爆破片装置是一种断裂型的安全泄放装置，当容器内的压力达到爆破片的爆破压力（不超过容器的最大允许工作压力）时，爆破片破裂，容器内的介质迅速泄放，压力很快下降，从而使容器得到保护。

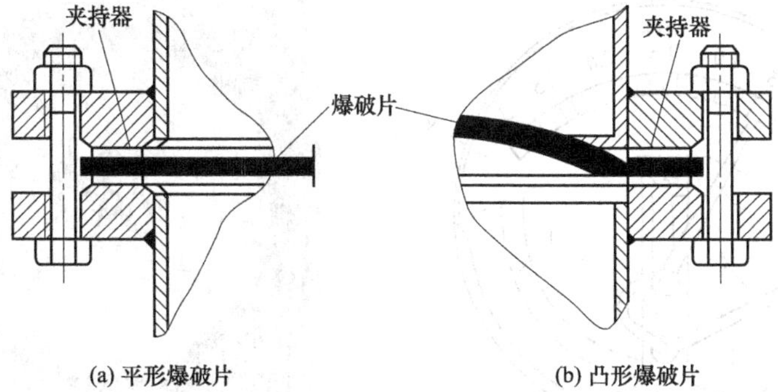

(a) 平形爆破片　　(b) 凸形爆破片

图 2-23　爆破片装置结构

（2）爆破片的适用范围

爆破片装置是靠爆破片的破裂来进行泄压的，爆破片破裂后不能继续工作，容器也被迫停止运行，所以爆破片一般适用于以下不宜安装安全阀的容器。

由于物料的化学反应或其他原因导致内压力瞬间急剧上升的场合，这时如果使用安全阀，则会受惯性的影响而不能及时开启和泄放压力；工作介质为剧毒气体或极为昂贵气体的场合，使用任何形式的安全阀在正常工作时总会有微量的泄漏；工作介质易结晶、聚合或黏性较大，容易堵塞安全阀或使阀瓣粘住的场合。

（3）爆破片的安装和使用要求

由库房取出的爆破片，应仔细核对铭牌上的各项指标：爆破片的型号、泄放口径、材质、爆破时的温度及相对的爆破压力（标定爆破压力）、泄放量等，应与被保护的容器的要求一致。

安装前应将爆破片和夹持器的密封面擦拭干净，但不要伤及密封面，无固体微粒时才可将爆破片固定好。

爆破片装置与容器的连接管线应为直管，其通道截面积不得小于爆破片的泄放面积；泄放管线应尽可能垂直安装，且应避开邻近的设备和一般操作人员能接近的空间。对易燃、易爆或剧毒物质，应引至安全地点并妥善处理。

爆破片装置泄放管的内径应不小于爆破片的泄放口径，当爆破片破裂有碎片产生时，应装设拦网或采取其他不使碎片堵塞管道的措施。

在爆破片装置与容器之间一般不允许装任何阀门，如果由于特殊原因装了截止阀或其他截断阀，则应采取相应措施，确保在运行中该阀处于全开状态。

3. 压力表

压力表是用来测量容器内部介质压力的仪表。压力表的类型很多，按其结构原理有液柱式、弹性元件式、活塞式和电量式四大类，其中使用最多的是弹性元件式压力表。弹性元件式压力表根据弹性元件的结构特点，有单弹簧管式、螺旋形弹簧管式、薄膜式、波纹管式等多种形式。目前在石油化工装置中广泛采用的是单弹簧管式压力表，其构造如图 2-24 所示。这种压力表是利用弹性元件的弹力与被测介质压力相平衡的原理，根据弹性元件的变形程度来确定被测的压力值的。它的特点是结构牢固、密封性好，具有较高的准确度，对使用条件要求也不高；但在使用期间需进行检修、校验，且不宜用于测定频率较高的脉动压力和使用在有强烈振动的场合。

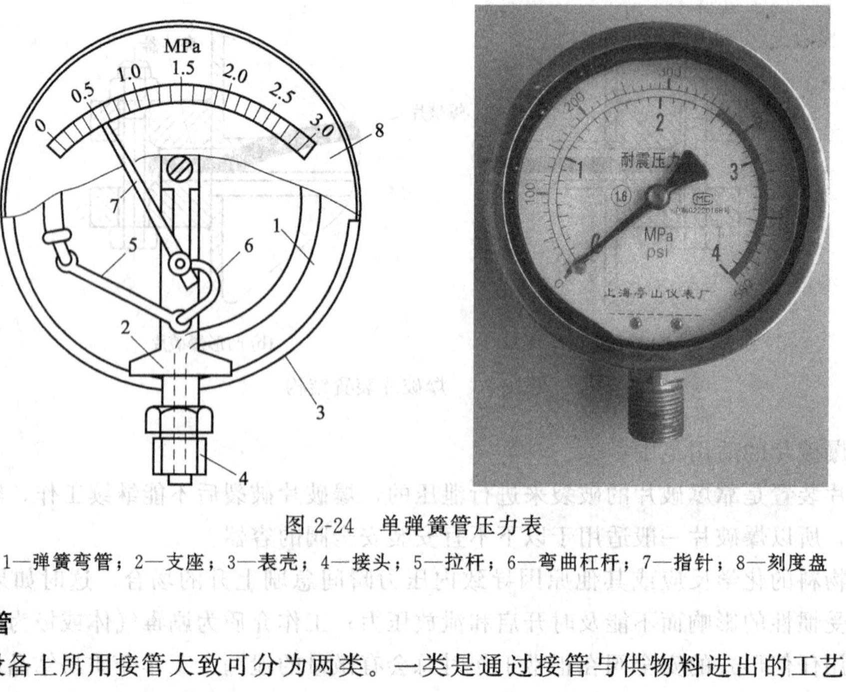

图 2-24　单弹簧管压力表

1—弹簧弯管；2—支座；3—表壳；4—接头；5—拉杆；6—弯曲杠杆；7—指针；8—刻度盘

4. 接管

化工设备上所用接管大致可分为两类。一类是通过接管与供物料进出的工艺管道相连接，这类接管一般都是带法兰的短接管，直径较粗，如图 2-25 所示。其接管伸出长度 L 需要考虑保温层的厚度及便于安装螺栓，可按表 2-4 选取。接管上焊缝之间的距离不得小于 50mm，对于铸造设备的接管可与设备一起铸出，如图 2-26 所示。

表 2-4　接管伸出长度 L　　mm

保温层厚度	接管公称直径	伸出长度 L	保温层厚度	接管公称直径	伸出长度 L
0～75	10～100	150	76～100	10～50	150
	125～300	200		70～300	200
	350～600	250		350～600	250
101～125	10～150	200	151～175	10～250	250
	200～600	250		200～600	300
126～150	10～50	200	176～200	10～50	250
	70～300	250		70～300	300
	350～600	300		350～600	350

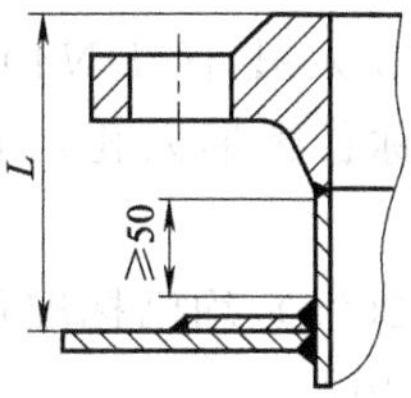

图 2-25　带法兰的短接管

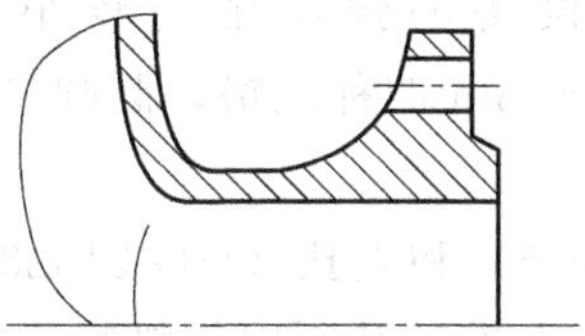
图 2-26　铸造接管

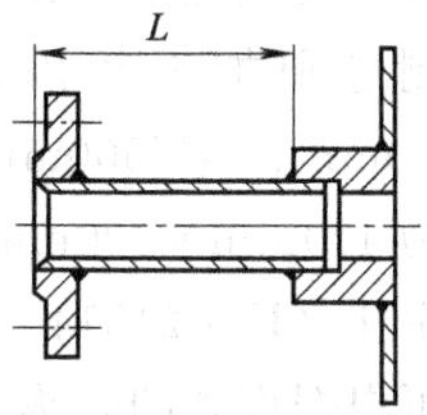

图 2-27　管接头加固

对于直径较小、伸出长度较大的接管，则应采用管接头进行加固，如图 2-27 所示。对于 $DN \leqslant 25$mm、伸出长度 $L \geqslant 200$mm 以及 $DN = 32 \sim 50$mm、伸出长度 $L \geqslant 300$mm 的任意方向的接管，均应设置支撑筋板，如图 2-28 所示，筋板断面尺寸见表 2-5。

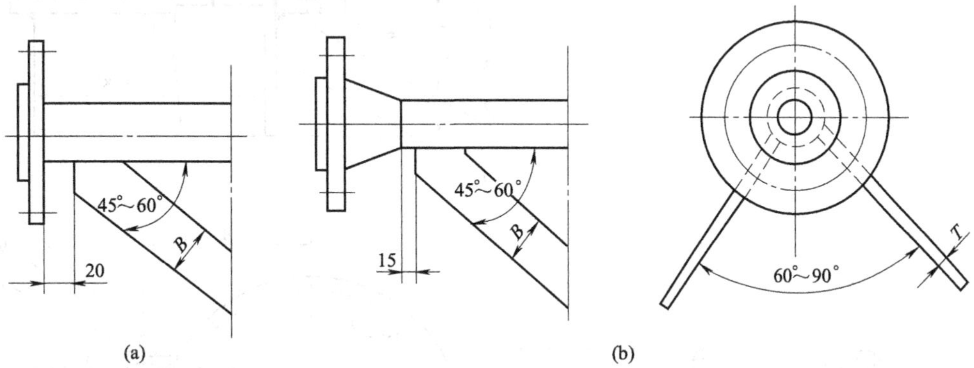

图 2-28　筋板支承结构

表 2-5　筋板断面尺寸　　mm

筋板长度	200～300	301～400
$B \times T$	30×3	40×5

另一类接管是为了控制工艺操作过程，在设备上装设一些仪表接口管，以便和压力表、温度计、液面计等相连接。此类接管直径较小，可用带法兰的短接管，也可用带内、外螺纹的短管直接焊在设备上，如图 2-29 所示。

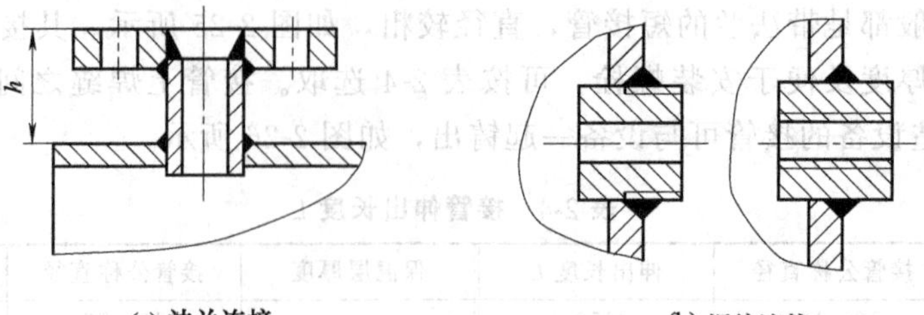

(a) 法兰连接　　(b) 螺纹连接

图 2-29　仪表接口管

5. 人孔和手孔

为了设备内部构件的安装和检修方便，需要在设备上设置人孔或手孔。当容器的内径为450～900mm 时，一般不考虑设置人孔，可开设 1～2 个手孔，手孔直径一般为 150～250mm，标准手孔公称直径有 *DN*150mm 和 *DN*250mm 两种；当设备的直径超过 900mm 时，应开设人孔。人孔的形状有圆形和椭圆形两种。圆形人孔制造方便，应用广泛；椭圆形人孔制造和加工较困难，但对设备的强度削弱较小。标准圆形人孔有 *DN*400mm、*DN*450mm、*DN*500mm 和 *DN*600mm 四种规格，椭圆形人孔（或称长圆形人孔）的最小尺寸为 400mm×300mm。

手孔（HG 21514～21527—2005）和人孔（HG 21528～21535—2005）均已标准化，设计时可根据设备的公称压力、工作温度以及所用材料等按标准直接选用。

化工设备常用的人孔结构如图 2-30～图 2-33 所示，手孔结构如图 2-34 所示。

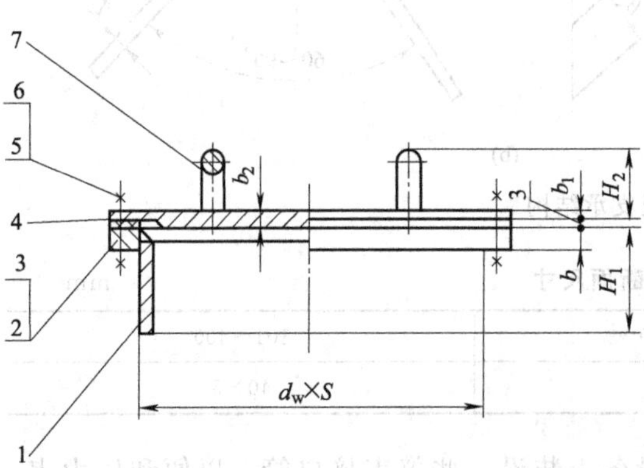

图 2-30　常压人孔

1—筒节；2—法兰；3—垫片；4—法兰盖；5—螺栓；6—螺母；7—把手

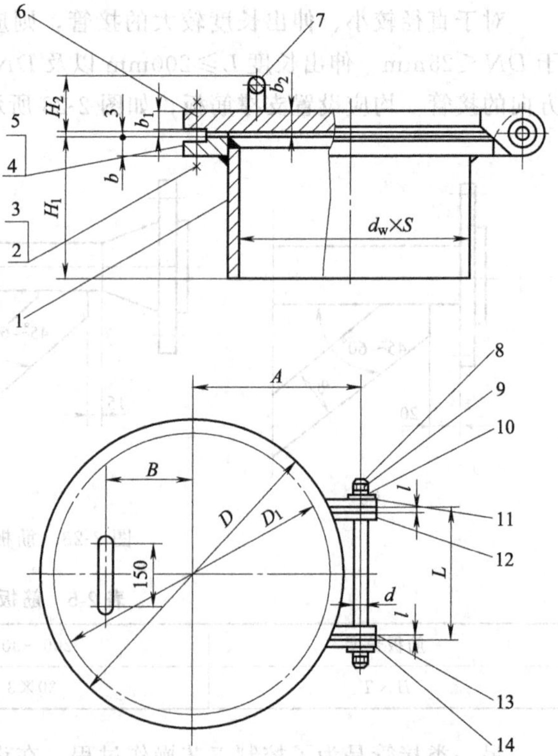

图 2-31　回转盖板式平焊法兰人孔

1—筒节；2—螺栓；3—螺母；4—法兰；5—垫片；6—法兰盖；7—把手；8—轴销；9—销；10—垫圈；11,14—盖轴耳；12,13—法兰轴耳

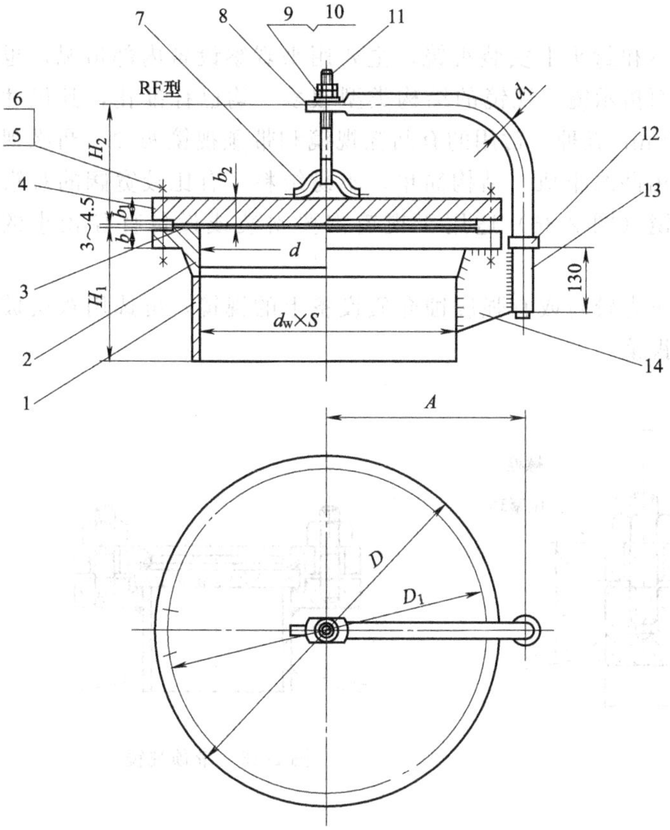

图 2-32　水平吊盖带颈对焊法兰人孔

1—筒节；2—法兰；3—垫片；4—法兰盖；5—螺柱；6—螺母；7—吊环；8—转臂；9—垫圈；10—螺母；11—吊钩；12—环；13—无缝钢管；14—支承板

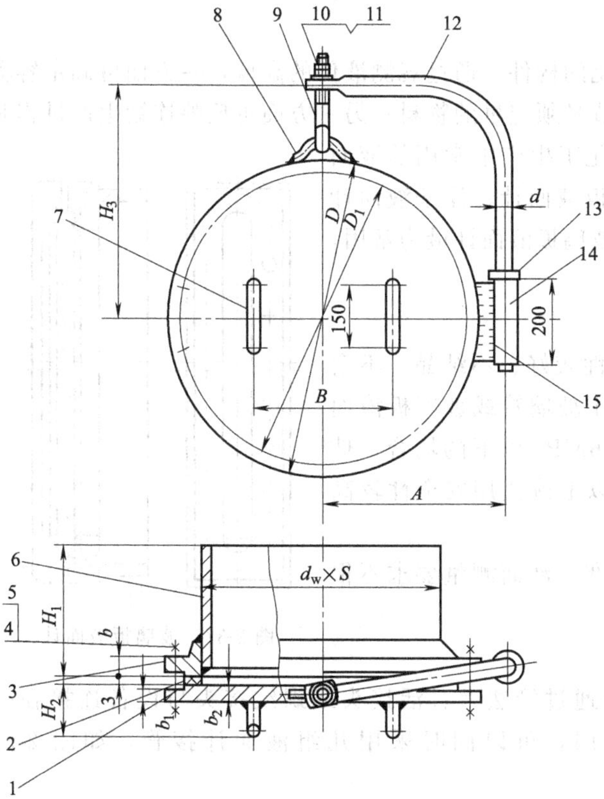

图 2-33　垂直吊盖带颈平焊法兰人孔

1—法兰盖；2—垫片；3—法兰；4—螺柱；5—螺母；6—筒节；7—把手；8—吊环；9—吊钩；10—螺母；11—垫圈；12—转臂；13—环；14—无缝钢管；15—支承板

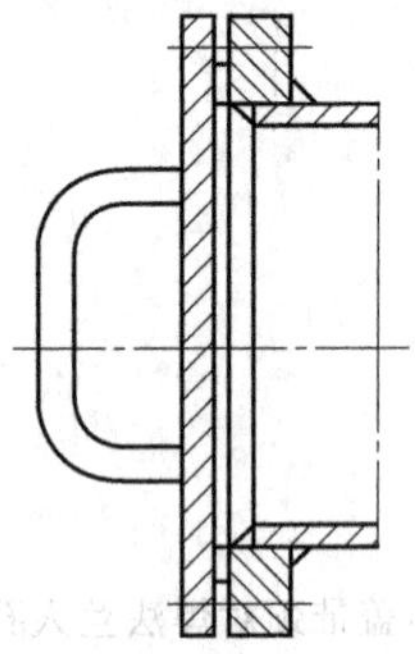

图 2-34　手孔

6. **视镜**

在设备筒体和封头上安装视镜，主要用来观察设备内部情况，也可用作物料液面指示镜。视镜的结构类型很多，均已标准化，其尺寸有 $DN50\sim150$mm 五种，常用的有凸缘视镜和带颈视镜两种。凸缘视镜（图 2-35）由凸缘组成，结构简单，不易结料，有比较宽阔的观察范围；带颈视镜（图 2-36）适用于视镜需要斜装或设备直径较小的场合。

对安装在压力较高或有强腐蚀介质设备上的视镜，可选用双层玻璃或带罩安全视镜。

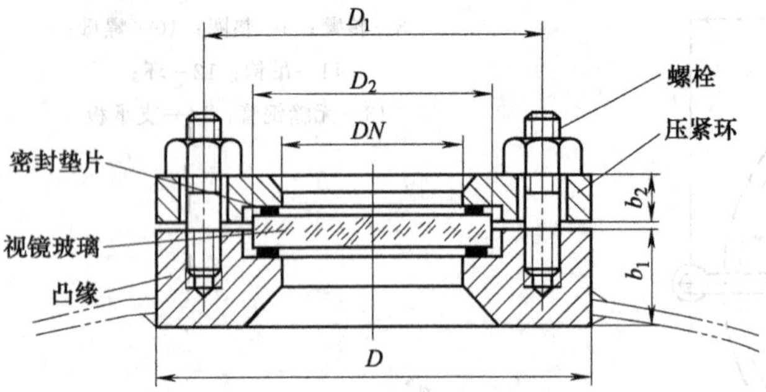

图 2-35　凸缘视镜

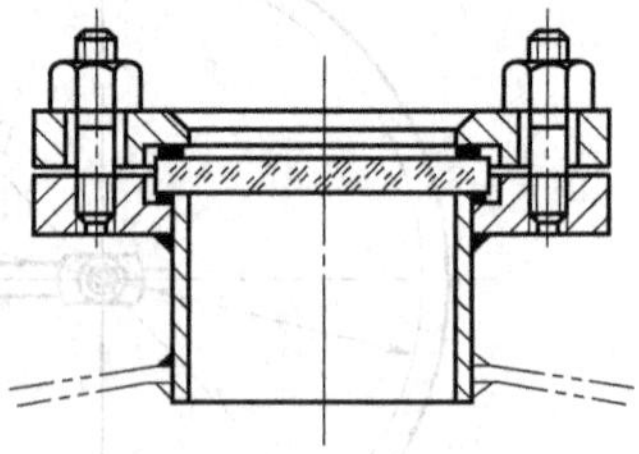

图 2-36　带颈视镜

7. **液面计**

（1）液面计的类型

液面计是用来观察设备内部液位变化的构件。通过观测液位的高低，一方面可确定容器内物料的数量，以保证生产过程中各环节必须定量的物料；另一方面可反映连续生产过程是否正常，以便可靠地控制过程的进行。化工生产中常用的液面计按结构形式分为玻璃管液面计、玻璃板液面计、浮子液面计和浮标液面计，其中以玻璃管液面计和玻璃板液面计最为常用，如图 2-37 所示。

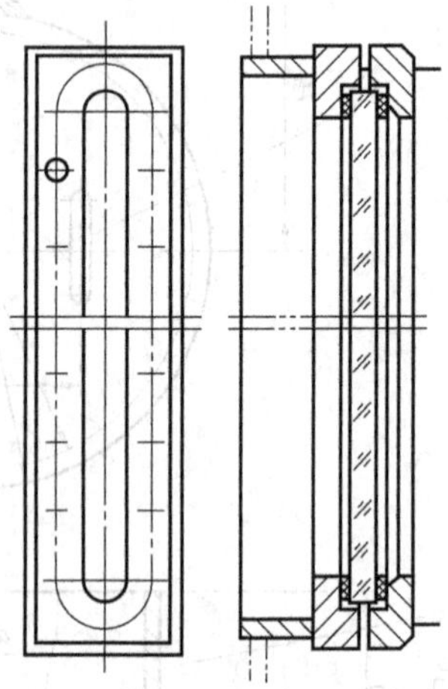

图 2-37　玻璃板液面计

（2）液面计的选用

① 设备高度在 3m 以下，介质流动性较好、不结晶、不会有堵塞通道的固体颗粒物料，一般可选用玻璃管或玻璃板液面计。玻璃管液面计适用于介质压力在 1.6MPa 以下的场合；玻璃板液面计适用于介质压力在 1.6MPa 以上或使用安全性较高的场合。

② 设备高度在 3m 以上、物料易堵塞、液面测量要求不很严格的常压设备，应采用浮标液面计。

（3）液面计与设备的连接

对于承压容器，一般都是将液面计通过管法兰、活接头或螺纹接头与设备连接在一起，如图 2-38 所示。当设备直径较大时，可以同时采用几组液面计接管，如图 2-39 所示。

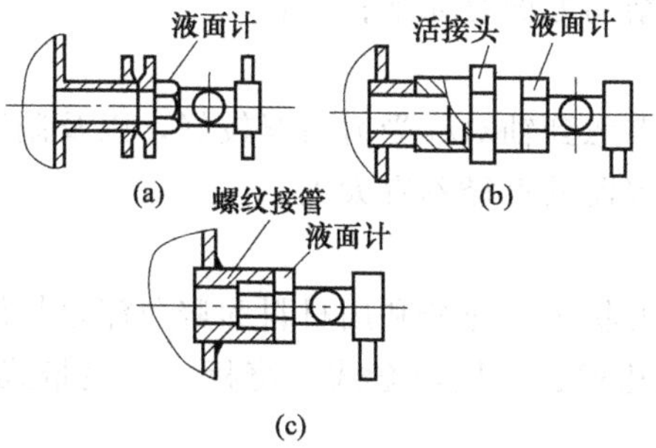

图 2-38　液面计与设备的连接图

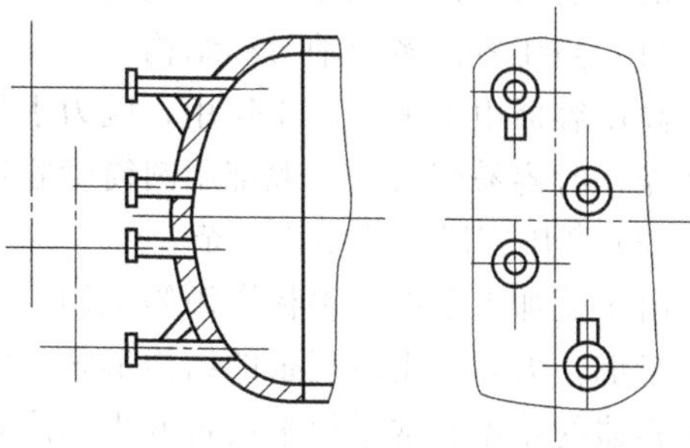

图 2-39　两组液面计接管

第三节　高压容器结构选用

随着化学工业的迅速发展，高压技术越来越重要，高压容器也得到了越来越广泛的应用。如氨合成塔、尿素合成塔、甲醇合成塔、石油加氢裂化反应器等压力一般为 15～30MPa，高压聚乙烯反应器的压力在 200MPa 左右。同时，高压技术也大量用于其他领域，如水压机的蓄压器、压缩机的气缸、核反应堆及深海探测等。

高压操作可提高反应速度，改进热量回收，并能缩小设备体积等。随着化学工业的迅速发展，高压工艺过程获得了越来越广泛的应用。因此，了解高压容器的结构原理和特点非常重要。常见高压容器的结构有以下几种：

① 单层圆筒结构　包括整体锻造式、锻焊式、单层卷焊式、单层瓦片式等。

② 多层圆筒结构　包括多层包扎式、多层热套式、多层绕丝式、多层绕板式、绕带式等。

一、高压容器的总体结构和特点

高压容器和中低压容器一样，也是由筒体、筒体端部、平盖或封头、密封结构以及一些附件组成的，如图 2-40 所示。但因其工作压力较高，一旦发生事故危害极大，因此，高压

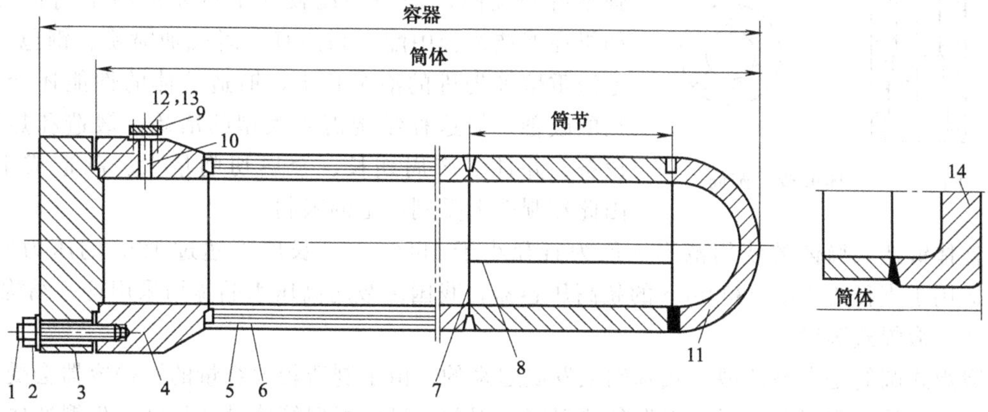

图 2-40　高压容器总体结构

1—主螺栓；2—主螺母；3—平盖；4—筒体端部；5—内筒；6—层板层（或扁平钢带层）；7—环焊接接头；8—纵焊接接头；9—管法兰；10—孔口；11—球形封头；12—管道螺栓；13—管道螺母；14—平板封头

容器的强度及密封等就显得特别重要。高压容器在结构方面有如下特点：

（1）高压容器多为轴对称结构

高压容器由于承受高压作用，应力水平较高，考虑到轴对称受力情况较好，以及制造方便和操作时容易密封，一般都用圆筒形容器，高压容器的直径不宜太大。

（2）高压容器筒体结构复杂

由于受加工条件、钢板资源等限制，从改善受力状况、充分利用材料和避免深厚焊缝等方面考虑，大多采用较复杂的结构形式，如多层包扎式、多层热套式、绕板式、绕带式等。高压容器的端盖通常采用平端盖或半球形封头。

（3）高压容器开孔受限制

厚壁容器由于筒壁的应力水平较高，如果在筒壁开孔，则开孔附近的应力必然很高，为了不削弱筒壁的强度，工艺接管或其他必要的开孔尽可能开在端盖上，一般不用法兰接管或突出接口，而是用平座或凹座钻孔，用螺栓密封并连接工艺接管，尽量减小孔径。

（4）高压容器密封结构特殊

高压容器由于密封结构比较复杂，密封面加工的要求比较高。由于多一个密封面就会多一个泄漏的机会，因此，厚壁容器如没有必要两端开口的，一般设计成一端不可拆、另一端是可拆的。内件一般是组装件，称为芯子，安装检修时整体吊装入容器壳体内。

二、高压容器的筒体结构及应用

1. 单层圆筒结构

（1）整体锻造式圆筒

整体锻造式是厚壁容器中最早采用的一种结构。它是用大型钢锭经去除浇口、冒口等缺陷后，在钢锭中心穿孔，并加入心轴后经水压机多次锻造，然后进行内、外壁切削加工而成的圆筒体，如图2-41所示。

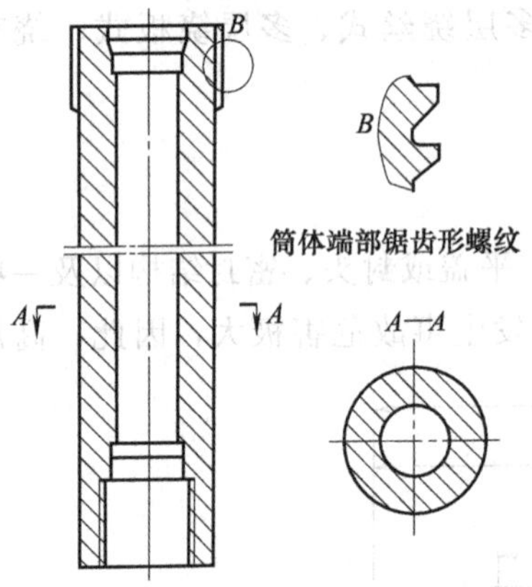

图 2-41 整体锻造式圆筒

这种整体锻造式的圆筒，其主要优点是结构比较简单，而且由于大型钢锭中的缺陷部分被切除，余下部分经锻压后组织密实，材料性质均匀，筒体无焊缝，机械强度得到提高，是一种比较安全可靠的厚壁筒体结构。如果在锻造过程中配合采用真空脱气加喷粉、钢包精炼、电渣重熔等先进的冶金技术，锻造筒体的性能还会有明显的改善。但这种结构需要大型的冶炼、锻造和热处理设备，并且生产周期长、金属切削量大、制造成本高，因此在制造上受到一定的限制。

整体锻造式筒体的使用范围一般为直径小于1500mm、长度不超过12m的压力容器。特别适用于直径为100～800mm的超高压容器，我国多数超高压水晶釜均采用这一结构。

（2）锻焊式圆筒

锻焊式圆筒是在整体锻造式基础上发展起来的。由于制造较大容量的厚壁容器会受到冶炼、锻造、热处理以及金属加工设备的限制，因此，可以根据筒体设计长度，先锻造成若干个筒节，然后通过深环焊缝将各个筒节连接起来，最后进行焊后热处理消除热应力和改善焊缝区的金相组织，如图2-42（a）、（b）所示。

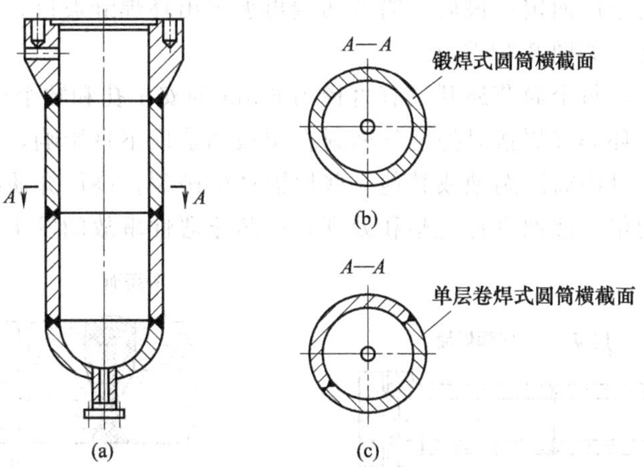

图 2-42　锻焊式圆筒和单层卷焊式圆筒

由于这种结构造价很高，因此常用于制造一些有特殊要求和安全性较高的压力容器，如加氢反应器、煤液化反应器、核容器等。

（3）单层卷焊式圆筒

这种结构与中、低压圆筒的制造方法类似，只需要将经检验合格的厚钢板在常温或加热后，在大型卷板机上卷成圆筒坯，然后焊接纵焊缝成为筒节，再焊接环焊缝将筒节连接成需要长度的圆筒体，如图 2-42（c）所示。

该结构加工工序少，制造简单，自动化程度高，生产效率高，因而，是迄今为止使用最多的一种压力容器圆筒结构。目前，已经可以制造厚度为 500mm 的各种单层卷焊式厚壁容器。但若用于制造大型厚壁容器，则需要大型卷板机和热处理炉。

（4）单层瓦片式圆筒

当没有大型卷板机而有大型水压机时，可以将厚钢板加热后在水压机上压制成瓦片形状的“瓦坯”，再用焊接纵焊缝的方法将“瓦坯”组对成圆筒节，然后按照需要的长度组焊成圆筒体。由于每一个筒节都有两条或两条以上的纵焊缝，而“瓦坯”组对时，需要一定数量的工夹具，因此，较费工时，且制造方法比单层卷焊式复杂，一般较少采用此种圆筒结构。

上述几种单层圆筒尽管结构简单，使用经验丰富，但它们都有一些共同的缺点：

① 除整体锻造式外，不能完全避免较薄弱的深焊缝（包括纵焊缝和环焊缝），焊接检验和消应力处理均较困难，结构本身缺乏阻止裂纹快速扩展的自保护能力。

② 大型锻件及厚钢板的性能不及薄钢板，不同方向力学性能差异较大，发生低应力脆性破坏的可能性也较大。

③ 应力沿壁厚不是均匀分布的，材料未得到充分利用。

因此根据需要，相继研制了不同结构的多层圆筒。

2. 多层圆筒结构

（1）多层包扎式圆筒

多层包扎式是由内筒和外面包扎的多层层板两部分组成的。首先用厚度为 4～34mm 的优质碳素钢板或厚度为 8～13mm 的不锈钢板卷焊成内筒筒节，然后将焊接后的纵焊缝磨平并进行无损检测和机械加工；再把厚度为 4～12mm 的薄钢板卷成半圆形瓦片，并作为层板包扎到内筒外面直至需要的厚度，以构成一个筒节，一个筒节的长度视所选择钢板的宽度而定，层数则随需要的厚度而定；最后，筒节两端再加工出环焊缝坡口，并通过深环焊缝焊接将筒节连成一个筒体，如图 2-43 所示。

在包扎式圆筒中，每个筒节还开设有直径为 6mm 的安全孔和数个通气孔，如图 2-44 所示。一方面可以防止环焊缝焊接时把空气密封在层板间造成不良影响，另一方面可作为操作时的安全孔使用，一旦内筒因腐蚀或其他一些原因产生破裂，高压介质必然会从安全孔渗漏出来，通过该孔便能很方便地进行观察和处理，以防止恶性事故的发生。

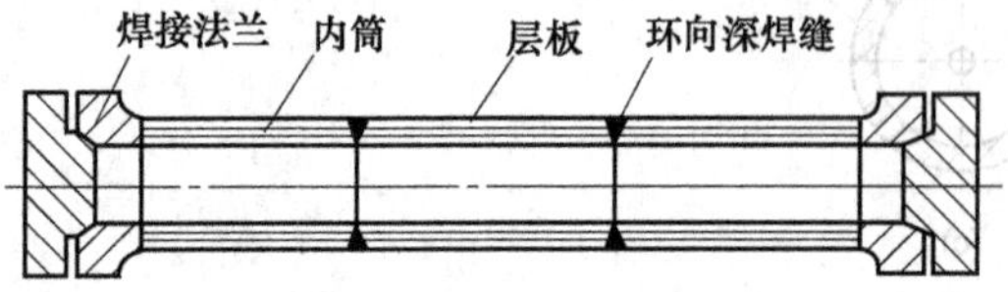

图 2-43 多层包扎式厚壁容器

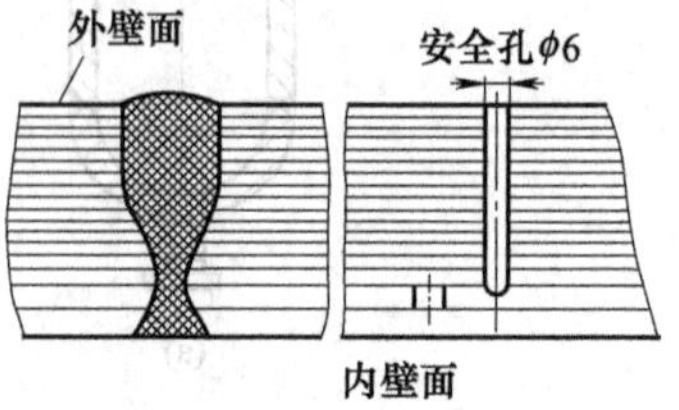

图 2-44 层板包扎结构

多层包扎式圆筒是目前我国应用最多的一种厚壁容器，主要优点如下：

① 制造这种结构的厚壁容器不需要大型复杂的加工设备，一般中等规模的压力容器专业厂都能制造。

② 使用的层板较薄，其塑性较好，脆性转变温度较低，如果发生破裂，则也只是逐层开裂，不会产生大量碎片；另外，层板部分的纵焊缝始终错开，任何轴向剖面上均无两条以上的焊缝，减小了焊缝区因缺陷或应力集中对整个容器强度的影响，因此具有较高的安全可靠性。

③ 层板在包扎和焊接过程中，由于受到钢丝绳或液压钳的拉紧力，以及焊缝的冷却收缩作用，因此筒体沿壁厚会产生一定的压缩预应力。当受内压作用时，该预应力即可以抵消一部分由内压引起的拉应力，使厚壁圆筒在壁厚方向的应力分布比单层筒体更均匀，由此提高了容器的承载能力。

④ 当介质有腐蚀时，内筒可选用耐蚀钢板，而层板则用普通碳素钢板，以降低成本。

多层包扎式圆筒也有一些缺点，如制造工序多，包扎工艺难度大，生产周期长，对钢板厚度均匀性要求较高，钢材利用率较低（仅 60%左右）；筒节间存在深环焊缝，对筒体的制造质量和安全有显著影响，特别是焊接缺陷，使其成为低应力脆性断裂的根源等。

多层包扎式圆筒的常用范围是：最大设计压力为 70MPa，设计温度为－45～550℃，最大直径为 6000mm，最大壁厚为 533mm。

（2）多层热套式圆筒

热套式结构是将两个或多个圆筒套在一起组成的厚壁圆筒。首先是把厚度为 25～80mm 的中厚钢板卷焊成几个直径不同但可以过盈配合的筒节，然后将外层筒节加热，套入内层筒节，当外筒冷却后产生收缩，紧紧地贴在内筒上，使内筒受到一定的压应力。最后再将套好后的厚壁筒节通过深环焊缝组焊成一个筒体，如图 2-45 所示。当设计压力大于 100MPa 时，需要由过盈产生的套合力提高其承载能力，此时套合面需经精密机械加工；当设计压力小于 35MPa 时，套合面只需进行粗加工或喷砂处理，甚至可以不加工。

这种结构与多层包扎式圆筒相比，不仅具有前者大多数优点，而且还避免了工序多、生产周期长的缺点；热套式容器大多采用厚度为 25～80mm 的中厚钢板制作圆筒，其抗脆性比单层筒体好；各层圆筒贴合紧密，不存在间隙，除了可以改善筒体操作时的应力状态外，

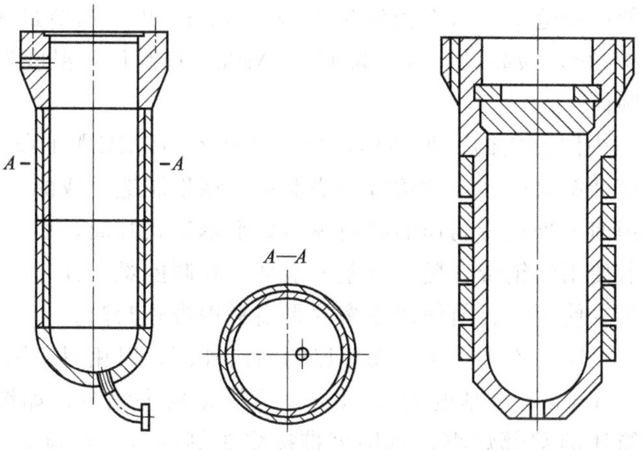

(a) 双层热套式厚壁圆筒　　(b) 外筒焊缝不焊接的热套式结构

图 2-45 多层热套式厚壁圆筒

对用筒壁作传热的容器也十分有利。另外，热套式筒体的各层圆筒纵焊缝可以进行100%探伤，因此，纵向焊缝质量易于保证。

由于热套式结构只能热套短圆筒，因此筒节连接较多，深环焊缝存在缺陷的可能性增大，同时也增加了环焊缝焊接和无损检测的工作量。除此之外，热套式结构需要大型设备加工坡口和进行整体热处理的加热炉。

多层热套式圆筒的常用范围是：设计压力为10～70MPa，设计温度为－45～538℃，内直径为600～4000mm，壁厚为50～500mm，筒体长度为2400～38000mm。

(3) 多层绕板式圆筒

这种结构同样是在多层包扎式圆筒基础上发展起来的，其主要目的是为了克服多层包扎结构中焊缝多、生产周期长的缺点。它由内筒、绕板层、保护筒和楔形板组成。制造时把筒体分成多个筒节，其内筒厚度为10～40mm，内筒的长度与所绕钢板的宽度相同。开绕时，由于绕板的厚度会在起始端出现一个台阶，因此在起绕处先点焊一个楔形板，并且一端磨尖，另一端与绕板厚度相同并与绕板连接。绕板时，首先将厚度为3～5mm的薄板端部与楔形板的厚端焊接，然后将薄板连续地缠绕在内筒上，达到筒体的设计厚度为止。最后与起始处一样，焊接一块外楔形板，再包上6～10mm厚的钢板作为保护筒，即构成一个厚壁筒节。图2-46是绕板式圆筒筒节的卷制示意图。

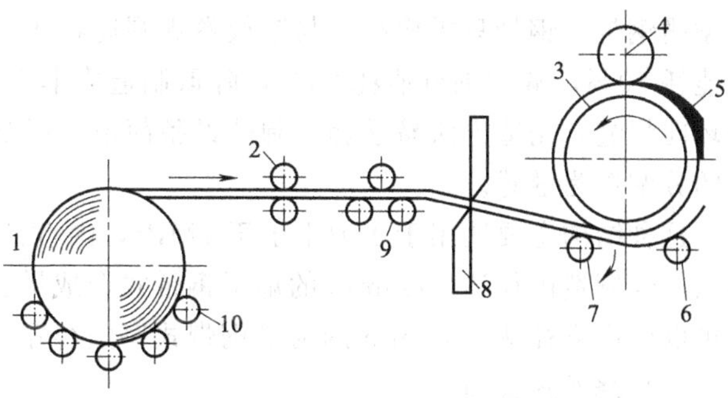

图 2-46 绕板式圆筒筒节的卷制示意图

1—绕板层；2—夹紧辊；3—内筒；4—压辊；5—楔形板；6,7—滚轮架；8—剪板机；9—矫平机；10—托辊

与多层包扎式圆筒相比，多层绕板式圆筒具有纵向焊缝少、机械化程度高、绕制快、材料利用率高（达到90%以上）、操作简便等优点。但由于该结构的筒节长度与钢板宽度相等，因此，筒节和封头均需要用深环焊缝进行连接，增加了焊接和检验的工作量；另外，钢板厚度误差累积会使圆筒圆度增大、绕板不容易绕紧、层间存在间隙等。

多层绕板式圆筒的应用范围：内直径为500～7000mm，单个筒节最大长度为2200mm，制作容器最大质量为1000t，最高设计压力为147.2MPa，最高设计温度为468℃。

（4）多层绕带式圆筒

多层绕带式圆筒是中国首创的一种结构，现已被列入ASMEⅧ-1和ASMEⅧ-2标准的规范案例。它是在内筒外壁上以一定的预应力绕上数层钢带制造而成的。钢带有两种，即扁平钢带和型槽钢带。用前一种钢带制作的圆筒称为扁平钢带式圆筒，后一种则称为绕带式圆筒。由于绕带式圆筒所使用的钢带有槽，公差要求高，轧制困难，并且还需要大型高精度的加工设备，因此已经很少使用。目前使用更多的是扁平钢带式圆筒。

扁平钢带式圆筒是在厚度不小于1/6总壁厚的内筒外面，以相对于圆筒体环向15°～30°的倾角错绕宽度为80～160mm、厚度为4～8mm的热轧扁平钢带，如图2-47所示。开绕时，钢带的起始端与筒体的端部焊牢，每层钢带按多头螺纹方式绕制，并相互左右螺旋错开。同时通过一个油压装置压紧钢带以产生一定的拉力，使筒内产生必要的预压缩力。扁平钢带式圆筒绕带制作示意如图2-48所示。

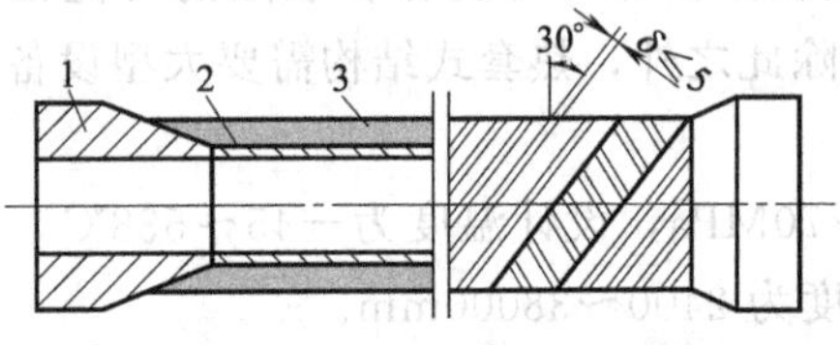

图2-47　扁平钢带式圆筒

1—筒体端部；2—内筒；3—钢带层扁平钢带倾角错绕式筒体

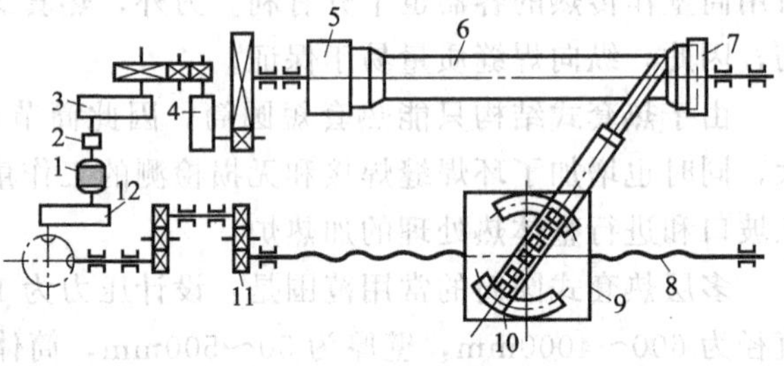

图2-48　扁平钢带式圆筒绕制示意图

1—电机；2—刹车装置；3,4,12—减速箱；5—床头；6—内筒；7—尾架；8—丝杠；9—小车；10—压紧装置；11—挂轮

该结构兼有绕带式和多层包扎式筒体的优点，可以用轧制容易的扁平钢带代替轧制困难的型槽钢带，钢带只需冷绕。与厚板卷焊圆筒相比，它能够提高工效1倍，降低焊接和热处理能耗80%，减少钢材消耗20%，降低制造成本30%～50%。另外筒体全长没有深的纵向和环向焊缝，制造方法易掌握，制造设备简单。但绕制倾角对带层及内筒承受轴向、环向应力的分配极为敏感。

这种结构主要适用于压力不小于1MPa，内直径大于或等于300mm的内压容器。目前，我国已经制造内径达1000mm的扁平钢带式合成塔、水压机蓄能器和高压气体储罐千余台，并可以生产直径达2500mm的扁平钢带式厚壁容器。

（5）绕丝式圆筒

绕丝式筒体主要由内筒、钢丝层和法兰组成。内筒一般为单层整锻式筒体。高强度钢丝以一定的预拉应力逐层沿环向缠绕在内筒上，直至所需的厚度。

缠绕在内筒外面的钢丝层只能承受环向和径向的应力，而不能承受轴向力。因此，绕丝式筒体的轴向力应由内筒或框架来承担。如由内筒承担轴向力，则内筒的壁厚不得小于筒体总厚度的一半，这就使内筒制造困难且筒壁中的应力不易均匀；如用框架承担轴向力，则可采用薄内筒，筒体的受力状况和抗疲劳性能好，但框架的造价很高。

绕丝式筒体具有钢丝缠绕力易于控制、使用安全、选材容易等优点，在超高压场合获得应用，其内压可达1000MPa以上，直径可达2000mm。

第四节　化工设备检验

一、检验的目的

容器有可能由于材质、钢板弯卷、焊接及安装等加工过程的不完善，导致在规定的工作压力下出现过大变形或焊缝有渗漏等现象。因此，新制造的容器或大检修后的容器在交付使用之后都必须进行耐压试验和泄漏试验。耐压试验的目的如下：

① 检验容器在超过工作压力条件下的宏观强度；

② 检验密封结构的可靠性及焊缝的致密性；

③ 观测压力试验后受压元件的母材及焊接接头的残余变形量，及时发现材料和制造过程中存在的缺陷。

二、耐压试验的对象

有下列情况之一的压力容器应当进行耐压试验：

① 根据工艺条件设计制造的新设备；

② 由于生产工艺条件的改变，导致设备在线使用时的工艺参数如工作温度、操作压力等发生了变化，且按新工艺条件经强度校核合格的设备；

③ 按照设备管理要求进行检修的设备；

④ 停用一段时间后重新启用的设备；

⑤ 安装位置发生移动的设备；

⑥ 需要更换衬里的设备；

⑦ 其他有必要进行耐压试验以确保安全的设备。

三、耐压试验的方法及要求

耐压试验分为液压试验、气压试验和气液组合试验。在相同压力和容积下，试验介质的压缩系数越大，容器储存的能量越大，爆炸也就越危险，故应选用压缩系数小的流体作为介质。常温时，水的压缩系数比气体要小得多，且来源丰富，因而是常用的试验介质。只有因结构或设计等原因不能往容器内充灌水或其他液体，以及运转条件下不允许残留液体时（如高塔液压试验时液体重力可能超过基础承受能力），才采用气压试验。考虑到支座承重，容器无法全部充装液体时，可采用气液组合试验。对需要进行焊后热处理的容器，应在全部焊接工作完成并经热处理之后，才能进行耐压试验；对于分段交货的压力容器，可分段热处理，在安装工地组装焊接，并对焊接的环焊缝进行局部热处理之后，再进行耐压试验。耐压试验的种类、要求和试验压力值应在图样上注明。

（一）液压试验

液压试验是将容器注满液体后，再用泵逐步增压到试验压力，检验容器的强度和致密性。图 2-49 为容器液压试验示意图，试验必须用两个量程相同、并经检定合格的压力表，压力表的量程应为 1.5～3 倍的试验压力，宜为试验压力的 2 倍。容器的开孔补强圈应在压力试验前通入 0.4～0.5MPa 的压缩空气检查焊接接头质量。

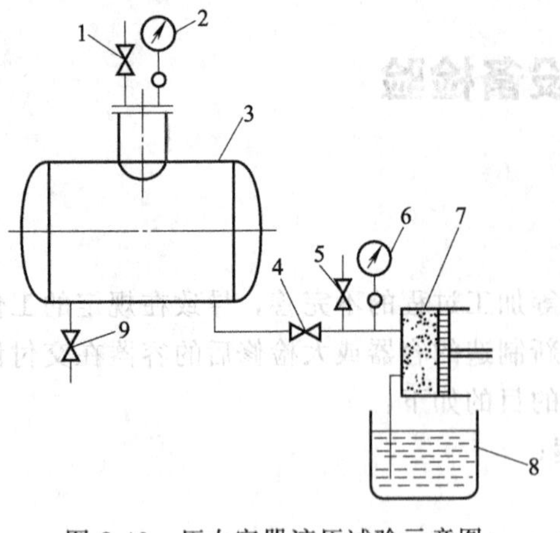

图 2-49 压力容器液压试验示意图

1—排气阀；2—压力表；3—容器；4—直通阀；5—安全阀；6—压力表；7—试压泵；8—水槽；9—排液阀

1. 试验介质及要求

供试验用的液体一般为洁净的水，需要时也可以采用不会导致发生危险的其他液体。在液压试验时，为防止材料发生低应力脆性破裂，液体温度不得低于容器壳体材料的韧脆转变温度。一般来说，当时 Q345R、Q370R、07MnMoVR 制容器进行液压试验时，液体温度不得低于 5℃；对于其他碳钢和低合金钢制容器，液体温度不得低于 15℃；低温容器液压试验的液体温度应不低于壳体材料和焊接接头的冲击试验温度（取其高者）加 20℃的温度值。如果因板厚等因素造成材料脆性转变温度升高，则需相应提高试验温度。其他钢种的容器液压试验温度按图样规定。

氯离子能破坏奥氏体型不锈钢（如 0Cr18Ni9）表面钝化膜，使其在拉应力作用下发生应力腐蚀破坏。因此对奥氏体型不锈钢制压力容器进行水压试验时，应控制水的氯离子含量不超过 25mg/L，并在试验后立即将水渍清除干净。

2. 试验方法

① 试验时容器顶部应设排气口，充液时将容器内的空气排尽。

② 试验时压力应缓慢上升至设计压力，确认无泄漏后继续缓慢上升至规定的试验压力，保压一段时间（一般不少于 30min），在此期间容器上的压力表读数应保持不变。然后将压力降至设计压力，并保持足够长的时间以对所有的焊接接头和连接部位进行检查，检查期间压力应保持不变。保压期间不得采用连续加压以维持试验压力不变，试验过程汇总不得带压拧紧紧固件或对受压元件施加外力。如有渗透，应进行标记，泄压后修补，检修好后重新试验，直至合格。

液压试验合格的标准是：无渗漏、无可见变形、无异常响声。

③ 对于夹套容器，先进行内筒液压试验，合格后再焊夹套，然后进行夹套内的液压试验。

④ 液压试验完毕后，应将液体排尽并用压缩空气将内部吹干。

3. 试验压力的确定

试验压力是进行压力试验时规定容器应达到的压力，该值反映在容器顶部的压力表上。液体试验时的试验压力为：

$$p_T = 1.25 p \frac{[\sigma]}{[\sigma]^t} \tag{2-1}$$

式中 p_T——液压试验压力，MPa；

p——设计压力，MPa；

$[\sigma]$——容器元件材料在试验温度下的许用应力，MPa；

$[\sigma]^t$——容器元件材料在设计温度下的许用应力，MPa。

在确定试验压力时需要注意以下几点：

① 容器铭牌上规定有最大允许工作压力时，公式中应以最大允许工作压力替代设计压

力 p。

② 容器各元件（圆筒、封头、接管、法兰及紧固件等）所用材料不同时，应取各元件材料 $[\sigma]/[\sigma]^t$ 比值中最小者。

③ 立式容器水平放置进行液压试验时，当立式容器的最大液柱静压力超过 $0.05p$ 时，其试验压力应为按式（2-1）计算得到的值再加上容器立置时圆筒所承受的最大液体静压力，即 $p'_T=p_T+p_L$。容器的试验压力（液压试验时为立置和卧置两个压力值）应标在设计图样上。

4. 试验应力校核

压力试验时，由于容器承受的压力 p_T 高于设计压力 p，因此为防止容器产生过大的应力，要求在试验压力下圆筒产生的最大应力不得超过圆筒材料在试验温度（常温）下屈服点的 90%，即：

$$\sigma_T=\frac{(p_T+p_L)(D_i+\delta_e)}{2\delta_e}\leqslant 0.9\phi\sigma_s(\sigma_{0.2}) \tag{2-2}$$

式中　σ_T——试验压力下圆筒的应力，MPa；

D_i——圆筒内直径，mm；

δ_e——圆筒的有效厚度，mm；

$\sigma_s(\sigma_{0.2})$——材料在试验温度下的屈服点（或 0.2%屈服强度），MPa；

ϕ——圆筒的焊接接头系数。

（二）气压试验和气液组合试验

气压试验和气液组合试验之前必须对容器主要焊缝进行 100%的无损检测，并应增加试验场所的安全措施，试验单位的安全管理部门应当派人进行现场监督。试验所用的气体应为干燥洁净的空气、氮气或其他惰性气体，液体应与液压试验的规定相同。容器作定期检查时，若其内有残留易燃气体存在将导致爆炸，则不得使用空气作为试验介质，对高压及超高压容器不宜采用气压试验。

气压试验时，压力应先缓慢上升至规定试验压力的 10%，且不超过 0.05MPa 时，保持 5min，然后对所有焊接接头和连接部位进行初次泄漏检查，如有泄漏，则应修补后重新试验。初次泄漏检查合格后，再继续缓慢升压至规定试验压力的 50%，如无异常现象，则其后按规定试验压力的 10%逐级升压，直到试验压力。保压 10min 后降至设计压力，保持足够长的时间后再次进行泄漏检查，检查期间压力应保持不变。如有泄漏，则在修补后再按上述规定重新试验。

气压试验合格的标准是：容器无异常响声，经肥皂液或其他检漏液检查无漏气，无可见变形。

气液组合试验合格的标准是：无液体泄漏，经肥皂液或其他检漏液检查无漏气，无异常响声，无可见变形。

气压试验的试验压力应略低于液压试验的试验压力，其值为：

$$p_T=1.10p\frac{[\sigma]}{[\sigma]^t} \tag{2-3}$$

气压试验时，要求试验压力下圆筒产生的最大应力不超过圆筒材料在试验温度（常温）下屈服点的 80%，即：

$$\sigma_T=\frac{p_T(D_i+\delta_e)}{2\delta_e}\leqslant 0.8\phi\sigma_s(\sigma_{0.2}) \tag{2-4}$$

式中　p_T——气压试验压力，MPa。

四、泄漏试验

泄漏试验的目的是检查容器可拆连接部位的密封性，包括气密性试验、氨检漏试验、卤素检漏试验和氦检漏试验。容器经耐压试验合格后方可进行泄漏试验。

介质为易燃或毒性程度为极度、高度危害或设计上不允许有微量泄漏（如真空度要求较高时）的压力容器，必须进行气密性试验（气压试验合格的容器不必再作气密性试验）。气密性试验的危险性大，应在液压试验合格后进行。在进行气密性试验前，应将容器上的安全附件装配齐全。

气密性试验所用气体同气压试验，其试验压力为设计压力。气密性试验的试验压力、试验介质和检验要求应在图样上注明。

气密性试验时，压力应缓慢上升，达到规定试验压力后保压足够长时间，对所有焊接接头和连接部位进行泄漏检查。小型容器亦可浸入水中检查。试验过程中，无泄漏即为合格；如有泄漏，则应在修补后重新进行试验。

【习题】

1. 简述压力容器按《压力容器安全技术监察规程》进行分类的方法。
2. 按不同的分类方法确定该容器的种类：内径为1400mm，壁厚为8mm，工作温度为(100±5)℃，工作压力为2.6MPa。
3. 指出压力容器主要零部件的名称。
4. 理解压力容器各组成部分的作用。
5. 什么是标准椭圆形封头？椭圆形封头为何得到广泛应用？
6. 椭圆形封头和碟形封头的直边段有何作用？
7. 分析锥形封头的结构特点，说明其适用场合。
8. 安全阀的作用有哪些？
9. 常用人孔的形式有哪些？
10. 分析压力容器进行压力检验的目的及合格判定标准。
11. 哪些容器需要进行耐压试验？

第二篇 化工设备结构拆装

第三章 储存容器结构拆装

【学习目标】

① 掌握储罐的类型和基本结构。

② 能够正确选用储罐的零部件及安全附件。

第一节　储存容器类型选择

用于储存生产用的原料、半成品及成品等物料的设备称为储存设备。这类设备属于结构相对比较简单的容器，又称为储罐。储罐是石油、化工、粮油、食品、消防、交通、冶金、国防等行业必不可少的重要的基础设施，在国民经济发展中所起的重要作用无可替代。储罐是储存各种液体（或气体）原料及成品的专用设备，对许多企业来说没有储罐就无法正常生产，特别是国家战略物资储备均离不开各种容量和类型的储罐。

一、储存容器的分类

由于储罐的储存介质、结构形状和内部压力等不同，储罐的形式也是多种多样的。

1. 按储存介质分类

由于储存介质的多样性，不同的介质有不同的形态，因此储罐也是各种各样的，按照储存介质的物理状态不同，储罐分类如下：

（1）储存气体的储罐

大气环境温度下，储存接近常压的气体（如低压瓦斯气、煤气）的储罐，通常称为气柜。大气环境温度下，储存经过加压的气体（如空气、氧气、氮气等），通常采用卧式储罐、球形储罐和高压气瓶等。

（2）储存液体的储罐

大气环境温度和气相压力接近于常压的条件下，储存液体、石油及汽油、煤油、柴油等石油液体产品，一般采用立式圆筒形储罐，当容量不大于 $100m^3$ 时，也经常采用卧式储罐。大气环境温度下，储存一定压力的液化气体（如液化石油气等），容量大于 $100m^3$ 时，通常采用球形储罐；容量不大于 $100m^3$ 时，常采用卧式储罐。在低温和接近于常压的条件下，储存液化石油气，通常采用立式圆筒形储罐。

（3）储存固体的储罐

储存固体物料的储罐，通常称为料仓。

2. **按结构形状分类**

储罐按结构形状不同，分为立式、卧式和球形储罐，其中立式和卧式储罐多为圆筒形，如图 3-1、图 3-2 所示。

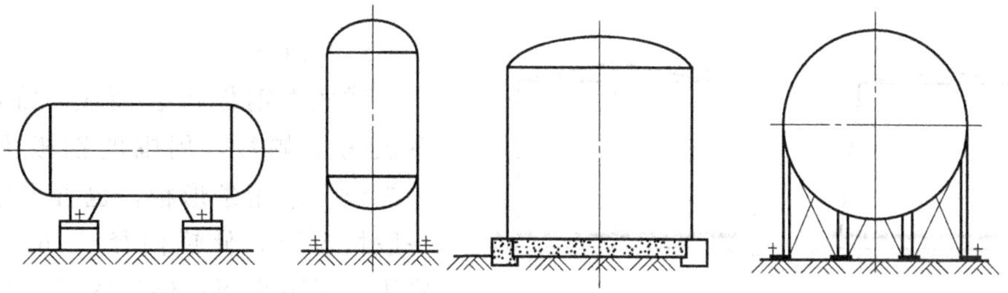

(a) 卧式罐　　(b) 立式罐　　(c) 球式罐

图 3-1　储罐类型

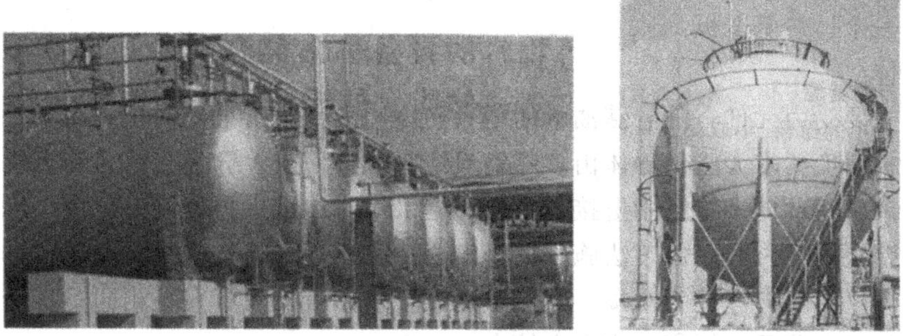

图 3-2　储罐

球形储罐与圆筒形储罐相比，具有容积大、承载能力强、节约钢材、占地面积小、介质蒸发损耗少等优点，但也存在制造安装技术要求高、焊接工程量大、制造成本高等缺点。

3. **按内部压力分类**

立式储罐和卧式储罐罐内的压力可以是正压，也可以是负压，用来储存各种气体和液体。当储罐的容量不大于 $100m^3$ 时，储罐可以在容器制造厂订购；当储罐的容量大于 $100m^3$ 时，大多数的储罐是在现场组装焊接的。炼油化工装置中的中间产品储罐，多使用立式储罐和卧式储罐，习惯上称之为立式容器和卧式容器。

此外，储罐还可分为：

① 按位置分类：地上储罐、地下储罐、半地下储罐、海上储罐、海底储罐等。

② 按油品分类：原油储罐、燃油储罐、润滑油罐、食用油罐、消防水罐等。

③ 按用途分类：生产油罐、存储油罐等。

④ 按结构分类：固定顶储罐、浮顶储罐、球形储罐等。

⑤ 按材料分类：金属材料储罐、非金属材料储罐等。

二、液体储罐的结构

液体储罐的形式很多，常见的有以下几种：圆筒式储罐、卧式储罐（固定式、移动式）、立式储罐（锥顶储罐、圆顶储罐、伞顶储罐、浮顶储罐、升降顶储罐、其他储罐）、特殊形状储罐（球形储罐、扁球形储罐、多筒式储罐、高脚储罐）。

1. 立式拱顶储罐

立式拱顶储罐是由罐顶、罐体、罐底三部分组成的圆柱形钢制容器，如图 3-3 所示。拱顶储罐的制造简单、造价低廉，在国内外许多行业中应用最为广泛，最常用的容积为1000～10000m^3。

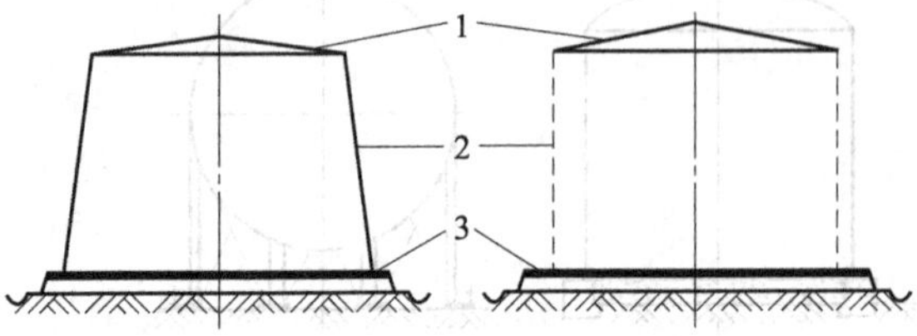

图 3-3 立式拱顶储罐

1—罐顶；2—罐体；3—罐底

（1）罐底

罐底由钢板拼装而成，罐底中部的钢板为中幅板，周围的钢板为边缘板。边缘板可采用条形板，也可采用弓形板。一般情况下，储罐内径＜16.5m 时，宜采用条形边缘板；储油内径＞16.5m 时，宜采用弓形边缘板。由于罐底下表面接触罐基容易受潮，而上表面又经常受到所储存液体中沉积水分和杂质的影响，因此容易腐蚀。为防止底板腐蚀穿孔，在计量孔的正下方要设置一个计量基准板。

（2）罐体

罐体为主要受力元件，随着储油量的增大受力增大。由于下部的压力高于上部，因此罐壁下部的钢板厚度要求大些。罐体由多圈钢板组对焊接而成，分为套筒式和直线式。

套筒式罐壁板环向焊缝采用搭接，纵向焊缝采用对接。拱顶储罐多采用该形式，其优点是便于各圈壁板组对，采用倒装法施工比较安全。

直线式罐壁板环向焊缝为对接。其优点是罐壁整体自上而下直径相同，特别适用于内浮顶储罐，但组对安装要求较高、难度亦较大。

（3）罐顶

罐顶由多块扇形板组对焊接而成球冠状，罐顶内侧采用扁钢制成加强筋，各个扇形板之间采用搭接焊缝，整个罐顶与罐壁板上部的包边角钢圈（或称锁口）焊接成一体。扇形板在安装时，考虑油罐顶板受力对称、均匀，通常设计成偶数，相互搭接。装油高度内能达到罐的安全高度。罐顶与罐壁之间在选择连接方式时，考虑安全要求采用“弱顶”结构，即罐顶板与包边角钢外侧连续焊接，焊角高度为罐顶板厚的 3/4，内侧不予焊接。这样一旦发生爆炸，就会首先将罐顶掀掉而不至于破坏下结点焊缝和罐壁，防止了油品外溢。

拱顶储罐主要用于储存低蒸气压油料，如煤油、各种燃料油、重油、轻柴油、重柴油、润滑油、液体沥青以及闪点大于 60℃的各种馏分油，其油温不得超过 200℃。

2. 浮顶储罐

浮顶储罐是由漂浮在介质表面上的浮顶和立式圆柱形罐壁所构成的。浮顶随罐内介质储量的增减而升降，浮顶外缘与罐壁之间有环形密封装置，罐内介质始终被内浮顶直接覆盖，减少了介质挥发。浮顶罐有内浮顶罐和外浮顶罐之分。

（1）内浮顶储罐

内浮顶储罐是在拱顶储罐内部增设浮顶而制成的，如图 3-4 所示。罐内增设浮顶可减少介质的挥发损耗，外部的拱顶又可以防止雨水、积雪及灰尘等进入罐内，保证罐内介质清洁。内浮顶可以用钢板或铝板制作而成，也可采用玻璃纤维增强聚酯、环氧树脂、硬泡沫塑料等复合材料制造。浮顶可做成隔包式、浮舱式和浮盘式等，在浮顶周围设置软密封装置。

为了导出浮顶上积聚的静电，应在浮顶与罐体之间设置静电导出线与罐壁相连。为了及时排出内浮顶与拱顶之间的挥发气体，防止可燃性气体积聚，在罐壁上部和拱顶开有通气孔，使浮顶上部空间形成对流，提升通风效果，以防油气浓度聚积到爆炸下限以上。罐壁通气孔等间距地设置在顶圈罐壁上，且相邻间距不得大于 10m，每个罐的总数不得少于 4 个。为了进出方便，在罐壁和浮顶上均设人孔。内浮顶储罐主要用于储存轻质油，例如航空汽油、汽油、溶剂油等品质要求较高的易挥发性油料，在风沙危害大的地区用来储存原油。

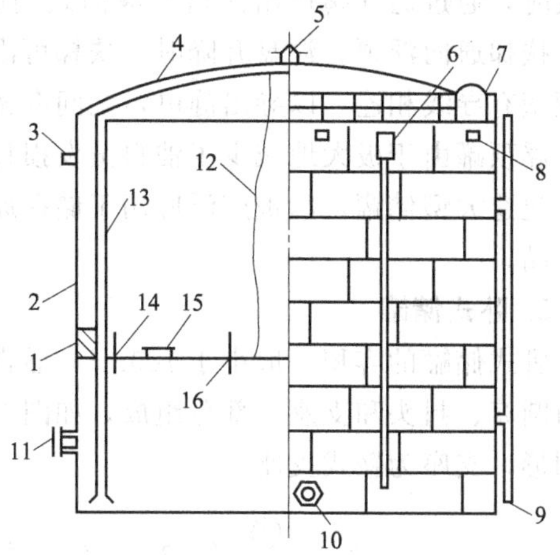

图 3-4　内浮顶储罐

1—软密封；2—罐壁；3—高液位报警装置；4—固定罐顶；5—罐顶通气孔；6—泡沫消防装置；7—罐顶人孔；8—罐壁通气孔；9—液面计；10—罐壁人孔；11—带芯人孔；12—静电导出线；13—量油管；14—内浮盘；15—浮盘人孔；16—浮盘立柱

(2) 外浮顶储罐

外浮顶罐身与罐底与立式圆柱罐相似，如图 3-5 所示，只是罐顶是开放的，钢浮顶在专设的导向装置控制下，凭借液体的浮力，随液面上下移动。外浮顶由浮顶、浮梯、罐顶平台、罐壁、罐底等组成，当罐体容积较小时，浮顶做成双盘式，由上盘板、下盘板和船舱边缘板组成，通过径向和环向隔板隔成若干独立的环形舱，其优点是浮力大、排水效果好。当罐体容积较大时，为了节省钢材，在保证浮力足够的前提下，浮顶一般做成单盘式，由若干个独立舱室组成环形浮舱，其环形内侧为单盘顶板。单盘顶板底部设有多道环形钢圈加固，其优点是造价低、容易维修。浮舱分隔成小舱的目的，一是为了增加刚度；二是个别浮舱泄漏时，不致使整个浮舱沉没。每个舱室都设置人孔，以便于检查泄漏情况。浮顶上至少有一个人孔，以便于储罐维修。浮盘支柱用来调节下死点的高度和支承浮盘。浮盘中央设有带单向阀的排水折管，雨水收集到盘中央，通过浮顶下面的折管排至罐外，折管可随浮盘升降而伸缩。浮顶上设有自动通气阀，当浮盘降到罐底时，通气阀开启，空气进入浮盘内使罐内介质被抽出，相反，在浮盘未浮起之前储罐

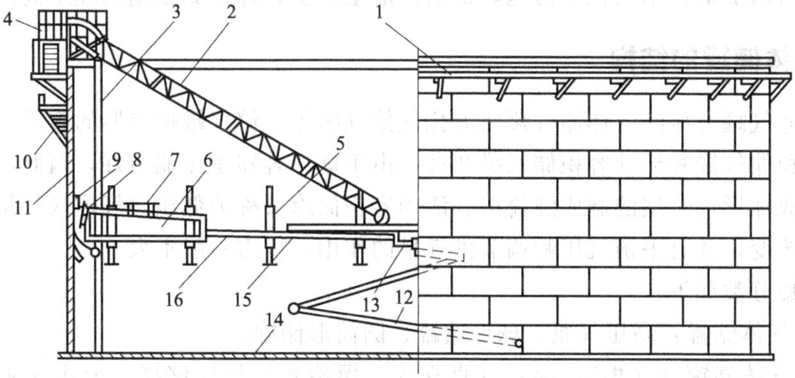

图 3-5　外浮顶储罐

1—抗风圈；2—浮梯；3—量油管；4—罐顶平台；5—浮船支柱；6—浮船船舱；7—船舱人孔；8—伸缩吊架；9—密封板；10—盘梯；11—罐壁；12—折叠排水管；13—集水坑；14—底板；15—浮梯轨道；16—浮船单盘

进液时，通过通气阀排出浮盘与液面之间的气体。罐的上部设有抗风圈，罐壁顶部设有扶梯，扶梯通向浮顶。浮盘升降时，扶梯可沿浮盘上的专用滑道滑行，并不断改变角度。浮盘与罐壁有导线相连，以导出静电，之间有密封圈，以减少液体挥发损耗。

浮顶罐由于极大地减少了油料蒸发损耗及对大气的污染，降低了储罐火灾的危险性，又适合建造大型储罐，已被广泛应用于储存原油、汽油、石脑油、溶剂油及性质相似的石油化工产品。

3. 卧式储罐

卧式储罐的容积一般小于100m³，通常用于生产环节或加油站。卧式储罐的基本结构主要由圆筒、封头和支座三部分组成，如图3-6所示。筒体由钢板卷焊而成，封头多采用标准椭圆形，支座为鞍式支座。

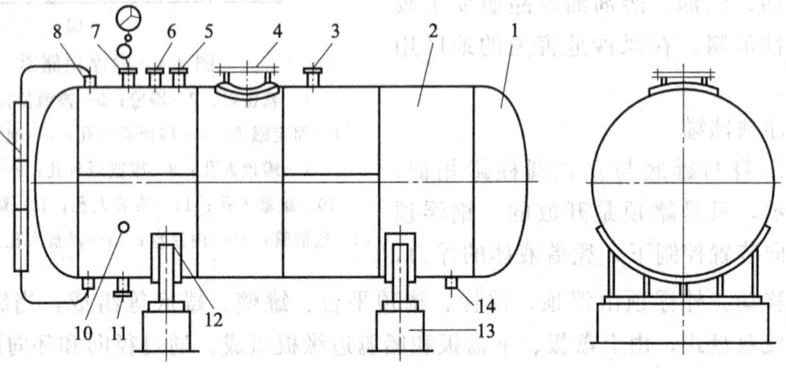

图 3-6　卧式储罐

1—封头；2—筒体；3—气相接管；4—人孔；5—液相回流接管；6—安全阀接管；7—压力表接管；8—液面计接管；9—液面计；10—温度计插孔；11—液相接管；12—鞍式支座；13—基础台；14—排污接管

卧式储罐通常分为地面卧式储罐和地下卧式储罐，采用地下卧式储罐主要是为了减少占地面积和安全防火距离。液化气体储罐有时采用埋地安装，主要的原因是为了避开环境温度影响，维持地下卧式液化气体储罐压力的基本稳定。卧式储罐的埋地措施分两种：一是安装在地下预先构筑的空间里；二是将卧式储罐安装在地下设置的支座上，储罐外壳涂有沥青防锈层，必要时附加牺牲阳极保护措施，最后采取土埋法，并达到预期的埋土高度。

三、气体储罐的结构

常见的储气罐有压缩气体储气罐或液化气储气罐等。储气罐按容器的容积变化与否，可分为固定容积储气罐和活动容积储气罐两种。由于球形容器承压能力好，因此大型固定容积储气罐多制成球形，小型的制成圆筒形。活动容积储罐又称为低压储气罐或气柜。气柜的几何容积可以改变，并有平衡气压和调节供气量的作用，压力一般不大。

气体储罐分类如下：

① 高压气体储罐：高压气瓶、球形储罐、圆筒形储罐。

② 低压气体储罐（气柜）：湿式（直立式、螺旋式）气体储罐、干式（活塞式、气球式）气体储罐。

在湿式低压气柜中，气体与水接触，利用水封保持密封，如图3-7所示。溶于水的气体不能用水封。干式低压气柜是内部设有活塞的圆筒形或多边形立式气柜。活塞直径约等于外

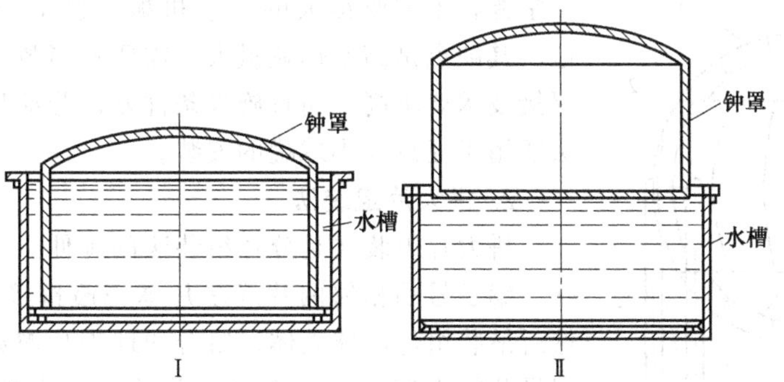

图 3-7　湿式低压气柜

筒内径，随储气量增减，活塞上下移动，其间隙靠稀油或干油气密填封，气体以干燥情况储存，多用于储存煤气。

四、球形储罐的结构

球形储罐的主体是球壳，按照相应的尺寸要求，由许多按一定尺寸预先压制的球面板拼焊而成，如图 3-8～图 3-10 所示。由于球罐的制造和安装较其他形式的储罐困难，而且球罐大多数是压力容器或低温容器，它盛装的物料又大部分是易燃易爆介质，且盛装量大，一旦发生事故，后果不堪设想，因此，球罐的设计和使用要保证安全。

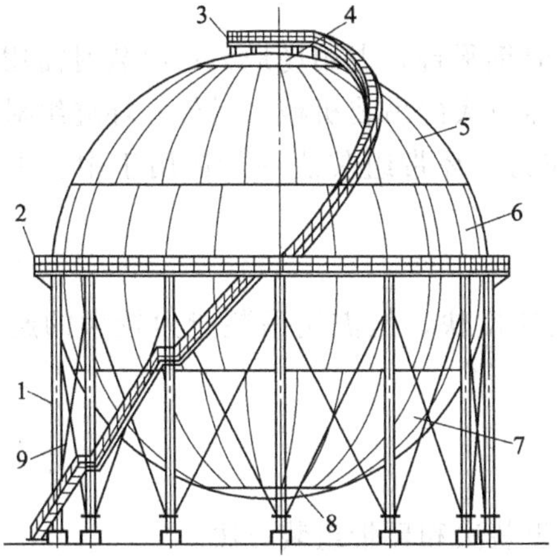

图 3-8　纯橘瓣式球罐

1—支柱；2—中部平台；3—顶部操作平台；
4—北极板；5—北温带；6—赤道带；
7—南温带；8—南极板；9—拉杆

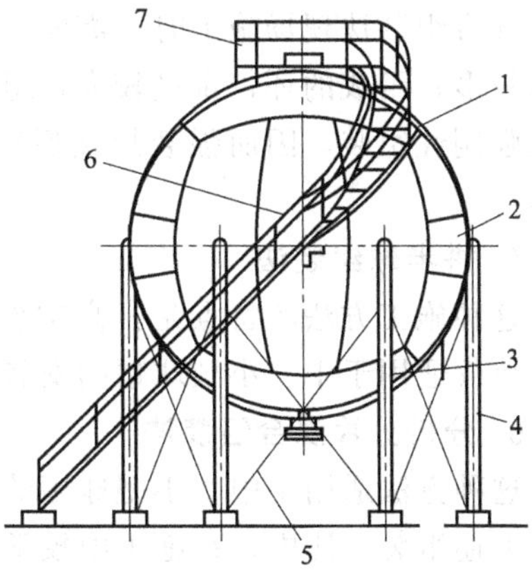

图 3-9　足球瓣式球罐

1—顶部极板；2—赤道板；3—底部极板；
4—支柱；5—拉杆；6—扶梯；
7—操作平台

球罐与圆筒形储罐相比，在相同的设计条件下，其壁厚约为圆筒体壁厚的一半，耗材量少；在相同容积下，球体的表面积比圆柱体的表面积小，因而防护用剂和保温等费用也较少。所以目前在化工、石油、冶金等工业中，许多大容器储罐都采用球罐。但因球形容器制造比较复杂，因此对于直径小于 3m 的容器通常仍采用圆筒形。球罐的组装方法如下：

1. 分片组装法

分片组装法的优点是：施工准备工作量少，组装速度快，组装应力小，而且组装精度易

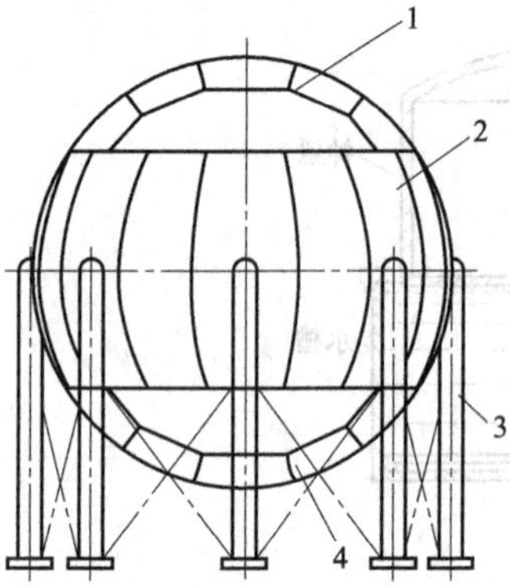

图 3-10　混合式球罐
1—上极；2—赤道带；
3—支柱；4—下极

于掌握，不需要很大的吊装机械，也不需要太大的施工场地。其缺点是高空作业量大，需要相当数量的夹具，全位置焊接技术要求高，而且施焊条件差，劳动强度大。分片组装法适用于任意大小球罐的安装。

2. 拼大片组装法

拼大片组装法是分片组装法的延伸。在胎具上将已预热好、编了号的相邻两片或多片球壳瓣拼接成较大的球壳片，然后吊装组焊成球壳体。组合的球壳片瓣数多少为宜，要根据吊装能力确定。拼大片组装法由于在地面上进行组装焊接，减少了高空作业，并可以采用自动焊进行焊接，因此焊接质量较高。

3. 环带组装法

环带组装法一般分两种：一种是在预制厂先将各环带预制成形，然后运输到现场组装，这种方法常受各种限制，比较大的球罐很少采用；另一种是在现场进行预制并安装，大多数施工单位一般都采用这种方法，即在临时钢平台上，先后将赤道带，上下温带、上下极板分别组对焊接成环带，然后将各环带组装焊接成球体。

环带组装法组装的球壳，各环带纵缝的组装精度高，组装的拘束力小，减少了高空作业和全位置焊接，施工进度快，提高了工效，同时也减少了不安全因素，并能保证纵缝的焊接质量。

环带组装法现场施工时，需要一定面积的临时钢平台，占用场地大；组装时需用的加固支承较多；组成的环带重量较大，组装成球罐时需较大的吊装机械。另外，环缝组对时难以避免强制性组装，因而强装焊接后产生较大的应力。环带组装法一般适用于中、小球罐的安装。

4. 拼半球组装法

这种施工方法的特点是：高空作业少，安装速度快，但需用吊装能力较大的起重机械等，故仅适用于中、小型球罐的安装。

5. 分带分片混合组装法

这种方法适用于中、小型球罐的安装。

上述组装方法中，在施工中较常用的是分片组装法和环带组装方法。

第二节　储罐零部件选用

一、储罐零部件的选用

卧式储罐与立式储罐相比，容量较小、承压能力变化范围宽，最大容量为 400m³、实际使用一般不超过 120m³，最常用的是 50m³，适宜在各种工艺条件下使用。在炼油化工厂多用于储存液化石油气、丙烯、液氨等；在中小型油库中用卧式罐储存汽油、柴油及数量较小的润滑油；另外，汽车罐车和铁路罐车也大多用卧式储罐。

卧式储罐由罐体、支座及附件等组成。罐体包括筒体和封头，筒体由钢板卷制组对焊接而成，各筒节间环缝可对接也可搭接；封头常用椭圆形、碟形及平板形封头。卧式储罐的罐体如图 3-11 所示。

卧式储罐支座有鞍式、圈式和支承式三种。大中型的卧式储罐常设置两个对称布置的鞍式支座。

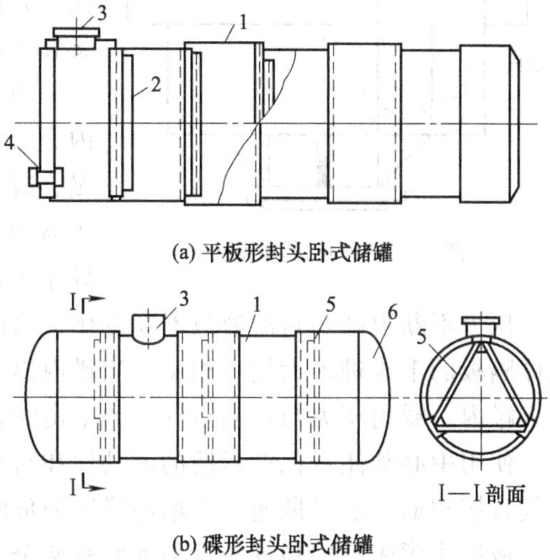

图 3-11　卧式储罐罐体

1—筒体；2—加强环；3—人孔；4—进出油管；5—角支承；6—封头

二、储罐安全附件的选用

为了保证储罐安全使用和便于液体收发、储存，在储罐上必须装设符合规定及安装要求的各种附件和装置。

（一）呼吸阀

呼吸阀是为了防止内超压或形成负压引起罐体破坏的通气装置。当罐内液体挥发度较低时，用通气管即可；当罐内储存的是易挥发性液体时，则要在罐顶安装呼吸阀。根据呼吸阀的工作原理，可以分为机械式和液压式呼吸阀。

1. 机械式呼吸阀

机械式呼吸阀是用铸铁或铝做成的盒子，设置在液体储罐的顶板上，用于调节储罐内外压力，保护储罐和储液的安全。如图 3-12 所示，其内有压力阀和真空阀。为防止阀门堵塞，在其外面通气孔上装有用有色金属制成的金属网。

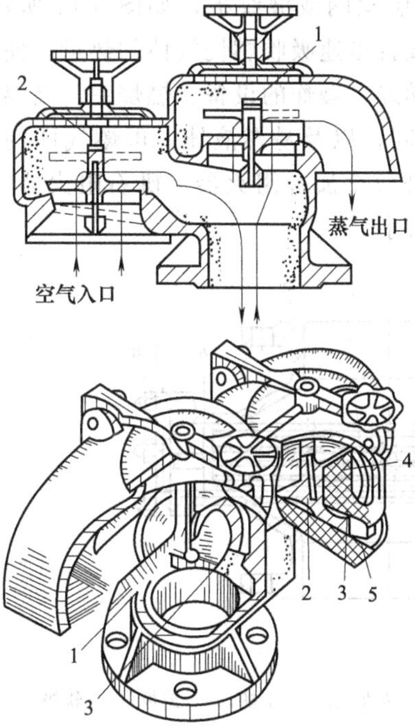

图 3-12　机械式呼吸阀

1—压力阀；2—真空阀；3—阀座；4—导向杆；5—金属网

机械式呼吸阀的工作原理为：当罐内气压大于罐允许压力时，蒸气经压力阀外逸，此时真空阀处于关闭状态；当罐内气压小于罐允许真空度时，新鲜空气通过真空阀进入罐内，此时压力阀处于关闭状态。允许压力（或真空压力）靠调节盘的重量来控制。

在使用中必须注意，呼吸阀座盘若太轻或有损坏，则容易使罐内轻质油品的蒸气大量向罐外散逸，增加火灾危险性。呼吸阀的通气孔如选择不正确、压力阀太重或阀盘升降失灵，就有可能使储罐产生爆裂或压瘪变形的危险。机械式呼吸阀有时会锈蚀造成堵塞，在冬季会因气温过低而使阀盘与阀座冻结，因此要定期对呼吸阀进行全面的检查与维护。对于地面罐和半地下罐的机械式呼吸阀，每年的一、四季度每月检查两次，二、三季度每月检查一次；对于油库内机械式呼吸阀，每半年检查一次。

2. 液压式呼吸阀

液压式呼吸阀与机械式呼吸阀并排安装于油罐顶部，如图 3-13 所示。液压式呼吸阀是为了防止罐上机械式呼吸阀故障而设置的，其控制的压力或真空值比

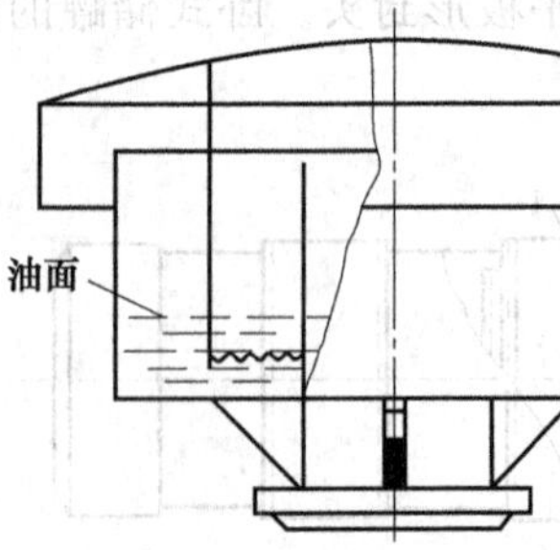

图 3-13 液压式呼吸阀

机械式呼吸阀高10%，因此在正常情况下是不会动作的。当机械式呼吸阀发生故障时，液压式呼吸阀就能代替其进行排气、吸气。在罐上既装有机械式呼吸阀，又装有液压式呼吸阀，安全性就提高了。

液压式呼吸阀的法兰装在罐顶的阻火器上，阀体内充有润滑油。阀内用沸点高（夏季不易挥发）、蒸发慢、凝点低（冬季不致凝固）的油品（如轻柴油、变压器油）作为密封液体（简称封液）。当罐内气体空间处于正压状态时，气体由内环空间把封液挤入外环空间，压力不断提高，封液液位不断变化；当内环空间的封液液位与隔板的下缘相平时，罐内气体隔板的下缘进入大气。相反，当罐内出现负压时，外环空间的封液进入内环空间，大气进入罐内。罐内压力与周围空气压力平衡时，内环空间的封液液位是保持在同一液面上的。

使用中必须注意保持封液的流动性和封液的一定量，量少时要及时补充，否则，罐内与大气直接相通，油气散逸，会增加罐区的危险性。

液压式呼吸阀的检查与维护主要有两个方面：一是阀体；二是液封油料。特别是液封油料，由于在使用过程中要挥发损耗一部分，另外水蒸气及罐内排出的一部分油气会凝结到液封油料中，因此，长期使用后，液封油料的数量和重度都将有变化，为保证其控制压力准确，必须定期检查和校正。

（二）阻火器

阻火器是油罐上的防火安全装置，位于罐顶上机械式呼吸阀的下部，外形类似箱盒，里面装有一定孔径的铜、铝（或其他耐热金属）制成的多层丝网或波纹板，如图 3-14 所示。一旦有火焰进入呼吸阀时，阻火器内的金属丝网或波纹板就迅速吸收燃烧气体的热量，使火焰熄灭，阻止火焰进入罐内。阻火器一般安装在易产生燃烧、爆炸的设备、燃烧室、高温氧化炉、反应器与输送可燃气体、易燃气体蒸气的管道之间，以及易燃液体、可燃气体的容器、管道、设备的排气管上。阻火器有金属网阻火器、波纹金属片阻火器、砾石阻火器等。影响阻火器性能的因素为阻火层厚度及其孔隙或通道的大小。

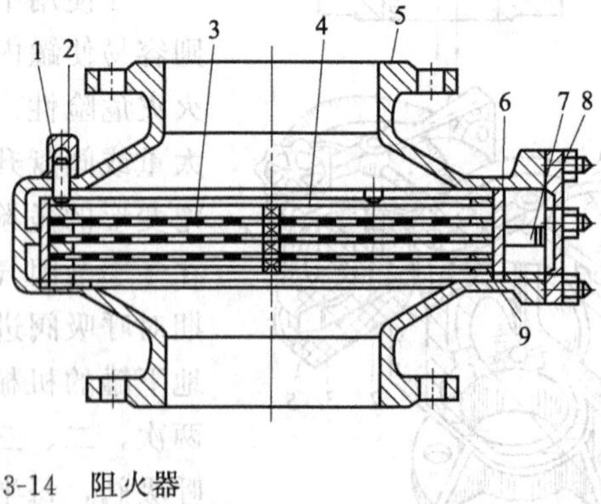

图 3-14 阻火器

1—密封螺帽；2—紧固螺钉；3—隔环；4—滤芯元件；5—壳体；6—防火匣；7—手柄；8—盖板；9—软垫

(1) 金属网阻火器

该阻火器用若干层具有一定孔径的金属网将空间分隔成许多小孔隙，如图 3-15 所示。

对于一般有机溶剂，4 层金属网已经可以阻止火焰蔓延，实际用 10～12 层。阻火网由直径为 0.4mm 的铜丝或钢丝制成，网一般为 210～250 孔/cm^2。

(2) 波纹金属片阻火器

波纹金属片阻火器是将金属波纹片装在阻火器内，其阻火效果比金属网好，阻力也小。

(3) 砾石阻火器

砾石阻火器以砾石、卵石、玻璃球或金属屑为填料，将阻火器内空间充满，以达到阻火的目的。它主要用于介质对金属材料有腐蚀作用的场所。

对阻火器应每季度检查一次，冰冻季节每月检查一次。检查内容有：阻火芯是否清洁通畅，有无冰冻，垫片是否严密，有无腐蚀现象。维护内容有：清洁阻火芯，用煤油洗去尘土和锈污，给螺栓加油保护等。

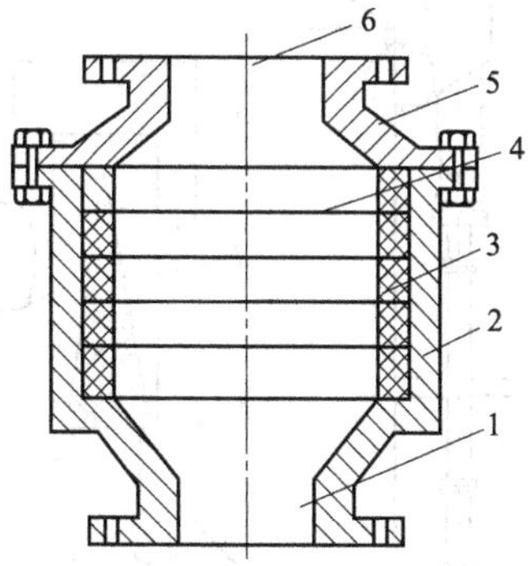

图 3-15 金属网阻火器

1—进口；2—壳体；3—垫圈；4—金属网；5—上盖；6—出口

(三) 测量孔

测量孔又称量油孔，是用来测量罐内油面高低和调取油样的专门附件，如图 3-16 所示。每个油罐顶上设置一个，大都设在罐梯平台附近。测量孔的直径为 150mm，设有能密闭的孔盖和松紧螺栓。为了防止关闭时孔盖与铁器碰击产生火花，在孔盖下面的密封槽内，嵌有耐油胶垫或软金属（铜或铝）。由于测量用的钢卷尺接触到出口容易摩擦产生火花，因此在空管内侧镶有铜（或铝合金）套，或者在固定的测量点外装设不会产生火花的有色金属导向槽。

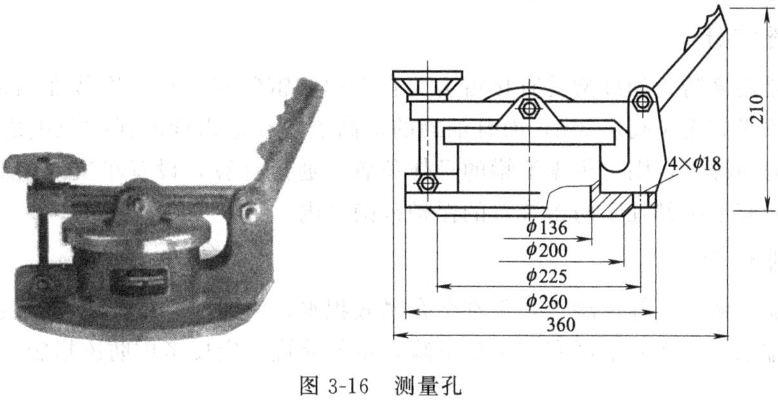

图 3-16 测量孔

油罐火灾往往发生在测量孔部位，主要原因是测量作业时，孔盖打开，罐内油气冲出，如遇静电火花或撞击、摩擦产生火花，就会引燃油气。

(四) 进出油管

进出油管是油品输入、输出油罐的必由之路。油罐的进、出油管是从油罐罐壁的下部接入的。进油管如必须从上部接入，则从安全和减少油品损耗方面考虑，油管应延伸到油罐的下部。因为油品从上部进入油罐，如不采取有效措施，就会油品喷溅，这样除增加油品的损耗外，更重要的是增加了与空气的摩擦，产生大量的静电，当静电电压增大到一定值时，就会放电产生火花，引起爆炸事故。

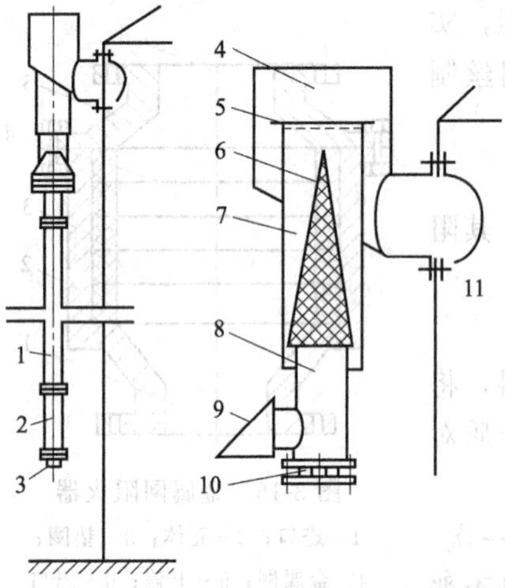

图 3-17 泡沫发生器

1—混合液输入管；2—短管；3—闷盖；4—泡沫室盖；5—玻璃盖；6—滤网；7—泡沫室本体；8—发生器本体；9—空气吸入口；10—孔板；11—导板

（五）泡沫发生器

泡沫发生器又称为空气泡沫室，装在油罐最上层圈板的罐壁上，是用于油罐灭火时喷射泡沫的消防装置，如图 3-17 所示。喷口用薄玻璃片（或隔膜）与罐内空气封隔，起到防止罐内液化油气进入泡沫室或消防管道的作用。在玻璃片的一面上刻有易碎裂痕，裂痕面顺着喷出口方向安装，当泡沫液的压力达到为 0.1～0.29MPa 时，就能冲碎玻璃片。油罐安装泡沫发生器采用的类型和设置数量的多少，是根据油罐容量、储存油品的品种、油面的大小以及泡沫种类通过计算来确定的，但不得少于两个，而且还各有一根单独的消防管线来供应泡沫混合剂。

（六）洒水装置

储存易受温度的影响而产生蒸气物质的储罐，为防止其蒸发损失及储罐内压增高，一般都安装有洒水装置。洒水强度按储罐表面积计算，每平方米每分钟的洒水量不小于 3L。储罐设置固定洒水设施，其洒水管线的控制阀设于距罐壁 10m 以外的地点，控制阀后的洒水管线应采用防锈材质。

（七）静电接地线

静电接地线的作用是将油罐各个部位积存的静电荷及雷电感应作用产生的电荷导入大地，避免放电产生火花，防止油罐爆炸着火，保护油罐安全。

（八）避雷针

避雷针是用来防止油罐遭受直接雷击而着火的防雷装置。直接安装在油罐上的避雷针，其尖端要比呼吸阀至少高出 5m，而且油罐的最高点要在避雷针的保护范围之内。若是一组或多组油罐的油罐区，则可根据油罐的具体位置，通过计算，设置单支或多支单根避雷针，使油罐区的所有油罐都处于防雷装置的保护范围之内。

（九）排水管

对于石油、液化气等储罐，几乎都会在罐底积水，因此，必须于底部设置排水管，及时将水排掉。排水管在严寒地区有冻结的危险，室外储罐一定要考虑防冻措施。

【习题】

1. 存储容器的分类有哪些？
2. 外浮顶储罐设置通气阀的目的是什么？
3. 球形储罐与圆筒形储罐相比的优缺点是什么？
4. 储罐的安全附件有哪些？各自的作用是什么？

第四章

换热器结构拆装

【学习目标】

① 熟悉各类换热器的结构特点和使用场合。
② 掌握换热设备的选型原则，并能根据实际生产需要选择合适的换热设备。
③ 熟悉管壳式换热设备的相关标准，掌握零部件选型的一般步骤。
④ 按照压力试验的要求，采用合理的方法、步骤对管壳式换热器做耐压检验。

第一节　换热器类型选择

一、换热器的分类

（一）换热器的应用

在过程工业生产中，合理而有效地利用热（冷）量是十分重要的。为了实现工艺物料间的热量传递，人们常采用各种类型的换热器，其主要作用是使热量从温度较高的流体向温度较低的流体传递，使流体温度达到工艺规定的指标，以满足生产过程的需要。它是化工、炼油、动力、食品、冶金、制药等诸多行业部门广泛应用的一种工艺设备。对于迅速发展的化工、石油化工行业来说，换热器尤为重要，在炼油、化工装置中换热器占据全部工艺设备数量的40%左右，占总投资的30%～45%。

换热设备的废热，特别是低位热能的有效利用，例如烟道气（200～300℃）、高炉炉气（约1500℃）、需要冷却的化学反应工艺气（300～1000℃）等的余热，可通过余热锅炉生产压力蒸汽，作为供热、供电和动力的辅助能源，从而提高热能的总利用率，降低燃料消耗和电耗，提高工业生产的经济效益。

为了使换热设备经济高效地运行，更好地服务于生产，一台完善的换热设备除了要求满足特定的工艺条件外，还应满足以下基本要求：

① 传热效率高、传热面积大、流体阻力小，合理实现所规定的工艺条件。
② 结构合理、运行安全可靠。
③ 制造、维修方便，操作简单。
④ 成本较低，经济合理。

很显然，在设计选用换热设备的时候，要同时满足上述要求是很困难的。所以，应根据不同的应用场合，综合评定各项性能指标，以使最终选定的方案达到最优。

（二）换热器的传热形式

换热器的种类繁多，可按传热方式、用途和所用材料进行分类。其按传热方式不同可划分为直接接触式（混合式）、蓄热式和间壁式换热设备。

1. **直接接触式**（混合式）

如图 4-1 所示，直接接触式换热设备的特点是冷热两种流体在换热器内直接混合进行热量交换。这类换热设备又称混合式换热设备，通常做成塔状。为了增加两流体的接触面积以达到换热，在设备中常放置有填料和栅板，有时也把液体喷成细滴。直接接触式换热器主要应用于气体的冷却，兼作防尘、增湿或蒸气的冷凝，常见的设备有凉水塔、洗涤塔、文氏管及喷射冷凝器等。其优点是传热效率高，单位体积提供的传热面积大，设备结构简单，易于防腐，价格便宜等；缺点是仅允许两流体可混合时才能使用。

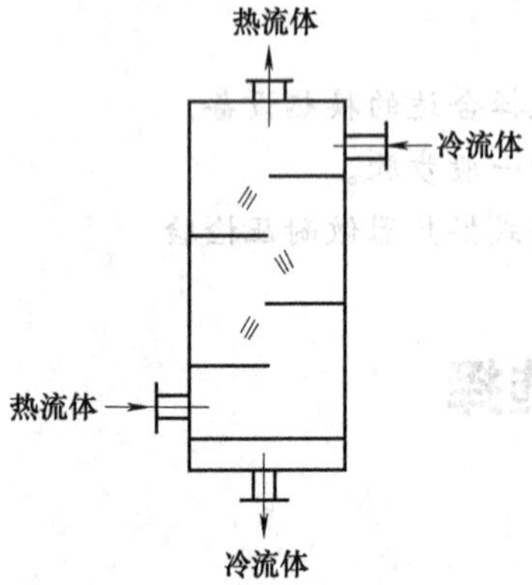

图 4-1　直接接触式换热器

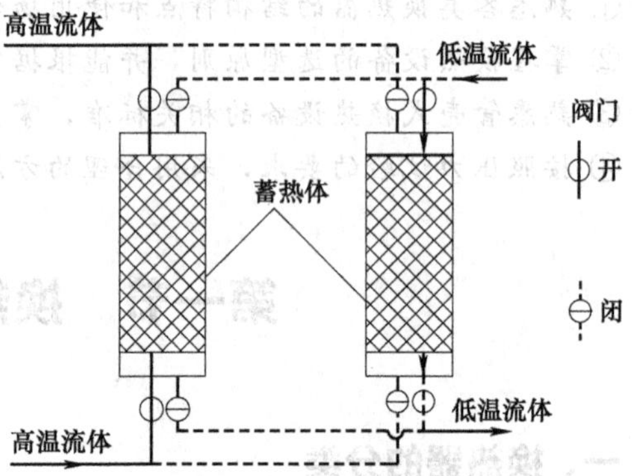

图 4-2　蓄热式换热器

2. **蓄热式**

如图 4-2 所示，蓄热式换热器又称蓄热器，器内装有作为蓄热体的固体填料（如耐火砖）。工作时，冷、热流体先后交替通过蓄热体的表面，热流体通过时，把热量蓄积在填料中，然后冷流体通过，将热量带走。这样，利用蓄热体来积蓄和释放热量，以达到冷、热流体进行热量交换的目的。在使用这种换热设备时，不可避免地会使两种流体有少量混合，且需成对使用，即当一个通过热流体时，另一个则通过冷流体，并靠自动进行交替切换，使生产得以连续进行。

蓄热式换热设备的特点是结构简单且耐高温，价格便宜，单位体积传热面积大，但其体积庞大，且不能完全避免冷、热流体的混合，较适合用于气-气热交换的场合。如回转式空气预热器就是一种蓄热式换热设备。

3. **间壁式**

这类换热设备利用间壁将冷、热两流体隔开，不相混合，热量由热流体通过间壁传递给冷流体。间壁式换热设备是化工生产中广泛应用的热交换设备，其形式很多。根据间壁结构的不同，间壁式换热器又可分为管式、板面式、热管式和石墨换热器。

（三）换热器的结构组成

1. **管式换热器**

根据结构形式的不同，管式换热器分为管壳式、蛇管式、套管式、翅片管式等。

（1）管壳式换热器

管壳式换热器又称列管式换热器，通过管子壁面进行传热，是一种典型的换热设备，应用最为广泛，在设计、制造和选用方面，许多国家都有相应的规范和标准。虽然在换热效率、结构紧凑和金属消耗量方面不及其他类型的换热器，但它具有结构坚固、可靠性高、选材范围广、耐压、耐温、操作弹性大等独特的优点。

（2）蛇管式换热器

蛇管式换热器是把换热管（金属或非金属）按需要弯曲成所需的形状，如圆盘形、螺旋形和长蛇形等，结构简单、造价低廉、检修清洗方便。其对所需传热面积不大的场合比较适用，同时，因管子能承受高压而不易泄漏，故常用于高压流体的加热或冷却。按使用状态不同，蛇管式换热器又分为沉浸式蛇管换热器（图 4-3）和喷淋式蛇管换热器（图 4-4）。喷淋式蛇管换热器和沉浸式相比，具有检修方便、清洗和传热效果较好等优点，缺点是喷淋不均匀。

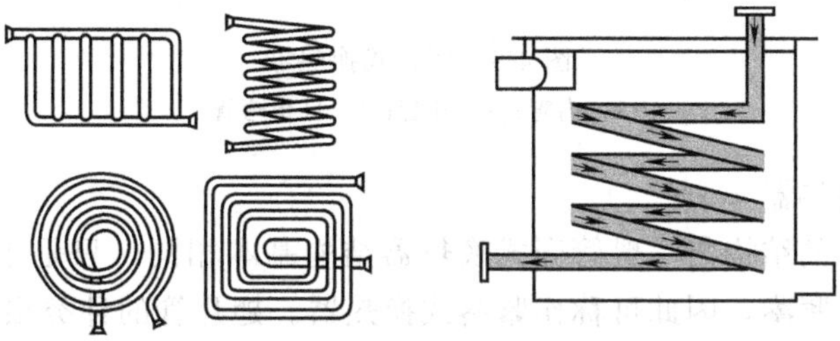

图 4-3　沉浸式蛇管换热器

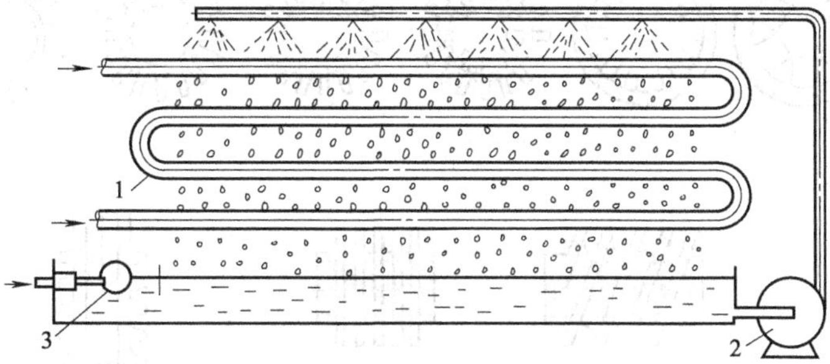

图 4-4　喷淋式蛇管换热器

（3）套管式换热器

套管式换热器是由两种不同直径的标准管子组装成同心圆的套管，然后由多段这种套管连接而成的，如图 4-5 所示。每一段套管称为一程，每程的内管用 U 形弯管顺次连接，而外管则以支管与下一程外管相连接。由此组成多段同心圆套管换热器，程数可根据传热要求而增减。在进行换热时一种流体走管内，另一种流体走内、外管的间隙，内管的壁面为传热面，一般按逆流方式进行换热。它的优点是：构造简单、耐高压，传热面积可根据需要增减，适当地选择内管和外管的直径，可使流速增大，冷、热流体可作严格的逆流，传热效果较好。其缺点是：单位传热面的金属消耗量太大，检修、清洗和拆卸都比较麻烦，在可拆连接处容易造成泄漏。该类换热设备通常用于高温、高压、小流量流体和所需传热面积不大的场合。

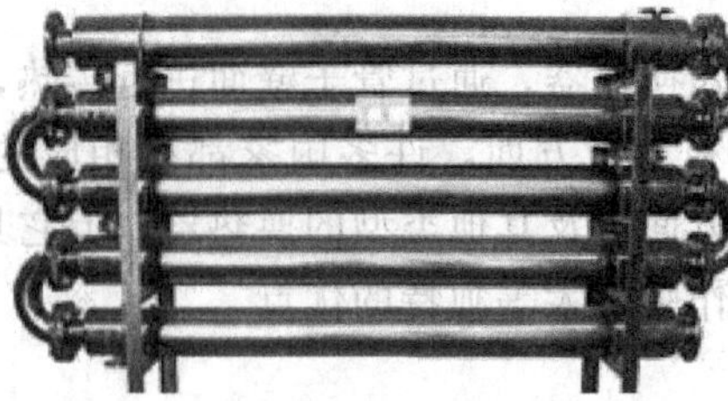

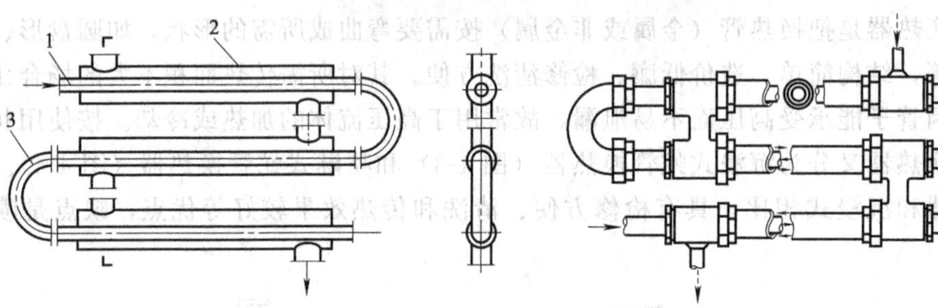

图 4-5 套管式换热器

1—内管；2—外管；3—U 形弯管

(4) 翅片管式换热器

翅片管式换热器的结构与一般管壳式换热器结构基本相同，只是用翅片管代替了光管。由于传热加强、结构紧凑，因此可称作紧凑式换热器。翅片管的种类很多，图 4-6 所示的是几种典型的形式。

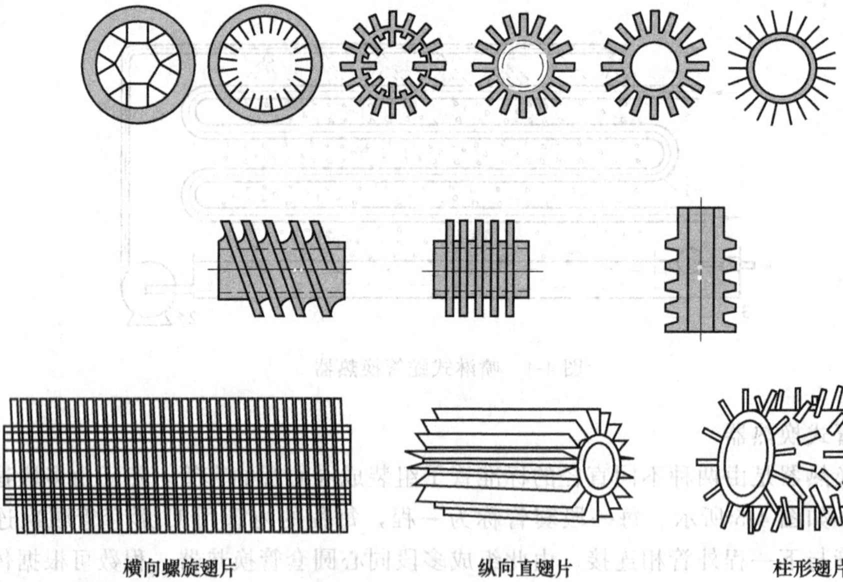

图 4-6 翅片管的种类

实际上，翅片不仅增加了传热面积，而且还增强了气流的扰动，促进了传热系数的提高。在此基础上，又开发出各种形状的翅片，增加了翅片对周围气流的扰动，以破坏翅片周围的传热边界层，进一步增强传热。

翅片管的主要优点是：传热能力强，与光管相比，传热面积可增大 2～10 倍，传热系数可提高 1～2 倍；结构紧凑，由于单位体积传热面积大，传热能力增强，因此在同样热负荷下与光管相比，翅片管换热管子少；壳体直径或高度可减小，因而结构紧凑便于设置，可以更有效合理地利用材料；不仅因为结构紧凑使材料用量减少，而且有可能针对传热和工艺要求来灵活选用材料，例如用不同材料制成的镶嵌或焊接翅片管等。其主要缺点是造价高和流动阻力大。

2. 板面式换热器

板面式换热器通过板面进行传热，具有传热效率高、结构紧凑等特点。按其结构形式又分为板式换热器、板翅式换热器、板壳式换热器、螺旋板式换热器等。

（1）板式换热器

板式换热器如图 4-7 所示，是一种新型的高效换热器，它由一组长方形的薄金属传热板

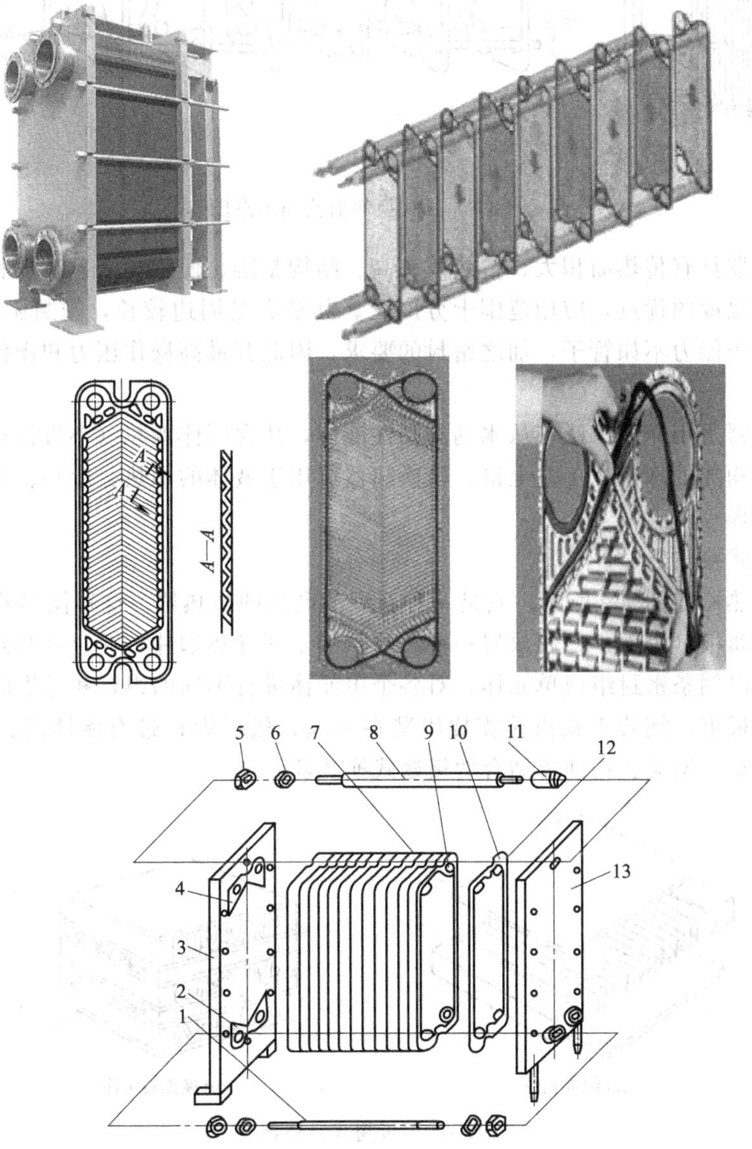

图 4-7 板式换热器的一般结构图

1—压紧螺杆；2,4—固定板垫片；3—固定端板；5—六角螺母；6—小垫圈；7—传热板片；8—定位螺杆；9—中间垫片；10—活动端板垫片；11—定位螺母；12—换向板片；13—活动端板

片和密封垫片以及压紧装置所组成。板片为1～2mm厚的金属薄板，板片表面通常压制成为波纹形或槽形，每两块板的周边安上垫片，通过压紧装置压紧，使两块板面之间形成了流体的通道。每块板的四个角上各开一个通孔，借助于垫片的配合，使两个对角方向的孔与板面上的流道相通，而另外的两个孔与板面上的流道隔开，这样，使冷、热流体分别在同一块板的两侧流过，如图4-8所示。

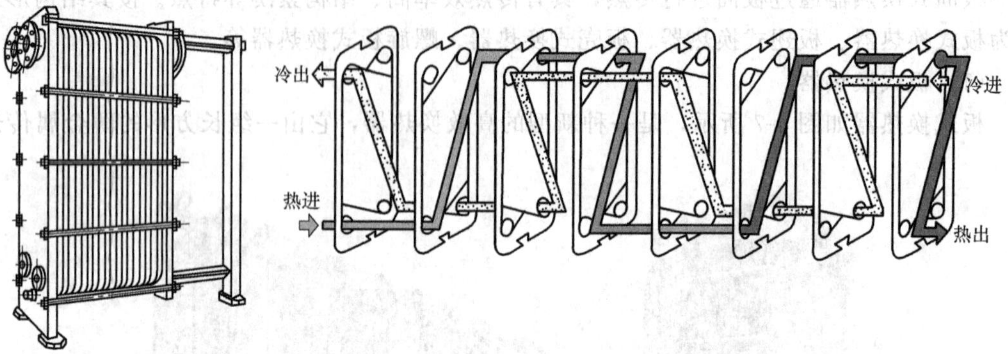

图4-8 板式换热器流向示意图

板式换热器具有传热面积大、传热效率高、结构紧凑、使用灵活、清洗和维修方便、能精确控制换热温度的优点，应用范围十分广泛。其缺点是周边较长，密封困难，容易泄漏。由于板片的抗压能力不如管子，加之密封的要求，因此其最高操作压力和操作温度都比管式换热器低。

板式换热器适用介质广泛，从水到高黏性液体，从含固体颗粒（小直径）的物料到含有纤维的物料，均能处理。从工艺上讲，该换热器可用于液体的加热、冷却、蒸发和冷凝，溶液的浓缩、干燥等。

（2）板翅式换热器

板翅式换热器如图4-9所示，它是一种新型的高效的换热器。这种换热器的基本结构是在两块平行金属板（隔板）之间放置一种波纹状的金属导热翅片，在翅片两侧各安置一块金属平板，两边以侧条密封组成单元体，对各个单元体进行不同的组合和适当的排列，并用钎焊焊牢，组成板束，把若干板束按需要组装在一起，然后焊在带有流体进、出口的集流箱上，便构成逆流、错流、错逆流结合的板翅式换热器。

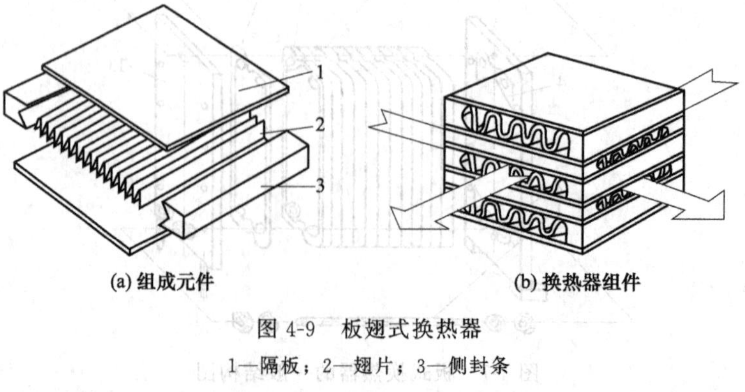

图4-9 板翅式换热器

1—隔板；2—翅片；3—侧封条

板翅式换热器是一种传热效率较高的换热设备，其传热系数比管壳式换热器大3～10

倍。板翅式换热器一般用铝合金制造，因此，结构紧凑、轻巧，适用性广，可用于气-气、气-液和液-液的热交换，亦可用于冷凝和蒸发，同时适用于多种不同的流体在同一设备中操作，特别适用于低温或超低温的场合。其缺点是流道小，易于堵塞，清洗和检修困难。由于制造工艺比较复杂，成本较高，因此目前应用尚不广泛。

（3）板壳式换热器

板壳式换热器是一种介于管壳式和板式换热器之间的换热器，主要由板束和圆筒形壳体组成，其结构形式与管壳式换热器类似，因传热表面是板束的壁面，故被归为板式换热器一类，如图 4-10 所示。板束相当于管壳式换热器的管束，每一板束元件相当于一根管子，由板束元件构成的流道称为板壳式换热器的板程，相当于管壳式换热器的管程；板束与壳体之间的流通空间则构成板式换热器的壳程。板束元件的形状可以是多种多样的。

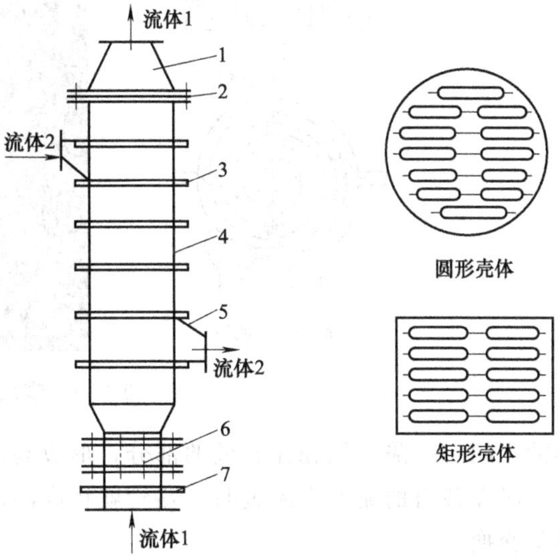

图 4-10　板壳式换热器示意图

1—头盖；2—密封垫片；3—加强筋；4—壳体；5—管口；6—填料函；7—螺纹法兰

这种换热器除具有管壳式和板式换热器的共同优点外，还有结构紧凑、传热效率高、压力降小、不易结垢、板束可以抽出而清洗方便等优点；缺点是焊接技术要求较高。板壳式换热器常用于加热、冷却、蒸发、冷凝等过程。

（4）螺旋板式换热器

螺旋板式换热器如图 4-11 所示，它是由两块不锈钢薄板焊接在一块分隔板上，并卷成螺旋形，卷成之后两端用盖板焊死，在器内形成两条螺旋形通道。进行热交换时，冷、热两流体分别进入两条通道，一种流体从螺旋形通道外层的连接管进入，沿螺旋形通道向中心流动，最后由热交换器中心室连接管流出；另一种流体则从中心室连接管进入，顺着螺旋形通道沿相反方向向外流动，最后由外层连接管流出。两流体在换热器内作严格的逆流流动。

螺旋板式换热器的优点是结构紧凑，传热效率高；制造简单，材料利用率高；流体单通道螺旋流动，有自冲刷作用，不易结垢；可作全逆流流动，传热温差小；能充分利用低温热源。其缺点是操作压力和温度不宜太高；整个换热器通过卷制而成并焊为一体，要求焊接质量高，检修比较困难；质量大、刚性差，运输和安装时应特别注意。

螺旋板式换热器适用于液-液、气-液流体换热，对于高黏度流体的加热或冷却、含有固体颗粒的悬浮液的换热，尤为适合。

3. 热管式换热器

热管式换热器是一种新型的节能传热设备，以热管作为传热元件，广泛应用于电子、机械、石油、化工等领域。热管式换热器是余热回收工程不可缺少的关键设备，它属于冷、热流体互不接触的间壁式换热器。

热管式换热器由一束带肋的热管组成，如图 4-12 所示。它有一个矩形外壳，在矩形外壳中排布着带翅片的热管。热管布置可以采用三角形错排，也可采用正方形顺排。在矩形壳

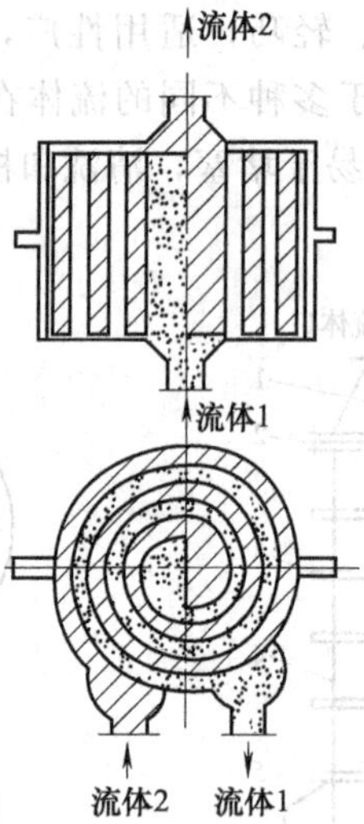

图 4-11 螺旋板式换热器

体的中间有一隔板把壳体分成两部分，形成高温流体通道和低温流体通道。当高温和低温流体同时在各自的流道内流过时，热管就将高温流体的热量传给低温流体，实现了两种流体的热量交换。

热管式换热器的最大特点是结构简单，换热效率高；在传递相同热量的条件下，热管式换热器的金属耗量比其他类型的换热器少；压力损失小，动力消耗低。又由于冷、热流体是通过热管式换热器的不同部位换热的，而热管元件相互又是独立的，当某根热管失效穿孔也不会影响设备的运行，因此，热管式换热器可以方便地调整冷、热侧换热面积比，从而有效地避免腐蚀性气体的低温露点腐蚀和入口处高温腐蚀。

4. 石墨换热器

石墨换热器是一种用不渗透性石墨制造的换热设备，如图 4-13 所示。由于石墨的线胀

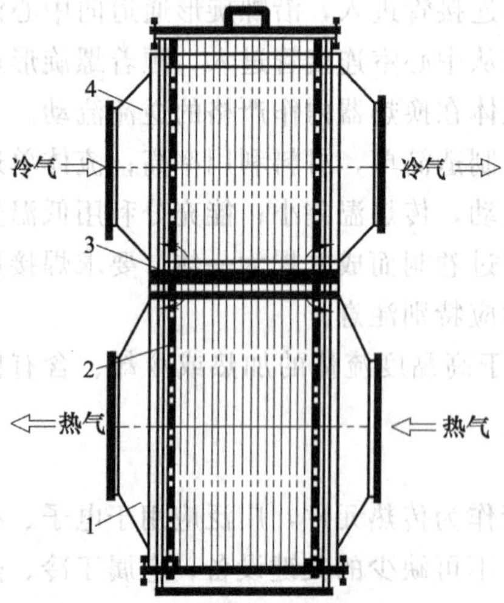

图 4-12 热管式换热器

1—高温流体通道；2—热管；3—中间隔板；4—冷流体通道

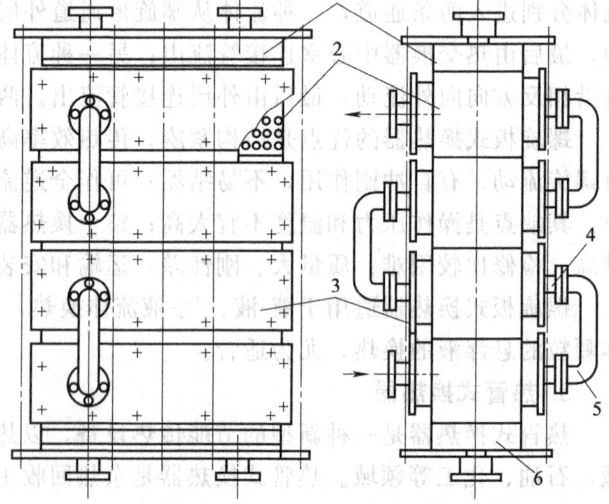

图 4-13 石墨换热器

1—上盖板；2—石墨孔块；3—侧盖板；4—接管；5—U形连接管；6—下盖板

系数小，热导率高，不易结垢，因此传热性能好。同时石墨具有良好的物理性能和化学稳定性，除了强氧化性酸以外，几乎可以处理一切酸碱无机盐溶液和有机物，适用于腐蚀性强的场合。但由于石墨抗拉和抗弯强度较低，易脆裂，因此在结构设计中应尽量采用实体块，以避免石墨件受拉伸和弯曲，同时，应在受压缩的条件下装配石墨件，以充分发挥它抗压强度高的特点。此外，石墨换热器的通道走向必须符合石墨的各向异性所带来的最佳导热方向。根据这些情况，石墨换热器有管壳式、孔式和板式等多种。

二、换热器选型

（一）换热器性能

换热器的类型很多，每种结构形式都有其本身的特点和工作特性，只有熟悉和掌握这些特点，才能进行合理的选型和正确设计。换热器如何进行选型，应视具体情况而定，如换热介质、压力、温差、压力降、流量、结垢情况、清洗、维护检修及制造、供应情况等。表4-1列举了常用换热器的性能，以供选型时参考。

表4-1　常用换热器性能

换热器型式	允许最高压力/MPa	允许最高温度/℃	单位体积传热面积/(m^2/m^3)	传热系数/[W/($m^2\cdot K$)]	结构是否可靠	传热面是否便于调整	是否具有热补偿能力	清洗是否方便	检修是否方便	是否能用脆性材料制作
固定管板式	84	1000～1500	40～164	849～1698	○	×	×	×	×	×
U形管式	100	1000～1500	30～130	849～1698	○	×	○	○	○	△
浮头式	84	1000～1500	35～150	849～1698	△	×	○	○	○	△
板式	2.8	360	25～1500	6979	△	○	○	×	×	×
螺旋板式	4	1000	100	698～2908	○	×	○	×	×	△
板翅式	5	−269～500	250～4370	35～349（气-气）	△	×	○	×	×	×
套管	100	800	20		○	○	△	△	○	○
沉浸盘管	100		15		○	×	○	△	○	○
喷淋式	10		16		△	○	○	○	○	○

注：○——好；△——尚可；×——不好。

（二）换热器选用

换热设备在选用时，既不能单纯追求某种换热器的传热效率而不顾清洗和维护检修的消耗，也不应过于保守而习惯地只采用某一种换热器。一般来说，管式换热器不受压力和温度的限制，制造及维护检修也较方便，但传热效率低、换热面积小。板面式换热器虽有换热面积大、传热效率高的突出优点，但其操作温度和压力都有一定的限制，且制造及清洗维修均不如管式换热器方便，必须全面分析，正确选用。在换热设备的选用过程中需要考虑的因素较多，但主要有以下几点。

1. 考虑流体的性质

分析流体特殊的化学性质，如流体的腐蚀性、热敏性等。以冷却湿氯气为例，湿氯气的强腐蚀性决定了设备必须选用聚四氟乙烯等耐腐蚀材料，限制了可能采用的结构范围。对于易结垢的流体，应选用易清洁的换热器，如管壳式换热器。

分析介质的工况，如工艺条件所要求的工作压力、进出口温度和流量等参数。以选用乙烯装置中氮气、空气和乙烯冷却器的选用为例，考虑到以上气体的冷却均是在超低温场合下进行，因此首先考虑选用在低温和超低温场合使用的板翅式换热器。考虑重要的物理性质，如流体的种类、热导率和黏度等，若冷热流体均为液体，则一般采用两侧都是光滑表面的间壁作为换热面比较合适。螺旋板式和板式换热器的传热壁为两侧光滑的板，且两侧流道基本相同，适用于两侧流体性质、流量接近的情况，但由于结构上的原因，仅适用于工作压力和压差较小的场合。管壳式和套管式换热器大多是以光壁作为传热壁面，更适宜于高温、高压场合。小流量宜用套管式，大流量宜用管壳式。管壳式换热器易于制造、选材范围广，因此，它在液-液换热器中是最主要的且应用最广。

2. 考虑传热速率

从传热速率 $Q=KA\Delta t$ 表达式中可以看出，增大传热面积、平均温度差或增大传热系数都可以达到强化传热的目的。为了增大换热面积可采用小直径的换热管和扩展换热面等方法。管径越小，耐压越高，则在同样金属质量下，表面积越大。扩展换热面是从改进设备的结构入手，增加单位体积的传热面。如新型的螺旋板式、板式和板翅式换热器都是利用扩展换热面来强化传热的，因此它们都具有传热效率高的优点。

增大冷热流体的平均温度差，可以增大传热速率，这种情况在生产中应用比较常见。如冷流体在进、出口温度一定的情况下，采用逆流操作等。

对于管壳式换热器而言，为了提高壳程的传热系数，除了可以改变管子形状或在管子内外增加翅片（如采用螺纹管和外翅片管）外，还可以适当设置壳程挡板或管束支承结构，以减少或消除壳程流动与传热的死区，使换热面积得到充分利用。对于间壁两侧的传热系数相差较大的场合，如石油化工生产中的管式炉的加热管以及暖气片和空气冷却器等，在传热系数较小的一侧增加翅片，不仅增大了传热面积，还强化了气体流动的湍流强度，提高了传热系数，从而使传热速率显著提高。

3. 考虑质量和尺寸

在移动装置和一些特殊应用的场合，对于换热器的尺寸、质量和体积的限制常常是选型中考虑的重要因素。为了适应这些要求，在满足工艺要求的情况下，需要考虑采用较紧凑的换热器。

4. 考虑污垢及清洗

如果换热器中工作的流体较脏易结垢，在此情况下，需要考虑结垢的影响以及清洗的可能性。

5. 考虑投资和运行费用

在选用换热器时，还应考虑材料的价格、制造成本、动力消耗、维修费用和使用寿命等因素，力求使换热器在整个使用寿命期内经济可靠地运行。

下列步骤简要说明如何选用换热设备：

① 根据介质工况初步确定换热器类型，列出基本数据，包括冷热流体的流量、进出口温度、定性温度下的基本物性参数、操作压强以及腐蚀性、悬浮物含量等。

② 根据腐蚀性确定换热设备的材料（金属或非金属），由悬浮物含量确定清洗的难易程度，按照工作压力、温度和流量选择合适的换热器类型。

③ 根据温差，确定是否需要温差补偿。

（三）换热器材料选用

在进行换热器设计时，换热器各种零部件的材料，要根据设备的操作压力、操作温度、流体的腐蚀性能以及对材料的制造工艺性能等要求来选取。当然，最后还要考虑材料的经济合理性。一般为了满足设备的操作压力和操作温度，即从设备的强度或刚度的角度来考虑，是比较容易达到的，但材料的耐腐蚀性能有时往往成为一个复杂的问题。在这方面考虑不周，选材不妥，不仅会影响换热器的使用寿命，而且会大大提高设备的成本。换热设备材料见表 4-2。

表 4-2　换热设备材料

主要零部件	常用材料类型	材料性能	常用材料举例
壳体	碳素结构钢板	价格低，强度较高，对碱性介质的化学腐蚀比较稳定，很容易被酸腐蚀	如 Q235AF、Q235A、Q235B、Q235C 等
	压力容器用碳素钢和低合金钢板	低合金钢是在碳素钢的基础上加入了少量或微量的合金元素，如 Mn、Si、Mo、V、Ni、Cr 等，从而使钢材的强度和综合力学性能得以明显改善	如 20R、Q345R、15MnVR、15MnVNR、18MnMoNbR、15CrMoR 等
	低温压力容器用低合金钢板	一种专用钢种，除了要求具有一定的强度外，更要求具备足够的韧性，以防止压力容器的低温脆断	如 16MnDR、15MnNiDR、09Mn2VDR、09MnNiDR、07MnNiCr、MoVDR 等
	不锈钢板	有稳定的奥氏体组织，具有良好的耐腐蚀性和冷加工性能	如 0Cr13Al、0Cr18Ni9、0Cr18Ni10Ti、00Cr19Ni10、00Cr19、Ni13Mo3 等
接管与换热管	无缝钢管	质量均匀、品种齐全、强度高、韧性好、管段长	温度较低时(0～350℃)用 10、20 钢，温度较高时(350～475℃)用 16Mn、15MnV 等
管板与法兰	钢板或锻件	有良好的可锻性、切削加工性和可焊性，选用材料时应考虑其力学性能要高于壳体	管板常用的材料有 Q235A、Q235B、Q235C、16Mn、Q345R；法兰常用的材料有板材 Q235A、Q235B、Q235C、16Mn、15MnVR，锻件 20、20MnMo、15CrMo 等
螺栓与螺母	一般采用机械强度高的材料制造	材料具有良好的塑性、韧性以及良好的机械加工性能，螺栓与螺母需要配对使用，通常螺栓的强度和硬度应略高于螺母	螺栓常用材料有 Q235A、35、40、40MnB、40Cr 等；螺母常用材料有 Q215A、Q235A、20、25、35、2Cr13、30CrMn 等

第二节　管壳式换热器零部件选用

一、管壳式换热器的选用

（一）管壳式换热器的结构类型

管壳式换热器工作时，一种流体走管内，称为管程；另一种流体走管外（壳体内），称为壳程。管内流体从换热管一端流向另一端一次，称为一程；对 U 形管换热器，管内流体从换热管一端经过 U 形弯管段流向另一端一次，称为两程。两管程以上，就需要在管板上设置分程隔板来实现管束分程，常用的是单管程、两管程和四管程。壳程有单壳程和双壳程两种，常用的是单壳程，壳程分程可通过在壳体中设置纵向挡板来实现。

管壳式换热器按其壳体和管束的安装方式分为固定管板式、浮头式、U 形管式、填料函式和釜式重沸器等。

1. 固定管板式换热器

固定管板式换热器是管壳式换热器的基本形式之一，典型的结构如图 4-14 所示。它是由许多管子组成管束，管束两端通过焊接或胀接固定在两块管板上，管板与筒体采用焊接连接在一起。

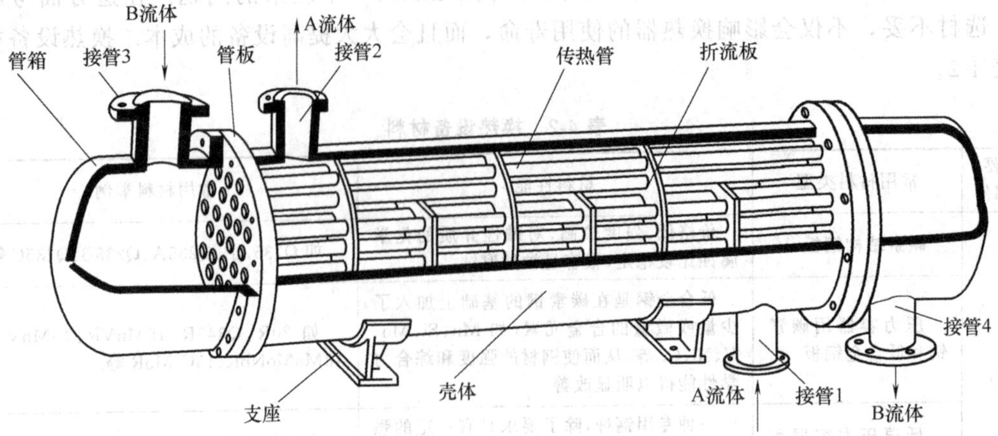

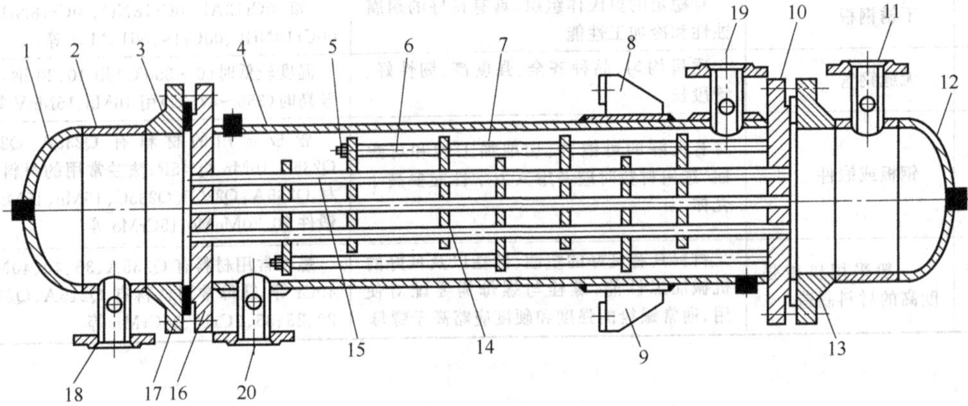

图 4-14 固定管板式换热器

1,12—封头；2—短筒体；3,13—管箱法兰；4—壳体；5—螺母；6—拉杆；7—定距管；8,9—支座；10,16—兼作法兰的管板；11,18—管程进、出口管；14—折流板；15—换热管；17—螺栓螺母；19,20—壳程进、出口管

2. 浮头式换热器

浮头式换热器结构如图 4-15 所示。它的一块管板与壳体用螺栓固定，另一块管板与壳体不连，受热或受冷时，可以沿管长方向自由伸缩，称为浮头。浮头由浮头管板、浮头钩圈和浮头端盖组成，是可拆连接。

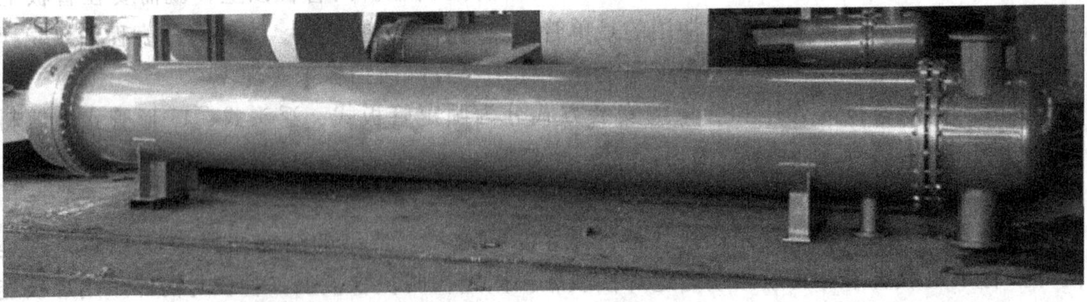

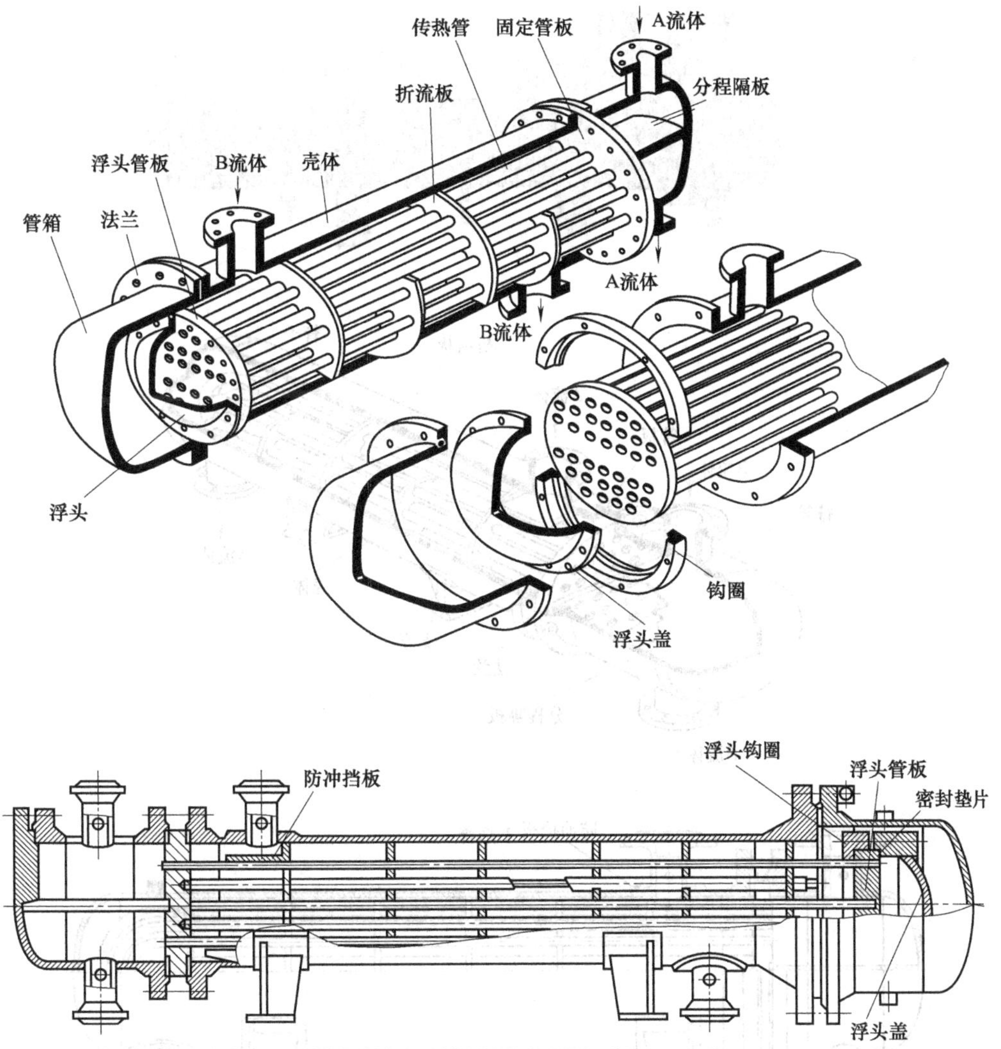

图 4-15 浮头式换热器

3. U 形管式换热器

U 形管式换热器结构如图 4-16 所示。它只有一块管板，管束由多根 U 形管组成，U 形管的进、出口固定在同一管板上。

4. 填料函式换热器

填料函式换热器结构如图 4-17 所示。其结构与浮头式换热器相类似，浮头部分露在壳体以外，在浮头与壳体滑动接触面处，采用填料函式密封结构。

5. 釜式重沸器

釜式重沸器的管束可以为浮头式、U 形管式和固定管板式结构，如图 4-18 所示。结构上与其他换热器不同之处在于设置了一个蒸发空间，蒸发空间的大小由产汽量及所要求的蒸汽品质决定，产汽量大、蒸汽品质要求高则蒸发空间大，否则可以小些。

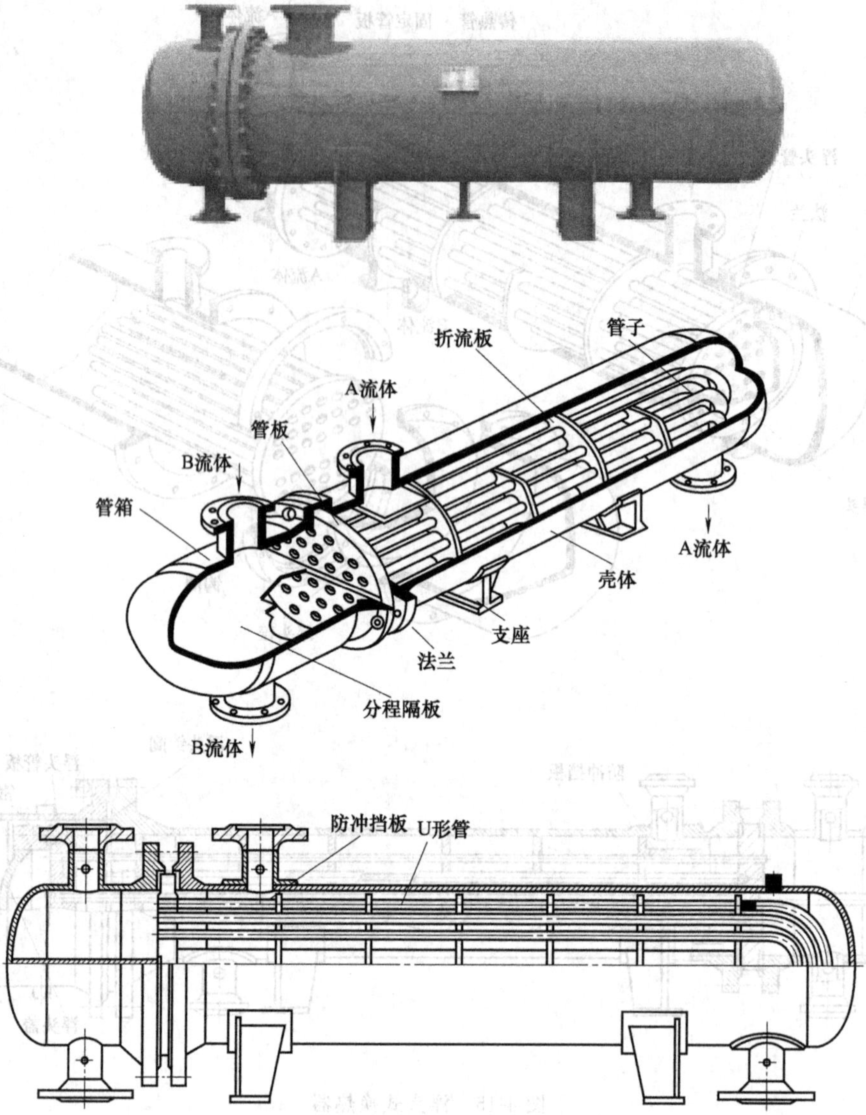

图 4-16 U形管式换热器

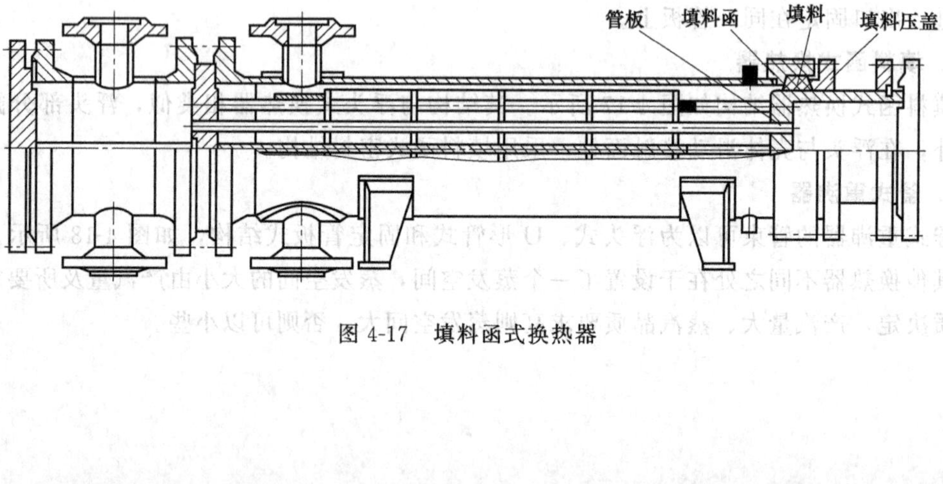

图 4-17 填料函式换热器

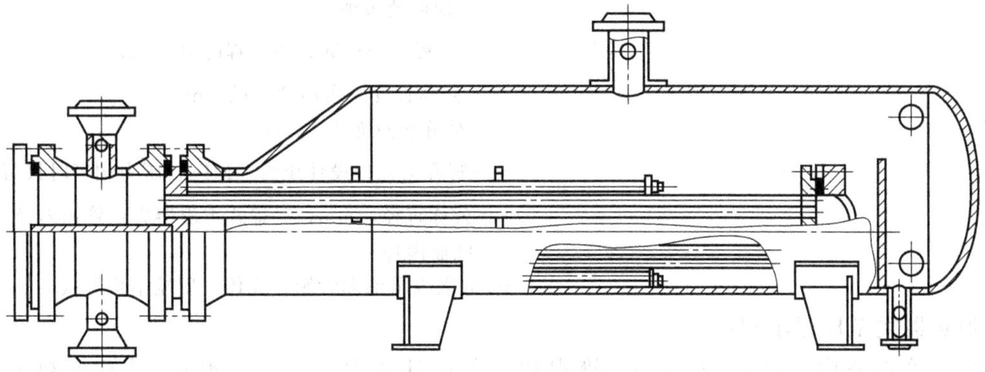

图 4-18 釜式重沸器

(二) 管壳式换热器的型号

1. 管壳式换热器的系列标准

GB 151—2014《热交换器》是我国颁布的一部有关换热器的国家标准，适用的换热器形式有固定管板式、浮头式、U 形管式和填料函式。这些换热器的设计、制造、检验和验收都必须遵循这一规定。

为了适应生产发展的需要，我国对使用较多的几种典型换热器结构实行了标准化。现有标准为《浮头式热换热器》《固定管板换热器》《U 形管式热交换器》《立式热虹吸式重沸器》《螺旋板式热交换器》《空冷式热交换器》等，见 GB/T 28712.1～6—2012《热交换器型式与基本参数》。

除了结构设计外，管壳式换热器强度计算的主要内容包括管板、壳体、管子与管板的焊口或胀后强度以及 U 形膨胀节的强度校核等，其中管板计算和膨胀节的强度校核是标准的主要内容。

换热器标准根据公称直径、公称压力和传热面积来制定，现以固定管板式换热器为例说明：

① 固定管板式换热器壳体的直径分别为 $\phi159$、$\phi219$、$\phi273$、$\phi325$、$\phi400$、$\phi450$、$\phi500$、$\phi600$、$\phi800$、$\phi1000$、$\phi1200$、$\phi1400$、$\phi1600$、$\phi1800$（单位为 mm）等。当直径小于 400mm 时，采用无缝钢管制造，其余采用钢板卷焊而成。

② 固定管板式换热器的公称压力等级为 0.6、1.0、1.6、2.5、4.0、6.0（单位为 MPa）六个级别。与此相对的温度为 200℃，当使用温度超过 200℃时，允许升温降压使用。

2. 管壳式换热器的基本参数和型号表示方法

① 管壳式换热器的基本参数包括公称换热面积、公称直径、公称压力、换热管长度 L、换热管规格、管程数 N_t。

② 管壳式换热器的型号及标记。管壳式换热器的管束分为Ⅰ级和Ⅱ级。Ⅰ级管束采用较高级冷拔换热管，适用于无相变传热和易产生振动的场合；Ⅱ级管束采用普通级冷拔换热管，适用于重沸、冷凝传热和无振动的一般场合。换热器的型号按如下方式表示：

××× DN - p_t/p_n - A - LN/d N_t/N_n Ⅰ或Ⅱ

- Ⅰ或Ⅱ——管束的级别
- N_t/N_n——管程／壳程数，单壳程时只写 N_t
- LN/d——公称长度／换热管外径，m
- A——公称换热面积，mm^2
- p_t/p_n——管程／壳程设计压力，MPa；压力相等时只写 p_t
- DN——公称直径，mm；对釜式重沸器为：管箱内径／圆筒内径
- ×××——分别表示前端管箱、壳体、后端结构形式

换热器类型标记示例：

平盖管箱公称直径为 500mm，管程和壳程设计压力均为 1.6MPa，公称换热面积为 $54m^2$，较高级冷拔换热管，外径为 25mm、管长为 6m，4 管程单壳程的浮头式换热器，标记为 AES500-1.6-54-6/25-4Ⅰ。

封头管箱，公称直径为 700mm，管程设计压力为 2.5MPa，壳程设计压力为 1.6MPa，公称换热面积为 $200m^2$，较高级冷拔换热管，外径为 25mm、管长为 9m，4 管程单壳程的固定管板式换热器，标记为 BEM 700-2.5/1.6-200-9/25-4Ⅰ。

3. 管壳式换热器的特殊结构

(1) 双壳程结构

在换热器管束中间设置纵向隔板，隔板与壳体内壁用密封垫片阻挡内漏，形成双壳程。当管程流量大而壳程流量小时，采用此结构流速可提高一倍，传热系数提高 1.2～1.5 倍；冷热物料温度交叉时，单壳程换热器需要两台以上才能实现传热，用一台双壳程换热器不但可以实现传热，而且可得到较大传热温差。

(2) 螺旋折流板换热器

螺旋折流板换热器可防止死区和返混，压降较小。物料通过该换热器时，温度存在明显的径向变化，故不适于有高热效率要求的场合。

(3) 双管板结构

在普通结构的管板处增加一片管板，形成的双管板结构，用于收集泄漏介质，防止两程介质混合。

(4) 高温高压密封结构

① 金属环垫（八角垫或椭圆垫） 该结构加工简单，密封可靠，但对于大直径、高压加氢换热器金属耗量大、金属垫难以加工且密封不可靠。此种结构适用于压力为 6～9MPa、直径小于 1000mm 的工况。

② 螺纹锁紧环

同金属环垫相比，其优点是密封可靠性好，金属耗量较少；但机加工件较多，结构复杂，设计计算繁琐，造价昂贵，不能准确排除管、壳程间的介质内漏，拆卸检修比较复杂。

③ 密封盖板封焊型

这种结构具有螺纹锁紧环结构所具备的许多优点，不同的是，它的管箱部分密封依靠在盖板外周上施行密封焊来实现。

④ Ω 环密封结构

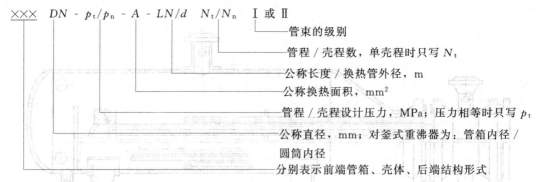

这是一种新型高压换热器密封结构，其优点是主螺栓预紧载荷和操作载荷较小，减小了

设备法兰与主螺栓的尺寸和质量，拆卸检修方便，密封可靠，制造简单，造价低，以及直径、压力、温度适用范围广。

4. 管壳式换热器的特点

(1) 固定管板式换热器的特点

① 在管板直径相同时，布管最多，结构简单、紧凑，制造费用低。

② 两端管板与壳体固定连接，当管内、外两流体温差较大（大于 50℃）时，产生温差应力会使管子扭弯或从管板上松脱，甚至损坏整个换热器，故需要在换热器上设置柔性元件（如膨胀节、挠性管板等）。当管子和壳体的壁温差大于 70℃，壳程压力超过 0.6MPa 时，由于补偿圈过厚，难以伸缩，因此失去温差的补偿作用，应考虑采用其他结构的换热器。

③ 壳程设置法兰盘，适用于易泄漏的场合。

④ 由于管束不能拉出，因此虽然管程清洗方便，但是管外不能机械清洗。

固定管板换热器适用于壳程介质清洁，不易结垢，管程需要清洗的场合；或壳程虽有污染，但能进行溶液清洗的场合；以及管、壳程两侧温差不大或温差较大，但壳程压力不高的场合。

(2) 浮头式换热器的特点

① 管板一端固定，另一端沿着导向片可以自由移动，即管束和壳体的变形不受约束，不会产生温差应力；

② 如果卸下安装螺栓，则可将管束从筒体内取出，有利于管束内外的清洗和检修；

③ 结构复杂，金属消耗量大，制造成本较高（价格比固定管板式高约 20%）；

④ 浮头端在操作中无法检查，如发生内漏则无法发现，管束与壳体间较大的环隙易引起壳程流体短路，影响传热。

浮头式换热器适用于管、壳程温差较大和介质易结垢、需清洗的场合。其可在高温、高压下工作，一般温度低于 450℃，压力低于 6.4MPa。

(3) U 形管式换热器的特点

① U 形管以管板为基点，管子在受热或冷却时，可以自由伸缩，当壳体与 U 形换热管间有温差时，不会产生温差应力；

② 只有一块管板，加工费低；

③ 受弯管曲率半径的限制，管板上布管少，结构不紧凑，管板利用率低；

④ 管束内层间距较大，壳程流体易形成短路，影响传热效果；

⑤ 内层管束损坏后无法更换，只能堵管，而坏一根 U 形管相当于坏两根直管，堵管后管子报废率高；

⑥ 管束可取出，有利于管外部的清洗和检查，由于是 U 形管束，因此管内清洗困难。

U 形管式换热器适用于管、壳程温差较大或壳程介质易结垢需要清洗、又不适宜采用浮头式或固定管板式的场合，特别适用于管内走清洁而不易结垢的流体介质的高温（<500℃）、高压（<10MPa）的场合。

(4) 填料函式换热器的特点

① 管束可自由移动伸缩，不会产生管壳间温差应力；

② 结构简单，制造方便，造价比浮头式的低；

③ 管束可从壳体内取出，管内、管间都可以清洗，维修方便；

④ 填料处耐压不高、易泄漏，且壳程介质可能通过填料函外漏，对易燃、易爆、有毒和贵重的介质不适用。

填料函式换热器适用于压力较低的工作条件，且不宜处理易挥发、易燃、易爆、有毒及贵重的介质。生产中往往不是为了消除温差应力，而是为了便于清洗壳程才选用这类换热器。

（5）釜式重沸器的特点

釜式重沸器根据管束结构不同，分别具有浮头式、U形管式和固定管板式的特点。

釜式重沸器适用于管、壳程温差较大的场合，清洗、维修方便，尤其适用于不清洁、易结垢的介质，并能承受高温、高压的场合。

（三）管壳式换热器的选用原则

① 温差不大，壳程介质结垢不严重，壳程能采用化学清洗时，选用固定管板式换热器。

② 温差较大时，可选用浮头式换热器、U形管式换热器、填料函式换热器。

③ 高温高压时，可选用U形管式换热器。

④ 要对壳程进行机械清洗时，可选用管束可抽的结构，如U形管式换热器。

⑤ 壳程介质为易燃、易爆、有毒或易挥发的，以及工作压力、温度较高时，不宜采用填料函式换热器。

⑥ 管程介质和壳程介质不允许相混时，可采用双管板结构的换热器。

二、换热管与管板的选用

（一）换热管的选用

1. 换热管的规格选用

换热器的管子构成换热器的传热面，管子的尺寸和形状对传热有很大的影响。采用小直径管子时，单位体积的换热器换热面积大一些，设备较紧凑，单位传热面积的金属消耗量少，传热系数也稍高；但制造麻烦，小管子容易结垢，不易清洗。大直径管子用于黏性大或污浊的流体，小直径的管子用于较清洁的流体。

我国管壳式换热器常用规格如表4-3所示。换热管长度规定为：1000mm、1500mm、2000mm、2500mm、3000mm、4500mm、6000mm、7500mm、9000mm、12000mm。一般长度限制在6000mm以下，以2500～4500mm最为常见。

常用换热管外径为ϕ10mm、ϕ14mm、ϕ19mm、ϕ25mm、ϕ32mm、ϕ38mm、ϕ45mm、ϕ57mm八个等级；壁厚为1.5mm、2mm、2.5mm、3mm、3.5mm五个等级。

换热器的换热管长度与公称直径之比，一般为4～25，常用的为6～10；立式换热器，其比值多为4～6。管子的数量、长度和直径根据换热器的传热面积而定，所选的直径和长度应符合规格。

表4-3 常用换热管规格 mm

外径	10	14	19	25		32		38		45		57	
壁厚	1.5	2	2	2	2.5	2	3	2.5	3	2.5	3	2.5	3.5

2. 换热管的结构类型选用

换热管的结构类型选用见表4-4。

3. 确定管子的排列方式

换热管在管板上的排列方式主要有正三角形、转角正三角形、正方形、转角正方形等，如图4-21所示。

表 4-4　换热管的结构类型选用

结构类型	特　　点	适 用 场 合	应 用 举 例
光管	结构简单，制造容易，价格便宜，强化传热的性能不足	广泛应用	管壳式换热器
焊接管	在管壁较薄时，价格与光管相似，壁厚越薄则价格越低于光管	不适用于极度和高度危害化学介质，且使用压力小于或等于 4.0MPa	
波纹管（图 4-19）	能强化传热效果，提高传热系数	不适用于固体粉尘含量较高或易结焦的场合	主要用于冷水机组的蒸发器
翅片管（图 4-20）	加大流体湍流程度，强化传热效果，传热面积是光管的 2.5～5 倍，传热能力提高 30%～40%	广泛应用	空调和冷冻设备上的冷凝器和蒸发器

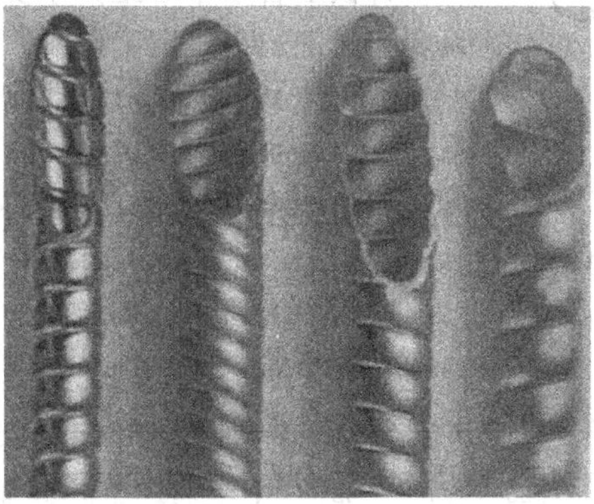

图 4-19　波纹管

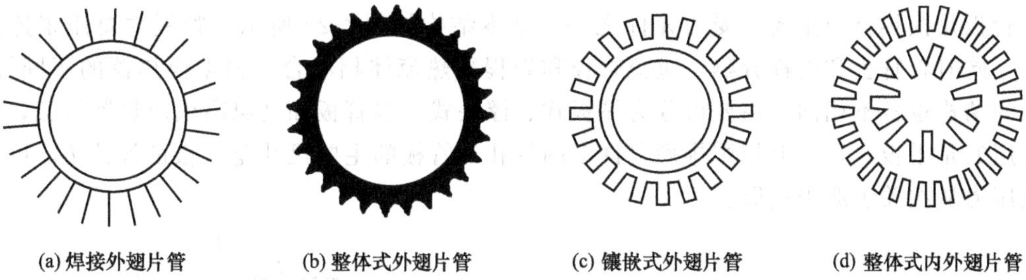

图 4-20　纵向翅片管

换热管在管板上排列以正三角形最为普遍。正三角形排列有利于壳程流体的湍流，管间距相等时，同一管板面积上布管数最多，而且便于划线和钻孔，但管间不易清洗；当壳程需要机械清理时，不得采用正三角形或转角正三角形排列，而是采用正方形排列。在相同管板面积上，正方形排列的管数较正三角形排列的少 10%～40%。

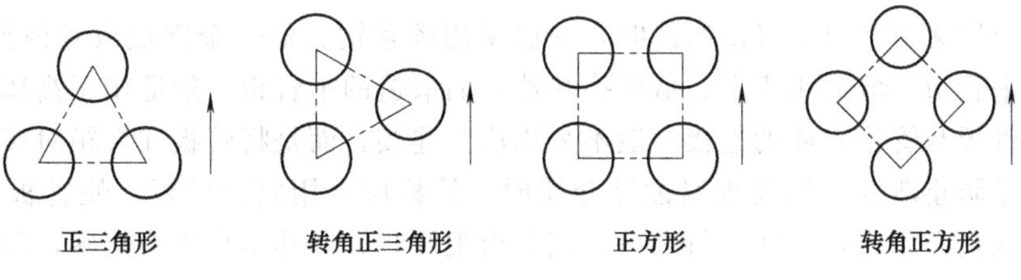

图 4-21　按热管排列方式（箭头方向表示流体方向）

除此以外，还有一种同心圆排列方式如图 4-22 所示，这种排列方法比较紧凑，在小直径换热器上，按此法排列的管数甚至比三角形排列的管数多，其优点是靠近壳体的地方布管均匀，介质不易短路。因此可用于一些特殊的场合，如石油化工装置中的固定床反应器等。

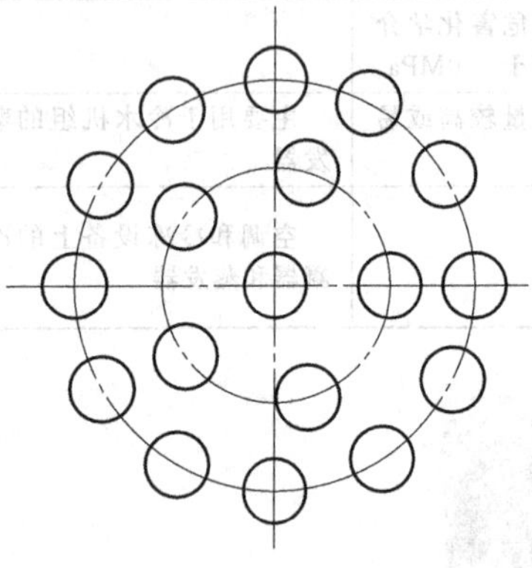

图 4-22 同心圆排列方式

总之，无论采用哪种排列方法，都必须在管束周围的弓形空间尽可能多地布置换热管，并使管束最外层换热管外表面到壳体内壁的最小距离等于 0.25 倍管子外径，且不小于 10mm。这不但可增大换热面积，也可防止壳程流体避过管束而从旁边弓形区短路而过，影响传热。

4. 确定换热管中心距

管板上管子中心距大小受结构紧凑、传热效果、管板强度和清洗难易等因素影响。管间距小，换热器壳体直径小，结构紧凑，壳程流速高，传热效果好。但管间距太小，会导致管板强度下降，且管外清洗不便。采用正三角形排列的管子中心距一般不小于 1.25 倍管子外径。采用正方形排列时，需保证壳程清理时，管间留有 6mm 的清理通道。对于不同管径的换热管中心距见表 4-5。

表 4-5 换热管中心距 mm

换热管外径	19	25	32	38	45	57
换热管中心距	25	32	40	48	57	72
分程隔板槽两侧管子中心距	38	44	52	60	68	80

（二）管板的选用

管板是换热器中重要的受力元件之一，基本结构如图 4-23 所示。管板主要用来连接换热管，同时将管程和壳程分隔，避免管程和壳程冷热流体相混合。根据换热器的不同类型，管板的结构也各不相同，主要可分为平板式、浮头式、双管板和高温高压换热器管板，其中最常用的是平板式，其上规则排列着许多的管孔。管板的主要尺寸是管板的厚度 b，可根据管板压力从相关手册中查取。

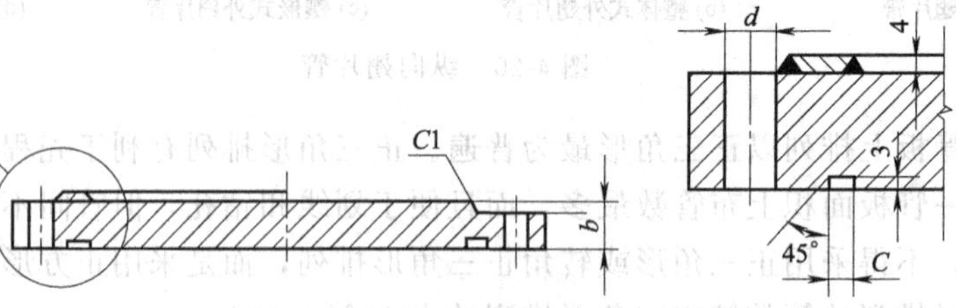

图 4-23 管板的基本结构

当换热介质无腐蚀或有轻微腐蚀时，一般采用碳素钢、低合金钢板或其锻件制造管板。用钢板制的平管板一般适用于中、低压换热器，而锻造的平管板一般适用于高压换热器。高压换热器的管板与管箱壳体的连接一般不采用法兰连接，而是将管板和管箱对接焊接或锻成一体，目的是防止泄漏。当处理腐蚀性介质时，管板应采用复合管板，使管板具有耐腐蚀性，不锈钢就是常用的耐腐蚀材料之一。当管板很厚时，尤其是高压换热器，采用价格昂贵的整体不锈钢管板显然是不合理的，况且换热器的失效往往是因为管子与管板连接处的局部腐蚀而不是整体管板的均匀腐蚀造成的。因此，工程上都采用复合管板，以不锈钢抵抗腐蚀，以碳素钢或低合金钢承受介质的压力。常见的复合板有爆炸复合板、堆焊复合板和轧制复合板。

管壳式换热器管板与壳体的连接结构与其形式有关，分为可拆的和不可拆的两大类。固定管板式换热器的管板和壳体间采用不可拆的焊接连接，而浮头式、U 形管式和填料函式换热器的管板与壳体间需采用可拆的法兰连接。

1. 固定管板式换热器管板的选用

固定管板式换热器的管板，可分为兼作法兰和不兼作法兰两类：兼作法兰时，固定管板的常用结构、与壳体的连接及适用范围，见图 4-24；不兼作法兰时，固定管板的常用结构、与壳体的连接及适用范围，见图 4-25。

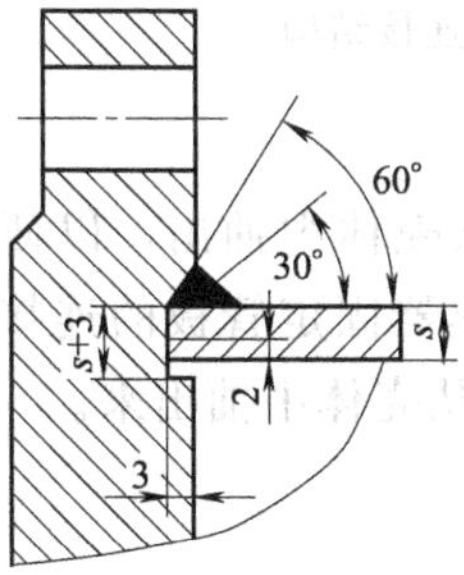

(a)

s≥10mm，使用压力 p≤1.0MPa

不宜用于易燃、易爆、易挥发及有毒介质场合

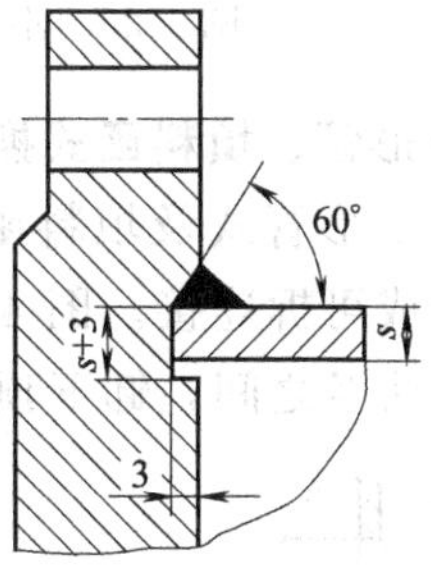

(b)

s<10mm，使用压力 p≤1.0MPa

不宜用于易燃、易爆、易挥发及有毒介质场合

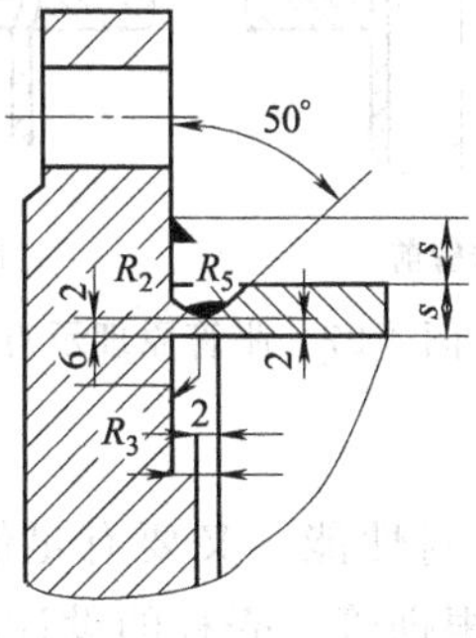

(c)

1.0MPa<p≤4.0MPa

壳程介质有间隙腐蚀作用时采用

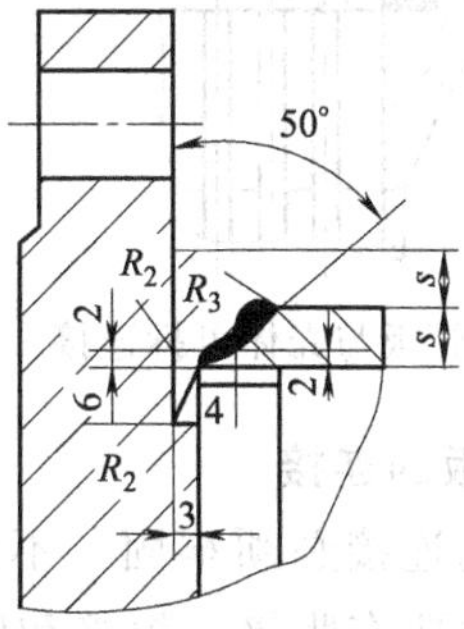

(d)

1.0MPa<p≤4.0MPa

壳程介质无间隙腐蚀作用时采用

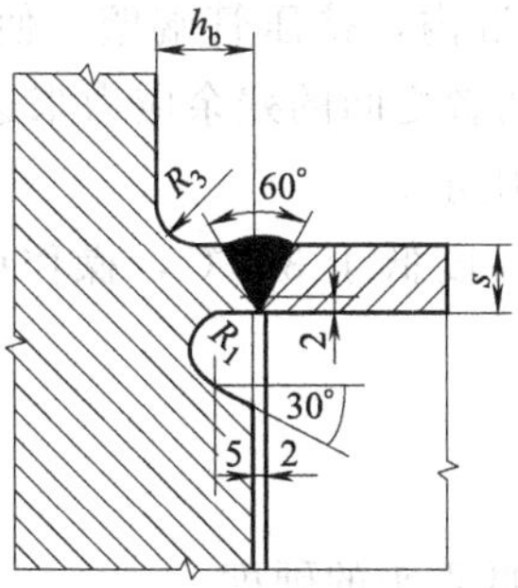

(e)

4.0MPa<p≤10MPa

壳程介质无间隙腐蚀作用时采用

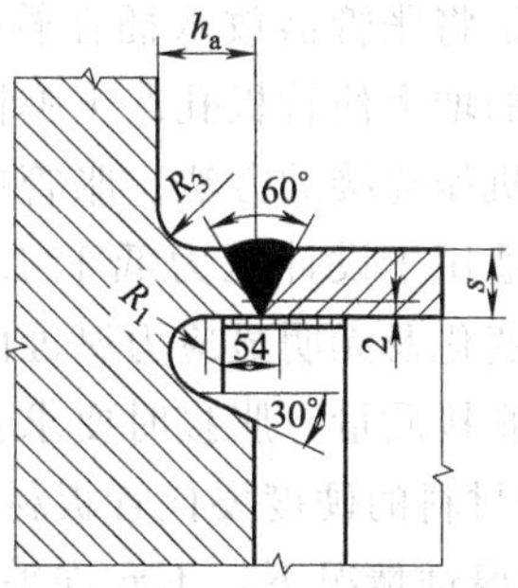

(f)

4.0MPa<p≤10MPa

壳程介质无间隙腐蚀作用时采用

图 4-24　兼作法兰时管板与壳体的连接结构

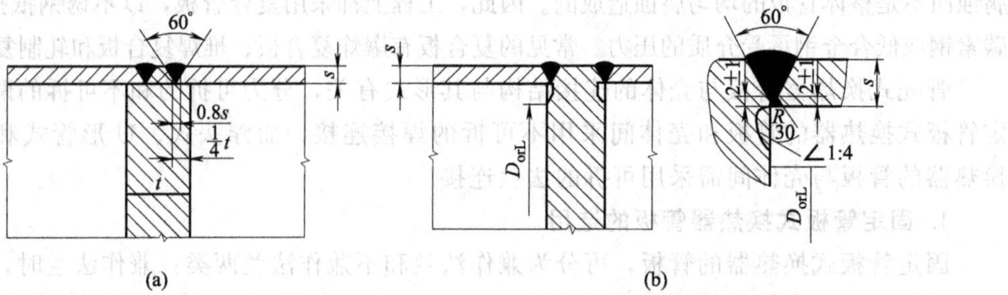

(a)　$p\leqslant 4.0$ MPa　壳程介质无间隙腐蚀作用时采用

(b)　壳程介质无间隙腐蚀作用时采用　半径 R 的圆心在管板表面上

图 4-25　不兼作法兰时管板与壳体的连接结构

2. 浮头式、U 形管、填料函式换热器管板的选用

由于浮头式、U 形管式及填料函式换热器的管束要从壳体中抽出，以便进行清洗，因此需将固定管板做成可拆连接。图 4-26 所示为浮头式换热器固定管板的连接情况，管板夹于壳体法兰和顶盖法兰之间，卸下顶盖就可把管板同管束从壳体中抽出来。

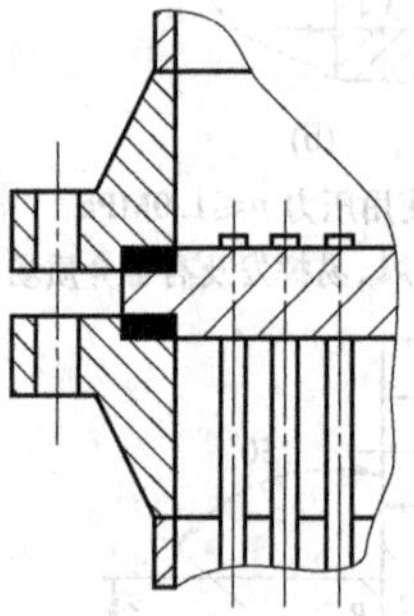

图 4-26　管板与壳体可拆连接

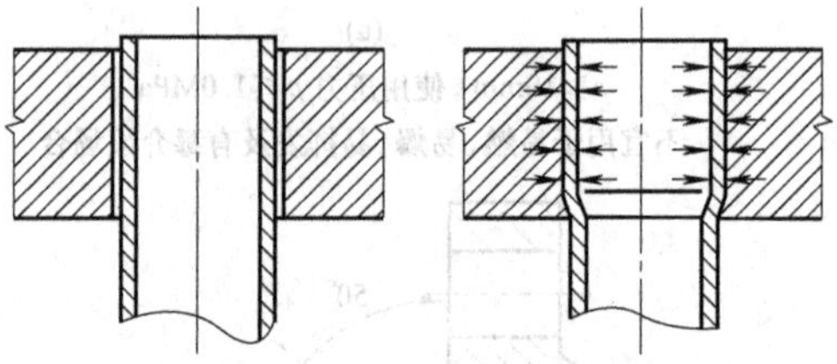

图 4-27　胀管原理示意图

3. 管子与管板的连接

管子与管板的连接必须牢固，不能泄漏，既要满足密封性能，又要有足够的抗拉脱强度。其连接形式主要有胀接、焊接和胀焊接合三种形式。根据管、壳程的设计压力、设计温度、介质的腐蚀性、管板的结构等选择管子与管板的不同连接形式。

(1) 胀接

所谓胀接是将胀管器放入插在管板孔中的管子端内，挤压管端壁，使管壁产生塑性变形，同时管径的增大使管板孔产生弹性变形，依靠两者之间的残余应力来达到密封不漏和牢固连接的一种机械连接的方法。胀管原理如图 4-27 所示。

胀接主要适用于设计压力低于 4.0MPa、设计温度低于 300℃，操作中无剧烈的振动、无过大的温度变化及无明显应力腐蚀的场合。

为了保证胀接质量，胀接时要求：

① 换热管材料的硬度要比管板材料的硬度小。

② 有应力腐蚀情况下，不允许采用局部退火降低管头的硬度。

③ 管子外径＜14mm 时不能胀接。

④ 应考虑接合面光洁度对胀接质量的影响。粗糙表面可以产生较大摩擦力，连接强度高但易泄漏；表面太光滑则管子易拉脱但不易泄漏。无论何种情况，都不许在管孔内有明显

的轴向刻痕。

（2）焊接

所谓焊接是指保证换热管与管板连接的密封性能及抗拉脱强度的焊接。当温度高于300℃或压力高于4.0MPa时，一般采用焊接。焊接比胀接具有更大的优越性。其密封性能良好，承压能力高，连接强度高，抗拉脱能力强，对管板孔和管端的加工要求低，允许采用较小的管板厚度，焊接工艺简单，尤其是在高温或者要求接头绝对不漏以及管板采用不易胀紧的不锈钢材料时，采用焊接连接比较可靠。焊接连接的缺点是：当管壁和管板厚度相差很大时，常因焊接过程中管子和管板冷却速度不同而产生热应力，使焊缝裂开，且焊后因管板与换热管之间仍存在环形间隙而造成间隙腐蚀。

管子与管板焊接接头的结构形式如图4-28所示。图4-28（a）所示为常用焊接结构形式，管板孔端部开坡口，焊接结构良好，当管径d_o≤25mm，管子伸出管板高度h可取0.5～1mm；当d_o>25mm时，h可取3～5mm。图4-28（b）所示管子端部不伸出管板，在立式容器中，停车后管板上不会积液，但焊接质量不易保证。图4-28（c）所示在管板换热管孔的周围开槽，可有效地减少焊接应力，适用于管壁较薄和管板在焊接后不允许产生较大变形的情况。总之，具体选用何种结构形式，应根据管子直径与壁厚、管板厚度、材料、操作条件等因素来确定。

管子与管板的焊接主要适用于：

① 管间距太小以至于无法胀接时；

② 当热循环剧烈和温度很高时，因为温度过高会使管子和管板产生蠕变，使胀接松动而发生泄漏。

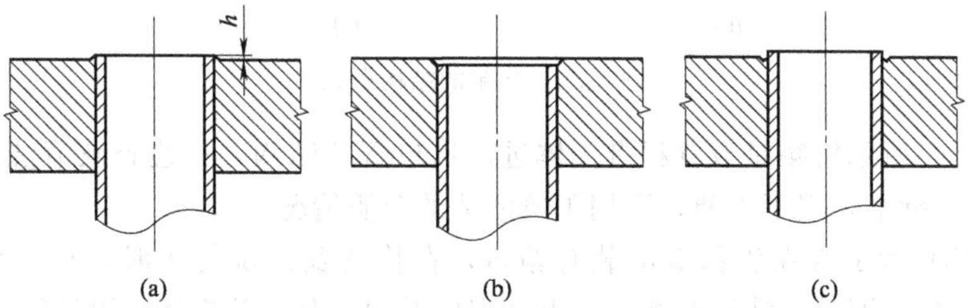

图4-28　焊接接头的结构形式

（3）胀焊接合

在高温下采用焊接较胀接更为可靠，但管子与管板之间因存在环隙而产生间隙腐蚀，并且焊接热应力也引起应力腐蚀，尤其在高温、高压下，在连接接头的反复热冲击、热变形、热腐蚀及介质压力等苛刻组合工况下，容易发生破坏，无论采用胀接或焊接均难满足使用要求。为了解决这一矛盾，目前广泛采用胀焊接合。胀焊接合不仅可以提高连接处的抗疲劳性能，消除应力腐蚀和间隙腐蚀，同时还可延长换热器的使用寿命。

先焊后胀：适用于有间隙腐蚀时，消除管子与管板之间的环隙，防止间隙腐蚀。

先胀后密封焊：适用于温度不太高而压力很高或介质极易渗漏或要求绝对不允许泄漏的情况，用密封焊增加密封性。

三、管箱的选用

管箱是位于管壳式换热器两端的重要部件，其作用是将管道输送来的流体均匀分布到各传热管和把管内流体汇集在一起送出换热器。在多管程换热器中，管箱还起着分隔管程、改变流体流动方向的作用。由于清洗、检修管子时需拆下管箱，因此管箱结构应便于装拆。管箱常见的几种结构如图 4-29 和图 4-30 所示。

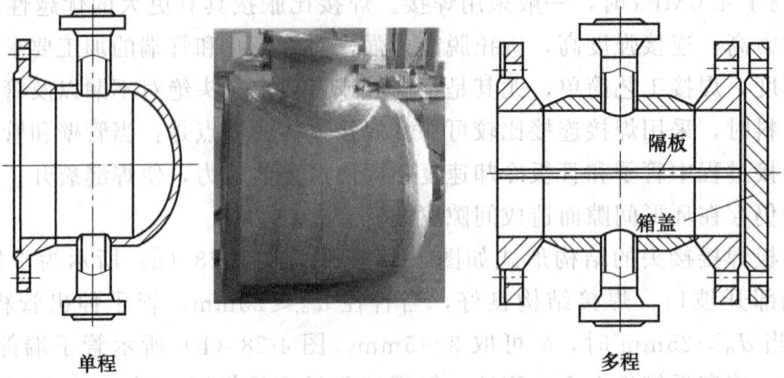

图 4-29 管箱结构

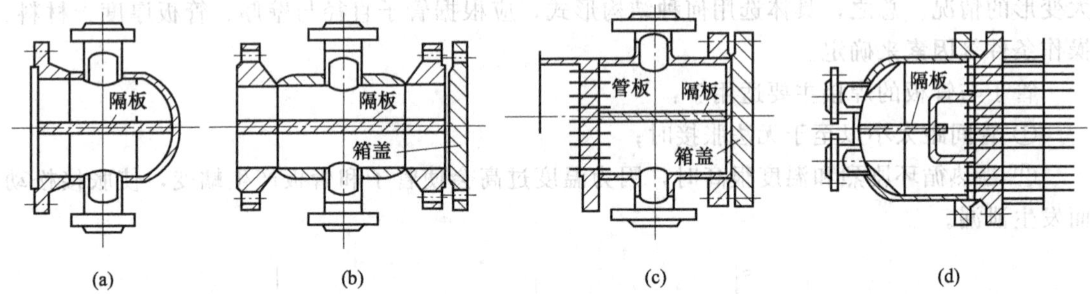

图 4-30 管箱的结构形式

图 4-30 (a) 所示管箱是双管程带流体进、出口管的结构，在检查及清洗管子时，必须将连接管道一起拆下，很不方便，适用于较清洁的介质情况。

图 4-30 (b) 所示为在管箱端部装有箱盖，在检查及清洗管子时，只需将箱盖拆除后（不需拆除连接管）即可清洗和检查；缺点是需要增加一对法兰连接，用材较多。

图 4-30 (c) 所示是将管箱与管板焊成一体，从结构上看，可以完全避免在管板密封处的泄漏，但管箱不能单独拆下，检修、清理不方便，所以在实际生产中很少采用。

图 4-30 (d) 所示为一种多管程换热器分程隔板的安装方式。

管箱的结构与换热器如下因素有关：①是否要求易于清洗、检查；②管路系统尽可能合理布置以便检查换热器时不必拆开管路；③压力、温度和冲蚀情况；④成本。

四、折流板、拉杆与定距管的选用

(一) 折流板的选用

安装折流板的目的是为了提高壳程流体的流速，增加流体流动的湍动程度，提高传热效率，同时也可减少结垢。在卧式换热器中，折流板还起到支承管束的作用。常用折流板有弓形和圆盘-圆环形，如图 4-31 所示。

折流板弓形缺口高度应使流体通过缺口时的流速与横向流过管束时的流速大致相等，一般取缺口高度 h 为壳体公称直径的 0.20～0.45 倍，常取 $h=0.2D_i$（D_i 为壳体公称直径，

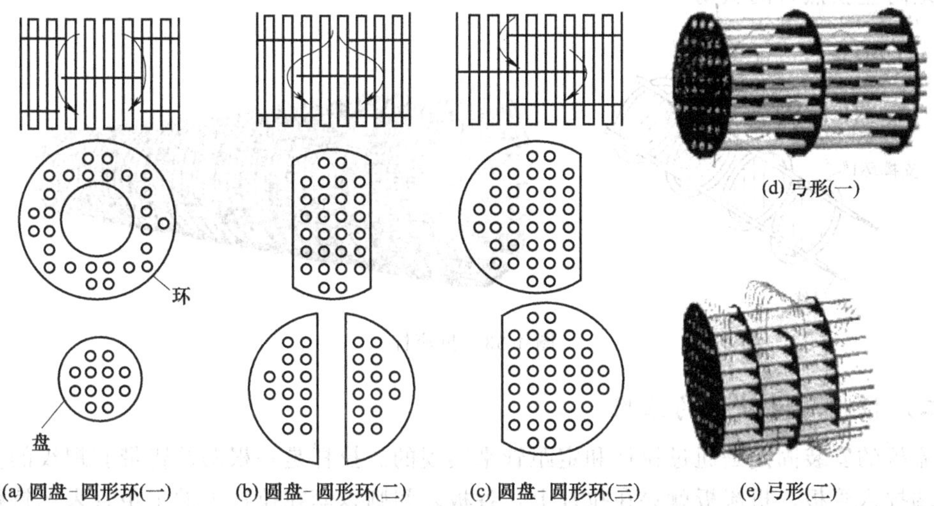

图 4-31 换热器的折流板

通常指壳体内径)。

折流板一般在壳体轴线方向按等间距布置，间距不应小于壳体内径的 20%，且不小于 50mm，最大间距应不大于壳体内径。管束两端的折流板应尽量靠近壳程进、出口接管。折流板上管孔与换热管之间的间隙及折流板与壳体内壁的间隙要符合要求。间隙过大，会因壳程流体短路严重而影响传热效果，且易引起振动，间隙过小会使安装、拆卸困难。

为了检修时能完全排尽卧式换热器壳体内的剩余液体，折流板下部应开有通液口，其尺寸见图 4-32。对于立式换热器则不必开通液口。

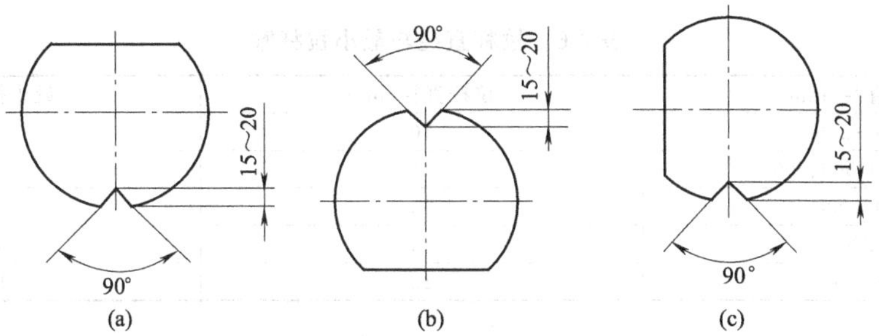

图 4-32 折流板通液口、通气口布置

当卧式换热器的壳程输送单相清洁流体时，弓形折流板的缺口应水平上下布置；当气体中含有少量的液体时，则应在缺口朝上的弓形折流板的最低处开通液口，见图 4-32 (a)；当液体中含有少量气体时，则应在缺口朝下的折流板的最高处开通气口，见图 4-32 (b)；当壳体介质为气、液相共存或液体中含有固体物料时，折流板应垂直左右分布，并在折流板的最低处开通液口，见图 4-32 (c)。

圆盘-圆环形折流板由于结构比较复杂，不便于清洗，因此一般用于压力较高和物料清洁的场合。

近年来开发了一种折流杆代替常用的折流板，如图 4-33 所示。这种新型结构是在折流圈上焊有若干个圆形截面的杆，形成一个栅圈。若把四个折流圈重叠起来看，则各圈上的折流杆就组成了一个个方形小格，换热管就在各个小方格之中，其上下左右均有折流杆固定，可较好地防止换热管的振动。

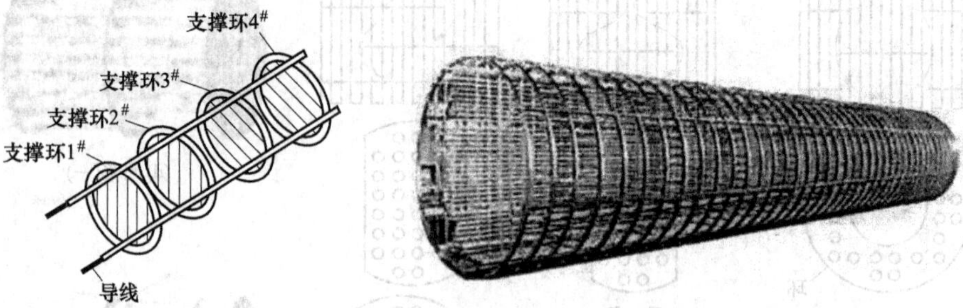

图 4-33 折流杆

(二) 拉杆与定距管的选用

折流板的安装固定是通过拉杆和定距管来实现的。拉杆是一根两端皆带有螺纹的实心长杆，一端拧入管板，折流板就穿在拉杆上，各板之间则以套在拉杆上的定距管来保持板间距离，最后一块折流板可用螺母拧在拉杆上予以紧固，如图 4-34 所示。

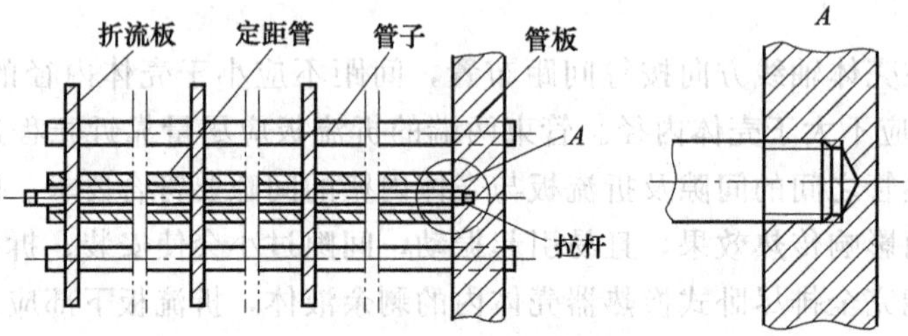

图 4-34 折流板的组装

表 4-6 拉杆直径与最小拉杆数

壳体直径/mm	拉杆直径/mm	最小拉杆数
200～250	10	4
273、400、500、600	12	4
800、1000	12	6
1200	12	8
＞1250	12	10

拉杆尽量均匀布置在管束的外边缘，对于大直径的换热器，在布管区内或靠近折流板缺口处应布置适当数量的拉杆。拉杆直径及数量可根据换热器壳体内径选定。各种尺寸的换热器的拉杆直径和拉杆数，可参考表 4-6 选取。定距管通常采用与换热管材料、直径相同的管子。

五、防冲板与导流筒的选用

(一) 防冲板的选用

当加热蒸汽或高速流体流入壳程时，会对换热管造成很大的冲刷，容易引起侵蚀和振动，从而影响换热器的传热效率和换热管的寿命。故常在换热器流体入口处设置防冲板。

防冲板的形状有圆形和方形两种。图 4-35 (a) 所示为圆形挡板，为了减少流体阻力，挡板与换热器壳壁的距离 e 不应太小，至少应保持此处流道截面积不小于流体进口接管的截面积，且距离 e 不小于 30mm；若距离太大则也妨碍管子的排列，且减少了传热面积。当需加大流体通道时，也可在挡板上开圆孔以加大流体通过的截面。图 4-35（b）所示为方形挡板，上面开了小孔以增大流体通过的截面积。

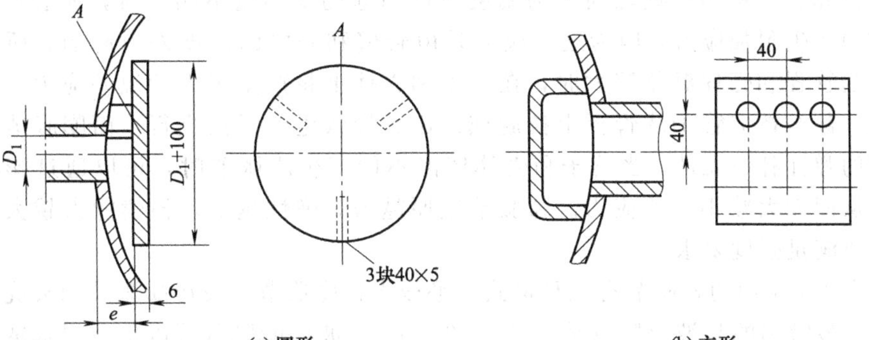

(a) 圆形 (b) 方形

图 4-35 防冲板

一般情况下，防冲板外表面到圆筒内壁的距离应不小于接管外径的 1/4；防冲板的直径或边长应大于接管外径 50mm；防冲板的最小厚度为碳钢 4.5mm，不锈钢 3mm。防冲板可采用三种固定形式：焊在定距管或拉杆上；焊在圆筒上；螺栓固定。

（二）导流筒的选用

导流筒通常安装于壳程流体的入口处。在进口处设置导流筒，不仅起到防冲挡板的作用，还可将加热蒸汽或流体导至靠近管板处才进入管束间，更充分地利用换热器的换热面积，提高传热效果。根据流动截面大致相等的原则，导流筒端部至管板的距离 S 应使该处的环形流动面积不小于导流筒外侧的流动截面积。

导流筒有内导流筒和外导流筒之分。内导流筒是在壳体内部设置一个圆筒形结构，在靠近管板的一端敞开，而另一端近似密封，如图 4-36 所示。内导流筒适用于管板在过热的情况下，使冷却介质均匀地与管板接触，从而对管板起冷却作用。内导流筒的结构简单，制造方便，但占据壳程空间而使排管数相应减小。

外导流筒是在进口处采用扩大环形通道，如图 4-37 所示。为保证气体沿圆周方向均匀地进入，导流筒应做成斜口型。在环形通道上，由于气体在离心力的作用下，将一些液滴分离出来，因此在导流筒下方，均匀设置数个排液泪孔，以排除凝液或残存液。

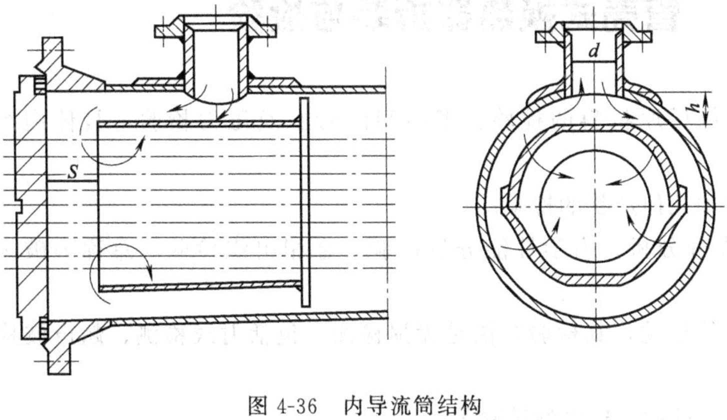

图 4-36 内导流筒结构

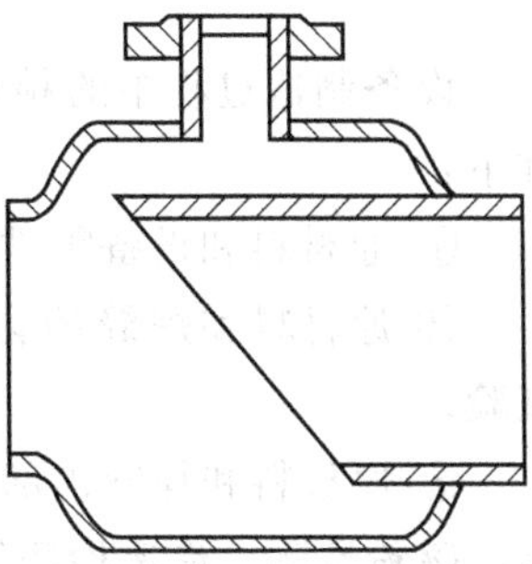

图 4-37 外导流筒结构

六、膨胀节的选用

在固定管板式换热器中，管束与壳体是刚性连接的。由于管内、外是两种不同温度的流体，因此当管壁和壳壁之间因为温度不同引起的变形量不相等时，便会在管板、管束和壳体中产生附加应力，因为这一应力是由管壁和壳壁的温度差引起的，所以称为温差应力。当管程和壳程温差较大时，在管子和壳体上将产生很大的温差应力，以致管子弯曲变形，甚至造成管子从管板上拉脱或顶出，导致生产无法进行。而膨胀节是一种能自由伸缩的弹性补偿元件，当管子和壳体壁温不同产生膨胀差时，可以通过膨胀节来变形协调，从而大大减小温差应力。膨胀节壁厚越薄，弹性越好，补偿能力越大，但膨胀节的厚度要满足强度要求。

在换热器中采用的膨胀节有三种形式：平板焊接膨胀节、波形膨胀节和夹壳式膨胀节（图 4-38）。最常用的是波形膨胀节［图 4-38（b）］，波形膨胀节可以由单层板或多层板构成，多层膨胀节具有较大的补偿量。当要求更大的热补偿量时，可以采用多波膨胀节。多波膨胀节可以为整体成形结构（波纹管），也可以由几个单波元件用环焊缝连接。平板焊接膨胀节［图 4-38（a）］结构简单便于制造，但只适用于常压和低压的场合。夹壳式膨胀节［图 4-38（c）］可用于压力较高的场合。

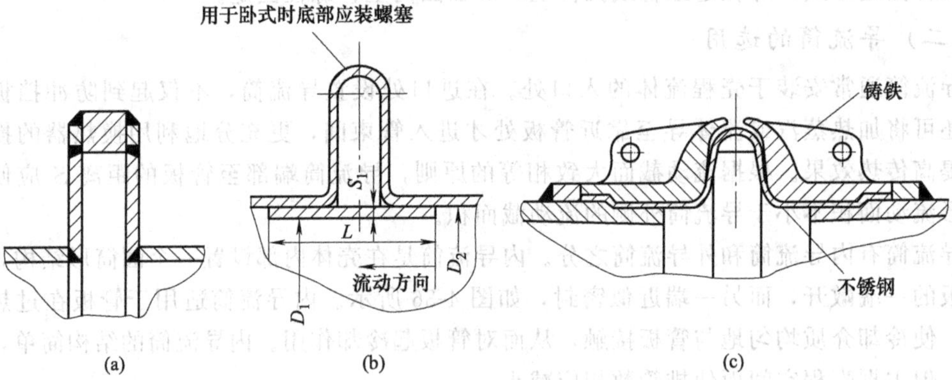

图 4-38　膨胀节形式

第三节　管壳式换热器拆装与检验

设备制造过程中的检验，包括原材料的检验、工序间的检验及压力检验，具体内容如下：

① 原材料和设备零件尺寸和几何形状的检验；

② 原材料和焊缝的化学成分分析、力学性能分析试验、金相组织检验，总称为破坏试验；

③ 原材料和焊缝内部缺陷的检验，其检验方法是无损检测，包括射线检测、超声波检测、磁粉检测、渗透检测等；

④ 设备压力检验，包括耐压试验、气密性试验等。

制造完工的换热器应对换热器管板的连接接头、管程和壳程进行耐压试验或气密性试验，耐压试验包括液压试验和气压试验。换热器一般进行水压试验，但由于结构或支承原因，不能充灌液体或运行条件不允许残留试验液体时，可采用气压试验。如果介质毒性为极度、高度危害或管、壳程之间不允许有微量泄漏时，则必须增加气密性试验。

① 固定管板换热器的压力试验顺序：先进行壳程试压，同时检查换热器与管板连接接头，再进行管程试压。

② U形管式换热器、釜式重沸器及填料函式换热器的压力试验顺序：先用试验压力进行壳程试压，同时检查接头，再进行管程试压。

③ 用试压工具进行管头试压，对釜式重沸器还应配备管头试压专用壳体，接着进行管程试压，最后进行壳程试压。

④ 对于按压差设计的换热器，先进行管头试压，再进行管程试压，最后进行壳程试压。

⑤ 当管程试验压力高于壳程试验压力时，管头试压应按图样规定或根据制造、维修方便与使用厂家或使用单位双方商定的方法进行。

⑥ 重叠换热器的管头试压可以单台进行，当各台换热器连通时，管程及壳程试压应重叠组装后进行。

⑦ 试验压力应按 GB 150—2011 中 4.6.2 的规定进行。

⑧ 试验温度应按 GB 150—2011 中 11.4.9.3 的规定进行。

⑨ 液压试验方法：试验时壳体或管程以及管接头，要在上部开设排气口，充液时应将容器内空气排尽；试验过程中，应保持容器表面干燥；试验压力要缓慢上升，达到规定的试验压力后，保压足够长时间，然后将压力降至设计压力，并保持足够长的时间，对焊接接头和连接部位进行检查，如有渗漏，则在修补后重新试验；液压试验完毕后，应将液体排尽，并用压缩空气将内部吹干。

⑩ 气压试验方法：试验应有安全措施，安全检查措施须经试验单位技术总负责人认可，并由本单位安全部门负责检查监督；试验所用气体应为干燥洁净的空气、氮气或其他惰性气体；试验压力应缓慢上升，至规定试验压力的10%且不超过0.05MPa时，保压5min然后对所有焊接接头和连接部位进行初次泄漏检查，如有泄漏，则在修补后重新试验；初次泄漏检查合格后，再继续缓慢升压至规定试验压力的50%，其后按每级为规定试验压力的10%的级差逐级增至规定的试验压力，保压10min后，将压力降至设计压力，并保持足够长的时间，再次进行泄漏检查，如有泄漏，则在修补后再按上述规定重新试验。

⑪ 气密性试验：设备液压试验合格后方可进行气密性试验，试验压力应按 GB 150—2011 中的 4.6.2 的规定进行；试验时压力应缓慢上升，达到规定试验压力后保压 10min，然后降至设计压力，对所有焊接接头和连接部位进行泄漏检查，小型设备亦可浸入水中检查，如有泄漏，则在修补后重新进行液压试验和气密性试验；对于与系统相连无法隔离开的设备，维修后需要进行气密性试验时，与用户商量后，以最高操作压力作为气密性试验的压力，具体升压步骤按上述规定。

全部试压合格后，连接进、出口管道与阀门，装上各种现场仪表，若设备连续运行24h未发现任何问题，并根据各现场记录数据进行核算，满足了生产需要，即可交付使用。

1. 筒体的制造要求

折流板与壳体内壁间的装配间隙比较小，所以壳体的制造精度要求较高，如表 4-7 所示。

表 4-7 筒体内径和椭圆允许偏差 mm

筒体公称直径 DN	≤500	500～1200	1200～1800
筒体内径上偏差	+3	+3.5	+5.0

筒体直线度的误差不得超过筒体长度的 1/1000，当筒体长度 $L\leqslant 6$m 时，其值不大于 4.5mm；当筒体长度 $L\geqslant 6$m 时，其值不大于 8mm。直线度检查应通过中心线的水平和垂直面，即沿圆周 0°、90°、180°、270°四个部位分别进行测量。

筒体与法兰装配时，应保证法兰端面与筒体轴线垂直，并且螺栓孔均应跨中。

壳体内部纵、环焊缝的加强高度及接管凸起处，必须铲磨到与筒体内表面齐平，以利于管束的装进和抽出。

2. 换热管安装要求

① 换热管穿管时推荐采用立装工艺，尽量使换热管位于所有折流板及其上、下管板的管孔中心位置，必要时考虑保证换热管在管板、折流板管孔中心位置的工装。

② 换热管与管板的焊接采用氩弧焊，角焊缝焊脚高度要足够，属于强度焊的至少分两层焊完，推荐用平焊代替全位置焊。焊接工艺应按 NB/T 47014—2011 或 GB 151—2014 的要求评定合格，焊工应按国家质检总局《锅炉压力容器压力管道焊工考试规则》的要求持有相应资格证书。

③ 换热管与管板焊接成形后，采用专用的磨具将上、下管板的所有管头磨光、磨齐，换热管高出管板的尺寸应符合设备图样的规定。

④ 采用“强度胀＋密封焊”或“强度焊＋贴胀”连接的，应经胀接工艺评定合格后编制合适的胀接工艺规程；胀接操作人员应严格按照胀接工艺规程进行胀接操作。

⑤ 换热管管端清理应符合 GB 151—2014 中的规定，管板换热管孔内也应清除锈迹、油污、铁屑等杂物。有胀接要求的，管端硬度应低于管板的硬度，胀接的环境温度应适合材料本身及有关标准的要求。

⑥ 胀接用的润滑剂，不得含有硫、铅等成分。

⑦ 应采取可靠措施防止漏胀或重胀。

3. 管板的技术要求

① 管板密封面应与轴线垂直，其垂直度允差按 GB 1184《形状和位置公差》第 9 级选取。

② 管孔应严格垂直于管板密封面，其垂直度允差按 GB 1184《形状和位置公差》第 9 级选取；孔表面不允许存在贯通的纵向条痕。

③ 螺栓孔中心圆直径和相邻两螺栓孔弦长允差为±0.6mm。

4. 折流板的技术要求

① 折流板应平整，平面度允差为 3mm。

② 相邻两管孔的中心距离偏差为±0.3mm，允许有 4%的相邻两孔中心距离偏差为 0.5mm，任意两管孔中心距离偏差为±1mm（本条所列偏差数值适用于管子外径≤38mm）。

③ 钻孔后应去除管孔周边的毛刺。

【习题】

1. 换热器的类型有哪些？

2. 换热器各零部件选材需考虑哪些因素？

3. 试述管壳式换热器的选用原则。

4. 列举管壳式换热器的优缺点及适用场合。

5. 我国常用于管壳式换热器的无缝钢管规格有哪些？通常规定换热管的长度有哪些？

6. 换热管与管板有哪几种固定方式？各适用于何种操作条件？

7. 管箱有何作用？

8. 折流板的作用如何？常用折流板有哪些形式？

9. 设置防冲板的目的及要求是什么？

10. 导流筒的形式有哪些？不同形式有什么要求？

11. 在管壳式换热器中，温差应力是如何产生的？为克服温差应力的影响应采取何种措施？

12. 在换热器中采用的膨胀节有哪些形式？分别适用于何种场合？

13. 简述液压试验方法。

第五章 反应器结构拆装

【学习目标】

① 了解反应器的基本要求，能够根据各反应器的结构特点和适用场合进行选用。
② 根据反应器要求及相应公式计算釜体的高径比、直径、高度等。
③ 根据结构特点选用各种类型的搅拌装置。
④ 能够根据轴封装置的特点进行选用。
⑤ 掌握搅拌反应器的拆装与检验要点。

第一节 反应器类型选择

一、反应器的应用

用于进行化学反应的设备称为反应器。许多化工及石油化工产品生产过程，都是对原料进行若干物理过程处理后，再按一定的要求进行化学反应得到最终产品。例如，氨的合成反应就是经过造气、精制处理，得到一定比例、合格纯度的氮氢混合气后，在合成塔中以一定的压力、温度以及催化剂的存在下起化学反应得到氨气。其他如染料、油漆、农药等工业中，氧化、氯化、硫化、硝化等化学反应过程则更为普遍。因此，反应器在化工设备中非常重要。反应器大多是化工生产中的关键设备，如合成氨生产中的氨合成塔以及聚乙烯生产中的聚合釜。

二、反应器的基本要求

反应器的主要作用是提供反应场所，并维持一定的反应条件，使化学反应的过程按预定的方向前进，得到合格的反应产物。一个设计合理、性能良好的反应器，应能满足如下的几方面要求：

① 满足化学动力学和传递过程的要求，做到反应速度快、选择性好、转化率高、目标产品多、副产物少。

② 能及时有效地输入或输出热量，维持系统的热量平衡，使反应过程在适宜的温度下进行。

③ 有足够的机械强度和抗腐蚀能力，满足反应过程对压力的要求，保证设备经久耐用，

生产安全可靠。

④ 制造容易，安装检修方便，操作调节灵活，生产周期长。

三、反应器类型选择

在化工生产中，化学反应的种类很多，操作条件差异很大，物料的聚集状态也各不相同，因而反应器的种类多种多样。一般可按用操作方式、结构形式等进行分类，最常见的是按结构形式进行分类，可分为釜式反应器、管式反应器、塔式反应器、固定床反应器、流化床反应器等。各反应器的结构特点及适用场合见表 5-1。

表 5-1　反应器的结构特点及适用场合

名称	结构特点	适用场合
釜式反应器	釜式反应器也称槽式、锅式反应器，它是各类反应器中结构较为简单且应用较广的一种。釜式反应器具有适用温度和压力范围宽，适应性强，操作弹性大，连续操作时温度、浓度容易控制，产品质量均一等特点；但在有较高转化率的工艺要求时，则需要较大容积	主要用于液-液均相反应过程。在化工生产中，既适用于间歇操作，又可单釜或多釜串联用于连续操作，但在间歇生产过程中应用最多。通常在操作条件比较缓和的条件下进行操作，如常压、温度较低且低于物料沸点时
管式反应器	管式反应器的长径比较大，与釜式反应器相比，在结构上差异较大，有直管式、盘管式、多管式等。由单根(直管或盘管)连续或多根平行排列的管子组成，一般设有套管式或管壳式换热装置。操作时，物料自一端连续加入，在管中连续反应，从另一端连续流出，以达到要求的转化率。管式反应器具有容积小、比表面大、返混少、反应混合物连续变化、易于控制等优点；但若反应速度较慢时，则有管子较长、压降较大等不足	管式反应器主要用于气相、液相、气-液相连续反应过程。由于管式反应器能承受较大的压力，因此用于加压反应尤为适合。如裂解反应用的管式炉便是管式反应器。随着化工生产越来越趋于大型化、连续化、自动化，连续操作的管式反应器在生产中使用越来越多，某些传统上一直使用间歇搅拌釜的高分子聚合反应，目前也开始改用连续操作的管式反应器
塔式反应器	鼓泡塔内有盛液体的空心圆筒，底部装有气体分布器，壳外装有夹套或其他形式换热器或设有扩大段、液滴捕集器等。为了提高气体分散程度和减少液体轴向循环，可在塔内安装水平多孔隔板。当吸收或反应过程热效应不大时，可采用夹套换热装置；热效应较大时，可在塔内增设蛇管换热或采用塔外换热装置，也可以利用反应热蒸发的方法带走热量	塔式反应器的长径比介于釜式和管式之间。主要用于气-液反应，常用的有填料塔、板式塔。塔体内设挡板及鼓泡器的可用于气-液相反应、气-液-固相反应，如芳烃液相氧化及烃相反应、硝基物加氢还原。塔体内部有填充物的可用于气体的化学吸收，如苯的沸腾氯化制氯苯等反应
固定床反应器	单段式一般为高径比不大的圆筒体，在圆筒体下方装有栅板等板件，其上为催化剂床层，均匀的堆置一定厚度的催化剂固体颗粒。其特点是结构简单、造价便宜、反应器体积利用率高。多段式是在圆筒体反应器内设有多个催化剂床层，在各床层之间可采用多种方式进行反应物物料的换热。其特点是便于控制调节反应温度，防止反应温度超出允许范围	固定床反应器是指流体通过静止不动的流体物料所形成的床层而进行化学反应的设备。以气固反应的固定床反应器最常见。可用于气-固、液-固、气-液-固相催化反应，如硝基物气相加氢还原及液相加氢还原；反应热较大的快速气固相催化反应，如芳烃的气相催化氧化
流化床反应器	流化床反应器的形式很多，但一般都由壳体、内部构件、固体颗粒装卸设备及气体分布、传热、气固分离装置等构成。流化床反应器也可根据床层结构分为圆筒式、圆锥式和多管式等类型	流化床反应器多用于气-固反应过程。当原料气通过反应器催化剂床层时，催化剂颗粒受气流作用而悬浮起来呈翻滚沸腾状，原料气在处于流化态的催化剂表面进行化学反应，此时催化剂床层即为流化床

1. 管式反应器结构及工作原理

管式反应器是由多根细管串联或并联而构成的一种反应器。通常管式反应器的长度和直径之比大于 50～100。下面以套管式反应器为例介绍管式反应器的基本结构。

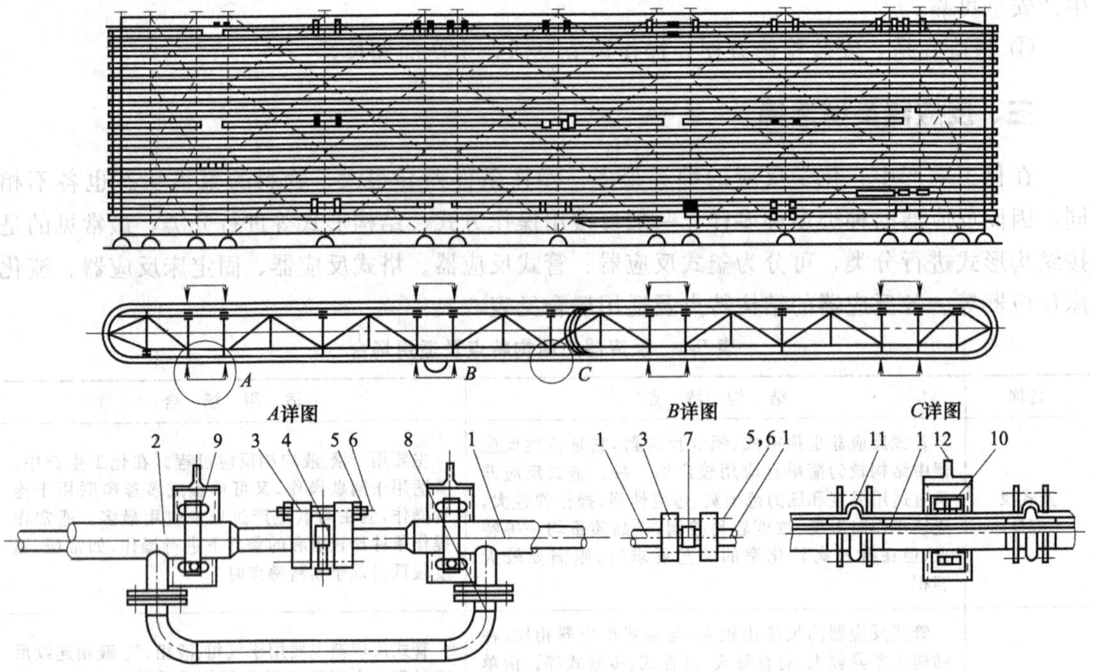

图 5-1 套管式反应器结构

1—直管；2—弯管；3—法兰；4—带接管的T形透镜环；5—螺母；6—弹性螺母；

7—圆柱形透镜环；8—联络管；9,10—支座；11—补偿器；12—机架

套管式反应器是由长径比很大（$L/D=20\sim25$）的细长管和密封环通过连接件的紧固串联安放在机架上而组成的，如图 5-1 所示。它包括直管、弯管、密封环、法兰、紧固件、温差补偿器、传热夹套、联络管和机架等几部分。

(1) 直管

直管的结构如图 5-2 所示。内管长 8m，根据反应段的不同，内管直径通常也不同（如 27mm 和 34mm），夹套管用焊接形式与内管固定。夹套管上对称地安装一对不锈钢制成的 Q 形补偿器，以消除开、停车时内、外管线胀系数不同而附加在焊缝上的拉应力。

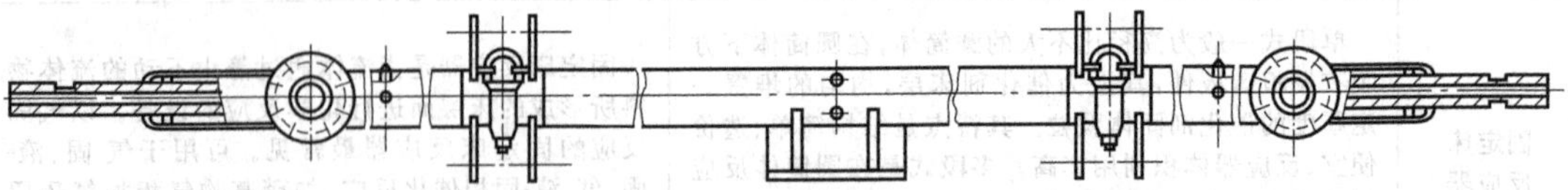

图 5-2 直管

(2) 弯管

弯管结构与直管基本相同（图 5-3），机架上的安装方法允许其有足够的伸缩量，故不再另加补偿器。

(3) 密封环

套管式反应器的密封环为透镜环：透镜环有两种形状：一种是圆柱形透镜环；另一种是带接管的T形透镜环。圆柱形透镜环用反应器内管统一制成，带接管的T形透镜环是用于安装测温、测压元件的。

(4) 管件

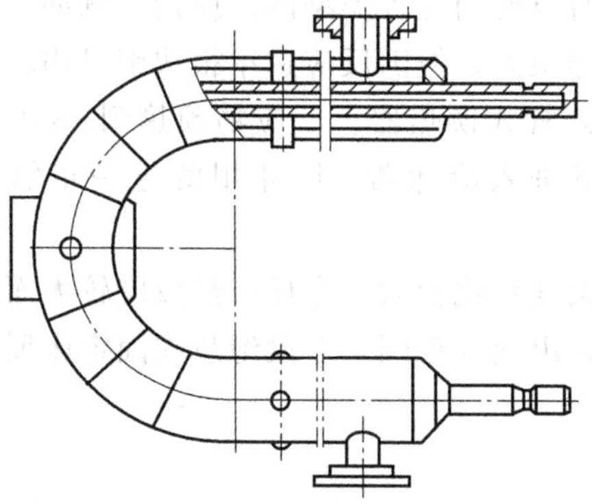

图 5-3　弯管

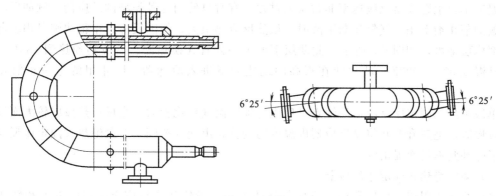

反应器的连接必须按规定的紧固力矩进行，所以对法兰、螺柱和螺母都有一定的要求。

(5) 机架

反应器机架用桥梁用钢焊接成整体，地脚螺栓安放在基础桩的柱头上，安装管子支座部位装有托架，管子用抱箍与托架固定。

2. 固定床反应器结构

绝热式固定床反应器分为单段绝热式和多段绝热式。

(1) 单段绝热式固定床反应器

单段绝热式固定床反应器是在一个中空圆筒的底部放置搁板（支撑板），在搁板上堆积固体催化剂。反应气体预热到适当温度后，从圆筒体上部通入，经过气体预分布装置，均匀通过催化剂层进行反应，反应后的气体由下部引出，如图 5-4 所示。这类反应器结构简单，生产能力大。对于反应热效应不大、反应过程允许温度有较宽变动范围的反应过程，常采用此类反应器。一个典型的例子是乙苯脱氢制苯乙烯，反应热为 140kJ/mol，这是靠加入 2.6 倍（质量）于乙苯的高温水蒸气（710℃）来供应的。乙苯与水蒸气混合后在 630℃的条件下进入催化剂床层，而离床时则因反应吸收热量而降到 565℃。

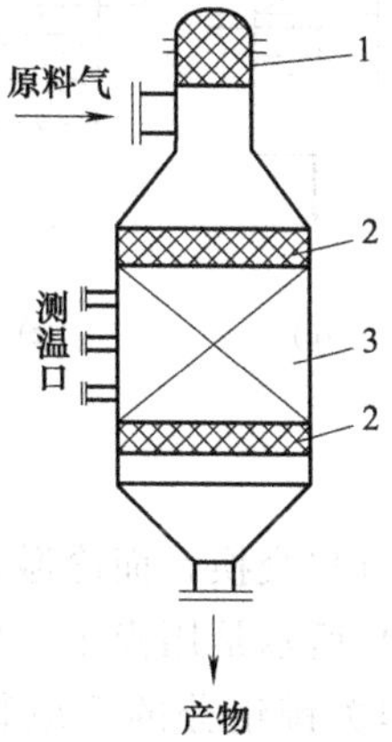

图 5-4　单段绝热式固定床反应器

1—矿渣棉；2—瓷环；3—催化剂

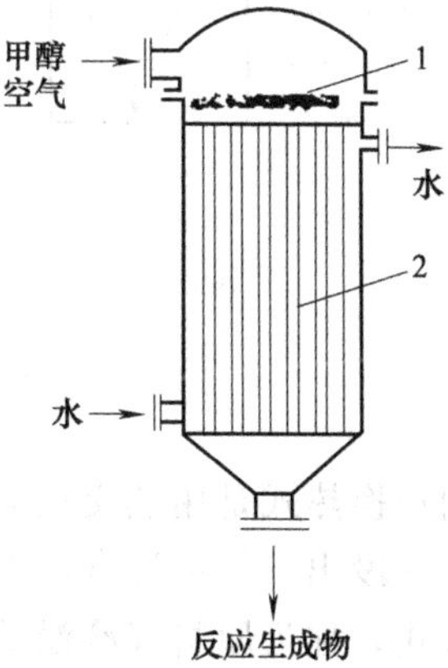

图 5-5　甲醇氧化的薄层反应器

1—催化剂；2—冷却器

单段绝热式一般适用于绝热温升较小的反应。以天然气为原料的大型氨厂中的一氧化碳中（高）温变换及低温变换甲烷化反应都采用单段绝热式。对于热效应较大的反应只要有对反应温度不很敏感或是反应速率非常快的过程，有时也使用这种类型的反应器。例如甲醇在银或铜的催化剂上用空气氧化制甲醛时，虽然反应热很大，但因反应速率很快则只用较薄的催化剂床层即可，如图 5-5 所示。此薄层下段为一列管式换热器。反应物预热到 383K，反应后升温到 873～923K，就立即在很高的线速度下进入冷却器，防止甲醛进一步氧化或分解。

单段绝热式固定床反应器的缺点是反应过程中温度变化较大。当反应热效应较大而反应速率较慢时，绝热升温必将使反应器内温度的变化超出允许范围。多段绝热式固定床反应器是为了弥补此不足而提出的。

（2）多段绝热式固定床反应器

多段绝热式固定床反应器中，反应气体通过第一段绝热床反应至一定的温度和转化率时，将反应气体冷却至远离平衡温度曲线的状态，再进行下一段的绝热反应。反应和冷却（或加热）过程间隔进行，根据反应的特征，一般有二段、三段或四段绝热床。根据段间反应气体的冷却或加热方式，多段绝热床又分为中间间接换热式和冷激式。

中间间接换热式是在段间装有换热器，其作用是将上一段的反应器冷却，同时利用此热量将未反应的气体预热或通入外来载热体取出多余反应热，图 5-6（a）所示是在两个单层绝热反应器之间加换热器来调节温度的。如炼油工业中的重整就有用四台反应器的，而在每两台之间有一加热炉，把因吸热降温的物料重新加热升温，以进入下一段中去反应。图 5-6（b）所示的情况与图 5-6（a）所示相仿，水煤气转化及二氧化硫的氧化就常用图 5-6（b）所示或图 5-6（a）所示的方式。图 5-6（c）所示是在层间加入换热器盘管的方式，二氧化硫氧化等常用该方式。由于这种换热装置效率不高，而且层间容积不能太大，因此只适用于换热量要求不太大的情况。如环已醇脱氧制已酮及丁二醇脱水制丁二烯等。

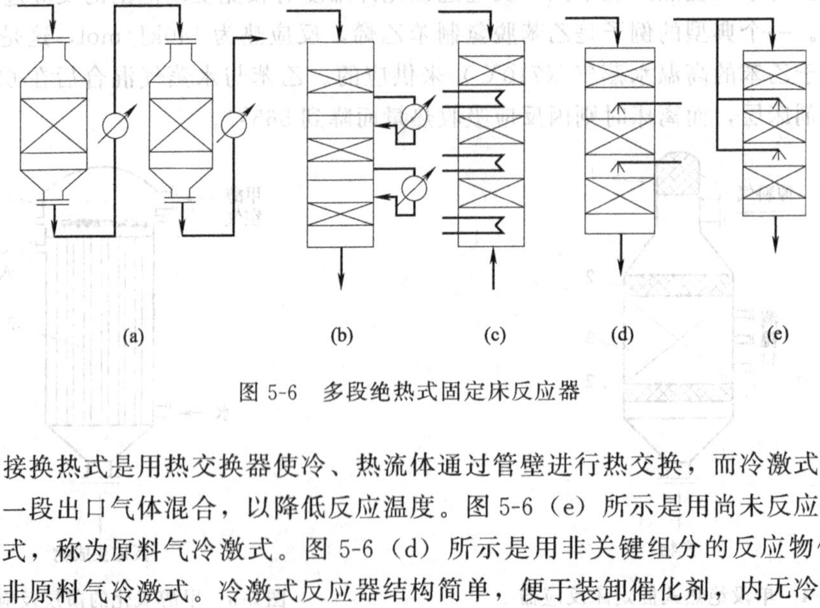

图 5-6　多段绝热式固定床反应器

中间间接换热式是用热交换器使冷、热流体通过管壁进行热交换，而冷激式则是用冷流体直接与上一段出口气体混合，以降低反应温度。图 5-6（e）所示是用尚未反应的原料气作冷流体的方式，称为原料气冷激式。图 5-6（d）所示是用非关键组分的反应物作冷流体的方式，称为非原料气冷激式。冷激式反应器结构简单，便于装卸催化剂，内无冷管，避免由于少数冷管损坏而影响操作，特别适用于大型催化反应器。工业上高压操作的反应器如大型氨合成塔、一氧化碳和氢气合成甲醇等常采用冷激式反应器。

总之，绝热式固定床的应用相当广泛，特别是对大型的高温或高压反应器，希望结构简单，同样大小的装置内能容纳尽可能多的催化剂以增加生产能力，而绝热床正好能符合这种要求。不过绝热床的温度变化总是比较大的，而温度对反应结果的影响也是举足轻重的，因此如何取舍，要综合分析并根据实际情况来决定。

3. 换热式固定床反应器的结构

当反应热效应较大时，为了维持适宜的温度条件，必须用换热介质来移走或供给热量。按换热介质不同可分为对外换热式固定床反应器和自热式固定床反应器。

（1）对外换热式固定床反应器

以各种载热体为换热介质的对外换热式反应器多为列管式结构，如图 5-7 所示，类似于列管式换热器，因此也称列管式固定床反应器。

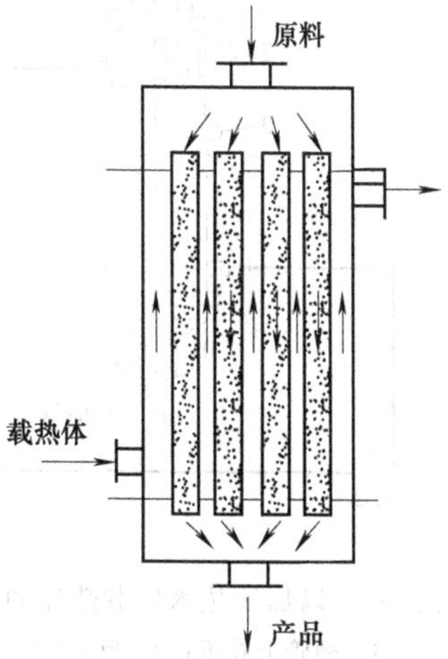

图 5-7　列管式固定床反应器

在管内填装催化剂，壳程通入载热体。管径的大小应根据反应热和允许的温度情况而定，一般为 25～50mm，不宜小于 25mm。催化剂的粒径应小于管径的 8 倍，通常为 2～6mm，不小于 1.5mm，以防出现沟流。通常采用 25～50mm 的小管径，传热面积大，有利于强放热反应，列管式反应器的传热效果好，易控制催化剂床层温度，又因管径较小，流体在催化床内流动可视为理想置换流动，故反应速率快，选择性高。然而其结构较复杂，设备费用高。

列管式固定床反应器中，合理选择载热体及其温度的控制是保持反应稳定进行的关键。载热体的温度与反应温度的温差宜小，但必须移走反应过程中释放出的大量热量。这就要求有大的传热面积和传热系数。传热所用的载热体视所需控制的温度范围而异，一般用强制循环进行换热。水是最常用的载热体，调节其压力可用于 100～300℃的温度范围，一般反应温度在 24℃以下时宜采用加压热水作载热体；反应温度为 250～350℃时可采用挥发性低的导热油作载热体；反应温度为 350～400℃的则需用熔盐作载热体，如 KNO_3 53%、$NaNO_3$ 7%、$NaNO_2$ 40%的混合物；在个别情况下，还有用熔融金属（如铅、锂、钠）及沸腾金属（如汞）等作为载热体的，它们的传热系数很大，但设备的密封性要求非常高，不是一般场合能轻易采用的。对于 600～700℃的高温反应，只能用烟道气作载热体。

图 5-8 所示为加压热水作载热体的反应装置。水的循环是靠位能或外加循环泵来实现的，水温则靠蒸汽出口的调节阀控制一定的压力来保持，应使床层处于热水或沸腾水的条件下进行换热，如果不适当调节压力，则可能使水很快全部汽化，床层外面成为气体进行换热而使传热效率降低。乙炔与氯化氢合成氯乙烯、乙烯氧化制环氧乙烷、乙烯乙酰基氧化制醋酸乙烯都可采用这样的反应装置，以加压热水作载热体，主要借水的汽化来移走反应热，传热效率高，有利于催化床层温度控制，提高反应的选择性。加压热水的进、出口温差一般只有 2℃，利用反应热直接产生高压（或中压）水蒸气，但反应器的外壳要承受较高的压力，故设备投资费用较大。

图 5-9 所示是以联苯道生油作载热体的固定床反应装置。反应器外设置载热体冷却器，利用载热体移出的反应热生产中压蒸汽。

（2）自热式固定床反应器

自热式固定床反应器采用上部为绝热层，下部为催化剂，以及装在冷管间而连续换热的催化床。绝热层中反应气体迅速升温，冷却层中反应气体被冷却而接近最佳温度曲线，未反应气体经过床外换热器和冷管预热到一定温度后进入催化床。我国中小型合成氨及合成甲醇多采用自热式连续催化床，根据不同的冷管结构，主要可分为单管逆流式、单管并流式、双套管并流式、三套管并流式，各种冷管结构不同，其排热情况也有差异。

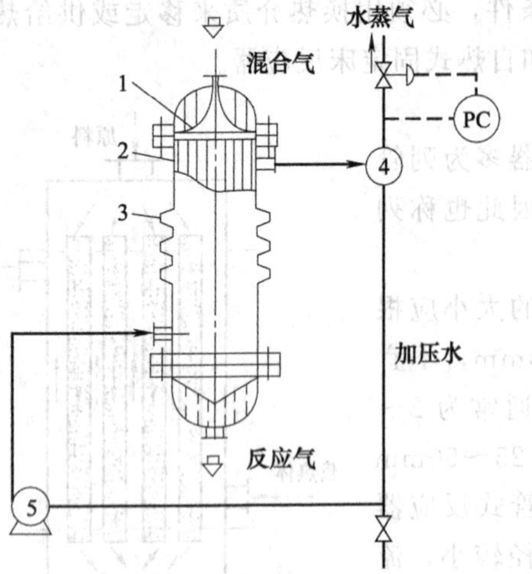

图 5-8 以加压热水作载热体的固定床反应装置

1—列管上花板；2—反应列管；3—膨胀圈；4—气水分离器；5—加压热水泵

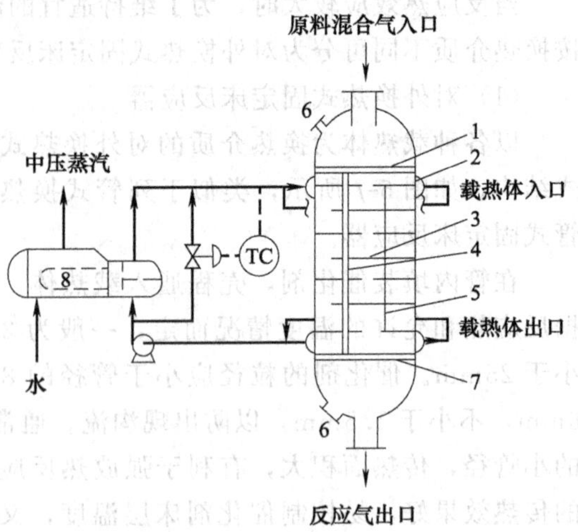

图 5-9 以联苯道生油作载热体的固定床反应装置

1—列管上花板；2,3—折流板；4—反应列管；5—折流板固定棒；6—人孔；7—列管下花板；8—载热体冷却器

单管逆流式的结构和气流路线都是最简单的，如图 5-10 所示。冷管内冷气体自下而上流动时，温度一直在升高，冷管上端气体温度即为催化床入口温度，无绝热段。催化床上部处于反应前期，反应混合物组成远离平衡组成，反应速率大，单位体积催化床反应放热量大；催化床上部冷管内气体温度 T_i 接近催化床温度 T_b，上部传热温差小，故上部催化床的升温速率较大，这是符合要求的，但低于并流催化床上部绝热段的升温速率。催化床下部处于反应后期，反应速率减小，单位体积催化床反应放热量小；但下部冷管内气体温度低，传热温度差大，即冷管实际排热能力大，结果形成催化床下部降温速率过大，使催化床温度过低，偏离最佳温度曲线较大。

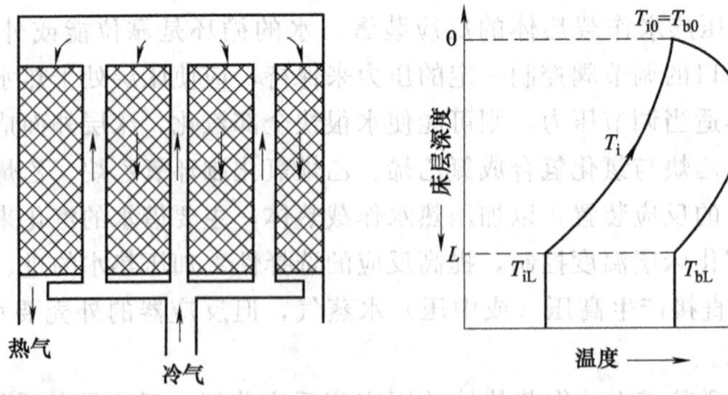

图 5-10 单管逆流式催化床及温度分布示意图

总之，单管逆流式结构最简单，但其轴向温度分布，在催化床上部升温速率低于绝热段，下部降温速率又过大，偏离最佳温度曲线较大，一般很少采用。

图 5-11 为双套管并流式催化床及温度分布示意图，冷管是同心的双重套管。冷气体经

催化床外换热器加热后，经冷管内管向上，再经内、外冷管间环隙向下，预热至所需催化床进口温度后，经分气盒及中心管翻向催化床顶端。经中心管时，气体温度略有升高。气体经催化床顶部绝热段，进入冷却段，被冷管（间）环隙中气体所冷却，而环隙中气体又被冷管内的气体所冷却。

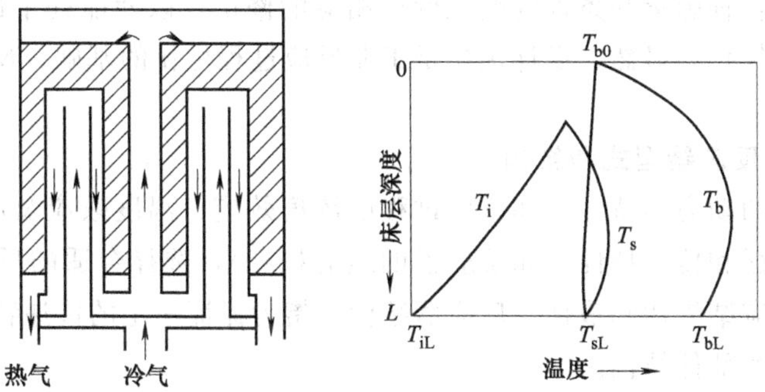

图 5-11 双套管并流式催化床及温度分布示意图

与单管逆流式相比较，双套管有绝热段，故催化床上部升温速率大于单管逆流式，符合上部迅速升温的要求。另一方面，双套管式催化床下部冷管环隙内气体温度较高，故下部催化床的传热温差比单管逆流式小，比较接近最佳温度曲线，因而比单管逆流式优越。双套管式催化反应器中，经过催化床外下部换热器预热的冷气体流入双套管，然后利用分气盒再进入中心管。图 5-12 所示为双套管氨合成塔的内件结构及高压筒体。

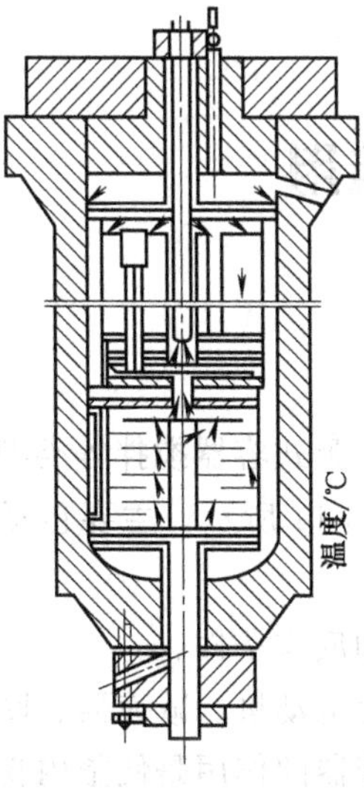

图 5-12 双套管氨合成塔的内件结构及高压筒体

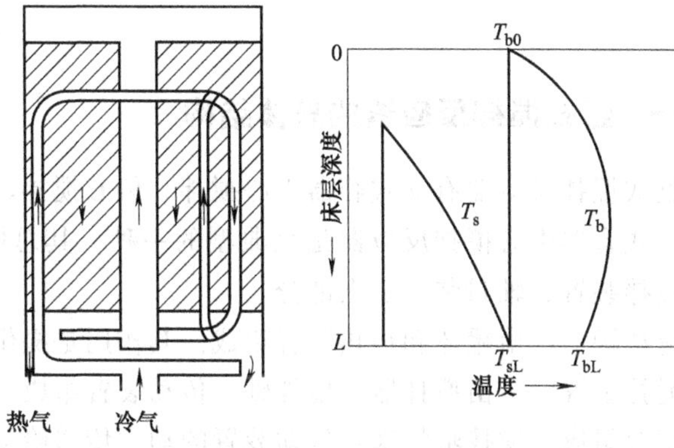

图 5-13 单套管并流式催化床及温度分布示意图

图 5-13 为单套管并流式催化床及温度分布示意图。反应气体经催化床外换热器换热后经升气管至上环管，气体在上环管分配至多根并联冷管，向下流动，并流冷却催化床冷管是单管。冷管气体经下环管集气，再经中心管向上，然后进入催化床。比较一下单管并流与三套管并流，从催化床与冷管间传热过程来看，二者相同，所不同的是，三套管并流以内衬管作为气体向上流动的通道，而单管并流则把向上流动的气体集中于三四根升气管。

四、反应器优化设计

工业反应器的设计任务是根据给定的生产能力，确定反应器的型式和适宜的尺寸及其相应的操作条件，使反应过程有最大收益，这就是反应器设计的优化。然而在反应器投产运转以后，还必须根据各种因素和条件的变化做出相应的修正，以使能处于最优的条件下操作，即还需进行操作的优化。显然，设计优化是工业反应过程优化的基础。反应器设计的基本内容包括：

1. 选择合适的反应器型式和结构

根据反应系统的动力学特性（如反应过程的浓度效应、温度效应及反应的热效应），结合反应器的流动特征和传递特性（如反应器的返混程度），选择合适的反应器，以满足反应过程的需要，使反应结果达到最佳。反应器结构是指为保证一定的传递特性，反应器所必需的整体结构及相应的部件结构。

2. 确定最佳的工艺条件

操作工艺条件，如反应器的进口物料配比、流量、反应温度、压力和最终转化率等，直接影响反应器的反应结果，也影响反应器的生产能力。在确定工艺条件时还必须使反应器在一定的操作范围内具有良好的运转特性，而且要拥有抗干扰的能力，即要满足操作稳定性要求。

3. 计算所需反应器的容积

根据所确定的操作条件，针对所选定的反应器型式计算完成规定生产能力所需的反应容积，同时由此确定优化的反应器结构和尺寸。

第二节　搅拌反应器零部件选用

一、釜式搅拌反应器的总体结构

釜式搅拌反应器有立式容器中心搅拌、偏心搅拌、倾斜搅拌、卧式容器搅拌等类型。其中，立式容器中心搅拌反应器是最典型的一种，其总体结构如图 5-14 所示，主要包括搅拌罐、搅拌装置、轴封装置三大部分。

搅拌罐——由罐体和传热装置组成。其作用是提供反应空间和反应条件。

搅拌装置——由搅拌器、搅拌轴、传动装置组成。传动装置由电动机、减速器、联轴器及机座等组成。搅拌轴将来自传动装置的动力传递给搅拌器。搅拌器的作用是使釜内物料均匀混合、强化釜内的传热和传质过程。

轴封装置——防止罐内装置泄漏或外界空气进入罐内。

1. 釜式反应器的传热装置

① 夹套的结构如图 5-15、图 5-16 所示。

② 蛇管结构如图 5-17 所示。

2. 釜式反应器的搅拌器结构

釜式反应器的搅拌器结构如图 5-18、图 5-19 所示。

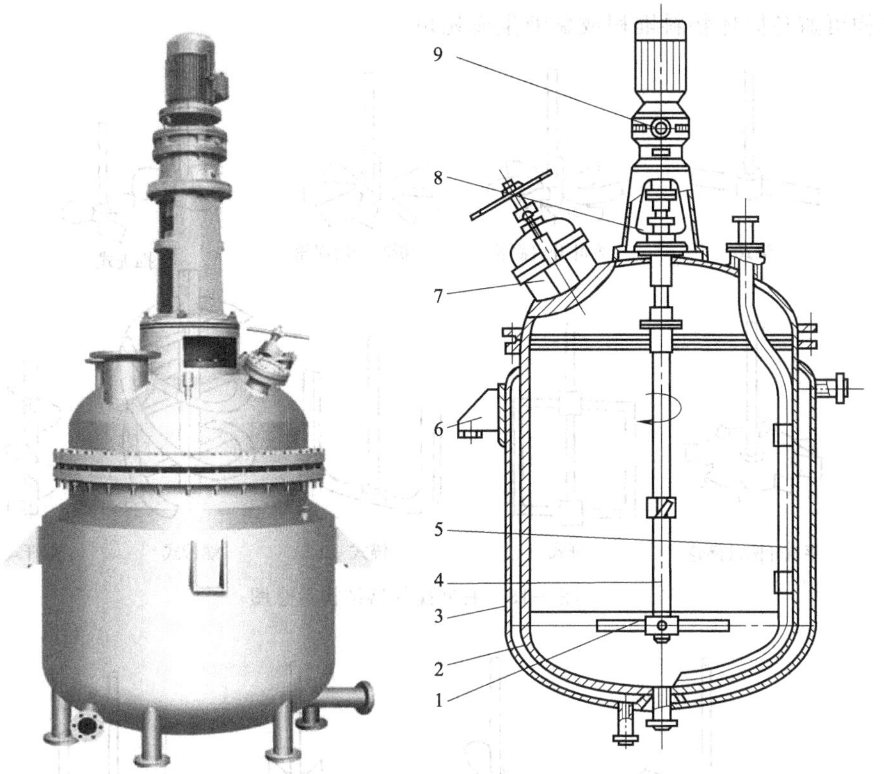

图 5-14　立式容器中心搅拌反应器

1—搅拌器；2—罐体；3—夹套；4—搅拌轴；5—压出管；6—支座；7—人孔；8—轴封；9—传动装置

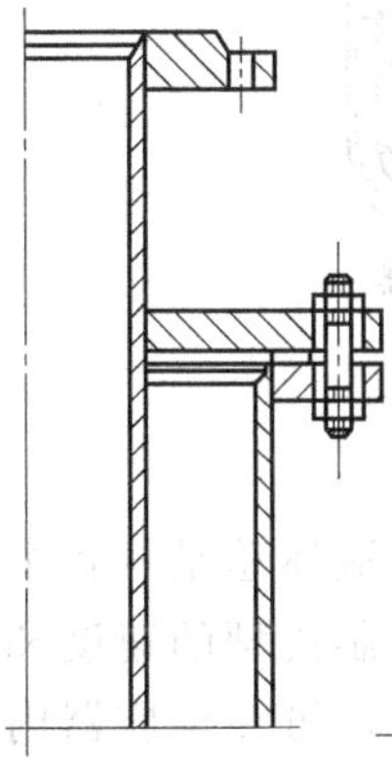

图 5-15　可拆卸的夹套

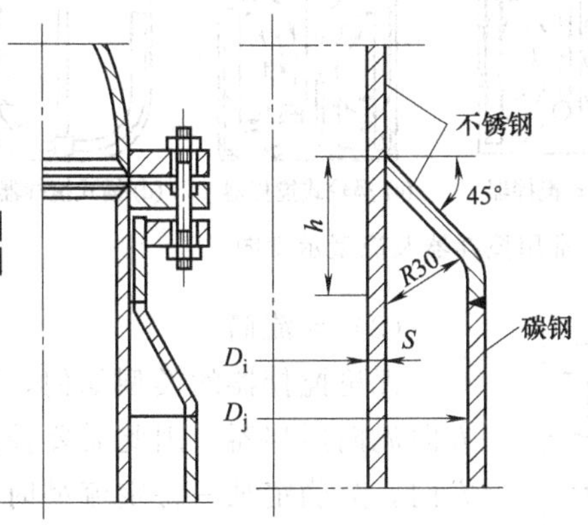

图 5-16　不可拆卸的夹套

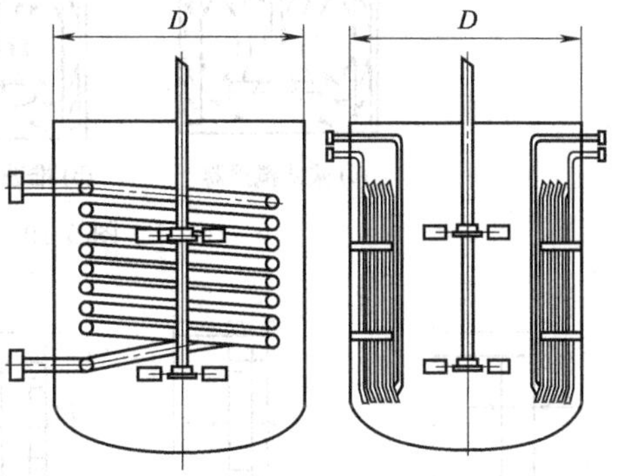

(a) 螺旋式盘管　(b) 竖式蛇管

图 5-17　蛇管结构

3. 搅拌附件

(1) 挡板

挡板的结构如图 5-20 所示，安装在反应器内壁上。挡板的作用是避免旋涡现象，增大被搅拌液体的湍流程度，将切向流动变为轴向和径向流动，强化反应器内液体的对流和扩散，改善搅拌效果。图 5-20 (a) 所示是紧贴器壁的挡板，用于液体黏度不太大的场合；图 5-20 (b) 所示是当液体中含有固体颗粒或液体黏度较大时，为了避免固体堆积和液体黏附采用的形式，使挡板和器壁之间有一定的距离；图 5-20（c）所示的挡板与器壁倾斜安装，这种结构可避免固体物料堆积或黏液生成死角。

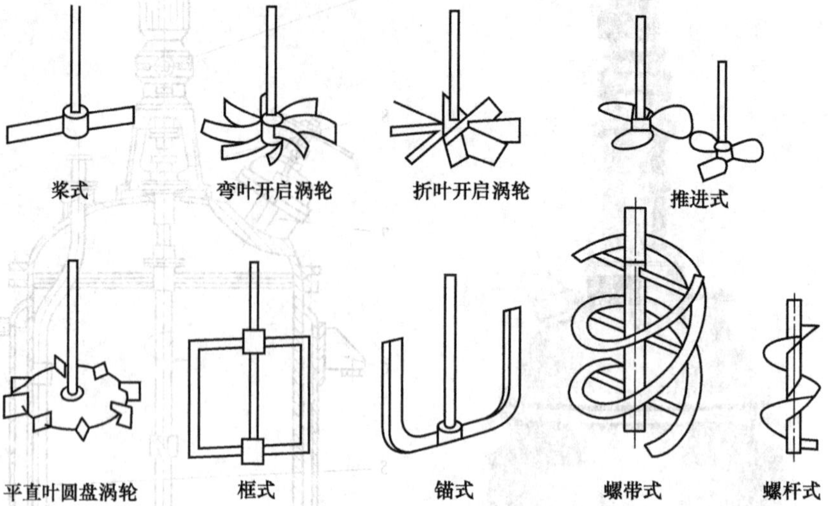

图 5-18 典型搅拌器结构示意图

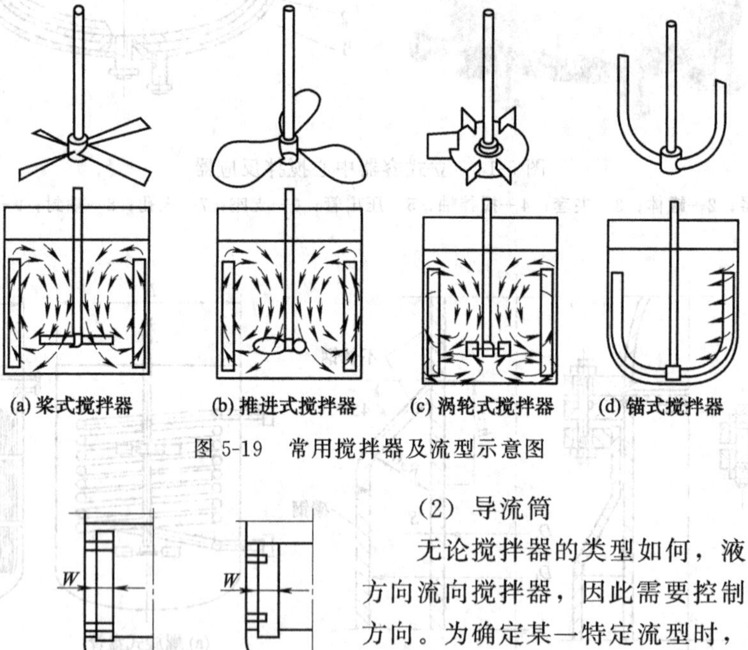

图 5-19 常用搅拌器及流型示意图

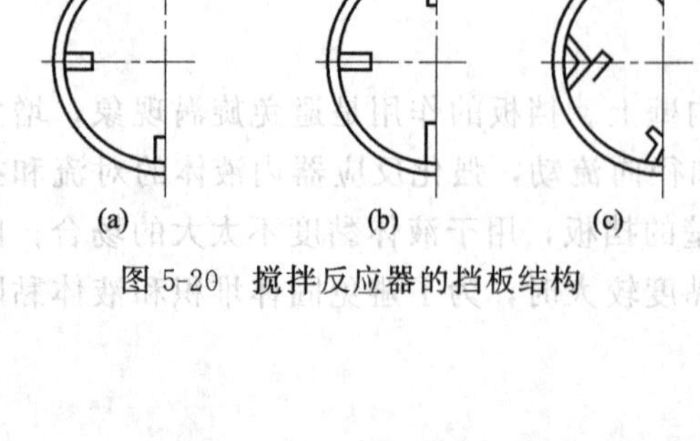

图 5-20 搅拌反应器的挡板结构

（2）导流筒

无论搅拌器的类型如何，液体总是从各个方向流向搅拌器，因此需要控制流型的速度和方向。为确定某一特定流型时，可在反应器内设置导流筒。导流筒是一个上下开口的圆筒，安装在搅拌器的外面，常用于推进式和涡轮式搅拌器，如图 5-21 所示。安装导流筒后，一方面提高了对液体的搅拌程度，加强了搅拌器对液体的直接机械剪切作用；另一方面限定了液体的循环路径，确立了充分循环的流型，使反应器内所有物料均能通过导流筒内的强烈混合区，减少了短路的机会。

4. 釜式反应器的轴封装置

填料密封由压盖、本体、填料、油杯螺栓等组成，如图 5-22 所示。机械密封又称端面密封，由动环、静环、弹簧、密封圈等组成，随轴一起旋转的动环与静止不动的静环之间形成摩擦副，如图 5-23 所示。磁力传动密封由外磁转子、内磁转子、密封隔离套、螺栓和垫片所组成，如图 5-24 所示。

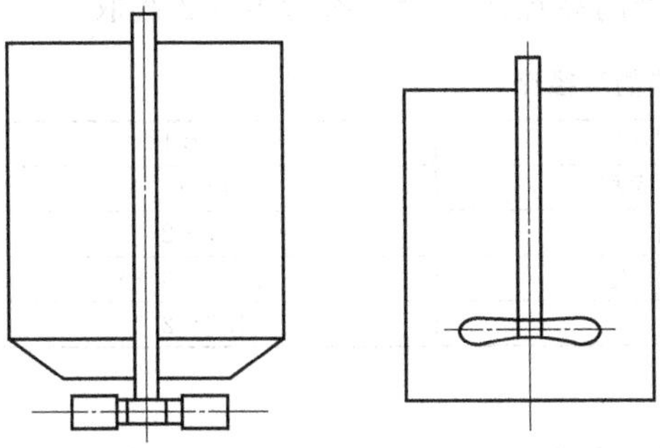

(a) 涡轮式搅拌器　(b) 推进式搅拌器

图 5-21　导流筒安装方式

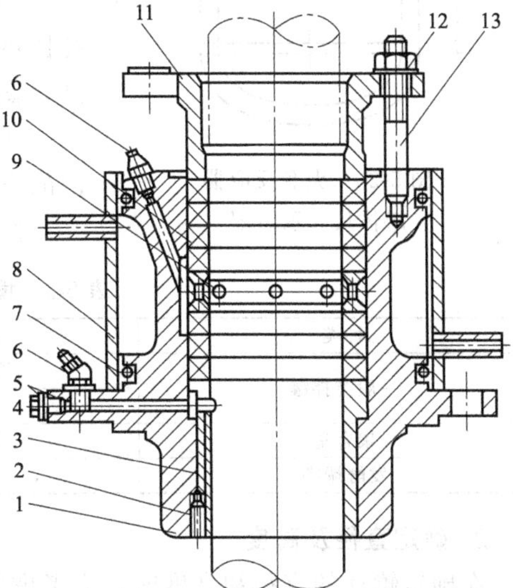

图 5-22　反应器填料密封结构

1—本体；2—螺钉；3—衬套；4—螺塞；5—油圈；6,9—油环；7—密封圈；8—水夹套；10—填料；11—压盖；12—螺母；13—双头螺柱

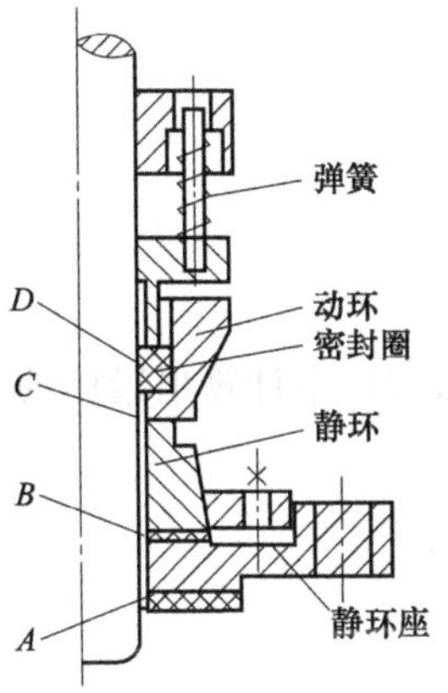

图 5-23　反应器机械密封

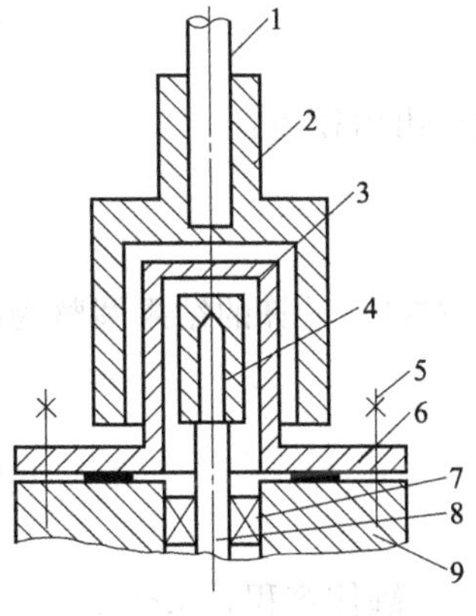

图 5-24　磁力传动密封结构示意图

1—传动轴；2—外磁转子；3—隔离套；4—内磁转子；5—螺栓；6—垫片；7—滑动轴承；8—搅拌轴；9—釜体

二、确定釜体尺寸

1. 确定高径比

罐体是为物料完成搅拌反应提供反应空间的，罐体的内径和高度是反应器的基本尺寸，

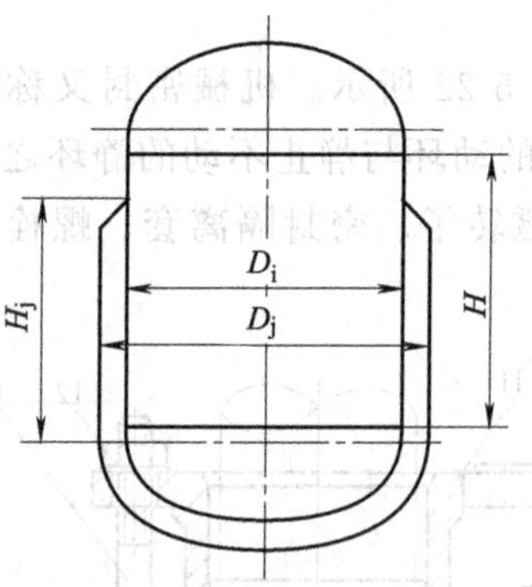

图 5-25　夹套反应器罐体尺寸示意图

如图 5-25 所示。在已知反应器的操作容积后，首先要确定罐体适宜的高径比，这需要考虑以下几点：

① 由于搅拌功率在一定条件下与搅拌器直径的 5 次方成正比，因此从减少搅拌功率的角度考虑，高径比可取大一些。

② 若采用夹套传热结构，则从传热角度看，希望高径比可以取大一些，当容积一定时，高径比大、罐体就高，盛料部分表面积大，传热面积也就大。

③ 考虑物料的状态，对发酵类物料，为了使通入罐内的空气与发酵物料充分接触，高径比应取大一些。

搅拌反应器的高径比一般可参考表 5-2 选取。

表 5-2　搅拌反应器的高径比

种类	罐内物料类型	高径比
一般搅拌罐	液-液相、液-固相	1～1.3
	气-液相	1～2
聚合釜	悬浮液、乳化液	2.08～3.85
发酵罐类	发酵液	1.7～2.5

2. 确定直径及高度

在确定罐体的直径和高度时，应考虑装料系数，罐体内留有一定的空间以满足不同物料的反应要求。如果物料在反应过程中产生泡沫或呈沸腾状态，则取装料系数为 0.6～0.7；若物料反应较为平稳，则取装料系数为 0.8～0.85。

为了便于计算，在初步确定 H/D_i 后，可先忽略封头的容积，近似计算出罐体的容积，即：

$$V \approx \frac{\pi}{4}D_i^2 H = \frac{\pi}{4}D_i^3 \frac{H}{D_i}$$

由此求出内径为：

$$D_i = \sqrt[3]{\frac{4V_0}{\pi(H/D_i)\eta}} \tag{5-1}$$

将式（5-1）计算的结果圆整为标准直径，再代入式（5-2）中计算出罐体的高度，即：

$$H = \frac{V - V_k}{\frac{\pi}{4}D_i^2} = \frac{\frac{V_0}{\eta} - V_k}{\frac{\pi}{4}D_i^2} \tag{5-2}$$

式中　V——罐体容积，mm^3；

V_0——罐体操作容积，$V_0 = \eta V$，mm^3；

η——装料系数；

V_k——两封头容积，mm^3。

再将按式（5-2）计算出来的 H 值圆整，看 H/D_i 是否符合表 5-2 的要求，若差别较大，则需要重新调整直径和高度，直至满足要求为止。

3. 确定夹套反应器壁厚

（1）确定设计压力

设计压力应略高于容器在使用过程中的最高工作压力，装有安全装置的容器的设计压力不得小于安全装置的开启压力或爆破压力。

（2）计算夹套反应器壁厚

带夹套的反应器由于内筒和夹套是两个独立的受压室，因此组合后会出现比较复杂的情况，应慎重对待。

三、传热装置的选用

传热装置是用来加热或冷却反应物料，使之符合工艺要求的温度条件的设备。反应器的传热装置有夹套和蛇管。

1. 夹套

夹套一般由钢板焊接而成，它是套在反应器筒体外部形成密封空间的容器，既简单又方便。夹套内通蒸汽时，其蒸汽压力一般不超过 0.6MPa。夹套的直径可按表 5-3 选取，夹套的高度主要取决于传热面积的大小，为了保证传热充分，夹套上端一般应高于物料的液面，所以夹套高度为：

$$H_j \geqslant \frac{\eta V - V_C}{\frac{\pi}{4} D_i^2} \tag{5-3}$$

式中　V_C——内筒下封头容积；

其他符号同前。

表 5-3　夹套直径与内筒直径的关系　mm

内筒内径 D_i	500～600	1800～7000	2000～3000
夹套内径 D_j	D_i+50	D_i+100	D_i+200

夹套与反应釜内壁的间距视反应釜直径的大小采用不同的数值，一般取 25～100mm。

2. 蛇管

当需要传热面较大，夹套不能满足要求时，可采用蛇管传热。蛇管沉浸在物料中，热损失小、传热效果好，还能提高搅拌强度。也可以将夹套和蛇管联合使用，以增大传热面积。

蛇管在筒体内常用的固定方式如图 5-26 所示，其中图 5-26（a）所示结构简单、制作方便，但不宜拧紧，适合于压力不大、管径较小的场合；图 5-26（b）、（c）所示结构固定效果

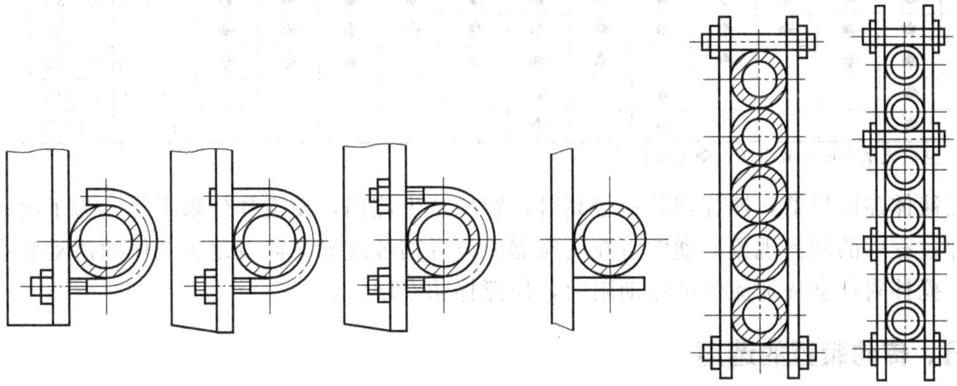

(a)　(b)　(c)　(d)　(e)　(f)

图 5-26　蛇管的固定结构

较好，适合于大管径和有较大振动的场合；图 5-26（e）、(f) 所示都是用扁钢和螺栓夹紧蛇管，适合于蛇管密集的搅拌设备中兼作导流筒的情况，图 5-26（f）所示结构适合于有剧烈振动的场合。

四、搅拌装置的选用

在化学工业中常用的搅拌装置是机械搅拌装置，主要包括搅拌器、辅助部件和附件。搅拌器是实现搅拌操作的主要部件，结构形式多种多样。

① 桨式搅拌器结构简单、制造容易，但主要产生径向流，轴向流范围较小；主要用于流体的循环或黏度较高物料的搅拌。

② 推进式搅拌器的结构如同船舶的推进器，通常有三瓣叶片。搅拌时流体由桨叶上方吸入，下方以圆筒状螺旋形排出，液体至容器底沿壁面返至桨叶上方形成轴向流。其适用于低黏度、大流量场合，主要用于液-液混合，在低浓度固-液相中，防止淤泥沉降等。

③ 涡轮式搅拌器是一种应用较广的搅拌器，有开式和盘式两类；能有效地完成几乎所有的搅拌操作，并能处理黏度范围很广的流体；适用于低黏度到中黏度流体的混合、液-液分散、固-液悬浮，以及促进传热、传质和化学循环。

④ 框式和锚式搅拌器则与以上三种有明显的差别，其直径与反应器罐体的直径很接近。这类搅拌器转速低，基本不产生轴向液流，但搅动范围很大、不会形成死区。其搅拌混合效果不太理想，适用于对混合要求不太高的场合。

⑤ 螺旋式搅拌器是由桨式搅拌器演变而来的，其主要特点是消耗的功率较小。据资料介绍，在相同的雷诺数下，单螺旋搅拌器的搅拌功率是锚式搅拌器的 1/2。因此在化工生产中应用广泛，并主要适用于高黏度、低转速的条件下。

不同类型搅拌器的适用条件见表 5-4。

表 5-4 搅拌器类型和适用条件

搅拌器类型	流动状态			搅拌目的									搅拌容器容积 /mm^3	转速范围 /(r/min)	最高黏度 /Pa·s
	对流循环	湍流扩散	剪切流	低黏合度	合转热反应高黏度液混	分解	溶解	固体悬浮	气体吸收	结晶	传热	液相反应			
涡轮式	◆	◆	◆	◆	◆	◆	◆	◆	◆	◆	◆	◆	1～100	10～300	50
桨式	◆	◆	◆	◆	◆	◆	◆	◆	◆	◆	◆	◆	1～200	10～300	50
推进式	◆	◆		◆		◆	◆	◆		◆	◆	◆	1～1000	10～500	2
锚式	◆				◆		◆						1～100	1～100	100
螺旋式	◆				◆		◆						1～50	0.5～50	100

注：空白表示不适合或不详；◆表示合适。

在液体黏度较低，搅拌器转速较高时，容易产生旋涡，使搅拌效果不佳。为了改善流体在搅拌过程中的旋涡现象，通常可在反应器内设置挡板或导流筒以改善流体的流动状态。但设置了搅拌附件会增加流体的流动阻力，使搅拌功率增大。

五、传动装置的选用

（一）确定电动机的功率

电动机的功率除了要满足搅拌器搅拌液体所需要的搅拌功率外，还要考虑轴封装置所产生的摩擦阻力以及传动装置所产生的功率损失。如果电动机的功率过小，则不仅达不到预期的搅拌效果，还会使电动机烧毁；如果电动机的功率过大，则会使操作成本和投资费用增加。电动机的功率可按下式确定：

$$P=(P_s+P_m)/\eta \tag{5-4}$$

式中　P——电动机功率；

P_s——搅拌功率；

P_m——轴封装置的摩擦损失功率；

η——传动装置的机械效率。

常用电动机型号见表5-5。

表5-5　常用电动机型号

序号	电动机型号	额度功率/kW	制造厂
1	JO_2-12-4	0.8	启明
2	JO_2-21-4	1.1	大连
3	JO_2-31-4	2.2	大连
4	JO_2-32-6	2.2	大连
5	JO_2-42-8	3.0	跃进
6	JO_2-51-8	4.0	大连
7	JO_2-42-4	5.5	跃进
8	JO_2-52-6	7.5	五一
9	JO_2-52-4	10.0	大连

（二）传动装置

搅拌反应器的传动装置通常安装在反应器的顶盖（上封头）上，一般采用立式布置。传动装置由电动机、减速器、联轴器、搅拌轴、机座、底座等组成，如图5-27所示。搅拌反应器用的电动机绝大部分与减速器配套使用，只有在搅拌速度很高时，才使用电动机不经减速器直接驱动搅拌轴。因此，电动机的选用一般应与减速器的选用一起考虑，在很多情况下，电动机与减速器是配套供应的。

底座固定在罐体的上封头上，机座固定在底座上，减速器固定在机座上。联轴器的作用是将搅拌器和减速器连接起来，电动机提供的动力通过减速器、联轴器传递给搅拌轴。

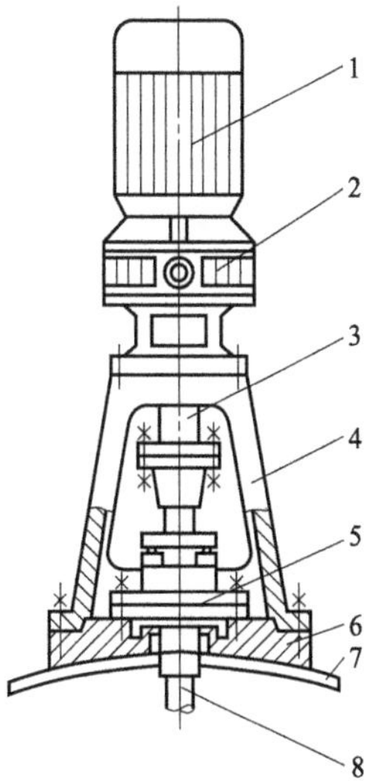

图5-27　搅拌反应器传动装置
1—电动机；2—减速器；3—联轴器；4—机座；5—轴封装置；6—底座；7—封头；8—搅拌轴

六、轴封装置的选用

轴封是指搅拌轴与罐体之间的动密封结构，常用的有填料密封、机械密封和磁流体密封等。填料密封在压盖压力的作用下，使填料在搅拌轴表面产生径向压紧力，并形成一层极薄的液膜（填料中含有润滑剂），既达到密封的目的又起到润滑的作用。为了更好地润滑，特设置油杯用于加油。填料密封结构简单、拆装方便但不能保证绝对不漏，常有微量的泄漏。

机械密封又称端面密封，由动环、静环、弹簧、密封圈等组成，随轴一起旋转的动环与静止不动的静环之间形成摩擦副。密封原理及结构类型与泵用机械密封类似。机械密封具有很多优点，如密封效果好、摩擦副摩擦功耗小、寿命长、对轴的敏感性小等。其缺点是结构复杂、装拆不便。

磁流体密封装置是无泄漏反应釜的主要部件，它是由外磁转子、内磁转子、密封隔离套、螺栓和垫片所组成的。内、外磁转子上均装有永久磁铁，当转动轴带动外磁转子旋转时，由于磁力的作用，透过非磁性金属隔离套使内磁转子随外磁转子而运动，从而带动搅拌轴的旋转。隔离套与釜体之间通过静密封相连接。由于外磁转子和内磁转子透过隔离套无接触地传递扭矩，使动力输入与输出部分完全隔开，即减速机输出轴与设备内搅拌轴无接触分开，因此从根本上取消了搅拌轴的动密封结构，实现无泄漏，彻底解决了传统动密封无法克服的泄漏问题，使设备内完全处于全封闭状态，且处于静密封状态。因此，在密封要求较高或苛刻的条件下，如设备内介质为易燃、易爆、极度或高度危害、强腐蚀性或工作条件为高真空度、高温、高压时使用磁流体密封装置，可以使设备更可靠，生产更安全。

第三节　搅拌反应器拆装与检验

搅拌反应釜拆装时应当按照一定的顺序进行，按照拆装的进度注意一定的事项。图5-28所示为立式搅拌反应釜，具体反应釜的组装顺序见表 5-6。

图 5-28　立式搅拌反应釜

表 5-6　反应釜的组装顺序

组装步骤	组装内容	组装注意事项
1	底盖找正	底盖与本体找正，底盖降低高度应以安装搅拌轴方便为原则
2	吊入搅拌器，进行波形环预安装，检查搅拌器支撑板孔与泄爆孔是否对中	检查起吊工具质量，吊装注意切勿碰伤筒体内表面
3	预安装合格后，降下底盖，安装波形环，进行正式安装搅拌器	组装波形环前，检查底盖凹槽质量，其他注意事项与预安装相同
4	组装底盖、夹紧环	紧固螺栓用力均匀，夹紧环紧固后缝隙符合规定尺寸

续表

组装步骤	组装内容	组装注意事项
5	搅拌轴找正	注意找正时切勿将物件掉入反应釜中
6	装入隔热块、电动机	吊入时注意对中筒体，切勿划伤筒体内壁
7	安装泄爆装置组件	确认搅拌器支撑板孔与泄爆孔已对中
8	组装顶盖、夹紧环	注意波形环上下方向，检查顶盖管接口密封面
9	组装进、出口管，进、出口阀、催化剂喷嘴，热电偶	检查各管口密封面质量
10	进行电气及仪表接线、出口阀调位、夹套加热、工艺系统气密性试验、现场清理	检查接口有无渗漏

【习题】

1. 反应设备的基本要求是什么？
2. 按结构形式的不同可将反应设备分为哪几种类型？各自适用于哪些反应？
3. 确定釜体高径比时应重点考虑哪几点？
4. 釜式反应器的传热装置有哪几种？当传热面积较大时，采用哪种传热装置比较合适？
5. 搅拌器常见的类型有哪些？
6. 搅拌器的传动装置由哪几个部分组成？
7. 立式搅拌反应釜由哪几部分组成？各自的作用是什么？
8. 常用的轴封有哪几种形式？
9. 对于装有旋转轴、内部为普通介质的设备采用哪种密封较为合适？

第六章

塔器结构拆装

【学习目标】

① 了解塔器的分类，掌握塔器总体结构以及各组成结构的功能、作用和工作原理。

② 了解常用板式塔的塔型，掌握板式塔内件结构组成及其作用。

③ 了解常用填料塔的塔型，掌握填料塔内件结构组成及其作用。

④ 了解设备附件的种类、结构形式、使用场合和特点。

⑤ 掌握塔器的拆装与检验要点。

第一节　塔器类型选择

塔设备是化工、石油、炼油、医药等生产中的重要设备之一，总投资位居换热器之后，处于化工总装置的第二位。在生产过程中常用塔设备进行精馏、吸收、解吸、萃取、气体的增湿及冷却等单元操作过程。

随着工业的发展，为满足生产工艺的要求，出现了各种结构和工况条件下的塔设备。塔设备的分类方法很多，根据单元操作过程可把塔设备分为吸收塔、解吸塔、精馏塔和萃取塔等，根据操作压力可把塔设备分为减压塔、常压塔和加压塔。目前，最常用的分类是根据塔的内件结构将其分为板式塔和填料塔。

石油化工生产大型化的发展趋势，使得单塔规模增大。目前板式塔直径高达 18m，塔盘多达上百块，塔高 80m 以上；填料塔最大直径也有 15m，塔高达 100m。

塔设备是高度远比直径大得多的圆筒形立式容器，通过气液或液液两相间的紧密接触，达到相间传质和传热的目的。

1. 化工生产对塔设备的基本要求

① 生产能力大，操作弹性好，物料处理量大，同时在较大的气、液负荷波动时，仍能维持较高的传质速率。

② 传质效率高，能提供足够大的相间接触面积和接触时间，使气、液两相充分接触。

③ 流体阻力小，流体通过塔设备压降小，运转费用低。

④ 结构合理，安全可靠，耗材少，制造费用低。

⑤ 不易堵塞，操作简单，便于安装、调节与检修。

任何一种塔设备都不能完全满足上述要求，仅是在某些方面有独到之处。但是人们对高效率、大生产能力、稳定操作和低压降的追求，使得塔设备结构的研究不断发展，新型塔设备不断涌现。

2. 塔设备的总体结构

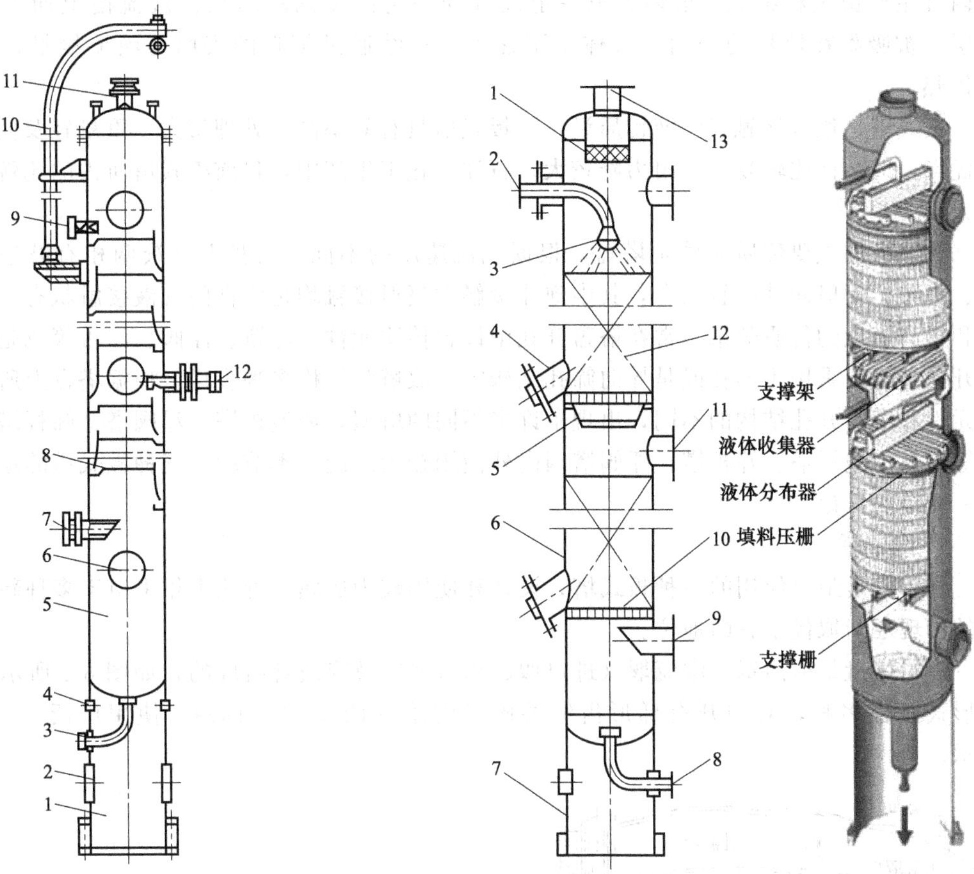

(a) 板式塔

1—裙座；2—裙座入孔；3—塔底液体出口；
4—裙座排气孔；5—塔体；6—人孔；
7—蒸汽入口；8—塔盘；9—回流入口；
10—吊柱；11—塔顶蒸汽出口；12—进料口

(b) 填料塔

1—除沫器；2—液体进口；3—液体分布器；
4—卸料口；5—液体分布器；6—塔体；
7—裙座；8—液体出口；9—气体进口；
10—栅板；11—入孔；12—填料；13—气体出口

图 6-1　塔设备总体结构

无论是板式塔还是填料塔，其总体结构是相同的，都是由塔体、塔体内件和塔体附件所组成的，如图 6-1（a）、（b）所示。

塔体即塔设备的外壳，由筒体和上、下封头组成。常见的壳体是由等直径、等壁厚的圆筒及作为顶盖和底盖的椭圆形封头组成的，也有采用变径、不等壁厚的塔体的。塔体的厚度除满足工艺条件下的强度外，还应满足自重载荷、风载荷、偏心载荷、地震载荷所引起的应力以及水压试验、吊装、运输和开停车等要求。此外，对塔体的安装还有垂直度和弯曲度要求。

塔体附件包括支座、人孔、接管、连接法兰、吊柱、扶梯、平台、保温层和保温圈等。

塔体内件是塔体内部构件的总称。板式塔内件主要由塔盘组成，沿塔高一级级布置相隔一定间距的开孔塔盘。操作时，气体自塔底下部进入塔内，自下而上依次穿过各层塔盘，与此同时从塔顶进液管来的液体自上而下穿过塔盘，在塔盘上形成一定的液面高度，气体以鼓泡或喷射的形式逐级穿过塔盘上的液层，使两相充分接触，进行传质传热。填料塔内件主要由填料组成，塔内装填一定段数和一定高度的填料层。液流由上而下穿过填料层，被吸附在填料的表面，气体由下往上，连续通过填料的表面与液流接触，完成传质传热。

板式塔是逐级接触式气液传质设备。板式塔具有效率高、处理量大、重量轻及便于检修等优点，但结构比较复杂，阻力降较大。石油、化工生产中，目前板式塔所占的比例比填料塔大。

板式塔的主要传质元件是塔盘，根据气流速度的不同，塔盘上气液两相有鼓泡、蜂窝状、泡沫、喷射四种接触状态，其中泡沫接触和喷射接触均是优良的气液接触状态。为了改善和提高塔盘的传质效果，常在塔盘开孔中设置传质元件如泡罩、浮阀、浮舌等或是改进塔盘开孔结构，采用舌形孔或是导向筛孔结构等，故塔盘结构多种多样。根据塔盘上所设置传质元件和塔盘开孔结构的不同，出现了许多不同的塔型，如泡罩塔、浮阀塔、筛板塔、舌形塔等。其中泡罩塔、筛板塔、浮阀塔国内外使用较为广泛。本节就这三种板式塔的运用情况作一简单的讨论。

1. 泡罩塔

泡罩塔是最早使用的一种板式塔，设计和使用较为成熟。近几十年来由于多种新型塔设备的出现逐渐取代了它的地位。

泡罩塔盘是由泡罩、溢流堰（进口堰、出口堰）及降液管组成的，如图 6-2 所示。泡罩的形式有很多种，其中开有梯形齿缝的圆形泡罩（JB 1212—1999）使用广泛，如图 6-3 所示。

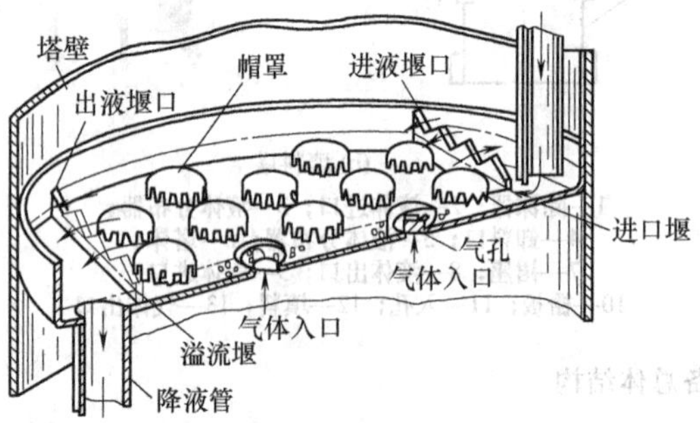

图 6-2 泡罩塔盘

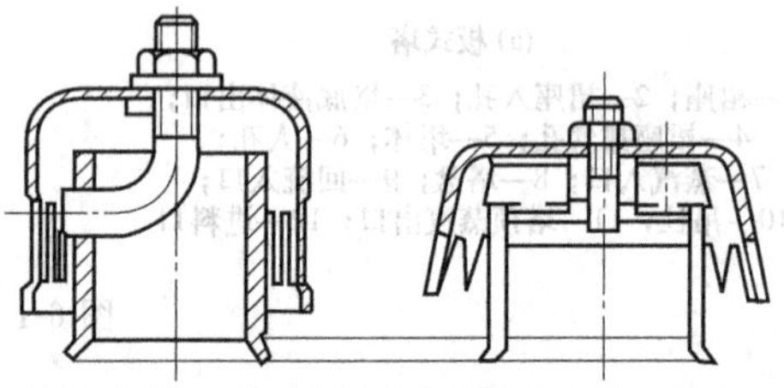

图 6-3 圆泡罩

泡罩塔盘上的气液接触状况如图 6-2 所示。回流液由上层塔盘通过右侧的降液管横向流过塔盘上布置泡罩的气液接触区，初步分离液体中夹带的气泡，接着流过出口堰进入左侧的降液管。在降液管中被夹带的蒸气分离出来上升返回塔盘，清液则流向下层塔盘。与此同时，蒸气从下层塔盘上升，进入泡罩的升气管中，通过环行通道，再经泡罩的齿缝分散到泡罩间的液层中去，与液层进行传质、传热。蒸气从齿缝中流出时，搅动塔盘上的液体，使液层上部变成泡沫层。气泡离开液面破裂成带有液滴的气体，小液滴相互碰撞凝聚成较大液滴回落到液层上，还有少量微小液滴带到上层塔盘称为雾沫夹带。

泡罩塔的优点是操作弹性大，在负荷变化较大时仍能保持较高的效率；气液两相在泡沫状态接触，传质效率较高；不易堵塞，可适用于多种介质。其主要缺点是塔盘结构复杂、造价高、塔板的压力降较大，生产能力低，因而其使用受到限制。目前，只有在生产能力变化大、操作稳定性高以及分离能力稳定等特殊要求的场合选择使用泡罩塔。

2. **浮阀塔**

从20世纪50年代起，浮阀塔已大量地运用于石油、化工生产，用以完成加压、常压、减压条件下的精馏、吸收、解吸等单元操作。

浮阀是浮阀塔的传质元件。浮阀的种类很多，有条形和盘形浮阀，如图6-4所示。其中盘形浮阀使用的最广泛，而V-1型浮阀在盘形浮阀中最为常见。它是用钢板制成的圆形阀片，下面有三条阀腿，把阀腿装入塔板的阀孔后，用工具将阀脚扭转90°，浮阀便固定在阀孔中，通过调整阀腿的长度可以控制浮阀升起的最大开度。为了保证气速最小时仍然能保持一定的开度，使气体与塔板能均匀鼓泡，同时避免浮阀与塔板粘住，在浮阀周边上设置三个朝下倾斜的定距片。浮阀的开度随塔内气相负荷大小自动调节，可以增大传质效果，保持操作稳定性，如图6-5所示。

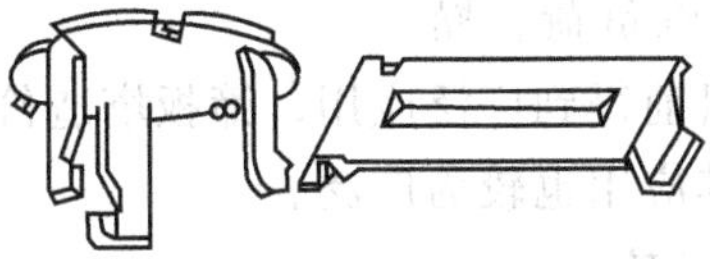

(a) V-1型浮阀　(b) 条型浮阀

图6-4　浮阀

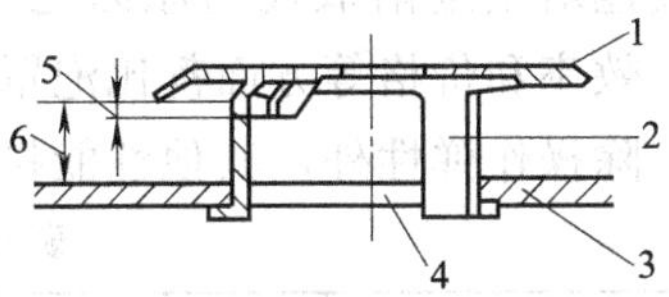

图6-5　浮阀结构

1—阀盖；2—阀腿；3—塔盘；4—阀孔

5—最小开度；6—最大开度

阀孔在塔板上一般采用正三角形排列。在正三角形排列中又有顺排和叉排两种，如图6-6所示。由于叉排时气流鼓泡与液层接触均匀，液面梯度较小，因此应用广泛。

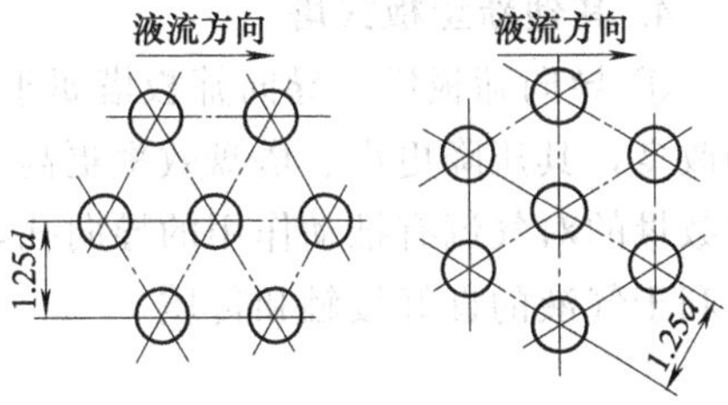

(a) 顺排　(b) 叉排

图6-6　阀孔排列形式

与泡罩塔相比，浮阀塔具有处理量大、生产能力高、压降低、结构简单、制造容易、检修方便、投资低等优点。同时由于浮阀在一定的范围内可以自由升降以适应气量的变化，因此操作弹性比较大。鉴于其制造方便和性能上的优点，浮阀塔逐步取代了传统的泡罩塔，成为选用塔型时的首选。

3. **筛板塔**

筛板塔也是运用较早的板式塔。筛板塔的结构简单，在塔板上开设一定数量呈三角形排列的直径为3～8mm的筛孔作为气体通道。气体自下而上穿过筛孔，分散成气泡与塔盘上的液层进行气液间的传质和传热。如图6-7所示，筛板塔盘由筛孔区、无孔区、溢流堰及降液管等几部分组成。

塔内上升气体的气速很低时，因为通过筛孔的气体的动压头很小，所以塔板上回流液全部由筛孔漏下，塔板上无法形成液层，这时塔板效率很低；当气速逐渐增大，通过筛孔的气体动压头达到一定数值时，回流液在塔盘上便形成液层，这种情况称为液封。随着气速的不断增大，液层也不断增高，液体就开始越过溢流堰从降液管流到下一层塔板上。但也有一部分液体直接从筛孔漏到下一层塔板上，这种现象称为漏液。随着气速的增大，漏液量逐渐减少，当气速达到一定数值时，筛孔漏液停止。如果气速再增大，则塔板上形成泡沫层，并开始产生雾沫夹带。继续增大气速不仅使雾沫夹带严重，还会出现液泛现象。

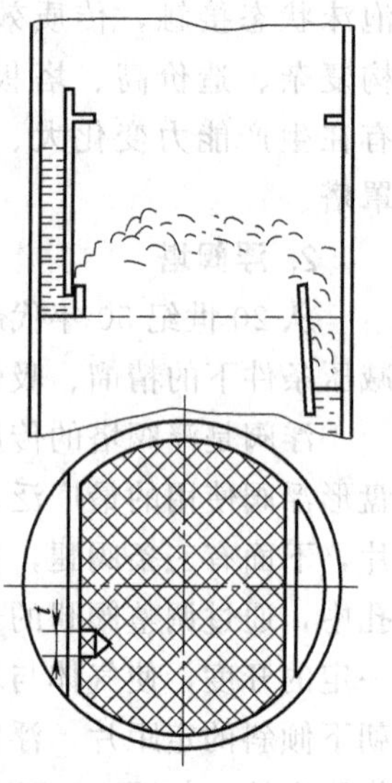

图 6-7 筛孔塔盘

筛板塔的优点是结构简单，制造维修方便，相同条件下，其生产能力高于泡罩塔和浮阀塔，塔板效率较高（比浮阀塔稍低），压降小。其缺点是小孔径筛板易堵塞，故不适宜处理脏的、黏性较大的和带有固体颗粒的料液。

板式塔的性能优劣很难用简单的指标来衡量，需综合考虑很多因素如生产能力、塔板效率、造价及操作等，具体参见表 6-1。

由表 6-1 中可以看出，泡罩塔盘的蒸汽负荷和操作弹性都比较高，且在负荷有较大变化时能保持较高的效率，但它的造价很高，这是被其他塔型逐渐取代的原因之一；浮阀塔盘在蒸汽负荷、操作弹性、效率和价格等方面都比泡罩塔盘优越，因而目前得到广泛应用；筛板塔造价低、压力降小，除操作弹性外，其他性能接近于浮阀塔，故其应用也较为广泛。

表 6-1 三种塔盘的性能比较

塔盘形式	蒸汽量	流量	效率	操作弹性	压力降	价格	可靠性
泡罩	良	优	良	超	差	良	优
筛板	优	优	优	良	优	超	良
浮阀	优	优	优	优	良	优	优

4. 其他新型板式塔

① 导向筛板塔 导向筛板塔属于大筛孔（孔径达 20～25mm），它是对普通筛板塔结构的改良，其压降更小、塔盘效率更高。如图 6-8 所示，在塔盘上除了分布筛孔外，还开设一定数量的对气流有推动作用的导向孔，以减小压降。此外，在液体入口处增设鼓泡促进器，有利于气液的良好接触和传质。

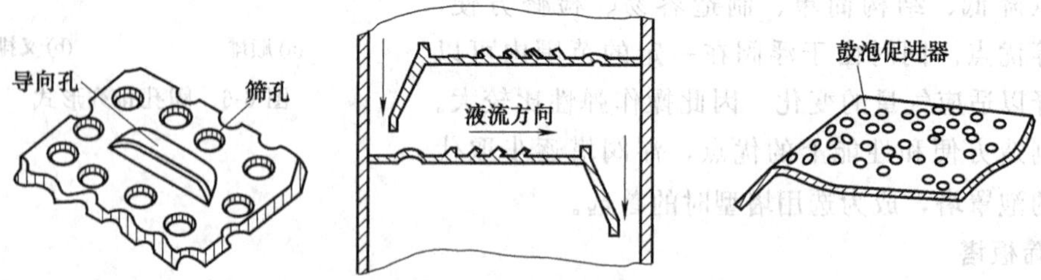

图 6-8 导向筛板塔结构

② 舌型塔 舌型塔属于喷射型塔。它是在塔盘上开设与液流方向一致的舌形孔，舌片固定不动，结构如图 6-9 所示，气流速度较大时，可促进气液形成良好的喷射接触，提高传质效率，同时减轻流速过高时产生的雾沫夹带现象。

③ 浮动舌型塔 浮动舌型塔是舌形塔结构的改进。舌片综合了浮阀和固定舌片的优点，如图 6-10 所示，设置浮动的舌片安装在塔盘开孔中，有利于提高操作弹性和稳定性。

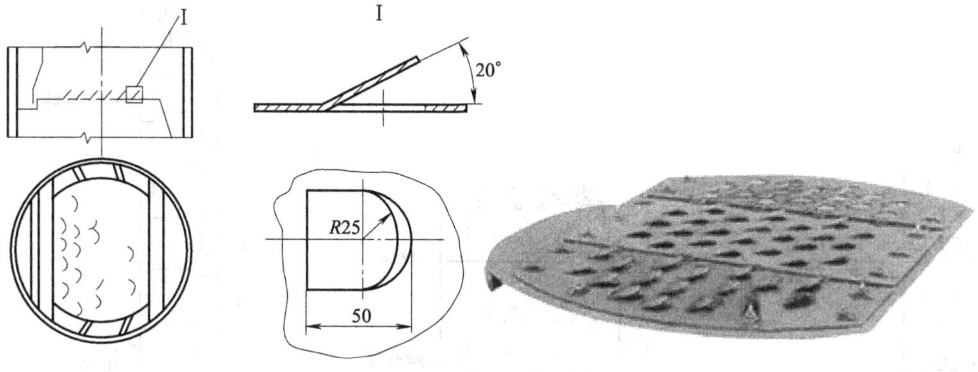

图 6-9　舌型塔结构

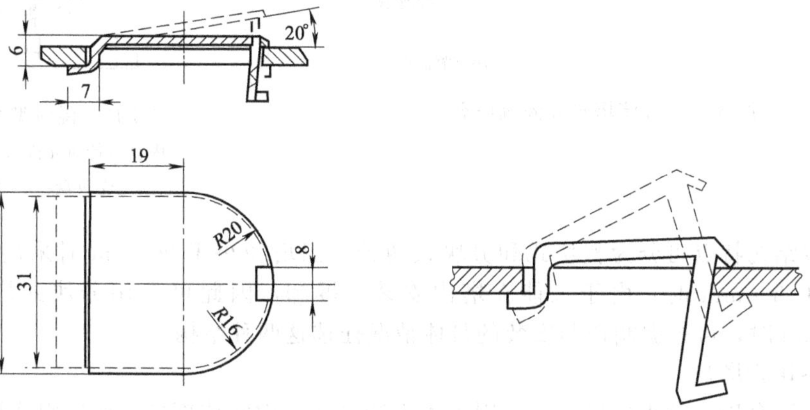

图 6-10　浮动舌片

此外，近年来随着塔设备技术的发展，为适应各种工艺需要又出现了斜孔塔、网孔塔、旋流塔等新的塔型，正由研究逐步推广运用到实际生产中。

第二节　板式塔零部件选用

板式塔内部主要构件是塔盘，塔盘为气液接触提供表面，是板式塔重要的组成元件。塔盘结构有穿流型和溢流型两种。穿流塔盘无降液管，如图 6-11（a）所示，气液两相逆向垂直穿过塔盘进行传质，常用的塔盘结构为筛孔板和栅板。溢流塔有降液管，如图 6-11（b）所示，液流由降液管流入塔盘，横向穿过塔盘，当液面超过溢流堰高度时，又经降液管溢流到下一层塔盘。如泡罩塔、浮阀塔、舌形板塔、斜孔板塔等均采用溢流型结构，此类塔板传质效率高，应用广泛。这里仅介绍溢流型塔盘结构。

溢流型塔盘由塔盘、塔盘支承、降液管、受液盘、溢流堰和气液接触元件等部件组成。结构如图 6-12 所示。

1. 塔盘

塔盘需具有良好的刚度，同时安装水平度要求较高，以确保塔盘上液层高度一样，气体穿过液层传质均匀。

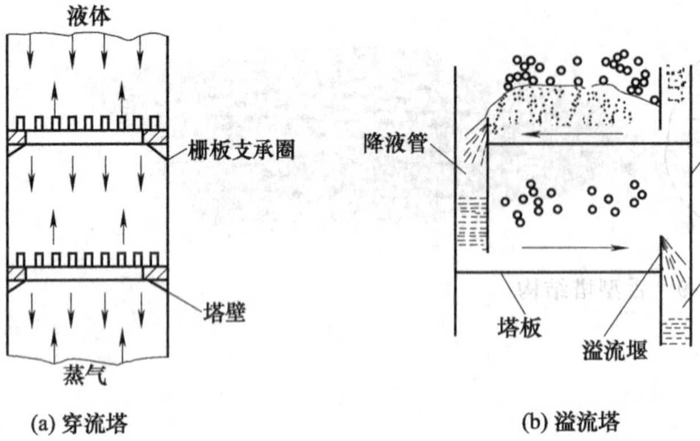

图 6-11　穿流塔盘和溢流塔盘

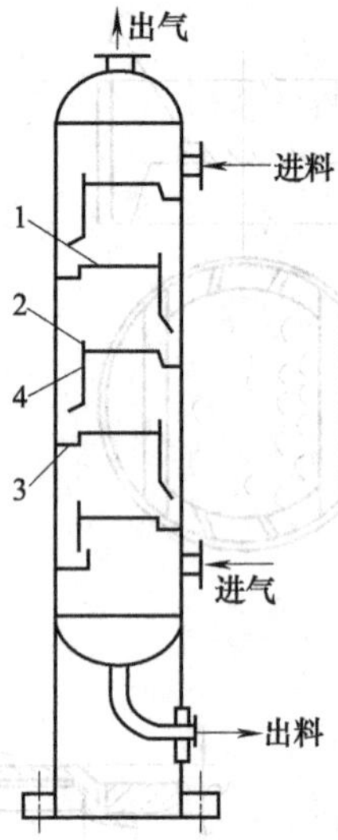

图 6-12　溢流型塔盘结构

1—塔盘（传质元件）；2—溢流堰；3—受液盘；4—降液管

塔盘按结构特点可分为整块式和分块式两种。当塔径小于 900mm 时采用整块式塔盘；当塔径大于 800mm 时，由于人能在塔内安装、拆卸，因此可采用分块式塔盘；塔径为 800～900mm 时，可根据制造与安装的具体情况任选这两种结构。

（1）整块式塔盘

整块式塔盘用在较小的塔径内，因为人无法进入塔内安装部件，所以组成塔体的塔节间采用容器法兰连接，每个塔节装几层塔盘。整块式塔盘通过焊在塔体内壁的塔盘圈支承。

根据塔盘在塔体中支承结构的不同，整块式塔盘可分为定距管式和重叠式。

定距管式塔盘结构如图 6-13 所示，它是依靠定距管和拉杆来固定塔盘和塔盘之间的间距的。

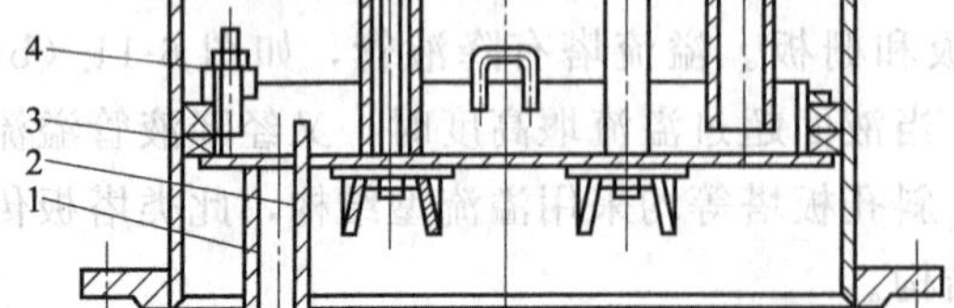

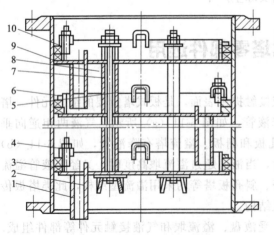

图 6-13　定距管式塔盘的结构

1—降液管；2—支座；3—密封填料；4—压紧装置；5—吊耳；6—塔盘圈；7—拉杆；8—定距管；9—塔盘；10—压圈

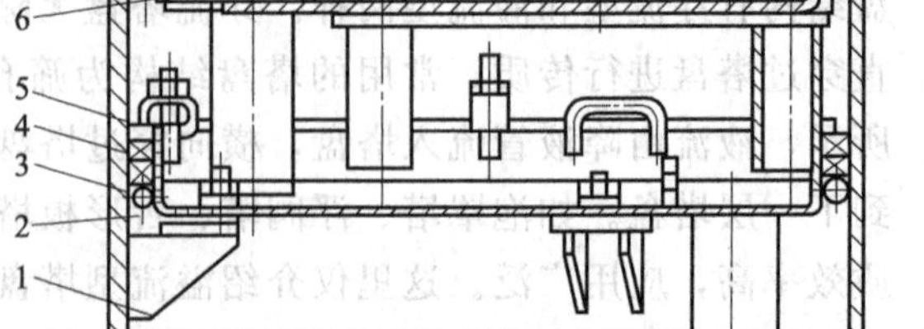

图 6-14　重叠式塔盘结构

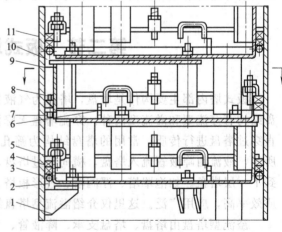

1—支座；2—调节螺钉；3—圆钢圈；4—密封填料；5—塔盘圈；6—溢流堰；7—塔盘；8—压圈；9—支柱；10—支承板；11—压紧装置

重叠式塔盘结构如图 6-14 所示，在每一塔节下部焊有一组支座，用于支承和固定最下层塔盘，塔盘之间依靠立柱和支承板固定，然后由下向上逐层叠放安装，并用调节螺钉调整水平。

为了装配方便，塔盘与塔壁之间留有一定的间隙，每装完一层塔盘要用填料填满间隙，用螺母拧紧压板，使压圈压紧填料保证密封，以避免气液短路影响传质效率，如图 6-15 所示。

(2) 分块式塔盘

在较大直径的板式塔中，如仍采用整块式塔盘，则一方面安装不便，另一方面大直径整块式塔盘刚度低，易弯曲变形，分液不均影响气液均匀传质。故将塔盘分成数块，通过人孔送入塔内，装焊于塔体内壁的塔盘支承件上。分块式塔盘的塔体无需分塔节用法兰连接，采用整体焊制圆筒结构。

分块式塔盘根据液流形式不同分为单流塔盘、双流塔盘等，塔径为 800～2400mm 时采用单流塔盘［图 6-16 (a)］，塔径大于 2400mm 时采用双流塔盘［图 6-16 (b)］。其中单流塔盘结构简单，最为常用。

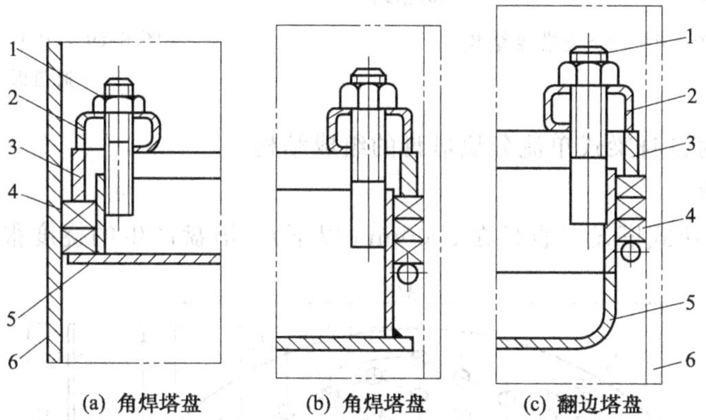

图 6-15　整块式塔盘密封结构

1—螺栓；2—压板；3—压圈；4—填料；5—塔盘；6—塔体

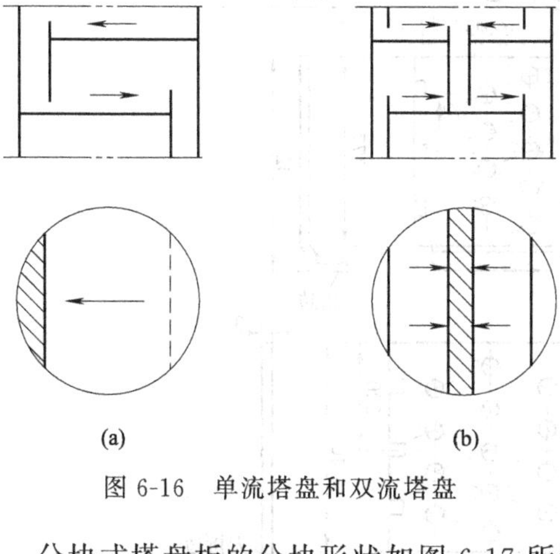

图 6-16　单流塔盘和双流塔盘

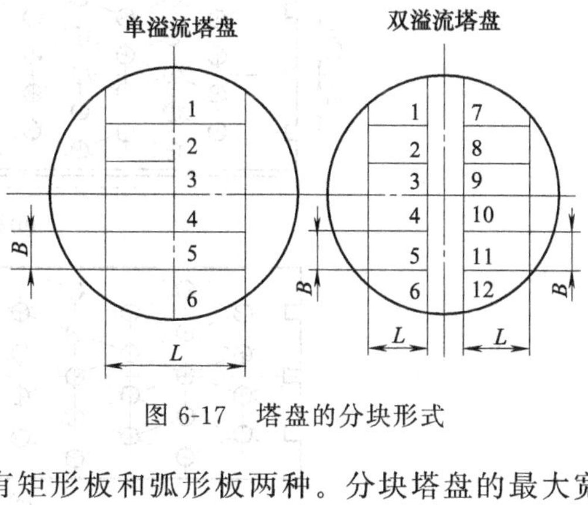

图 6-17　塔盘的分块形式

分块式塔盘板的分块形状如图 6-17 所示，有矩形板和弧形板两种。分块塔盘的最大宽度以能通过塔体人孔为限，一般塔盘分块数与塔体直径有关，具体参见表 6-2。

表 6-2　分块式塔盘分块数和塔盘直径

塔径/mm	800～1200	1400～1600	1800～2000	2200～2400
塔盘分块数	3	4	5	6

为了确保每一小块塔盘板组装固定，同时提高塔盘的刚度，将塔盘板冲压出折边，故分块式塔盘有自身梁式［图 6-18（a）］和槽式［图 6-18（b）］两种结构。

为了便于进入塔内的清洗和检修，使人能顺利进入各层塔盘，可将塔盘板接近中央处的矩形板设置成一块上、下均可拆的内部通道板（最小尺寸为 300mm×400mm），故通道板无折边，是一块搁置在其他分块塔盘上的平板（图 6-19）。

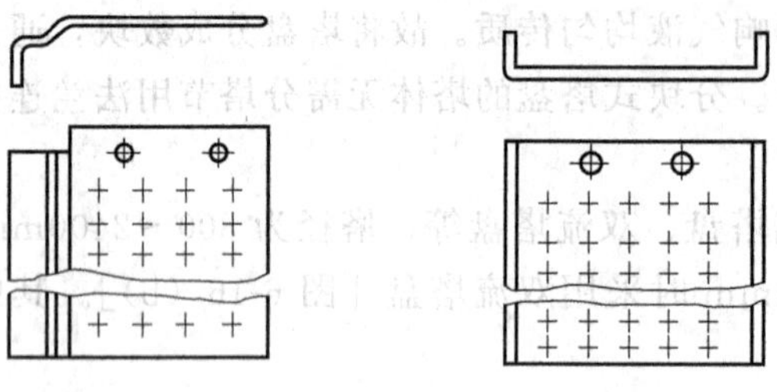

(a) 自身梁式　　(b) 槽式

图 6-18　分块塔盘结构

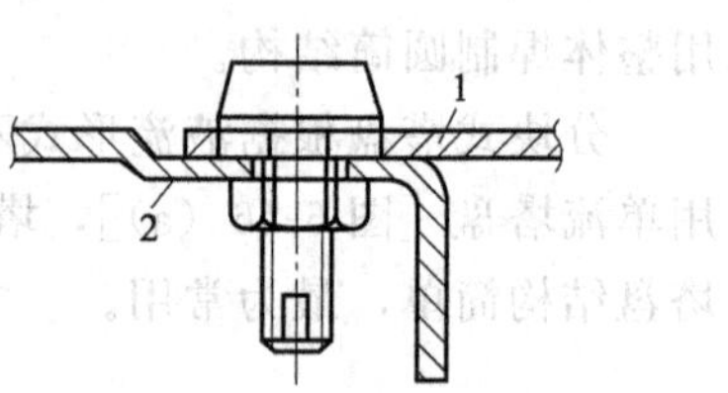

图 6-19　上下均可拆的通道板

1—通道板；2—塔盘板

图 6-20 所示为自身梁式单流分块塔盘的组成结构。

2. **塔盘的支承**

对于小直径分块式塔盘（直径在 2000mm 以下），塔盘产生的挠度很小，采用焊在塔壁

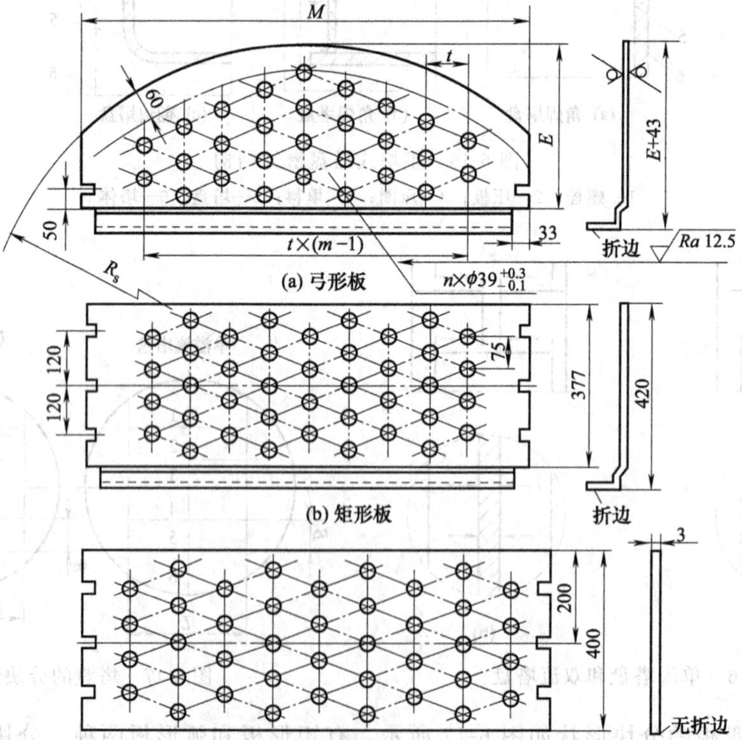

图 6-20　自身梁式单流分块塔盘

上的支承圈支承，支承圈一般用扁钢或角钢按塔内径煨弯而成。对于直径较大的塔（直径在2000mm以上），塔盘跨度大，刚度低，产生的挠度大，故必须增设支承梁结构来支承塔盘，如图6-21所示。将长度较小的分块塔盘的一端放在支承圈上，另一端放在支承梁上。

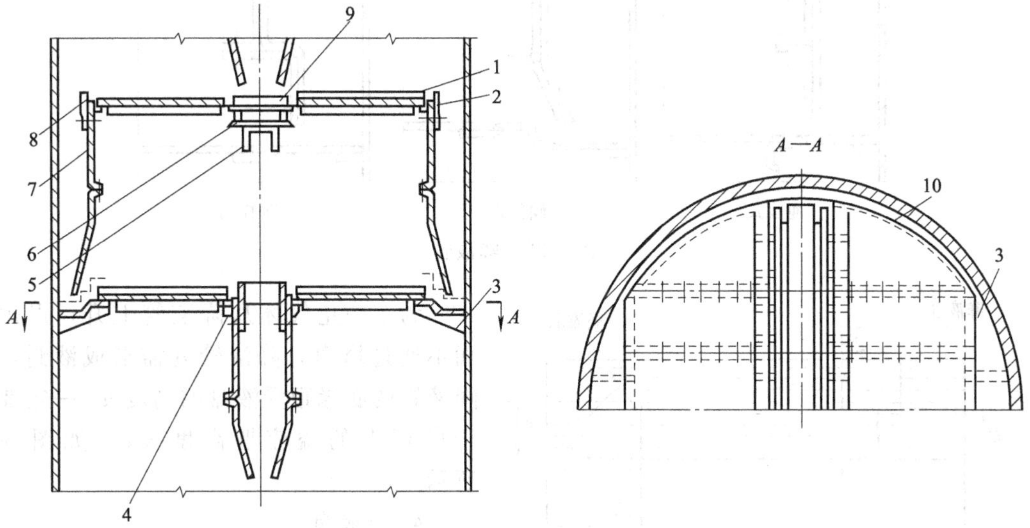

图6-21 溢流分块式塔盘支承结构

1—塔盘板；2—支持板；3—筋板；4—压板；5—支座；6—支承梁；7—两侧降液板；8—可调溢流堰板；9—中心降液板；10—支承圈

3. 降液管

降液管的结构形式有圆形和弓形两种，如图6-22所示。

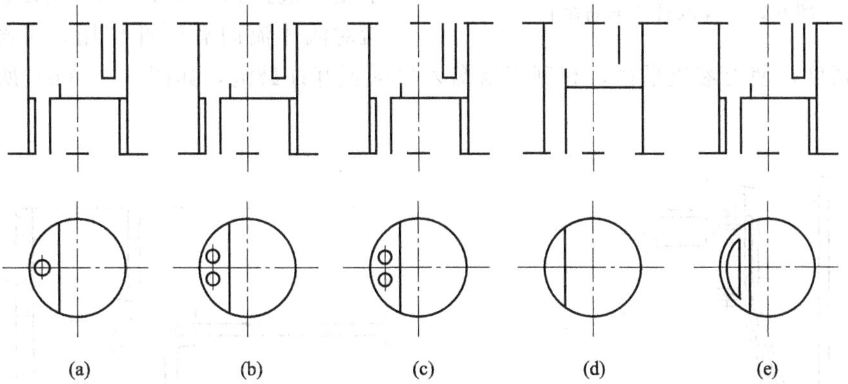

图6-22 降液管结构形式

圆形降液管通常在液体负荷低或塔径较小时，采用一根或几根圆形或长圆形降液管，如图6-22（a）～（c）所示。弓形降液管将堰板及塔壁之间的全部截面用作降液面积，适用于大液量及大直径的塔，塔盘面积利用率高，降液能力大，气液分离效果好，如图6-22（d）所示。对于采用整块式塔盘的小直径塔，又必须有尽量大的降液面积时，宜采用固定在塔盘上的弓形降液管，如图6-22（e）所示。

降液管有垂直式、倾斜式、阶梯式，如图6-23所示。小直径或负荷较小的塔盘采用垂直式；当降液管面积占塔盘面积12%以上，选用倾斜式，可以扩大塔盘有效截面；阶梯式结构可减少气泡产生，也有利于气泡分离，国外应用较多。

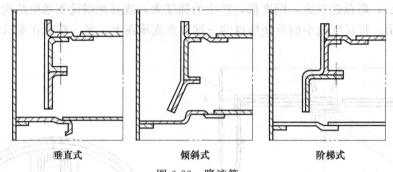

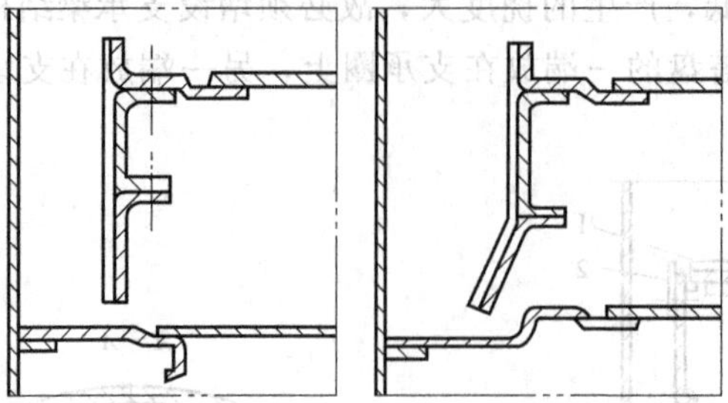

图 6-23　降液管

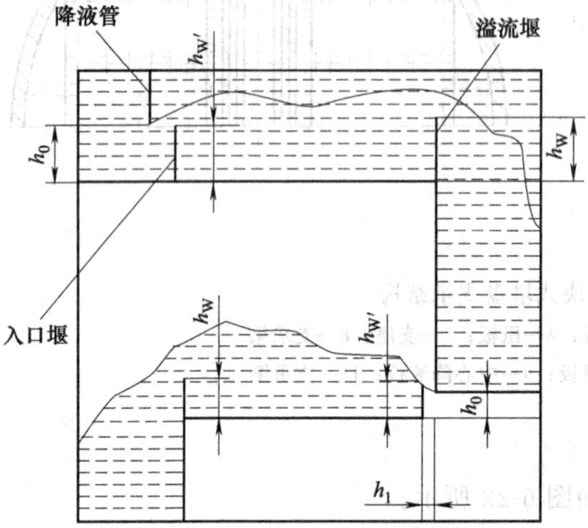

图 6-24　降液管的液封结构

为了防止气体从降液管上升，走短路而不通过塔盘，降液管处需形成液封，即降液管的底缘距受液盘的高度 h_0 一定要小于塔板上的溢流堰高度 h_W，如图 6-24 所示。

4. **受液盘**

为了保证降液管出口处的液封，同时减小液流冲击引起塔盘的变形，在塔盘上设置受液盘。受液盘有平型及凹型两种。

平型受液盘不易在塔盘上形成死角，故常用于易聚合的物料。常见的可拆式的平型受液盘如图 6-25（a）所示。凹型受液盘对流体流向有缓冲作用，可降低塔盘入口的液封高度，使得液流平稳，有利于塔盘入口区更好地鼓泡，如图 6-25（b）所示。

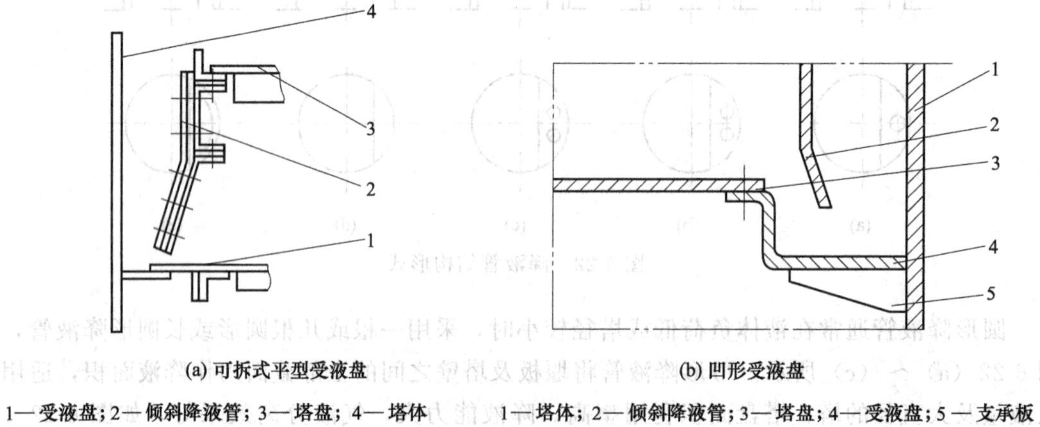

(a) 可拆式平型受液盘
1—受液盘；2—倾斜降液管；3—塔盘；4—塔体
(b) 凹形受液盘
1—塔体；2—倾斜降液管；3—塔盘；4—受液盘；5—支承板

图 6-25　受液盘结构

在塔体最低一层塔盘的降液管末端设置的受液盘，又称液封盘，其作用是保证降液管出口处的液封，如图 6-26 所示。

5. **溢流堰**

塔盘上设置溢流堰，目的是为了维持一定的液层高度，确保降液管的液封，使液体均匀流动，减少液流冲击。

根据在塔盘上的位置，溢流堰分为进口堰和出口堰，如图 6-27 所示。

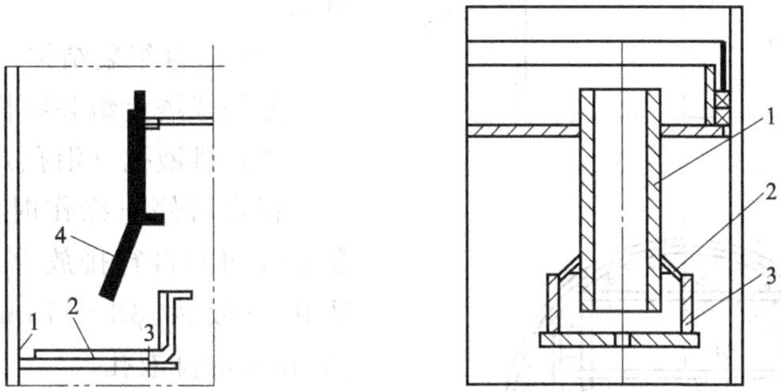

(a) 弓形降液管

1—塔壁；2—液封盘；3—泪孔；4—降液板

(b) 圆形降液管

1—降液管；2—筋板；3—液封管

图 6-26 液封盘

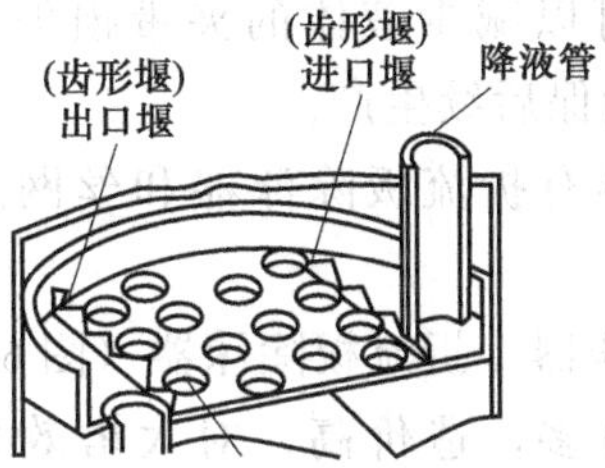

图 6-27 进口堰和出口堰

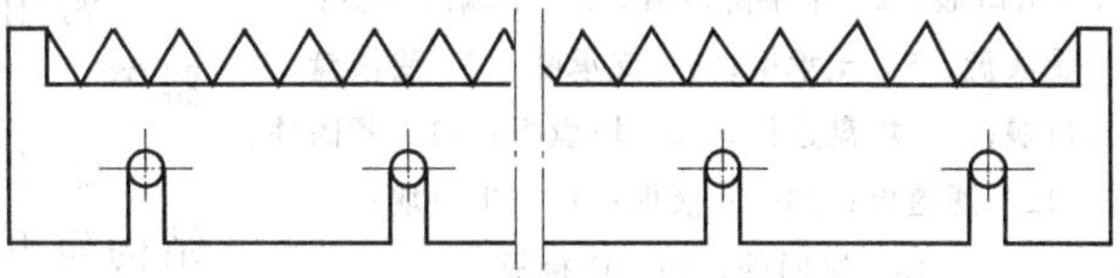

图 6-28 调齿形堰

溢流堰有平直堰和齿型堰两种结构，常用平直堰结构，但当液体溢流量小时，为避免因安装偏差引起液流不均，采用齿型堰，也可设计成可调堰，调整堰顶水平度，适应生产条件变化，如图 6-28 所示。

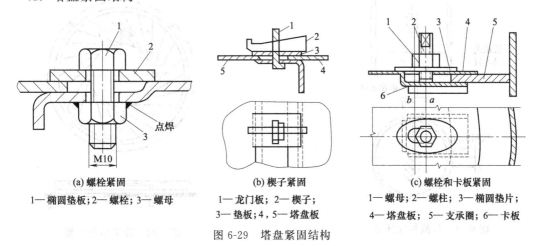

6. **其他结构**

(1) 塔盘紧固结构

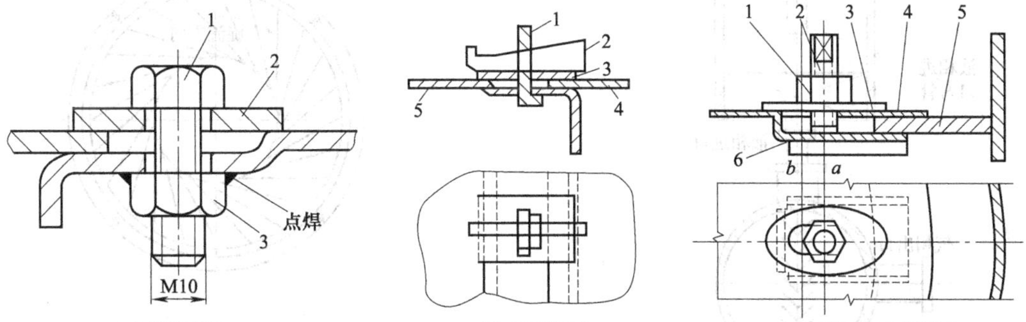

(a) 螺栓紧固

1—椭圆垫板；2—螺栓；3—螺母

(b) 楔子紧固

1—龙门板；2—楔子；3—垫板；4，5—塔盘板

(c) 螺栓和卡板紧固

1—螺母；2—螺柱；3—椭圆垫片；4—塔盘板；5—支承圈；6—卡板

图 6-29 塔盘紧固结构

塔盘紧固结构指相邻塔盘间、塔盘与塔盘支承间以及塔盘与受液盘的连接，要求结构简单、便于装拆。常用结构有螺栓紧固结构、楔子紧固结构和螺纹卡板紧固结构，如图 6-29 所示。

(2) 塔盘组装结构

分块式塔盘组装结构见图 6-30。

(3) 排液孔（泪孔）

板式塔停止操作时，塔盘、受液盘、液封盘等应均能自行排放存液，故开设排液孔。排液孔一般为 $\phi 8\sim 15$mm，且至少开设一个 $\phi 10$mm 的排液孔。

(4) 除沫器

塔顶气液分离部分空间较大，以降低气体上升的速度便于液滴从气相中分离出来。但在塔内气速较大时，塔顶雾沫夹带现象严重。塔顶设置除沫器，可以减少液体的夹带损失，保证气体的纯度，确保后续生产。

常用的除沫器有折流板除沫器和丝网除沫器等。

① 折流板除沫器　折流板除沫器（图 6-31）结构简单，但耗材多，造价高，对大塔效果明显。其可用于去除直径为 5×10^{-5} m 的液滴，增加折流次数，能保证足够高的分离效率。

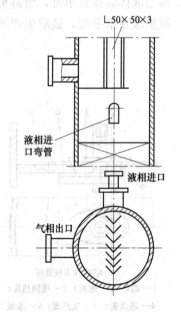

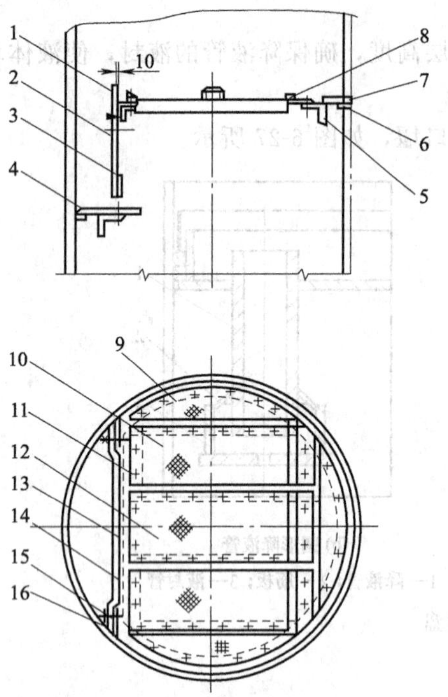

图 6-30　分块式塔盘组装结构

1—出口堰；2—上端降液板；3—下端降液板；4—受液盘；5—支承梁；6—支承圈；7—受液盘；8—入口堰；9—塔盘边板；10—塔盘板；11—紧固件；12—通道板；13—降液板；14—出口堰；15—紧固件；16—连接板

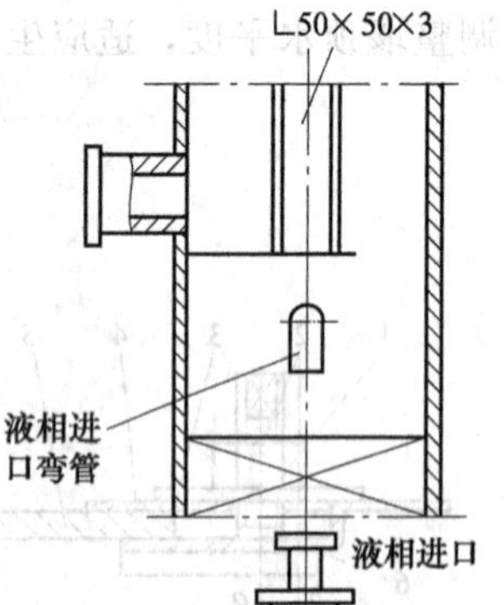

图 6-31　折流板除沫器

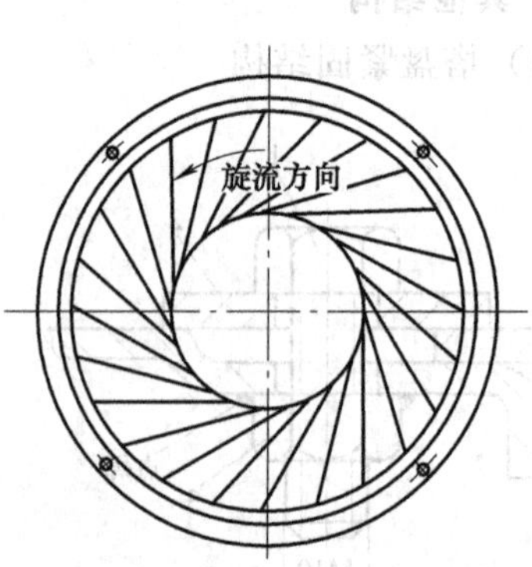

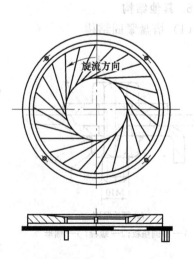

图 6-32　旋流板除沫器

② 旋流板除沫器　旋流板除沫器（图 6-32）由固定的叶片组成风车状。夹带液滴的气体通过叶片时产生旋转和离心作用，在离心力作用下，将液滴甩至塔壁，从而实现气、液的分离，除沫效率可达 95%。

③ 丝网除沫器　丝网除沫器具有除沫效率高、压降小的优点，应用广泛。其适用于清洁气体，不宜用在液滴中含有或易析出固体物质的场合，以免液体蒸发后留下固体堵塞丝网。这种除沫器能有效去除 $(2\sim5)\times10^{-6}$m 的雾滴，如图 6-33 所示。

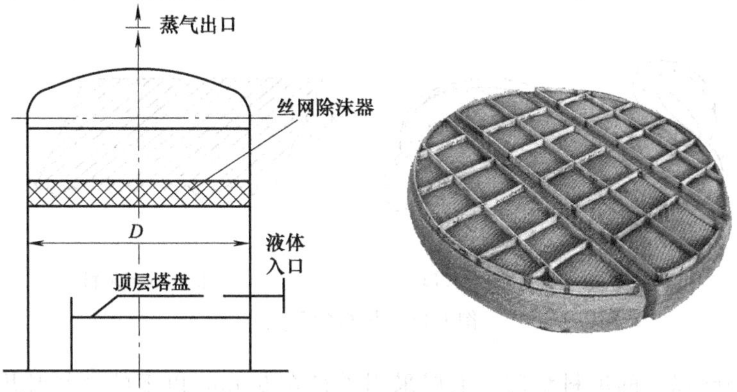

图 6-33　丝网除沫器

第三节　填料塔零部件选用

填料塔与板式塔不同，属于连续式气液传质设备。它具有结构简单、压降小，适合处理易产生泡沫的物料、腐蚀性介质的优点；由于造价高，通常用于不宜安装塔盘的小塔径场合。但随着近年来填料结构的改进，新型、高效、高负荷填料的开发，使得填料塔传质效率大大提高。为此，在某些场合中，甚至代替了传统的板式塔，并逐渐推广到所有大型气液操作中。

填料塔内件主要由填料、喷淋装置、再分布装置、栅板组成。如图 6-1（b）所示，气体由塔底进入塔内，经填料上升；液体则由喷淋装置喷出，喷洒到填料表面；气液两相在填料的表面实现传质。

一、填料的种类

填料是填料塔的核心元件，为气液的接触提供表面。填料自工业使用以来，不断改进，形式、规格多达几百种。填料改进的方向是大通量、大比表面积、低压降、高效率；增加其通过能力，即降低通过单个填料的压力降，以减小气体的动力消耗；其次是改善流体的分布与接触，即尽量增大填料的比表面积，给介质之间的传质、传热提供充分的接触面积。

填料按结构可分为实体和网体填料两大类。实体填料包括拉西环、鲍尔环、鞍型填料、板波纹填料等。网体填料则包括由丝网制成的各种填料，如丝网波纹填料、鞍型网填料等。

（1）拉西环

拉西环是最早出现的填料，如图 6-34（a）所示。常用的拉西环是外径和高度相等的空心圆柱体，其壁厚在满足强度要求的情况下，可以尽量地薄。

拉西环在塔内有两种填充方式：乱堆及整砌。一般填料层的底层为了提高抗压能力，应

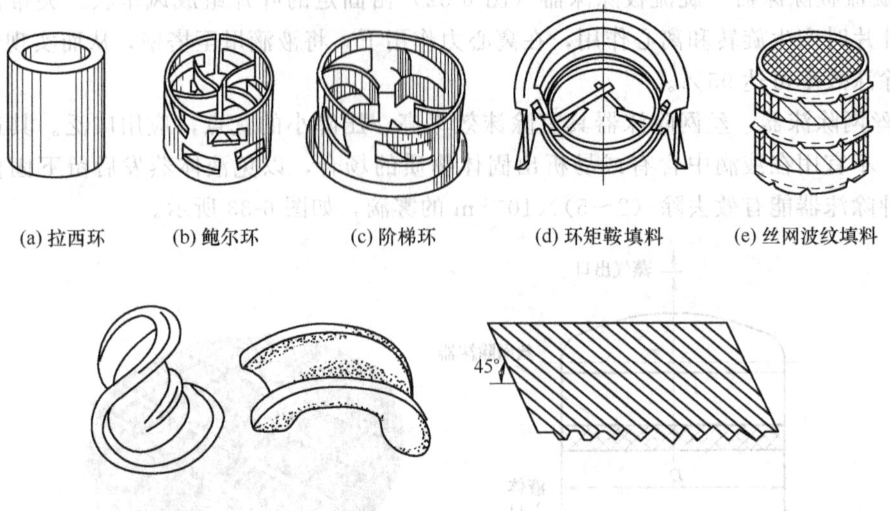

(a) 拉西环 (b) 鲍尔环 (c) 阶梯环 (d) 环矩鞍填料 (e) 丝网波纹填料

(f) 弧鞍形 (g) 矩鞍形 (h) 板波纹填料

图 6-34 填料的种类

采用外径在 50mm 以上的填料整砌，上层采用外径在 50mm 以下的填料乱堆。乱堆时由于每个填料的方向不一致，故压力降较整砌的大。

拉西环结构简单，制造方便，价格便宜，但气液分布差，传质效率低，阻力大，通量小，目前工业上已较少应用。

(2) 鲍尔环

鲍尔环是对拉西环结构的改良。如图 6-34（b）所示，在拉西环的圆柱壁上开一排或两排长方形小窗，小窗叶片向环心弯入，在中心处相搭，上、下两排小窗的位置相错。

鲍尔环填料通量大、阻力小，且内表面的利用率大，同时弯向环心的叶片，增大了气体的湍流程度。因此，鲍尔环能保持恒定的传质效率，应用广泛。

(3) 阶梯环

阶梯环是对鲍尔环的改进，如图 6-34（c）所示。相较于鲍尔环，阶梯环高度减少了一半，并在一端增加了一个锥形翻边，不但使流通阻力减小，而且提高了填料的机械强度，同时填料之间由以线接触为主变成以点接触为主，增加了填料间的空隙。阶梯环的综合性能优于鲍尔环，是目前所使用的环形填料中性能最为优良的一种。

(4) 环矩鞍填料

环矩鞍填料是兼顾环形和鞍形结构特点而设计出的一种新型填料，如图 6-34（d）所示，该填料一般以金属材质制成，故又称金属环矩鞍填料。环矩鞍填料将环形填料和鞍形填料两者的优点集于一体，其综合性能优于鲍尔环和阶梯环。

(5) 丝网波纹填料

丝网波纹填料与板波纹网填料的结构基本一样，所不同的是它用金属丝编成的丝网波纹片代替金属波纹板。对于小塔，填料整盘装填，利用带状箍圈箍住，每盘填料高度为 40～300mm，如图 6-34（e）所示；对于大塔或是不可拆塔体，则以分块形式从人孔吊入塔内再拼装。它主要用于精密精馏及高真空精馏装置，为难分离物系及高纯度产品的精馏提供了手段。

(6) 鞍形填料

鞍形填料有两种：一种是弧鞍形填料；另一种是矩鞍形填料。弧鞍形填料是对称的弧状结构，如图 6-34（f）所示。当液体喷洒到填料表面后，填料表面上不会有积液，且表面的有效利用率高，比拉西环的传质效率高。但由于其形体对称，装填时容易重叠堆积，降低了填料的表面利用率和有效空隙率，因此工业上已很少使用。

矩鞍形填料其形状是不对称的，如图 6-34（g）所示。它有效地克服了弧鞍形填料的缺点，保留了弧形结构，改进了扇形面形状，因此它不但具有良好的液体再分布性能，而且填料之间基本上是点接触，使填料表面积得到充分利用。目前，国内大多原来应用拉西环的场合，均已改用矩鞍形填料。

（7）板波纹填料

板波纹填料属于规整填料，结构如图 6-34（h）所示。它是由金属薄板制成波纹形，再由薄板垂直反向地叠在一起，组成盘状。各层板的波纹成 45°角，而盘与盘之间成 90°角交错排列，这样有利于液体重新分布和气液接触。气体沿波纹槽内上升，其压力降较乱堆材料低，传质面积大，传质效率高。

填料按装填方式的不同分为散装填料和规整填料。散装填料是以随机方式堆积在塔内，如拉西环、鲍尔环、阶梯环、鞍形填料等，又称乱堆填料。规整填料是按一定的几何形状排列、整齐堆砌的填料。规整填料种类很多，根据其几何结构可分为格栅填料、波纹填料等。

二、填料的选用

选择填料时，主要考虑效率、通量和压降三个重要性能指标，即要求填料具有比表面积大、空隙率大和填料因子小的几何特征；此外还要兼顾物料的腐蚀性、填料的机械强度和价格成本等情况，具体有以下几点要求：

（1）填料的选材

选择材料应根据所处理物料的腐蚀性及操作温度进行。当温度不高时，应尽量选择塑料填料，因为它具有质量轻、价格低等优点。塑料填料选择的顺序是阶梯环、鲍尔环和矩鞍形填料。当操作温度较高而物系又无明显的腐蚀性时，可选金属鞍环和金属鲍尔环。如物料有腐蚀性，则以采用陶瓷填料为宜。

（2）填料的尺寸

塔径与填料外径之间的比值有一下限值。若比值太小，则虽然填料尺寸大，通过能力有所提高，但塔壁附近的填料层空隙率大而不均匀，导致气液短路，会降低塔的效率。故一般推荐：当塔径 $D \leqslant 300$mm 时，选用 20～25mm 的小填料；当 $300\text{mm} \leqslant D \leqslant 900$mm 时，选用 25～38mm 的填料；当塔径 $D > 900$mm 时，选用 50～80mm 的填料。

（3）填料的通过能力

填料的极限通过能力是液泛的空塔气速。根据实验数据，几种常用的填料在相同的压力降下，通过能力的排列顺序依次为：拉西环＜矩鞍环＜鲍尔环＜阶梯环。

（4）填料的压力降

气体通过单位高度填料层的压力降是填料塔设计的重要数据。各种填料的压力降可参考相关的设计手册。

三、喷淋装置及液体的再分配装置

（一）喷淋装置

填料塔操作时，在任一横截面上保证气液的均匀分布是十分重要的。液体在塔顶初始的均匀分布就是依靠液体喷淋装置来实现的。

喷淋装置的类型很多，主要可分为喷洒型、溢流型和冲击型。

1. 喷洒型

对于小塔径（$DN<300$mm）填料塔，可直接采用进料管向填料进行喷洒。进料管可以是直管、弯管或缺口管，如图 6-35 所示。这种结构简单，制造安装方便，但喷淋面积和均匀度不够。

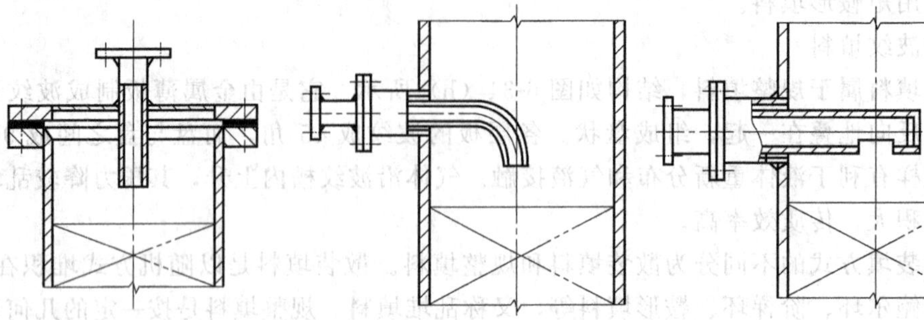

(a) 直管　(b) 弯管　(c) 缺口管

图 6-35　管式喷洒器

对于直径稍大的塔可采用多孔型液体分布器。其中排管式喷洒器是目前运用最多的喷洒器之一。液体引入排管的方式主要有两种：一是液体由水平主管一侧（或两侧）引入，如图 6-36 所示，通过支管上的小孔向填料喷淋；二是由垂直的中心管引入，如图 6-37 所示，经水平主管通过支管上的小孔喷淋。此外还有环管式喷洒器（图 6-38）和莲蓬头式喷洒器（图 6-39）。这两种喷洒器喷洒效果都比较均匀，但缺点均是喷洒器的小孔易堵塞。操作时，液体的压头必须维持在恒定值，否则喷淋半径改变，喷淋效果不好。

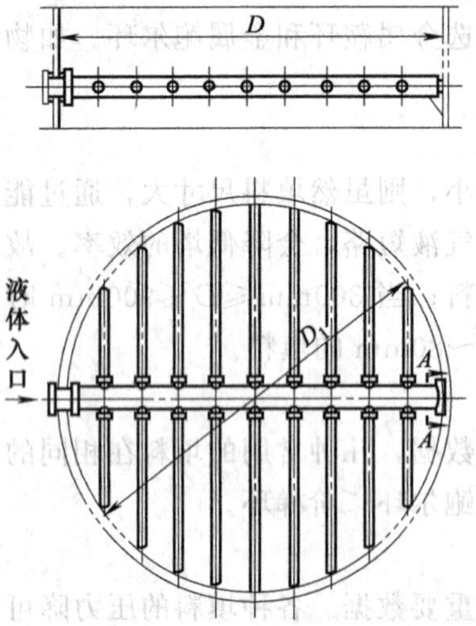

图 6-36　水平引入管的排管式布液器

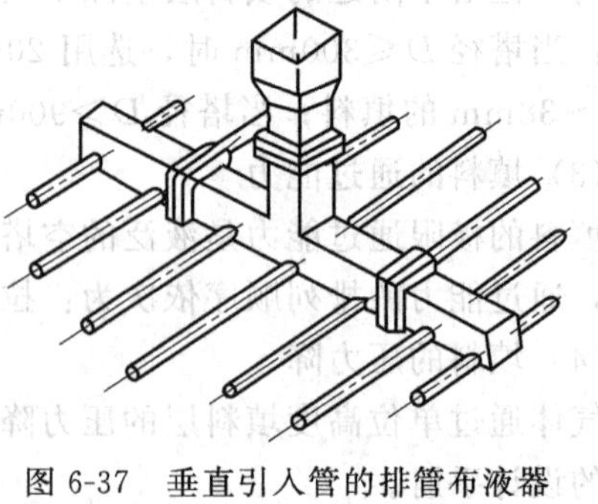

图 6-37　垂直引入管的排管布液器

2. 溢流型

溢流型液体分布器是目前广泛应用的分布器，特别适合大型填料塔。

溢流盘式分布器由分布板、围环和溢流管组成，如图 6-40（a）所示。降液管均匀排列在分布板上，降液管上端开有矩形或齿形缺口，目的是在回流量比较小时，能够使每个管均匀喷淋。此种结构是使上升气体和下降液体走同一降液管的形式。如果上升气体量较大，则可在分布板上另设升气管，如图 6-40（b）所示，大的是升气管，小的是排液管。

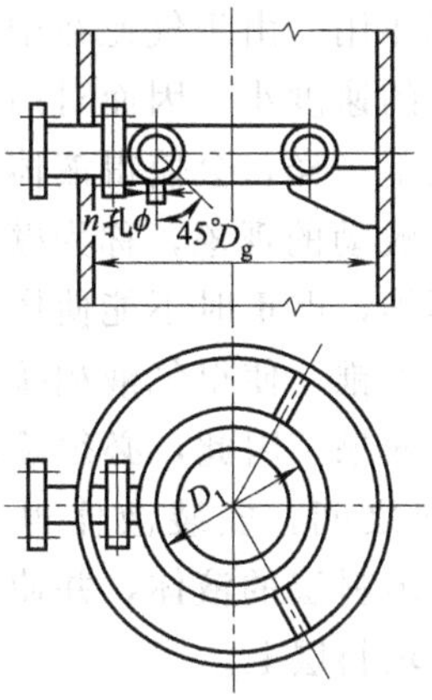

图 6-38　环管多孔喷洒器

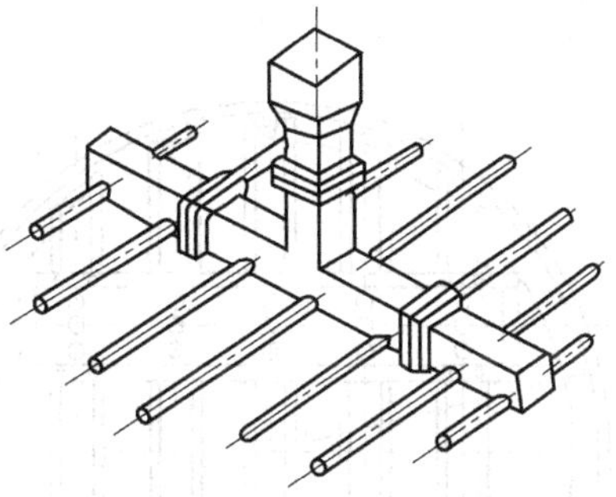

图 6-39　莲蓬头喷洒器

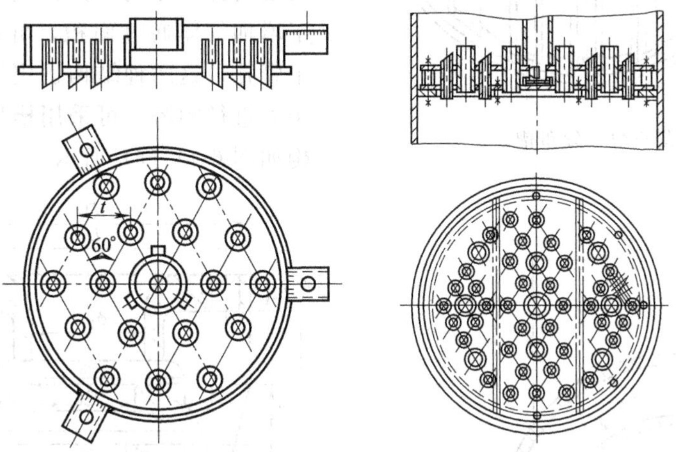

(a) 无升气管的溢流盘式分布器　　(b) 有升气管的溢流盘式分布器

图 6-40　溢流盘式分布器

对大直径的塔可采用分布槽，如图 6-41 所示。液体由回流管进入分配槽，再由分配槽进入喷淋槽，然后沿喷淋槽的开口溢流，喷洒在填料层上。此种结构安装时要找好水平，否则溢流不均匀。

3. 冲击型

冲击型喷淋器常用的有反射板式和宝塔式喷淋器。

反射板式喷淋器如图 6-42 所示。液体由管内流出时具有一定的速度，冲击到反射板上使液体向四周飞溅，达到均匀喷淋的目的。反射板可制成平圆形、凸球面形或锥形，其上钻有一些小孔，以便部分液体由小孔喷淋中央部分的填料。

宝塔式喷淋器是由不同半径的圆锥形反射板分层叠落而成，液体由各层流出时冲击喷淋在填料层上，其结构如图 6-43 所示。它的喷淋半径大，不易堵塞，但其喷淋效果随着流速的变化而变化。

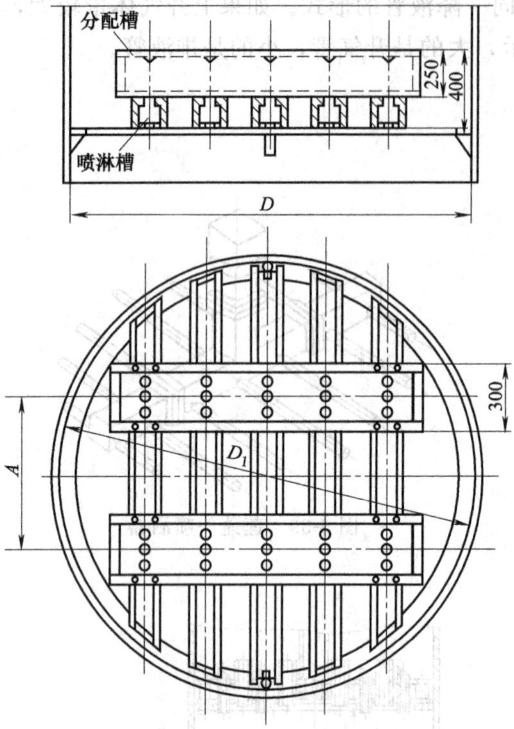

图 6-41　分布槽

（二）液体再分配装置

当液体沿填料层向下流动时，受到塔内由下而上的气流作用。由于气速在中央的速度大，靠近塔壁的速度小，因而对向下流动液体的作用力也不一样，会使得液体流经填料层时有向塔壁流动的现象，称为壁流。结果使液体分布不均，严重时不能使塔中心的填料湿润，形成干锥，使得气液相接触不充分，降低了传质效果。因此，必须给填料分段，在各段填料之间，安装液体再分配装置，收集上一段填料层的液体，并使其均匀分布到在下一段填料层上。

最简单的液体再分配装置是分配锥，如图 6-44（a）、（b）所示，这两种装置装在填料层的分段之间，作为壁流收集器之用。为了增加气体通过面积，可在分配锥上设置 4 个管孔。这两种结构适用于小直径的塔。对于大直径的塔，可采用槽形再分配器，其结构如图 6-44（c）所示。

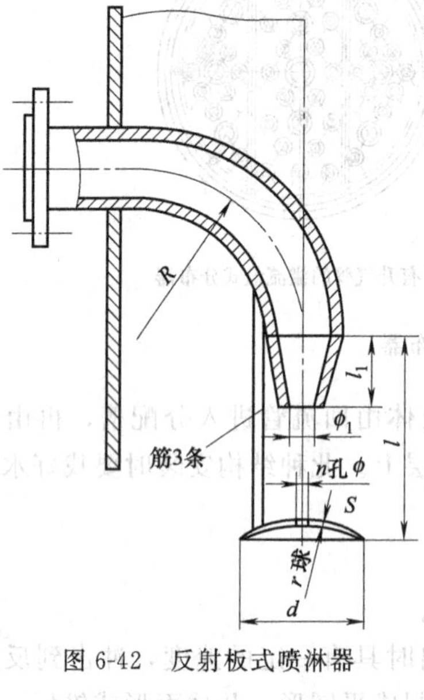

图 6-42　反射板式喷淋器

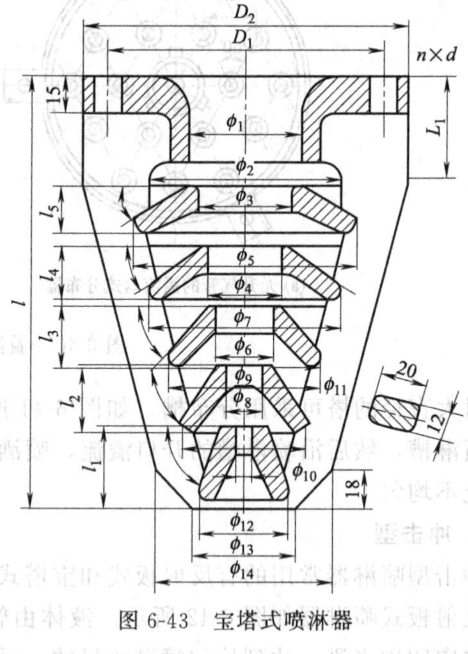

图 6-43　宝塔式喷淋器

四、填料的支承结构

填料无论乱堆或整砌，均须放置在填料支承结构上。填料的支承结构不仅要承受湿填料的全部重量，而且还要使气液能顺利通过。因此，不但要求其具有足够的空隙率，而且要求

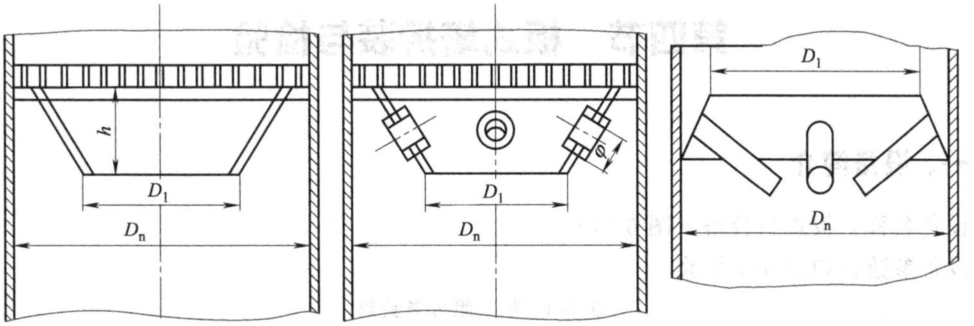

(a) 分配锥　　(b) 带孔分配锥　　(c) 槽形再分配器

图 6-44　再分配装置

具有足够的强度和刚度。

最常见的支承结构是栅板，如图 6-45 所示。当塔径较小时，可采用整块式栅板；反之，可采用分块式栅板。栅板必须放置在焊于塔壁的支承圈上。

气液逆向通过栅板支承结构时，流动阻力较大。此外，当填料为乱堆时，由于栅板支承面是平面，通道易被第一层卧置的填料堵塞而降低流通面积，因此为了避免填料堵塞气体通道，可在栅板上整砌一、两层按正方形排列的填料。

对于空隙率较大的填料，必须相应地增大栅板的自由横截面积，这时可采用开孔的波形板支承结构，支承板做成波形，提高了刚度和强度，如图 6-46 所示。波形板的侧面和底面均开孔，有利于气液分道逆流，减小流动阻力，同时使气液分布均匀。

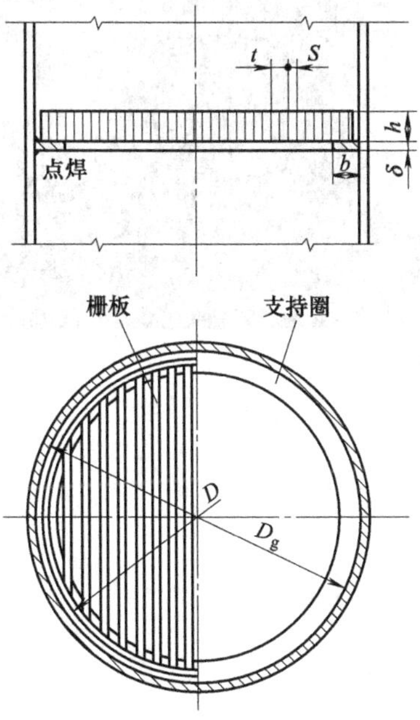

图 6-45　栅板结构

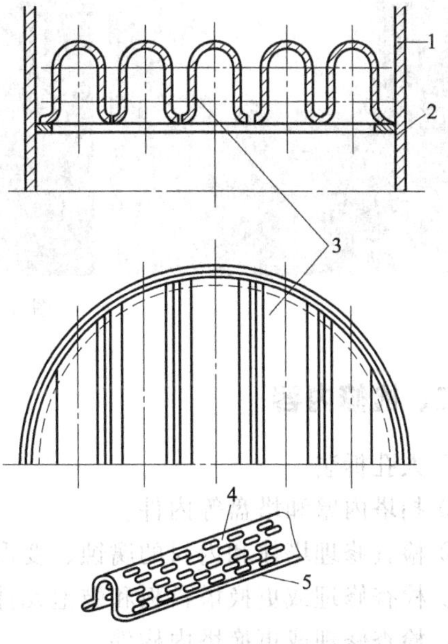

图 6-46　开孔波形板支承结构

1—塔体；2—支承圈；

3,4—波形件支承结构；5—长形圆孔

第四节　板式塔拆装与检验

一、设备简介

设备名称：板式组合塔（图 6-47）。

设备参数：如表 6-3 所示。

表 6-3　板式组合塔参数

设计压力/MPa	常压	介质		水
设计温度/℃	50	尺寸/mm	内径/厚	1100/4
工作压力/MPa	常压		高	2000
工作温度/℃	常温	板式塔	形式	浮阀、泡罩、筛板
腐蚀裕度/mm	—		层数	3
保温厚度/mm	—	材质	壳体	0Cr18Ni9
重量/kg	1000		内件	0Cr18Ni9、0Cr18Ni9Ⅱ
设备类别	—	规范		NB/T 47003.1—2009

图 6-47　板式组合塔

二、检修内容

① 人孔拆装。

② 扫塔内壁和塔盘等内件。

③ 检查修理塔体和内衬的腐蚀、变形和各部焊缝。

④ 检查修理或更换塔盘板和鼓泡元件。

⑤ 检查修理或更换塔内构件。

⑥ 检查校验安全附件。

⑦ 检查修理塔基础裂纹、破损、倾斜和下沉。

⑧ 检查修理塔体油漆和保温。

⑨ 水压试验。

⑩ 工艺作系统气密性试验。

三、施工技术规范

① GB 150—2011《压力容器》。

② NB/T 47041—2014《塔式容器》。

③ SHS 01009—2004《塔类设备维护检修规程》。

④ SHS 01004—2004《压力容器维护检修规程》。

⑤ JB/T 1205—2001《塔盘技术条件》。

⑥ SH/T 3536—2011《石油化工工程起重施工规范》。

⑦ TSG21—2006《固定式压力容器安全技术监察规程》。

⑧ SH 3501—2011《石油化工有毒、可燃介质钢制管道工程施工及验收规范》。

四、施工组织及安全、质量控制体系

（1）施工组织

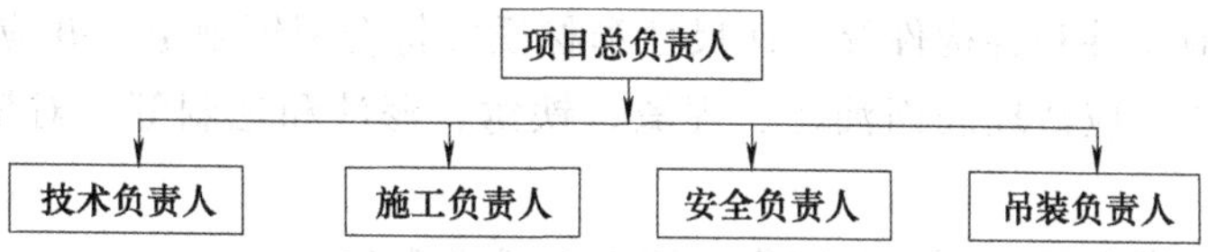

（2）质量保证体系

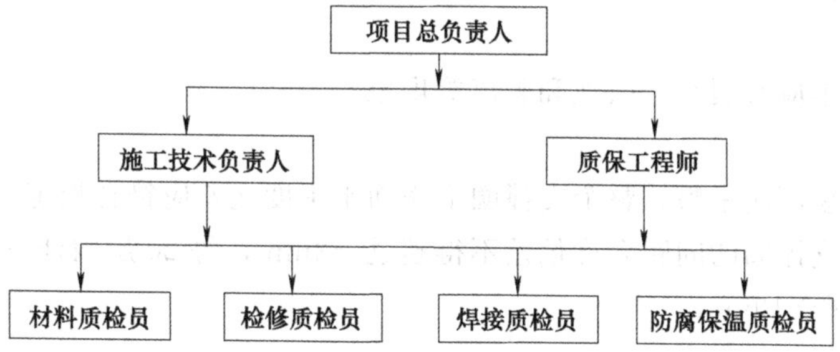

（3）安全保证体系

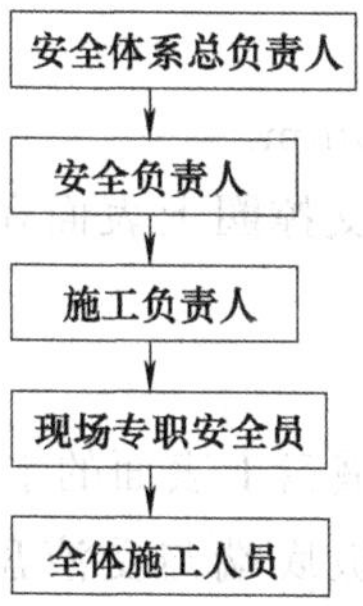

五、主要施工器具及材料

① 螺丝刀 1 把。

② 固定扳手若干。

③ 定滑轮 3 只。

④ 麻绳 50m。

⑤ 防爆照明灯 4 台。

六、施工准备

① 备齐相关图纸等技术资料，并编制施工方案。

② 准备好工器具、施工材料以及进塔作业的劳保用品。

③ 在设备交出符合施工条件后，进入现场。

④ 自上而下依次打开塔体各人孔，视情况对塔内进行冲洗，必要时从下部人孔用鼓风机向里强制通风；塔底残液必须严格清理干净。

⑤ 做好防火、防爆、防毒的安全措施。

七、技术要求

1. 一般规定

① 塔内必须清理干净，无异物。

② 塔盘、鼓泡元件和各构件等几何尺寸和材质应符合图纸规定，并应有合格证书。

③ 内件安装前，应清理表面油污、焊渣、铁锈、泥沙和毛刺等。对塔盘零部件还应编注序号以便组装。

④ 塔内构件和塔盘等必须坚固牢靠，不得有松动现象。

⑤ 塔盘、鼓泡元件和塔内构件等受腐蚀、冲蚀后，其剩余厚度应保证至少能使用到下个检查周期。

⑥ 塔内衬里不应有裂纹、鼓泡和剥离等现象。

2. 支撑圈

① 支撑圈上表面应平整，整个支撑圈上表面水平度允差应符合规定。

② 相邻两层支撑圈的间距允许偏差不得超过±3mm，每 20 层内任意两层支撑圈的间距允许偏差不得超过±10mm。

3. 支撑梁

① 支撑梁上表面应平直，其直线度公差值为 1%L（L 为支撑梁长度），且不大于 5mm。

② 支撑梁组装中心位置偏差为±2mm。

③ 支撑梁安装后，其上表面应与支撑圈上表面在同一水平面上，其水平度允差应符合规定。

4. 受液盘、降液盘和溢流堰

① 受液盘上表面应平整，整个受液盘上表面的水平度允差应符合规定。

② 受液盘、降液盘组装后，降液板底端与受液盘的垂直距离 K（mm）的允差、降液板与受液盘之边的水平距离 B（mm）的允差应符合规定。

③ 固定在降液盘上的塔盘支撑件，其上表面与支撑圈上表面就在同一水平线上，允许偏差为－0.5～＋1mm。

④ 溢流堰安装后，堰顶端直线度公差值及堰高应符合规定。

5. 塔盘板

① 塔盘板应平整，整个塔盘板的水平度公差应符合规定。

② 塔盘组装后，塔盘面水平度在整个面上的公差值应符合规定。

6. 浮阀

① 浮阀弯脚角度一般为 45°～90°，且浮阀应开启灵活开度一致，不得有卡涩和脱落现象。

② 塔盘上阀孔直径冲蚀后，其孔径增大值不大于 2mm。

7. 其他方面

① 塔体防腐层不应有鼓泡、裂纹和脱层。

② 塔体的保温材料应符合图纸要求。

③ 塔体外壁应按有关规定刷漆、保温。

八、施工步骤

① 设备交出并经吹扫置换合格且具备施工条件后，进入现场。

② 从上往下依次打开塔上各人孔；经分析合格后，进行施工。

③ 从上部人孔进入塔内，逐层打开通道板。

④ 塔体检查：

a. 检查各附件（压力表、安全阀、放空阀、温度计等）是否灵活、准确。

b. 检查塔体腐蚀、变形、壁厚减薄、裂纹及各部焊接情况，进行超声波测厚和理化鉴定，并作详细记录。

c. 检查塔内污垢和绝缘材料。

⑤ 塔内件的检查：

a. 检查塔板各部件的结焦、污垢、堵塞情况；检查塔板、鼓泡构件和支撑结构的腐蚀及变形情况。

b. 检查塔板上各部件（出口堰、受液盘、降液管）的尺寸是否符合图纸及标准。

c. 对于浮阀塔板应检查其浮阀的灵活性，是否有卡死、变形、冲蚀等现象，浮阀孔是否有堵塞。

d. 检查各种塔板、鼓泡构件等的坚固情况，是否有松动现象。

⑥ 检查各连接管线是否变形，连接处密封是否可靠。

⑦ 塔板检修：

a. 检查拆卸塔板，并将其吊出塔外；视损坏情况进行修理或更换；并逐一编号。

b. 准备更换的新零件，应检查是否符合图纸要求。

c. 对塔板、降液板、横梁等妥善保管，防止变形或损坏。

d. 安装塔板；安装后检查溢流堰的水平度及堰高是否符合规定，若不符合则要进行调整。

⑧ 鼓泡元件的安装：

a. 补齐鼓泡元件。

b. 浮阀安装时，应检查浮阀腿在塔板孔内的挂连情况。安装后，浮阀应开启灵活，没有卡涩现象。

⑨ 检修后，由甲方验收人员与施工人员共同检查验收。

⑩ 验收合格后，由下往上依次将通道板复位。

⑪ 各人孔、管口换垫复位。

⑫ 设备涂油漆防腐。

⑬ 保温层修复。

⑭ 做好检修记录，整理好竣工资料。

九、检修安全措施

① 检修人员必须取得检修许可证后，方可施工。

② 设备交出前必须吹扫置换合格，与设备相连管线必须确认切断，并挂安全警示牌。

③ 进塔内作业前，必须经气体分析合格，确认塔内无残留物，并办理“进设备作业票”。

④ 动火须办理动火证，专人监护并有应急措施。

⑤ 进塔须按规定着装，戴安全帽等个人防护用品且外面必须有人监护。

⑥ 高空作业必须戴安全带。

⑦ 塔内施工照明电压不得超过 12V。

⑧ 塔内施工时必须确保空气畅通，必要时强制通风。

⑨ 检修完毕，必须认真清理塔内施工用具和其他杂物，不得有遗留物在塔内。

⑩ 严格执行扬子公司安全技术规程和检安公司的安全管理制度。

十、应急措施

(1) 发生中毒窒息事故应采取的措施

① 立即停止作业撤离施工现场。

② 迅速佩带气防器材（长管呼吸面具、空气呼吸器），抢救受伤人员，将中毒人员转移至空气新鲜的地方。

③ 立即报警。

④ 报警的同时对中毒人员积极进行抢救，采取人工呼吸、心肺复苏直到专业救护人员到达。

(2) 发生触电事故应采取的措施

① 立即停止作业撤离施工现场。

② 迅速切断电源。

③ 立即报警。

④ 报警的同时对触电人员积极进行抢救，采取人工呼吸、心肺复苏直到专业救护人员到达。

十一、备品备件表

序号	名称	型 号 规 格	材质	数量	备注
1	浮阀				
2	人孔垫片				
3	螺栓				
4	螺栓				
5	螺栓				
6	螺栓				

十二、检修施工进度表

序号	检修工序	检修施工进度															
		1	2	3	4	5	6	7	8	9	10	11	12	13	14	15	16
1	从上往下依次打开塔上各人孔																
2	从上往下逐层打开通道板检查																
3	拆卸塔盘板编号挂牌吊出塔外清洗检修																
4	补齐浮阀																
5	从下往上逐层安装塔盘																
6	双方检查验收																
7	从下往上逐层安装通道板																
8	各人孔换垫复位																
9	气密消漏及热紧																
10	人孔保温恢复																

【习题】

1. 简述塔设备的作用及总体结构。
2. 塔设备按照内件不同如何分类?
3. 塔盘由哪些部件组成? 各自有何作用?
4. 塔盘在塔内如何支承? 怎样密封?
5. 常用填料的种类有哪些? 如何选择填料?
6. 液体分布器有哪些结构形式? 各自有什么特点?
7. 液体再分配装置有哪些结构?
8. 除沫装置有哪些结构形式? 各自有什么特点?

第三篇

化工机器结构拆装

第七章

压缩机结构拆装

【学习目标】

① 了解活塞式压缩机的分类及工作原理，能正确进行活塞式压缩机的选型。

② 熟悉活塞式压缩机各零部件组成。

③ 掌握离心式压缩机的分类及工作原理，能正确进行离心式压缩机的选型。

④ 熟悉离心式压缩机各零部件组成。

压缩机是通过压缩气体来提高气体压力的机械。也有把压缩机称为压气机和气泵的。压缩机的提升压力通常超过 0.2MPa，而当提升的压力为 0.015～0.2MPa 时，称为鼓风机；提升压力小于 15kPa 时，称为通风机。

压缩机是工业生产中最为重要的设备之一，它不断地吸入和排出气体，把气体从低压压缩至高压，使整个生产工艺得以周而复始地进行，因此压缩机又有生产装置的“心脏”之称。

第一节　压缩机类型选择

一、压缩机的用途

压缩机在工业生产中应用极广，特别是在石油、化工生产中，压缩机更是必不可少的关键设备。

气体通过压缩机提高压力后有多种用途。

(1) 压缩气体作为动力

空气经过压缩后可以作为动力用，以驱动各种风动机械与工具，以及控制仪表与自动化装置等。

(2) 压缩气体用于制冷和气体分离

气体经压缩、冷却、膨胀而液化，用于人工制冷，这类压缩机通常称为制冰机或冰机。当液化气体为混合气时，可在分离装置中将各组分分离出来，得到合格纯度的各种气体。如石油裂解气的分离，先是经压缩，然后在不同的温度下将各组分分离出来。

(3) 压缩气体用于合成及聚合

在化学工业中，某些气体经压缩机提高压力后有利于合成及聚合。如氮与氢合成氨，氢与二氧化碳合成甲醇，二氧化碳与氨合成尿素，高压下生产聚乙烯等。

（4）气体输送

压缩机还用于气体的管道输送和装瓶等。如远程煤气和天然气的输送，氧气、氯气和二氧化碳的装瓶等。

二、压缩机的分类

压缩机的种类很多，按其工作原理，可分为容积型和速度型两大类。

（1）容积型压缩机

在容积型压缩机中，一定容积的气体先被吸入到气缸里，在气缸中其容积被强制缩小，气体分子彼此接近，单位体积内气体的密度增加，压力升高，当达到一定压力时气体便被强制从气缸中排出。可见，容积型压缩机的吸排气过程是间歇进行的，其流动并非连续稳定的。

容积型压缩机按其压缩部件的运动特点可分为两种形式：往复式和回转式。而回转式又可分为单转子式（转子式、滑片式、单螺杆式）、双转子式（螺杆式，又称双螺杆式）、旋摆式等。

（2）速度型压缩机

在速度型压缩机中，气体压力的增长是由气体的速度转化而来的，即先使吸入的气流获得一定的高速度，然后再使之缓慢下来，让其动量转化为气体的压力升高，而后排出。可见，速度型压缩机中的压缩流程可以连续进行，其流动是稳定的。图 7-1 所示为常见压缩机分类及其结构示意。

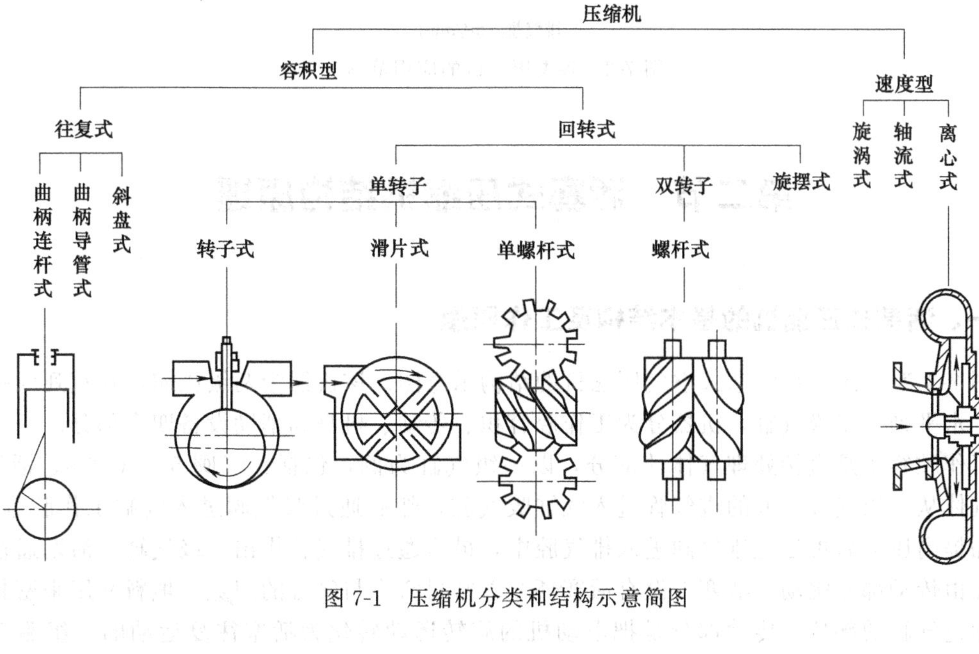

图 7-1 压缩机分类和结构示意简图

三、压缩机的应用范围

图 7-2 所示为各类压缩机的应用范围，供初步选型时参考。从图中看出，活塞式压缩机

适用于中小输气量，排气压力可以由低压至超高压；离心式压缩机和轴流式压缩机适用于大输气量、中低压的情况；回转式压缩机适用于中小输气量、中低压的情况，其中螺杆式压缩机输气量较大。

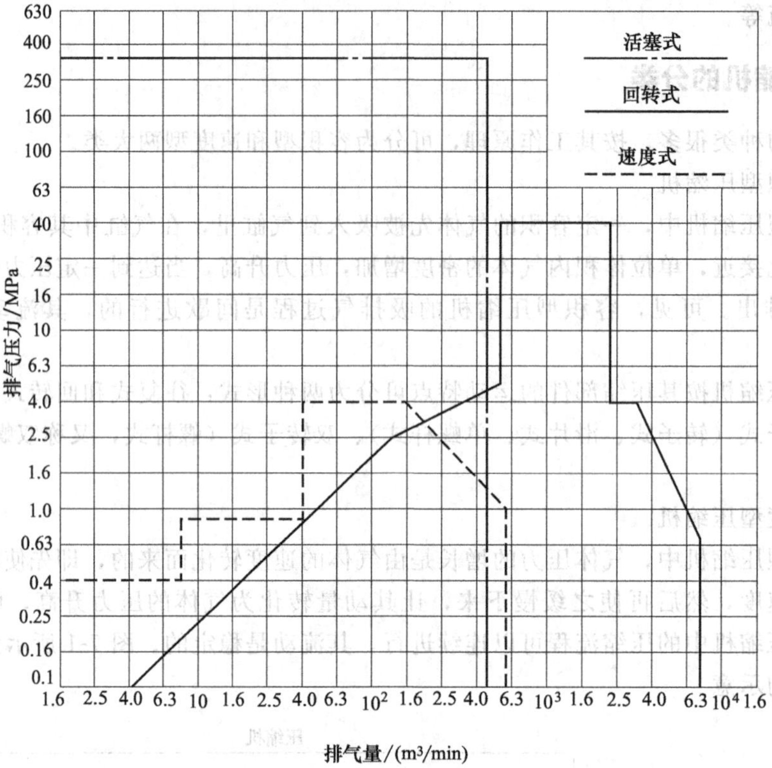

图 7-2 各类压缩机的应用范围

第二节 活塞式压缩机结构原理

一、活塞式压缩机的基本结构及工作原理

图 7-3 为一台 L 型活塞式空气压缩机的结构示意图。该机器为两级压缩，垂直列为一级气缸，水平列为二级气缸，机器分为工作腔容积、传动、机身和辅助设备四个部分。

工作腔容积是直接处理气体的部分，以一级气缸为例，包括：气阀 5、气缸 6、活塞 7 等。气体从一级气缸上方的进气管进入气缸吸气腔，然后通过吸气阀进入气缸工作腔容积，经压缩提高压力后再通过排气阀进入排气腔中，最后通过排气管排出一级气缸。活塞通过活塞杆 4 由传动部分驱动，活塞上设有活塞环 8 以密封活塞与气缸的间隙，填料 9 用来密封活塞杆通过气缸的部位。传动部分是把电动机的旋转运动转化为活塞往复运动的一组驱动机构，包括连杆 1、曲轴 2 和十字头 10 等。曲柄销与连杆大头相连，连杆小头通过十字头销与十字头相连，最后由十字头与活塞杆相连接。机身用来支承（或连接）气缸与传动部分的零部件，此外还能安装其他辅助设备。辅助设备指除上述主要的零部件外，为使机器正常工作而设的相应设备，如油泵和注油器（向运动机构和气缸的摩擦部位提供润滑油）、中间冷却系统、调节系统（当需求气量小于压缩机正常供给气量时，用于降低供给气量）等。此外，在气体管路系统中还有安全阀、滤清器、缓冲容器等。

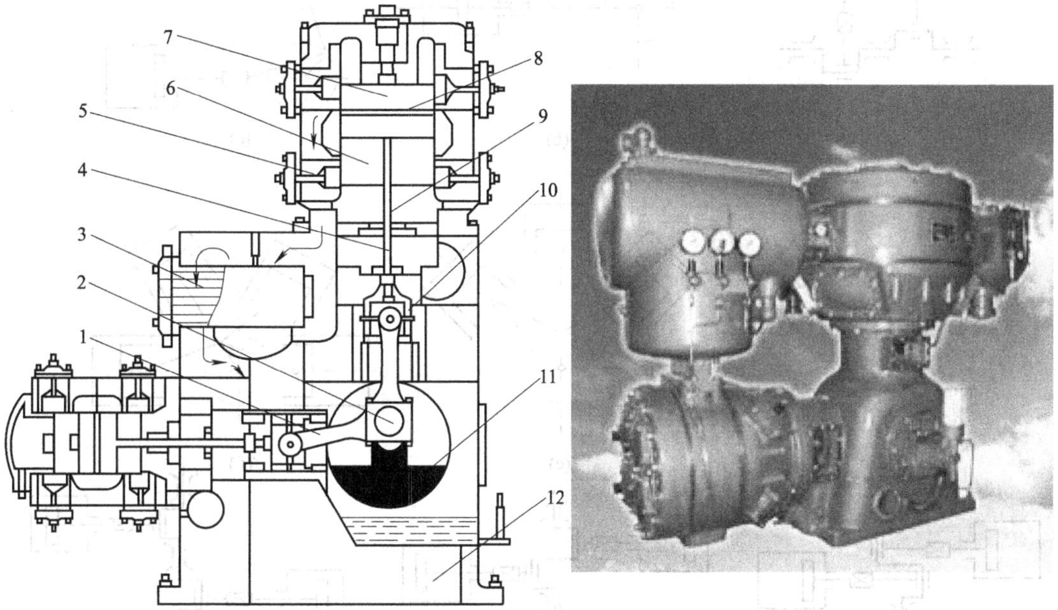

图 7-3 L 形空气压缩机

1—连杆；2—曲轴；3—中间冷却器；4—活塞杆；5—气阀；6—气缸；7—活塞；8—活塞环；9—填料；10—十字头；11—平衡重；12—机身

二、活塞式压缩机的分类

活塞式压缩机分类方法很多，名称也各不相同，通常有如下几种分类方法。

(1) 按气缸中心线位置分类

① 立式压缩机 气缸中心线与地面垂直，如图 7-4 (a) 所示。

② 卧式压缩机 气缸中心线与地面平行，且气缸只布置在机身一侧，如图 7-4 (b) 所示。

③ 对置式压缩机 气缸中心线与地面平行，且气缸布置在机身两侧，如图 7-4 (g) ~ (i) 所示。

④ 角度式压缩机 气缸中心线互成一定角度，按气缸排列所呈的形状，又分为 L 形 [图 7-4 (c)]、V 形 [图 7-4 (d)]、W 形 [图 7-4 (e)]、S 形、[图 7-4 (f)] 等。

(2) 按活塞在气缸内所实现的气体循环分类

① 单作用压缩机 气缸内仅一端进行压缩循环，如图 7-5 (a) 所示。

② 双作用压缩机 气缸内两端都进行同一级次的压缩循环，如图 7-5 (b) 所示。

③ 级差式压缩机 气缸内一端或两端进行两个或两个以上的不同级次的压缩循环，如图 7-5 (c)、(d) 所示。

(3) 按气缸的排列方法分类

① 串联式压缩机 几个气缸依次排列于同一根轴上的多段压缩机，又称单列压缩机。

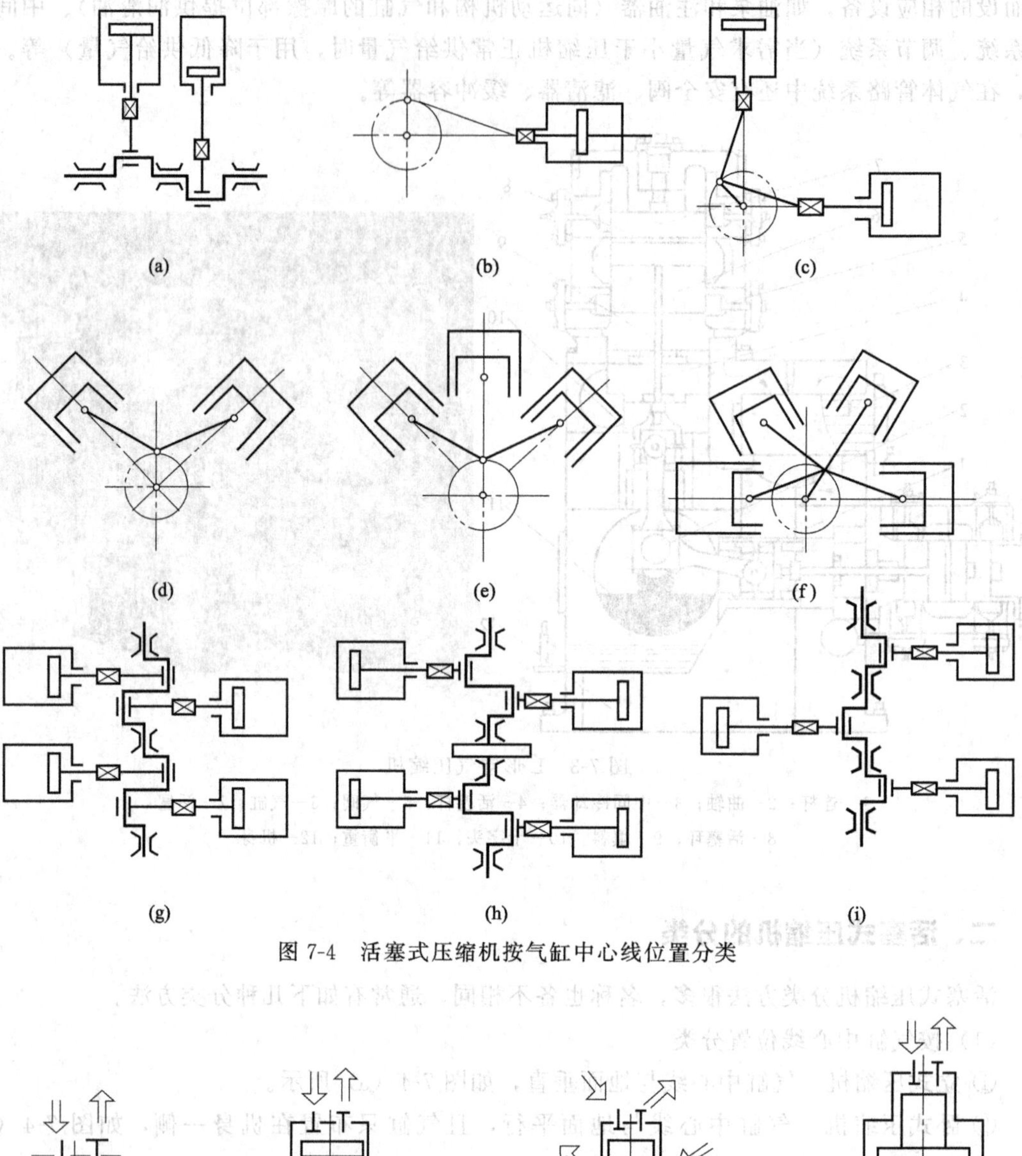

图 7-4 活塞式压缩机按气缸中心线位置分类

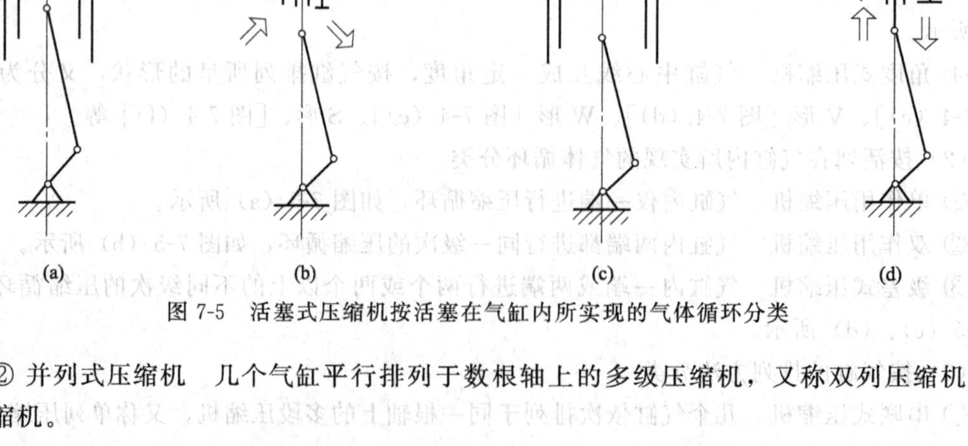

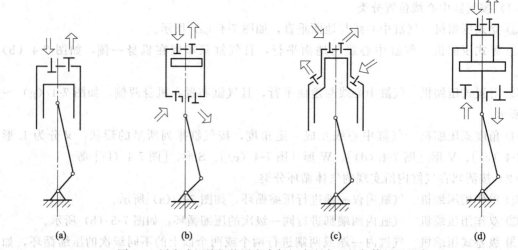

图 7-5 活塞式压缩机按活塞在气缸内所实现的气体循环分类

② 并列式压缩机 几个气缸平行排列于数根轴上的多级压缩机，又称双列压缩机或多列压缩机。

③ 复式压缩机　由串联和并联式共同组成多段压缩机。

④ 对称平衡式压缩机　气缸横卧排列在曲轴轴颈互成180°的曲轴两侧，布置成H形，惯性力基本能平衡。

(4) 按压缩机的排气终了压力分类

① 低压压缩机　排气终了压力为0.2～1.0MPa表压。

② 中压压缩机　排气终了压力为1.0～10MPa表压。

③ 高压压缩机　排气终了压力为10～100MPa表压。

④ 超高压压缩机　排气终了压力在100MPa表压以上。

(5) 按压缩机排气量的大小分类

① 微型压缩机　排气量在1m^3/min以下。

② 小型压缩机　排气量为1～10m^3/min。

③ 中型压缩机　排气量为1～100m^3/min。

④ 大型压缩机　排气量在100m^3/min以上。

(6) 按压缩机的转速分类

① 低转速压缩机　转速在200r/min以下。

② 中转速压缩机　转速为200～450r/min。

③ 高转速压缩机　转速为450～1000r/min。

此外，压缩机还有固定式和移动式、十字头和无十字头之分。

三、活塞式压缩机的特点

活塞式压缩机是一种容积式压缩机，与其他类型压缩机相比具有以下一系列的特点。

(1) 优点

① 因为有气阀的控制，所以排气压力稳定。它能够达到的压力范围非常广，单级压缩机的终压为0.3～0.5MPa，而多级压缩机的终压目前已达到350MPa以上。

② 机器的效率较高。

③ 排气量范围广，小型活塞式压缩机每分钟的排气量只有几升，而大型活塞式压缩机的排气量可达500m^3/min。

④ 绝热效率较高，一般大、中型机组绝热效率可达0.7左右。

⑤ 气量调节时，排气量几乎不受排气压力变动的影响。

⑥ 气体的重度和特性对压缩机的工作性能影响不大，同一台压缩机可以用于不同的气体。

⑦ 在一般压力范围内，对材料的要求低，多采用普通的钢铁材料。

⑧ 驱动机比较简单，大都采用电动机，一般不调速。

(2) 缺点

① 结构复杂，机器体积大而笨重，易损件多，占地面积大，投资较高，维修工作量大，使用周期较短，但经过努力可以达到8000h以上。

② 转速不高，单机排气量一般小于500m^3/min。

③ 动平衡性差，机器运转中有振动。

④ 排气不均匀，气流有脉动，容易引起管道振动。

⑤ 流量调节简单、方便、可靠，但功率损失大，在部分载荷操作时效率降低。

⑥ 用油润滑的压缩机，气体中带油需要排除。

⑦ 大型工厂采用多台压缩机时，操作人员多。

四、压缩机的级、段、列

1. 级、段、列的概念

(1) 级

气体通过工作腔或叶轮压缩的次数称为级数。压缩机按级数可分为：单级压缩机、两级压缩机、多级压缩机。

(2) 段

在容积式压缩机中，每经过一次工作腔压缩后，气体便进入冷却器中进行一次冷却；而在离心式压缩机中，往往经过两次或两次以上叶轮压缩后，才进入冷却器进行冷却，把每进行一次冷却的数个压缩级合称为一个段。

(3) 列

一个连杆的中心线对应的活塞组即为一列。压缩机按列数的多少可分为单列和多列压缩机。工业生产中，除微型压缩机采用单列外，其余都用多列压缩机。

2. 级在列中的排列

(1) 多列压缩机的特点

多列压缩机的优点如下：

① 通过合理布置曲柄错角，使切向力曲线均匀，因此可减小飞轮质量，同时可使各列最大惯性力互相错开和抵消，因而惯性力平衡性好，转速可提高，基础减小；

② 功率相同的压缩机，列数增多，每列承受的气体压力减小，每列运动机构较小，机器较轻；

③ 每列串联气缸数少，气缸和活塞的拆装方便。

多列压缩机的缺点是：传动机构零件多，发生故障的可能性增大；填料函增多，泄漏机会增加；曲拐数增多，长度增加，刚性下降，加工困难。

(2) 列的选择

选择压缩机列数的原则，主要决定于排气量、排气压力、机器型式和级数、运转维修和加工生产条件等。

立式压缩机可制成单列或多列，卧式压缩机可制成单列或双列，对置式压缩机可制成多列，V型压缩机制成两列（单重V型）或四列（双重V型），W型压缩机制成三列（单重W型）或六列（双重W型），L型压缩机制成两列，双L型压缩机制成四列。

对小排气量而级数又少的压缩机，选两、三列即可满足要求。排气量大而级数又多的压缩机采用级差式气缸和活塞时，列数可相应减少。

(3) 级在列中的排列原则

① 力求各列内、外止点的活塞力相等，使运动机构的质量较小、惯性力较小、机械效率较高。

② 力求减少气体泄漏。如填料尽量设置在压差较小的气缸上以及使密封周长减小。

③ 应使级间设备和管道得到较有利的布置，以降低流体阻力损失和减小气流脉动。

④ 力求制造、安装、维修操作方便。

(4) 级的配置形式

级的配置形式大致有两种：一种是每列配置一级，除小型压缩机采用单作用式外，一般都采用活塞力均衡性较好的双作用式；另一种为每列配置两个以上的级。

图 7-6 所示为十字头压缩机两级级差式配置方案：

① 方案一：第Ⅰ级为双作用，第Ⅱ级为单作用；第Ⅰ级气缸利用充分、直径较小，但活塞力不均匀，用于低压级［图 7-6（a)］。

② 方案二：中间设有平衡容积，使第Ⅰ级气缸直径增大，但活塞力均匀，用于较高级［图 7-6（b)］。

③ 方案三：两个双作用级串在一起，用于大型立式中低压级［图 7-6（c)］。

三级级差式活塞可配置成如图 7-7 所示形式。通常一列中最多配置三级。

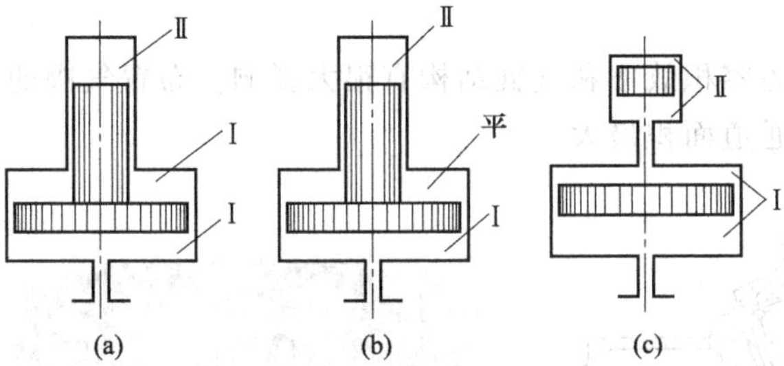

图 7-6　十字头压缩机的两级级差式活塞

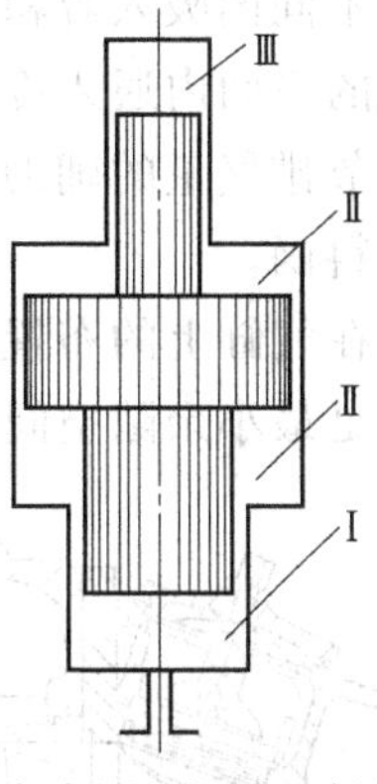

图 7-7　十字头压缩机的三级级差式活塞

第三节　活塞式压缩机零部件选用

一、气缸组件

气缸是构成压缩容积实现气体压缩的主要部件，是压缩机主要零部件中最复杂的一个，因此气缸应满足以下要求：

① 有足够的刚度和强度。

② 工作表面有良好的耐磨性。

③ 在有油润滑的气缸中，工作表面处于良好的润滑状态。

④ 尽可能减小气缸内的余隙容积和阻力。

⑤ 有良好的冷却。

⑥ 接合部分的连接和密封可靠。

⑦ 有良好的制造工艺性，装拆方便。

⑧ 气缸直径和气阀安装孔等尺寸符合标准化、通用化、系列化的要求。

1. 气缸的基本结构形式

气缸的结构主要取决于气体的工作压力、排气量、材料、冷却方式以及制造厂的技术条件等。气缸形式很多，按冷却方式分为风冷式和水冷式；按缸内压缩气体的作用方式分为单作用式、双作用式和级差式；按气缸所用材料分为铸铁制的、稀土球墨铸铁制的、钢制的等。

(1) 铸铁气缸

气缸因工作压力不同而选用不同强度的材料。一般工作压力低于 6.0MPa 的气缸用铸铁制造；工作压力低于 20MPa 的气缸用铸钢或稀土球墨铸铁制造；工作压力更高的气缸则用碳钢或合金钢制造。

如图 7-8 所示为 4M12-45/210 二氧化碳压缩机的一级气缸，该气缸为水冷双作用组合铸铁气缸。组合结构由环形缸体、锥形前缸盖、锥形后缸盖及气缸套四部分组成。因为这种结构的缸体和缸盖是分段的，所以铸铁应力降低，铸造和机加工都比较方便，但密封比较困难，且气缸的同轴度较差。气缸盖与缸体用长螺栓连接在一起，接合处加有衬垫以防漏气。镶入的缸套可用质量高、耐磨性好的铸铁制造，以延长寿命，并可通过更换不同内径的缸套，得到不同的吸入容积，因而更能满足气缸系列化的要求。为了冷却气缸壁，往缸套与外层壁构成的空间内通入冷却水，称为水套。进、排气阀配置在前、后缸盖上。在左侧前缸盖上设有调节排气量的辅助余隙容积即补助容积，在右侧的后缸盖上因有活塞杆通过，故设有密封用填料函。

气阀在气缸上的布置方式对压缩机的容积效率和气缸结构有很大影响。布置气阀的要求是，在满足最小余隙空间的条件下，使通道面积最大。

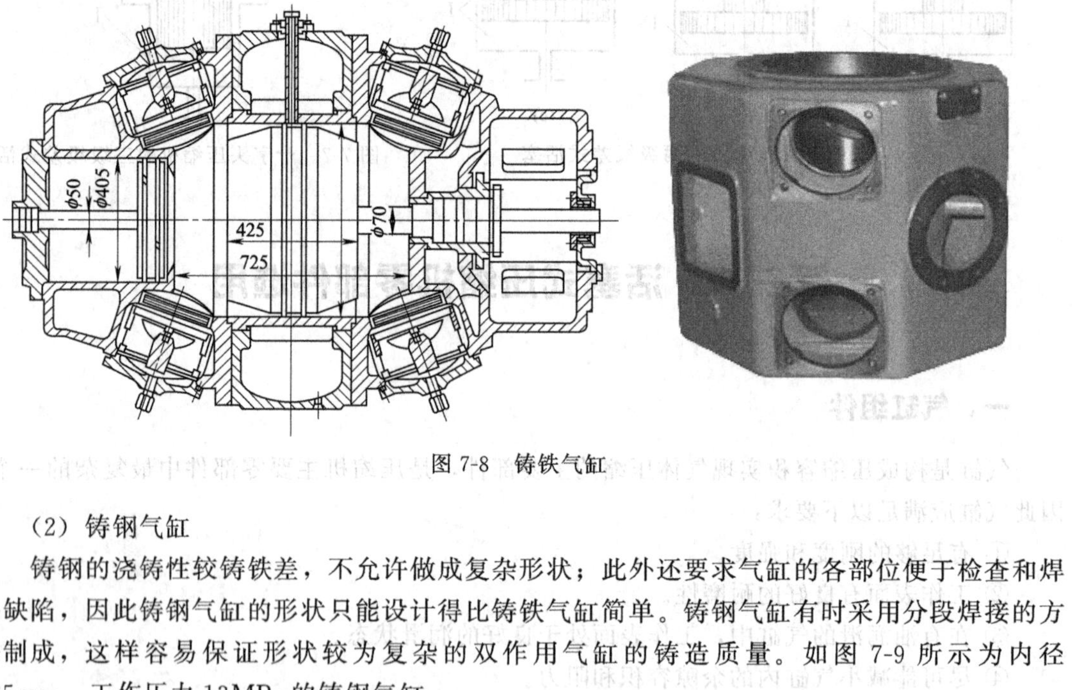

图 7-8 铸铁气缸

(2) 铸钢气缸

铸钢的浇铸性较铸铁差，不允许做成复杂形状；此外还要求气缸的各部位便于检查和焊补缺陷，因此铸钢气缸的形状只能设计得比铸铁气缸简单。铸钢气缸有时采用分段焊接的方法制成，这样容易保证形状较为复杂的双作用气缸的铸造质量。如图 7-9 所示为内径 185mm、工作压力 13MPa 的铸钢气缸。

(3) 锻制气缸

锻制气缸因不可能锻制出缸体所需的一切通道，有些通道只能依靠机械加工来获得，故缸体结构比较简单。如图 7-10 所示为内径 80mm、工作压力 32MPa 的整体锻制气缸。

2. 气缸套

采用气缸套的原因如下：

① 高压级的锻钢或铸钢气缸，由于钢的耐磨性较差，易产生活塞环咬死的现象，因此镶入摩擦性能好的铸铁缸套。

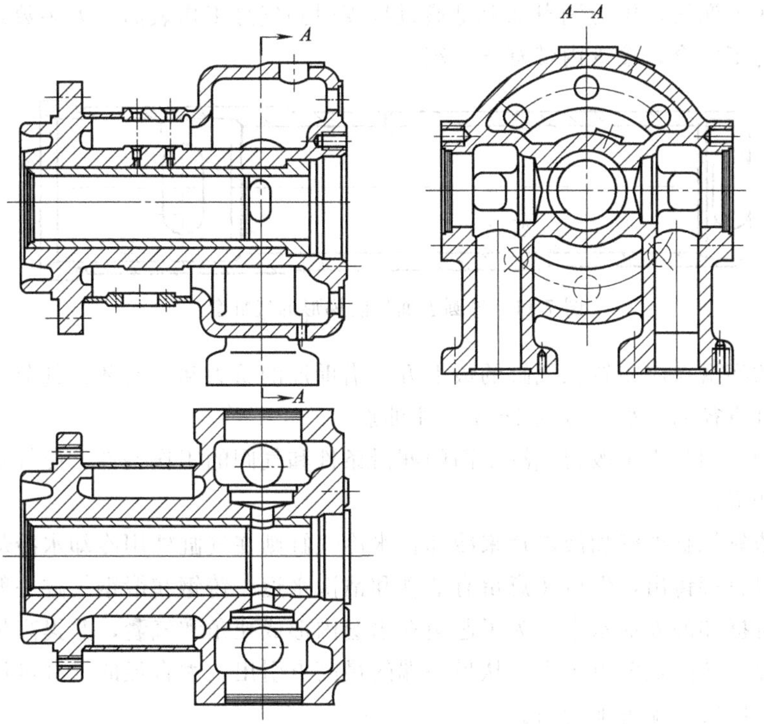

图 7-9 单作用铸钢气缸

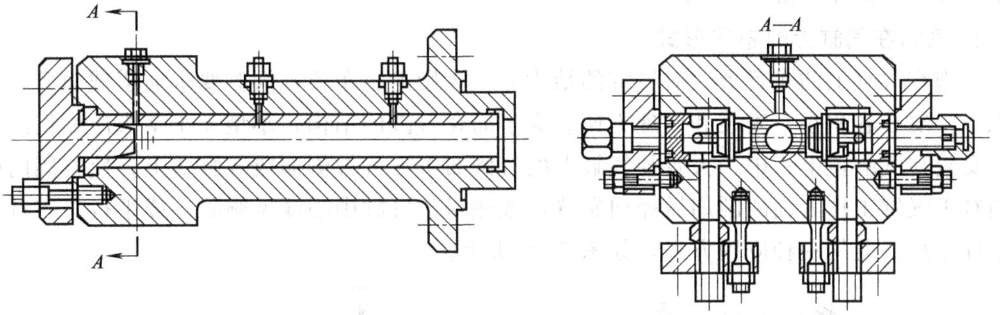

图 7-10 锻制气缸

② 高速或高压气缸以及压缩较脏气体的气缸，其磨损相当强烈，工作一段时间后，气缸便要修理，修理时，可重新镗缸壁，然后压入一个缸套。

③ 便于实现气缸尺寸系列化。

气缸套有干式和湿式两种。所谓湿式气缸套，是指气缸套外表面直接与冷却水接触，一般用于低压级。采用湿式缸套，不仅有利于传热和便于气缸铸造，而且有利于气缸系列化。所谓干式缸套，是指气缸套外表面不与冷却水接触，它不过是气缸内表面附加的一个衬套而已。干式缸套与缸体的配合要求较高，除压缩脏的气体或腐蚀性强的气体采用以外，一般低压级气缸不采用，但在高压级钢质气缸中，均采用干式气缸套。

干式缸套应与缸体贴合为一体，一般采用过盈配合。为了安装时压入方便，将气缸套外侧及气缸内表面做成对应的阶梯形式，可分为两段或三段，如图 7-11 所示。

3. 气缸的润滑与冷却

气缸润滑的目的是为了改善活塞环的密封性能，减少摩擦功和磨损，并带走摩擦热。气缸一般都采用压力润滑，压力润滑油总是通过接管引到气缸工作表面。大多数是将接管直接拧在气缸上，为了安全，接管内带有止回阀。

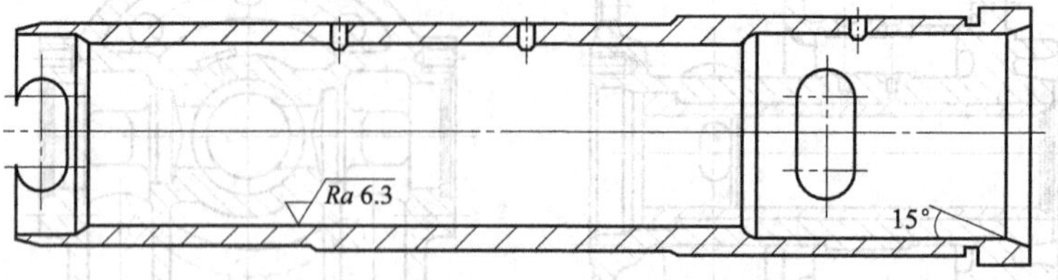

图 7-11 外圆表面呈阶梯形的气缸套

卧式气缸的润滑点应布置在气缸的最上方，借助油的重力和活塞环将其分布到整个工作表面。根据气缸直径的大小，可选 1～4 个注油点。

冷却气缸的目的是为了改善气缸壁面的润滑条件和气阀的工作条件，使气缸壁面温度均匀，减小气缸变形。

风冷气缸依靠气缸外壁加散热片来冷却，水冷气缸则在气缸外用冷却水冷却。铸铁气缸的冷却水套可以直接铸出，但应注意留有清砂和清洗水道。铸钢和锻钢气缸一般用钢板焊在气缸外或做成可拆卸的外加水套。为了避免在水套内形成死角和气囊，并提高传热效率，冷却水最好从水套一端的最低点进入，从另一端的最高点引出。大直径的气缸可设两个进水口和两个出水口，以便冷却更加均匀。

冷却水如果是硬水，则水温最好不超过 313K，否则在水套壁面易沉淀水垢，降低传热效果。冷却水流速一般取 1～1.5m/s。

4. 气阀在气缸上的布置形式

气阀在气缸上的布置形式对气缸的结构有很大影响，布置气阀时要求通道截面大，余隙容积小，安装容积小，安装和修理方便。为了简化气缸的结构，小型无十字头压缩机的气阀可以安装在气缸盖上；中、大直径气缸上的气阀布置在气缸侧面或气缸盖上，使气阀的中心线相对于气缸工作表面的圆周做径向布置，或相对于气缸中心线做倾斜（或平行）布置。径向布置是最普遍的一种应用方式，如图 7-12 所示。

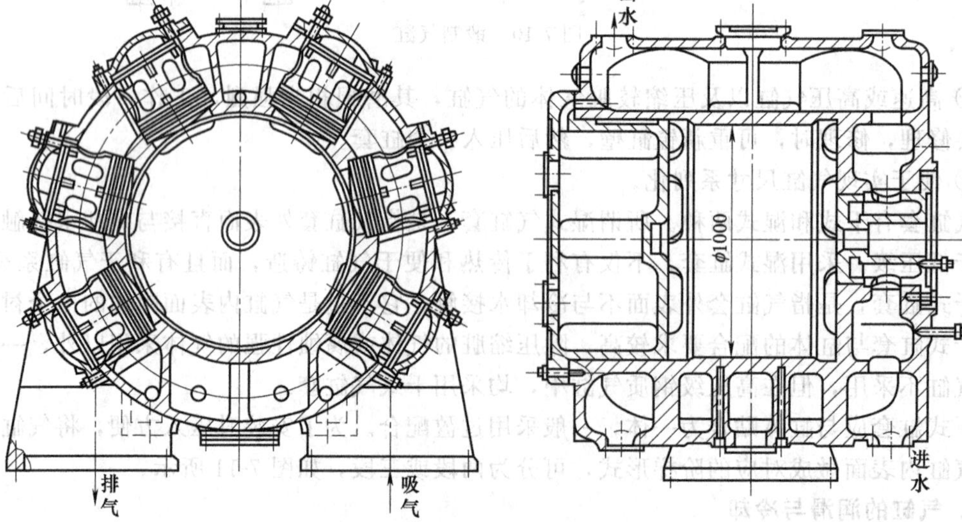

图 7-12 气阀在气缸上做径向布置

5. **气缸的密封与连接**

气缸与端盖、气缸与机身以及气缸与气阀之间都必须密封。一般采用软垫片、金属垫片、研磨等方法密封。

工作压力低于 4.0MPa 的气缸，通常采用软垫片密封。常用的软垫片材料为橡胶和石棉板，也可采用金属石棉垫片。常用的密封接口形式如图 7-13 所示，密封面的表面粗糙度 $Ra=3.2\sim6.3\mu m$。

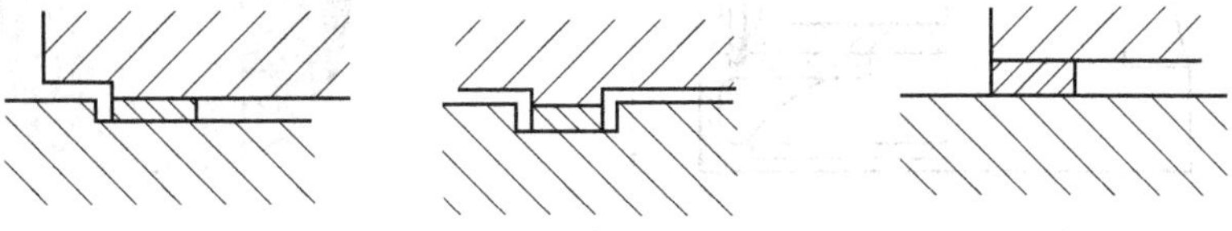

图 7-13 软垫片的密封接口形式

工作压力较高或密封周长较短的气缸，采用金属垫片密封。常用的金属垫片材料为铜、铝、不锈钢等。金属垫片对应的密封接口形式如图 7-14 所示。

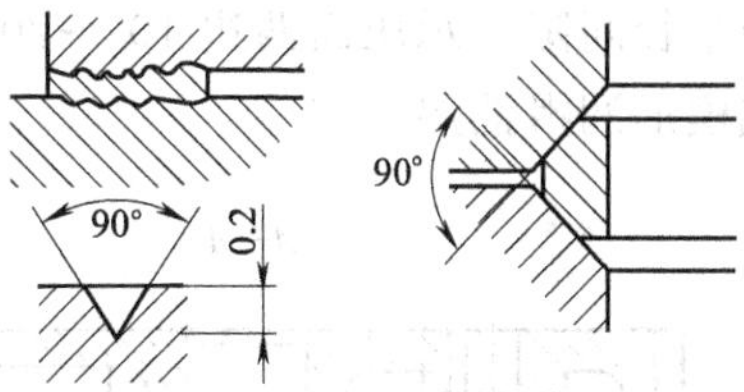

图 7-14 金属垫片的密封接口形式

二、活塞组件

在压缩机中，一般将活塞、活塞杆和活塞环称为活塞组件，它是压缩机的重要部件之一。活塞组件的结构取决于压缩机的排气量、排气压力、压缩气体的性能及气缸的结构。

1. **活塞**

活塞与气缸构成了压缩容积，在气缸中作往复运动，起到压缩气体的作用。对活塞的基本要求是：活塞必须具有良好的密封性；具有足够的强度、刚度和表面硬度；质量要小；具有良好的制造工艺性等。

(1) 活塞的基本结构形式

往复式压缩机中，活塞的基本结构有筒形、盘形、级差式等。

① 筒形活塞用于无十字头的单作用压缩机中，如图 7-15 所示。它通过活塞销与连杆小头连接，压缩机工作时，筒形活塞除起压缩作用外，还起十字头的导向作用。筒形活塞分为裙部和环部，工作时，裙部承受侧向力；环部装有活塞环和刮油环，活塞环一般装在靠近压缩容积一侧起密封作用，刮油环靠近曲轴箱一侧起刮油、布油作用。

筒形活塞一般采用铸铁或铸铝制造，主要用于低压、中压气缸，多用于小型空气压缩机或制冷机。

② 盘形活塞如图 7-16 所示。盘形活塞一般都做成空心以减轻质量。为增加其刚度和减小壁厚，其内部空间均带有加强筋。加强筋的数目由活塞的直径而定，一般为 3～8 条。为避免铸造应力和缩孔，以及防止工作中因受热而造成的不规则变形，铸铁活塞的加强筋只能与上、下端面相连。

为了支承型芯和清除活塞内部空间的型砂，在活塞端面每两筋之间开有清砂孔，清砂后用螺栓堵死。直径较大的活塞常采用焊接结构。

除立式压缩机外，其余各种压缩机的盘形活塞大多支承在气缸工作表面上，直径较大的活塞在外圆面专门以耐磨材料制成承压面，为了避免活塞因热膨胀而卡住，承压表面在圆周

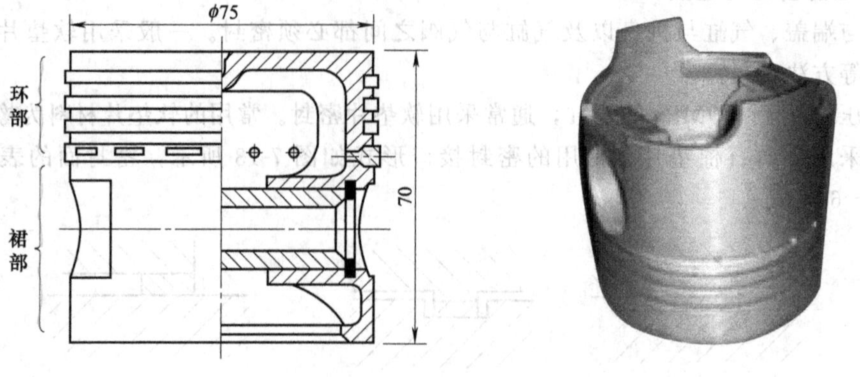

图 7-15 筒形活塞

上只占 90°～120°的范围，并将这部分按气缸尺寸加工，活塞的其余部分与气缸有 1～2mm 的半径间隙。承压面两边 10°～20°的部分略锉去一点，而前后两端做成 2°～3°的斜角，以形成楔形润滑油层。

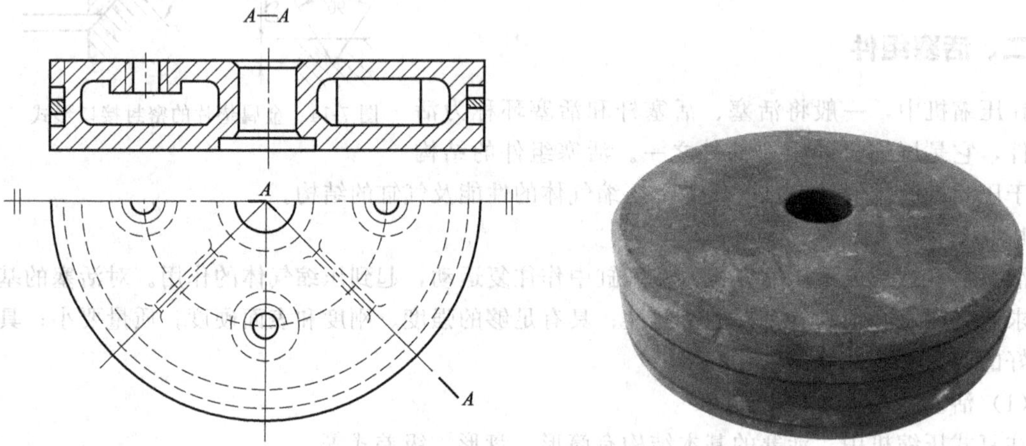

图 7-16 铸铁盘形活塞

③ 级差式活塞用于串联两个以上压缩机级的级差式气缸中。如图 7-17 所示为大型氮氢混合气压缩机的级差活塞，低压级为铸铁活塞。

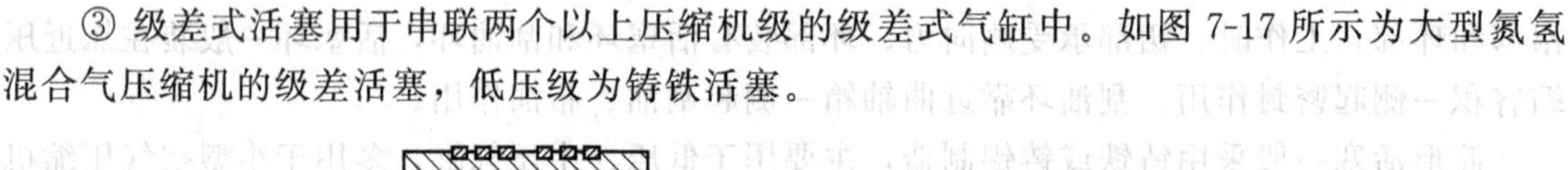

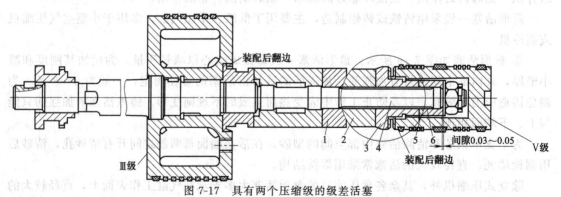

图 7-17 具有两个压缩级的级差活塞

1,6—球面座零件；2,5—球面零件；3,4—连接零件级差式活塞大多制成滑动式。为了易于磨合和减小气缸镜面的磨损，一般都在活塞的支承面上铸有轴承合金。为使距曲轴较远的活塞能够沿气缸表面自动定位，末级活塞与前一级活塞可采用滑动连接。在串联三级以上的级差式活塞中，采用球形关节连接，末级活塞相对于前一级活塞既能作径向移动，又能转动。高压活塞有可能发生弯曲，为了避免活塞与气缸摩擦，高压级活塞的直径应比气缸直径小 0.8～1.2mm。

（2）活塞材料

活塞常用材料见表 7-1。

表 7-1　活塞常用材料

活塞结构形式		材料						
筒形活塞		ZL7	ZL8	ZL10	HT200	HT250	HT300	
盘形活塞	铸造	ZL7	ZL8	ZL10	ZL15	HT200	HT250	HT300
	焊接	20 钢	16Mn	Q235				
级差活塞	低压部分	HT200	HT250	HT300 或 20 钢	16Mn	Q235 焊接结构		
	高压部分	ZG25 或锻钢						
柱塞		35CrMoAlA、38CrMoAlA，均渗碳						

2. 活塞杆

活塞杆是用来连接活塞与十字头的，用来传递活塞力，一般分为贯穿活塞杆与不贯穿活塞杆两种。活塞杆与活塞的连接，通常采用圆柱凸肩连接和锥面连接两种形式。如图 7-18 所示为活塞杆与活塞为凸肩连接的结构，整个活塞力的传递分别由活塞杆上的凸肩和螺母来承担，所以要求连接可靠。活塞凹槽与活塞杆凸肩的支承面需研磨，以增大有效接触面和改善密封性能。

为了防止活塞发生松动，活塞与活塞杆的连接螺母必须有防松措施。防松方法有加开口销或加制动垫圈，以及螺母凸缘翻边等。同时在另一端用键或销钉将活塞周向固定，否则活塞与活塞杆要发生相对转动。锥面连接如图 7-19 所示，其优点是装拆方便，活塞与活塞杆不需要定位销，但锥面的加工复杂，且难以保证锥面间密切贴合，也难以保证活塞与活塞杆的垂直度，故这种方法很少使用。

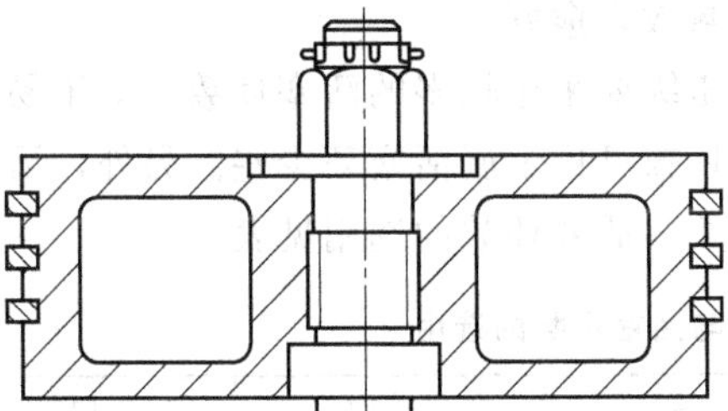

图 7-18　活塞与活塞杆凸肩连接

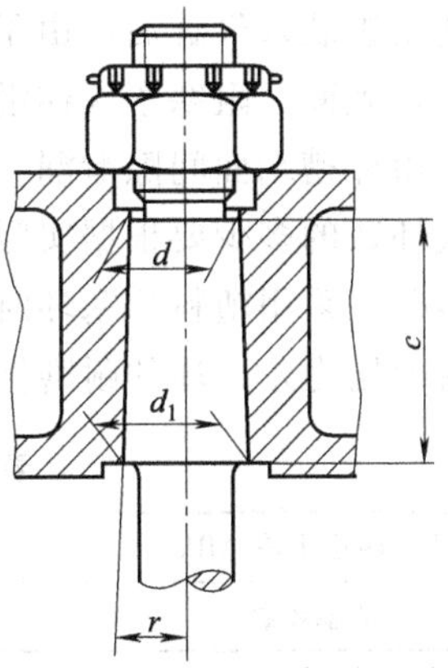

图 7-19　活塞与活塞杆锥面连接

3. 活塞环

活塞环分气环和油环两种，如图 7-20 所示。气环的作用是保持活塞与气缸壁的气密性。油环的作用是刮去附着于气缸内壁上多余的润滑油，并使缸壁上油膜分布均匀。

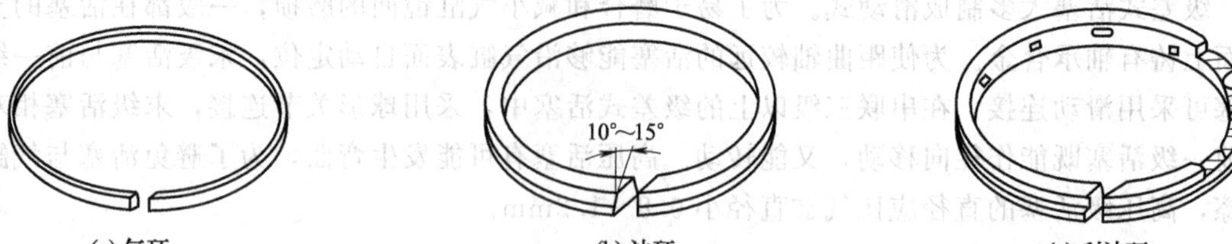

图 7-20　活塞环的结构形式

活塞环都采用开有切口的弹力环结构形式。这种开口环，在自由状态下，具有比缸径大的直径和较大的切口开度；装入气缸后，切口处仅留下供活塞环受热膨胀之用的工作间隙（称为热间隙）。活塞口的切口分三种形状：直口、斜口、搭口，如图 7-21 所示。其中直口密封效果最差，搭口密封效果最好，斜口居中。但直口制造最方便，搭口制造最麻烦，一般高速短行程采用直口环，而低速长行程采用斜口环或搭口环。同一活塞上安装几个活塞环时，应使切口相互错开，以减少泄漏。

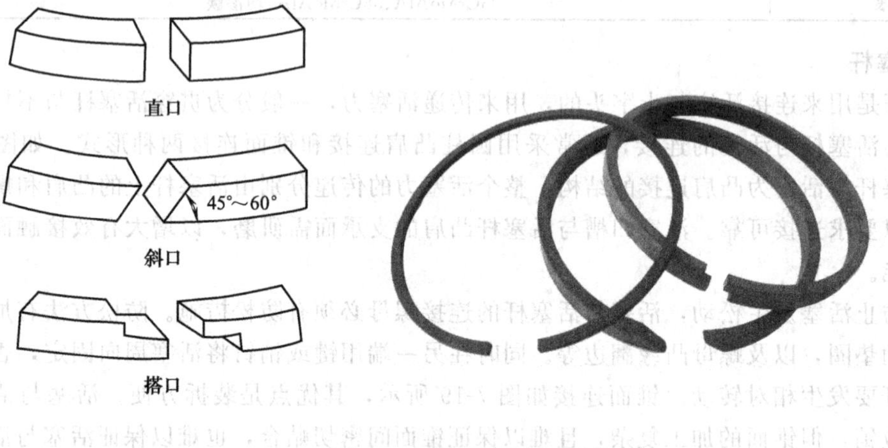

图 7-21　活塞环的切口形状

活塞组装入气缸后，由于气环的弹性作用和气环内表面上的气体压力作用，使气环压向气缸工作表面，阻塞了气体沿气缸壁泄漏。同时，高压气体使气环紧压在活塞环槽端面，阻止气体由环槽端面间隙泄漏。气体压力愈大，密封效果愈好。

气环数的多少要根据实际情况而定，一般高压级要采用较多的活塞环数，对于易漏气体也可多些；采用塑料活塞环时，因密封性能好，环数可比金属活塞环少些。另外，活塞环与所密封的压力差、环的耐磨性、切口形式等也有关。活塞环数的选用见表 7-2。

表 7-2　活塞两边的压差与活塞环数的选用

活塞两边压差/MPa	0.5	0.5～3	3～12	12～24
活塞环数	2～3	3～5	5～10	12～20

由于活塞组在气缸内高速往复运动，因此不断将曲轴箱飞溅起来的润滑油带入气缸内壁或气缸工作容积中，若不及时刮去，许多润滑油就会随介质流入其他系统，这样不仅污染了介质，还造成大量润滑油的浪费。油环的刮油和布油作用较好地解决了上述问题，如图 7-22所示。为了改善刮油效果，油环本身应开设足够的泄油孔或油槽。

三、气阀

气阀是活塞式压缩机的主要部件之一，其作用是控制气体吸入和排出气缸。目前，活塞式压缩机上的气阀一般为自动阀，即气阀不是用强制机构，而是依靠阀片两侧的压力差来实现启闭的。

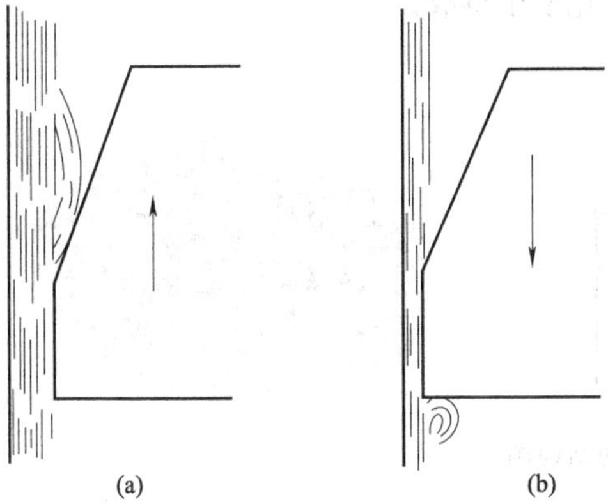

图 7-22　布油及刮油作用

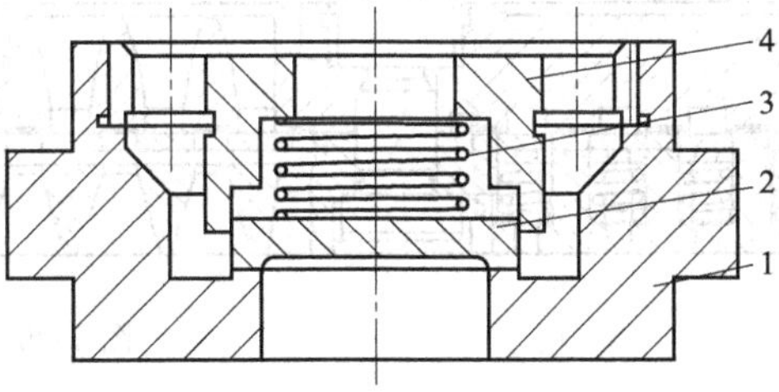

图 7-23　自动阀的组成

1—阀座；2—阀片；3—弹簧；4—升程限制器

1. 气阀的结构

气阀的组成包括阀座、阀片（或阀芯）、弹簧、升程限制器等，如图 7-23 所示。

气阀未开启时，阀片在弹簧力作用下紧贴在阀座上，当阀片两侧的压力差（对进气阀而言，进气管中的压力大于气缸中的压力；对排气阀而言，气缸中的压力大于排气管中的压力）足以克服弹簧力与阀片等运动质量的惯性力时，阀片便开启。当阀片两侧压力差消失时，在弹簧力的作用下，阀片关闭。

气阀的形式很多，按气阀阀片结构的不同可分为环阀（环状阀、网状阀）、孔阀（碟状阀、杯状阀、菌形阀）、条状阀（槽形阀、自弹条状阀）等。其中以环状阀应用最广，网状阀次之。

（1）环状阀

如图 7-24 所示为环状阀的结构，它由阀座 1、连接螺栓 2、阀片 3、弹簧 4、升程限制器 5、螺母 6 等零件组成。阀座呈圆盘形，上面有几个同心的环状通道，供气体通过，各环之间用筋连接。

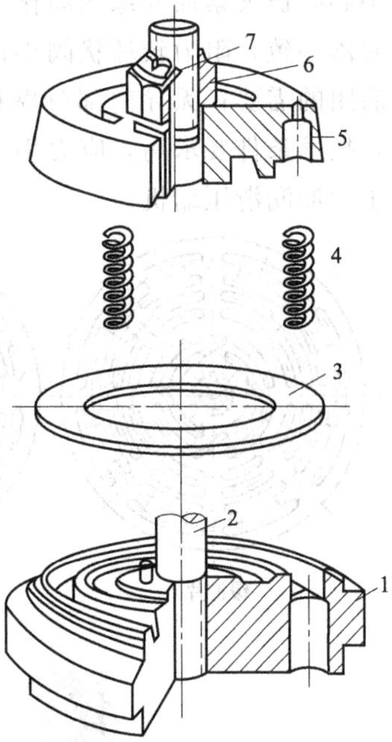

图 7-24　环状阀的结构

1—阀座；2—连接螺栓；3—阀片；4—弹簧；5—升程限制器；6—螺母；7—开口销

当气阀关闭时，阀片紧贴在阀座凸起的密封面上，将阀座上的气流通道盖住，截断气流通路。

升程限制器的结构和阀座相似，但其气体通道和阀座通道是错开的，它控制阀片升起的高度，成为气阀弹簧的支承座。在升程限制器的弹簧座处，常钻有小孔，用于排除可能积聚的润滑油，防止阀片被粘在升程限制器上。

阀片呈环状，一般取 1～5 环片，有时多达 8～10 环片。环片数目取决于压缩气体的排气量。

弹簧的作用是产生预紧力，使阀片在气缸和气体管道中没有压力差时不能开启。在吸气、排气结束时，借助弹簧的作用力能自动关闭。

气阀依靠螺栓将各个零件连在一起，连接螺栓的螺母总是在气缸外侧，这是为了防止螺母脱落进入气缸。吸气阀的螺母在阀座的一侧，排气阀的螺母在升程限制器的一侧。在装配和安装时，应注意切勿把排气阀、吸气阀装反，以免发生事故。

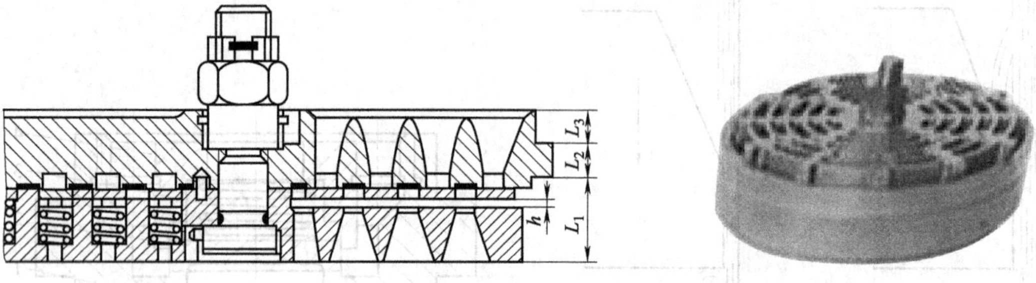

图 7-25　环状阀的结构图

如图 7-25 所示为一个四通道的环状阀，用于低压级的进气侧。阀片由装在升程限制器中的弹簧压住，因而升程限制器的通道与阀座的通道处在不同的直径上。

(2) 网状阀

如图 7-26 所示为网状阀的结构。阀片呈网状，相当于将环状阀片连成一体。阀片本身具有弹性，自中心数起的第二圈上将径向筋条铣出一个斜口，同时在很长弧度内铣薄。当阀片中心圈被夹紧而外缘四周作为阀片时，即能在升程内上下运动。网状阀的优点是：各环阀片起落一致，阻力较环状阀小；设计缓冲片，阀片对升程限制器的冲击小；弹簧力能适应阀片启闭的需要；无导向部分摩擦。网状阀的缺点是：阀片结构复杂，气阀零件多，制造困难，技术条件要求高，应力集中处多，运行容易损坏。它在进口压缩机上应用较多，特别适用于无油润滑压缩机。

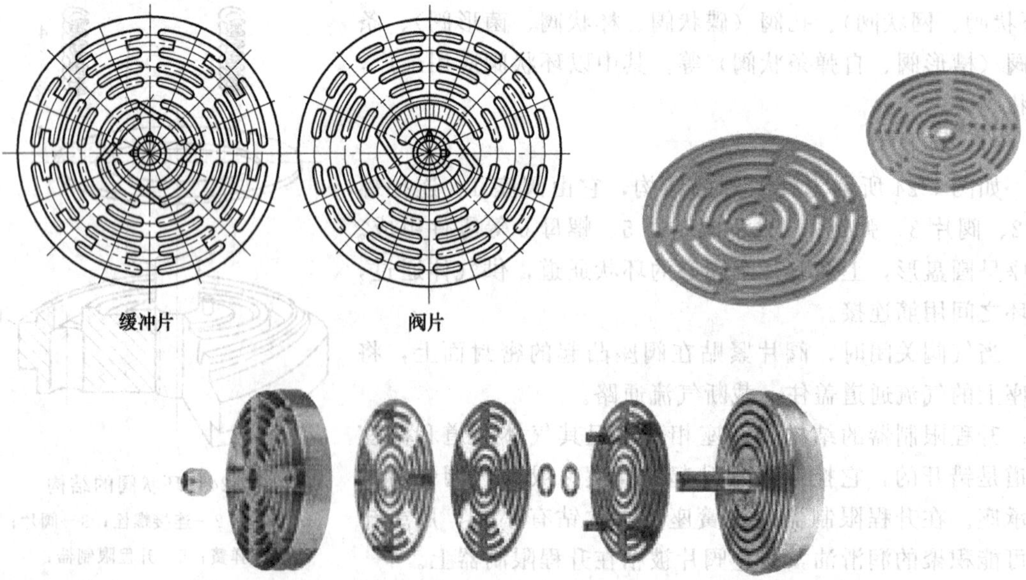

图 7-26　网状阀的结构

2. 对气阀的要求

气阀工作的好坏，直接影响压缩机的排气量、功率消耗和运转的可靠性，故气阀工作时要注意以下几点。

① 阀片启闭应及时　若开启不及时，则会导致压力损失增加，增加功耗，对吸气量也有影响。若关闭不及时，则会使气体倒流，不仅影响排气量，而且使阀片对阀座的撞击增大，缩短阀片寿命。

② 气体通过气阀的阻力要小　气阀的节流作用所引起的功耗较大，其功耗大小与采用的气阀形式、气阀结构参数及阀片运动规律有关。

③ 气阀的寿命要长　气阀中最易损坏的元件是阀片和弹簧，而阀片和弹簧的寿命不仅与所用材料、工艺过程有关，而且和阀片对升程限制器和阀座的反复撞击速度有关，因此要求阀片在反复撞击下，不致过早地磨损和破坏。

④ 气阀关闭时严密不漏　为使气阀严密不漏，密封元件应具有较高的加工精度，阀片与阀座的密封口应完全贴合。为检验密封性，在装配后用煤油试漏，从阀座侧注入煤油，5min 之内只允许有少量的滴状渗漏。

此外，还要求气阀余隙容积要小，噪声小，结构简单，制造维修方便，以及气阀零件（特别是阀片）标准化、通用化水平要高。

3. 气阀的材料

气阀是在冲击载荷条件下工作的，所以对气阀的材料有较高要求，强度高、韧性好、耐磨、耐腐蚀、机械加工工艺性好。

氮氢压缩机、空气压缩机、石油气压缩机由于被压缩的气体没有腐蚀性，阀片材料常采用 30CrMnSiA。压缩具有腐蚀性气体（如 CO_2、O_2）的压缩机阀片材料常采用 1Cr13、2Cr13、3Cr13 等，还可采用 30CrMoA、20CrNi4VA、37CrNi3A 等材料。阀座和升程限制器常采用优质碳素钢 35、40、45，合金钢 40Cr、35CrMo，锻钢，稀土球墨铸铁，合金铸铁等。

四、曲轴

曲轴是压缩机中主要的运动件，它承受着方向和大小均有周期性变化的较大载荷和摩擦磨损。因此，曲轴对疲劳强度与耐磨性均有较高的要求。

1. 曲轴结构

压缩机曲轴有两种基本形式，即曲柄轴和曲拐轴。曲柄轴多用于旧式单列或双列卧式压缩机，这种结构已被淘汰。曲拐轴如图 7-27 所示，由曲轴颈、曲柄销、曲柄及轴身等组成。现在大多数压缩机均采用曲拐轴结构，广泛应用于对称平衡式、角度式、立式压缩机中。

压缩机曲轴通常都设计成整体式，个别情况下，例如在制造和安装方面有特殊要求时，也可以把曲轴分成若干部分分别制造，然后用热压配合、法兰、键销等永久或可拆的连接方式组装成一体，构成组合式曲轴。

机器运转时曲轴上所需润滑油通常是由主轴承处加入的，通过曲轴钻出的油路通往连杆轴承。轴颈上的油孔一般有斜油孔和直油孔两种，可根据曲轴形状和供油方式而定。

2. 曲轴的材料

曲轴材料一般有锻造和铸造两种。锻造曲轴常用材料是 40、45 优质碳素钢。铸造曲轴常用稀土-镁球墨铸铁材料。由于铸造曲轴具有良好的铸造性和加工性，可铸出较复杂、合

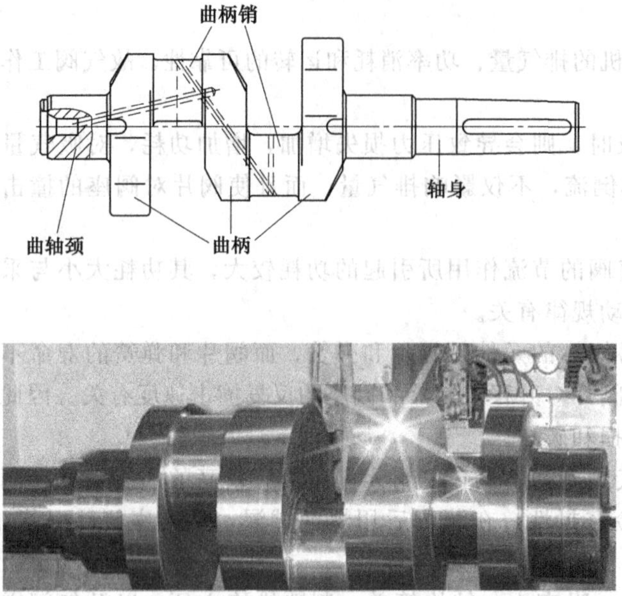

图 7-27 曲拐轴

理的结构形状，吸振性好，耐磨性高，制造成本低，对应力集中敏感性小，因而得到广泛的应用。

3. **提高曲轴疲劳强度的措施**

曲轴的截面形状尺寸沿轴向有着很大的变化，大直径与小直径的连接处是应力集中最为严重的地方。在交变载荷的作用下，应力集中处可能会发生进展性裂缝，造成曲轴的断裂。为减小过渡区的应力集中，一般制成圆角过渡。过渡圆角的形式如图 7-28 所示，图 7-28（a）是最常用的过渡圆角形状；图 7-28（b）所示结构是由几个不同半径的光滑连续圆弧组成，称为变曲率多圆弧圆角，适用于大型曲轴；当压缩机轴向长度需严格限制时，可采用内圆角结构，如图 7-28（c）所示。

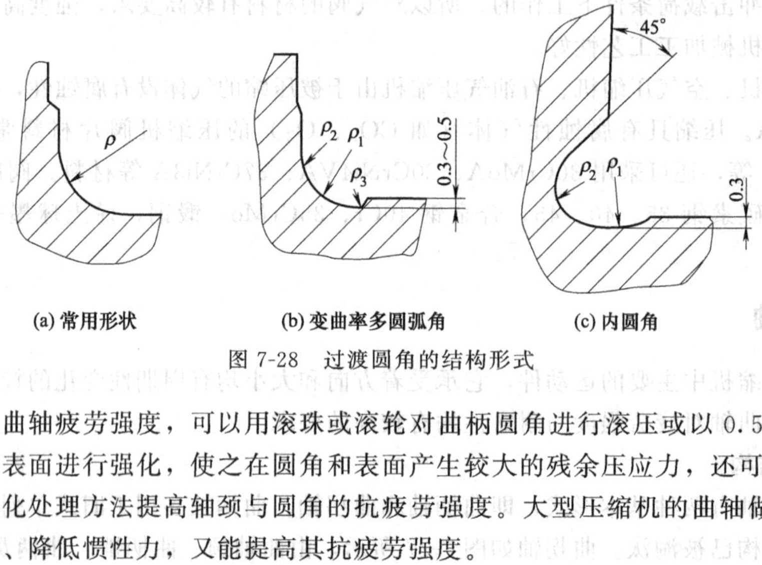

(a) 常用形状 (b) 变曲率多圆弧角 (c) 内圆角

图 7-28 过渡圆角的结构形式

为了提高曲轴疲劳强度，可以用滚珠或滚轮对曲柄圆角进行滚压或以 0.5mm 粒度的钢丸喷射在曲轴表面进行强化，使之在圆角和表面产生较大的残余压应力，还可通过表面高频淬火、表面氮化处理方法提高轴颈与圆角的抗疲劳强度。大型压缩机的曲轴做成空心结构，既可减轻质量、降低惯性力，又能提高其抗疲劳强度。

五、连杆

连杆是将作用在活塞上的推力传递给曲轴，将曲轴的旋转运动转换为活塞往复运动的机件。连杆本身的运动是复杂的，其中大头与曲轴一起作旋转运动，而小头则与十字头相连作往复运动，中间杆身作摆动运动。

1. **连杆的结构**

连杆分为开式和闭式两种。闭式连杆（图 7-29）的大头与曲柄轴相连，这种连杆无连杆螺栓，便于制造，工作可靠，容易保证其加工精度，常用于大型压缩机。

现在普遍应用的是开式连杆，如图 7-30 所示。开式连杆包括杆体、大头、小头三部分。

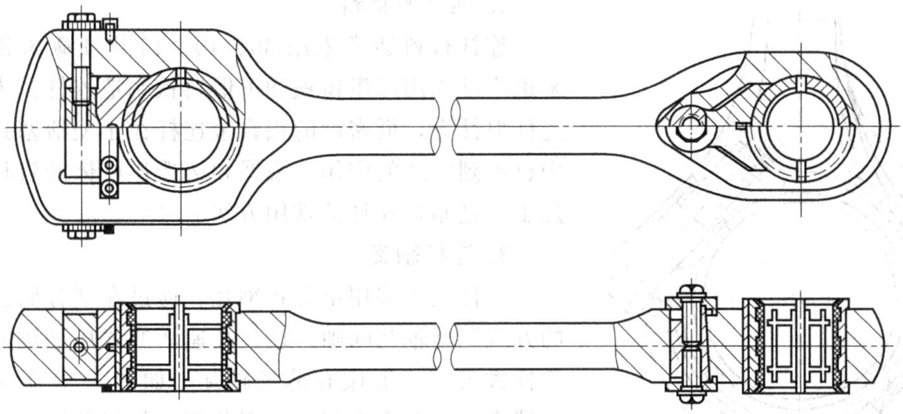

图 7-29 大头为闭式的连杆

大头分为与杆体连在一起的大头座和大头盖两部分，大头盖与大头座用连杆螺栓连接，螺栓上加有防松装置，以防止螺母松动。在大头盖和大头座之间加有垫片，以便调整大头瓦与主轴的间隙。杆体截面形状有圆形、矩形、工字形等。圆形截面杆体加工方便，但在同样强度下，其运动质量最大。工字形杆体的运动质量最小，但加工不方便，只适用于模锻或铸造成形的大批生产。

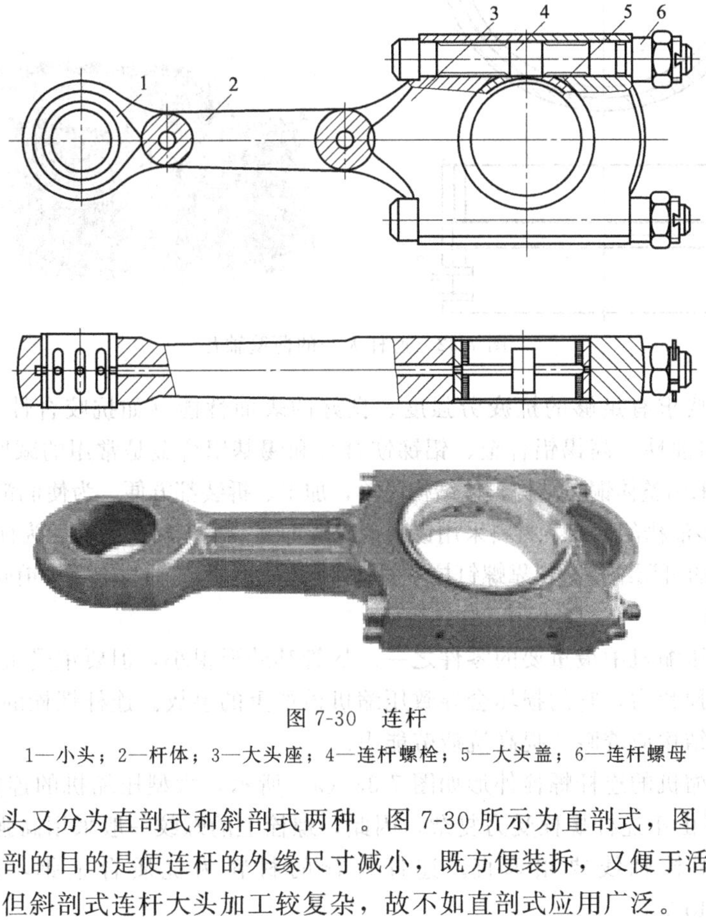

图 7-30 连杆

1—小头；2—杆体；3—大头座；4—连杆螺栓；5—大头盖；6—连杆螺母

开式连杆大头又分为直剖式和斜剖式两种。图 7-30 所示为直剖式，图 7-31 所示为斜剖式。连杆大头斜剖的目的是使连杆的外缘尺寸减小，既方便装拆，又便于活塞连杆组件直接从气缸中取出，但斜剖式连杆大头加工较复杂，故不如直剖式应用广泛。

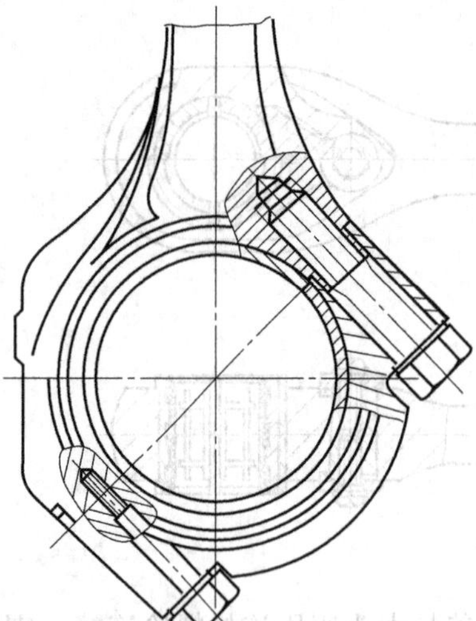

图 7-31　斜切口连杆大头

2. 连杆的材料

连杆材料通常采用 35、40、45 优质碳素钢，近年来也广泛采用球墨铸铁和可锻铸铁制造连杆。为了减小连杆惯性力，低密度的铝合金连杆在小型活塞式压缩机中也得到广泛的应用。模锻和铸造连杆体既省材又简化加工，是制造连杆的常用方法。

3. 连杆轴瓦

连杆大头多用剖分式轴瓦，通过在剖分面加减垫片的方式调整轴瓦间隙。现代高速活塞式压缩机的剖分式连杆大头中一般镶有薄壁轴瓦，如图 7-32 所示，其制造精度高，互换性好，易于装修，价格低廉，深受广大用户欢迎。

薄壁轴瓦总壁厚仅为 2.5%～4%的轴瓦内径，底瓦用 08、10、15 薄钢板制作，表面覆合 0.2～0.7mm 厚的减摩轴承合金，导热性良好。

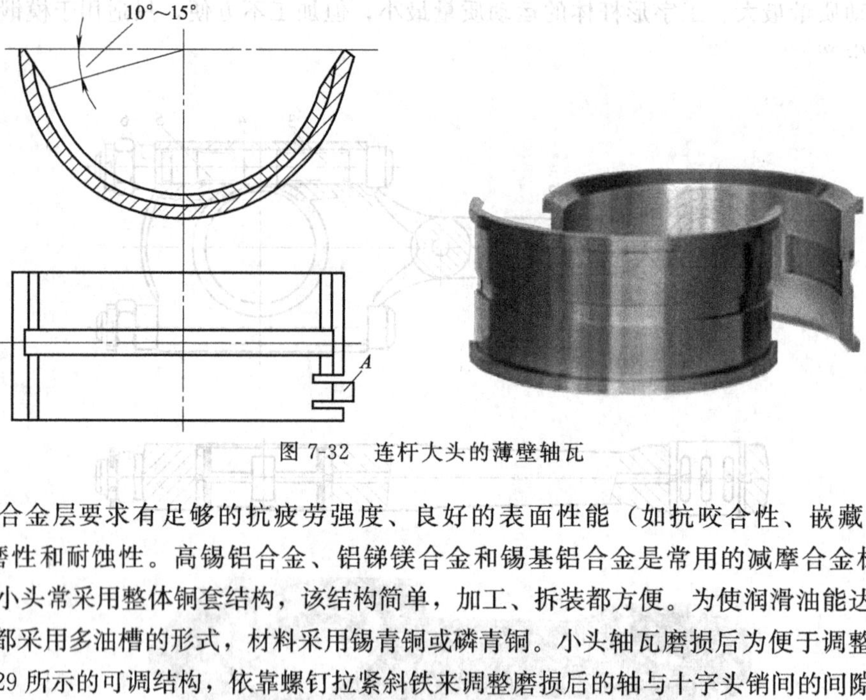

图 7-32　连杆大头的薄壁轴瓦

减摩合金层要求有足够的抗疲劳强度、良好的表面性能（如抗咬合性、嵌藏性和顺应性）、耐磨性和耐蚀性。高锡铝合金、铝锑镁合金和锡基铝合金是常用的减摩合金材料。

连杆小头常采用整体铜套结构，该结构简单，加工、拆装都方便。为使润滑油能达到工作表面，一般都采用多油槽的形式，材料采用锡青铜或磷青铜。小头轴瓦磨损后为便于调整，则常采用如图 7-29 所示的可调结构，依靠螺钉拉紧斜铁来调整磨损后的轴与十字头销间的间隙。

4. 连杆螺栓

连杆螺栓是压缩机中最重要的零件之一。尽管其外形很小，但要承受很大的交变载荷和几倍于活塞力的预紧力，它的损坏会导致压缩机最严重的事故。连杆螺栓的断裂多属疲劳破坏，所以螺栓的结构应着眼于提高抗疲劳能力。

中、小型压缩机的连杆螺栓外形如图 7-33（a）所示，大型压缩机的连杆螺栓外形如图 7-33（b）所示。由于连杆螺栓受力复杂，因此，螺栓上的螺纹一般采用高强度的细牙螺纹，螺栓头底面与螺栓轴线要相垂直。连杆螺栓的材料为优质合金钢，如 40Cr、45Cr、30CrMo、35CrMoA 等。

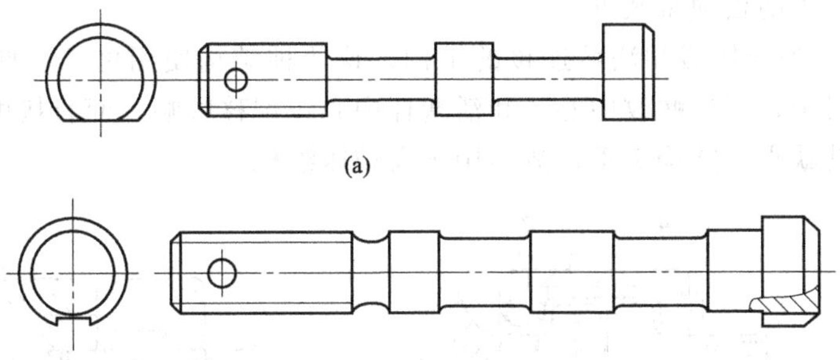

图 7-33　连杆螺栓的结构

六、十字头

十字头是连接活塞杆、连杆并承受侧向力的零件，具有导向的作用。十字头借助连杆，将曲轴的旋转运动变为活塞的往复直线运动。对十字头的要求是应具有足够的强度、刚度，耐磨损，质量轻，工作可靠。

1. 十字头的结构

十字头由十字头体、滑板、十字头销等组成，如图 7-34 所示。按十字头体与板的连接

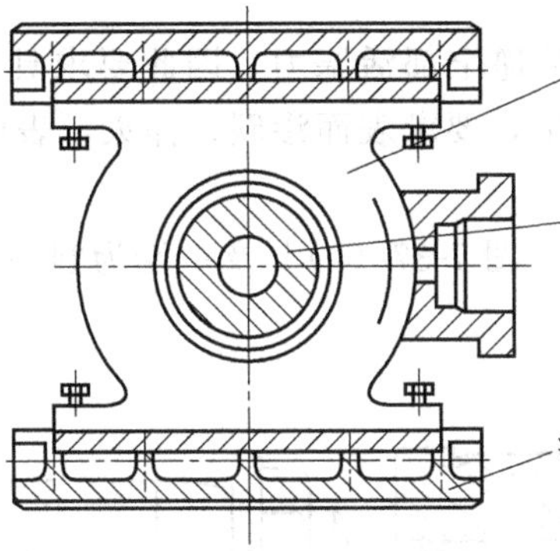

图 7-34　十字头结构

方式不同，分为整体式和可拆式两种。整体式十字头多用于小型压缩机，它具有结构轻便、制造方便的优点，但不利于磨损后的调整。高速压缩机上为了减轻运动质量也可采用整体十字头。大、中型压缩机多采用可拆式十字头结构，它具有便于调整十字头滑板与滑道之间间隙的特点。

十字头与活塞杆的连接主要有螺纹连接、连接器连接以及法兰连接等。各种连接方式均应采取防松措施，以保证连接的可靠性。螺纹连接结构简单、质量轻、使用可靠，但每次检修后需重新调整气缸与活塞的余隙容积。如图 7-35 所示为螺纹连接形式，它大多

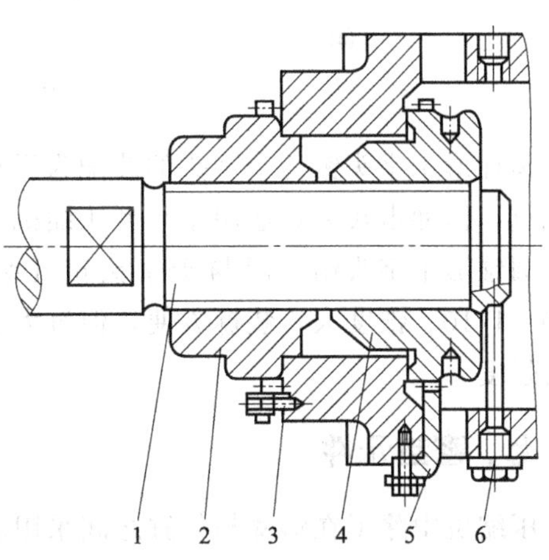

图 7-35　十字头与活塞杆用螺纹连接的结构

1—活塞杆；2,4—螺母；3—防松齿形板；5,6—防松螺钉

采用双螺母拧紧作为防松锁紧装置。

如图 7-36 所示为连接器和法兰连接的结构，这两种结构使用可靠、调整方便，使活塞杆与十字头容易对中，不受螺纹中心线和活塞杆中心线偏移影响，而直接由两者的圆柱面配合公差来保证。其缺点是结构笨重，故多用于大型压缩机。

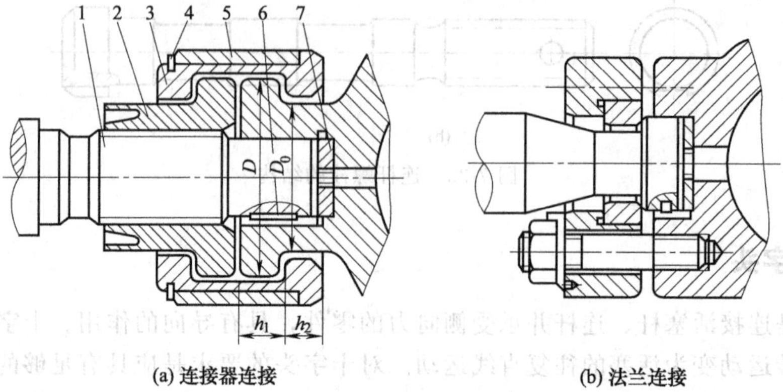

图 7-36　十字头与活塞杆用连接器和法兰连接的结构

1—活塞杆；2—螺母；3—连接器；4—弹簧卡环；5—套筒；6—键；7—调整垫片

2. 十字头销

十字头销是压缩机的主要零件之一，用以传递全部活塞力，因此要求具有韧性好、耐磨、耐疲劳的特点。其常采用 20 优质碳素钢制造，要求表面渗碳、淬火，表面硬度为 55～62HRC，表面粗糙度 *Ra* 值为 0.4μm。

十字头销有圆柱形［图 7-37（a)］、圆锥形［图 7-37（b)］及一端为圆柱形另一端为圆锥形［图 7-37（c)］三种形式。

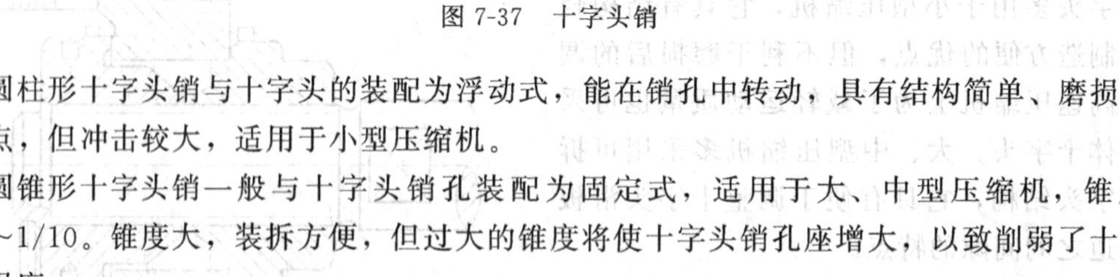

图 7-37　十字头销

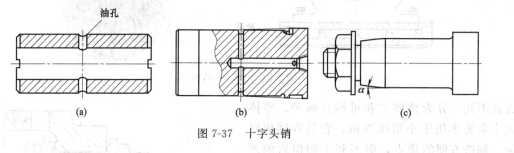

圆柱形十字头销与十字头的装配为浮动式，能在销孔中转动，具有结构简单、磨损均匀等优点，但冲击较大，适用于小型压缩机。

圆锥形十字头销一般与十字头销孔装配为固定式，适用于大、中型压缩机，锥度取 1/20～1/10。锥度大，装拆方便，但过大的锥度将使十字头销孔座增大，以致削弱了十字头体的强度。

七、密封元件

压缩机中除了在活塞与气缸之间采用活塞环来密封外，另外一种重要的密封元件是填料函，用于密封气缸内的高压气体，使气体不能沿活塞杆表面泄漏，其基本要求是密封性能良好且耐用。

填料是填料函中的关键组成，其密封原理与活塞环类似，利用阻塞和节流作用实现密封，最常用的是金属填料。

在填料函中目前采用最多的是自紧式填料，它按密封圈结构的不同，可分为平面填料和锥面填料两种，前者用于中低压，后者用于高压。

1. 平面填料

如图 7-38 所示为低压三瓣斜口密封圈，其结构简单，易于制造，适用于低压级。

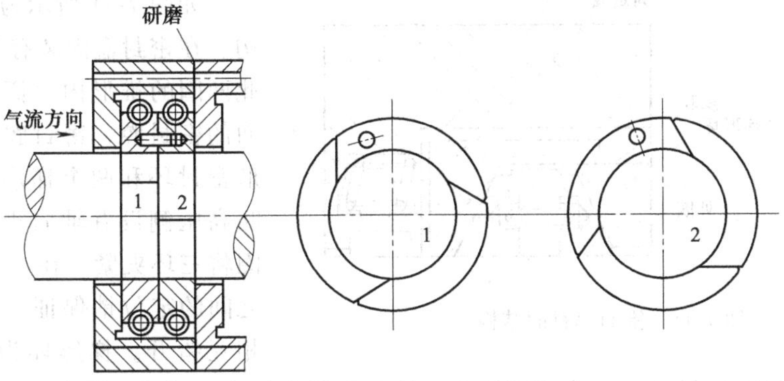

图 7-38　低压三瓣斜口密封圈

压力在 10MPa 以下的中压密封，多采用三瓣、六瓣密封圈（图 7-39）。密封圈安装在填料函内的密封盒中，每个盒中都装有两个密封圈（图 7-40）。六瓣圈为主密封圈，安装在密封盒内的低压侧，它是防止气体沿活塞杆轴向泄漏的主要元件。主密封圈由三块弧形片及三块帽形片组成，并在外圈的周向槽内装有镯形小弹簧将此六片箍紧，使三块弧形片抱紧活塞杆而产生密封作用。为使弧形片在内圈受到磨损后仍能抱紧活塞杆，在三块弧形片之间留有三条 1.5～2mm 的径向收缩缝。由于这三条收缩缝的存在，气体就可能沿其轴向及径向泄漏。三块帽形片从径向堵住了气体的泄漏。从轴向堵住泄漏气体的任务由设置在密封盒内高压侧的副密封圈完成，副密封圈由三块扇形片组成，它同样用镯形弹簧从外圈箍紧。在三块扇形片之间也留有三条供扇形内圆磨损后收缩用的收缩缝，主、副密封圈上还有保证收缩相互错开的定位销和定位孔。

主、副密封圈过去常采用 HT200 或青铜制造，后来采用填充聚四氟乙烯、尼龙等工程

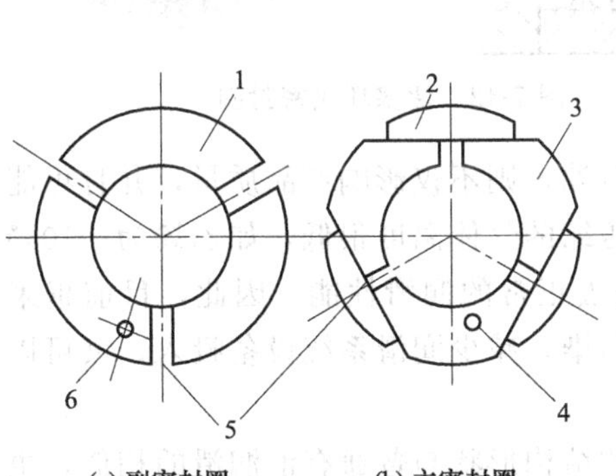

(a) 副密封圈　(b) 主密封圈

图 7-39　三瓣、六瓣式平面密封圈

1—扇形片；2—帽形片；3—弧形片；4—定位销；5—收缩缝；6—定位孔

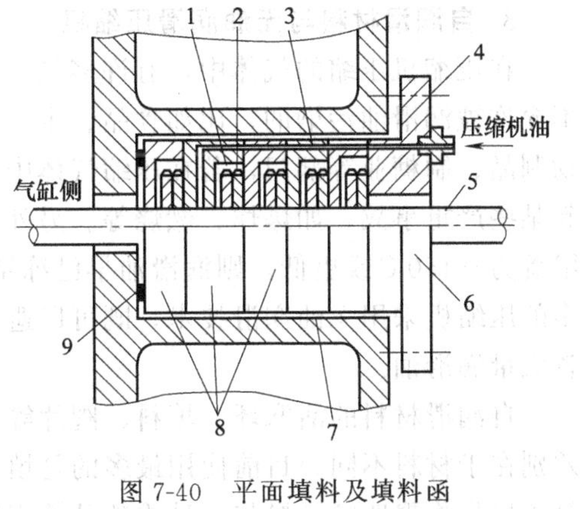

图 7-40　平面填料及填料函

1—副密封圈；2—主密封圈；3—油道；4—螺栓；5—活塞杆；6—压盖；7—填料函；8—密封盒；9—垫片

塑料制造，近几年推广使用铁基粉末冶金平面填料，这种材料具有良好的减摩性能和自润滑性能。与合金铸铁平面填料相比，它具有材质优良、无合金成分偏析、切削加工量少、材料利用率高、使用寿命长等优点；与填充聚四氟乙烯相比，它具有力学强度高、热膨胀系数小、不易老化等优点。通过装机使用，其连续运转寿命在 25000h 以上。

2. **锥面填料**

当最大密封压差大于 10MPa 时，填料函内常设置锥面填料。

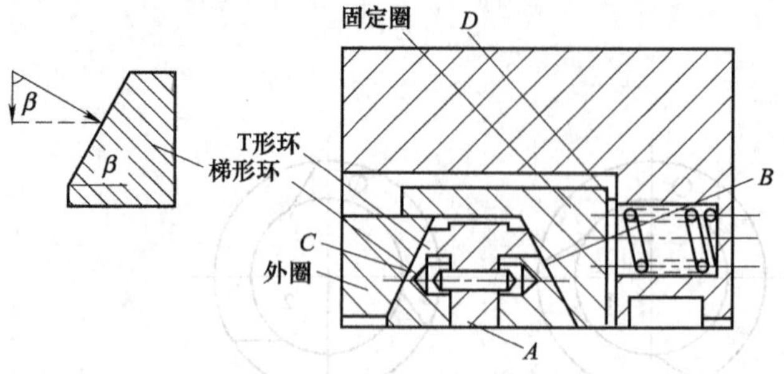

图 7-41 锥面填料的结构

如图 7-41 所示为锥面填料的结构。在密封盒内装有外圈和固定圈。此两圈的锥形内口固合成一个双锥面的密封腔，密封腔内装有一个 T 形密封环和两个梯形密封环。固定圈高压侧设有轴向小弹簧，推挤两圈将三环夹紧。在 T 形环和梯形环之间的定位销保证三环上的收缩缝相互错开。梯形环为主密封环，T 形环从径向和轴向将梯形环的收缩缝堵死。轴向弹簧的推力通过固定圈与密封环间的锥面传递给各密封环。锥面与活塞杆轴线之间的夹角为 β，β 一般为 60°、70°、80°。

根据不同的密封压差，调整夹角 β 即可得到适宜的密封力，既不使磨损加剧，又具有良好的密封性能，这是它较之平面填料的优点。锥面填料结构复杂、加工困难，应用不如平面填料多。

锥面填料的外圈和固定圈用碳素钢或合金钢制造。T 形环和梯形环常用青铜 ZQSn8-12（压力大于 27.4MPa）或巴氏合金 ChSDSb11-6（压力小于 27.4MPa）制造。

除了上述几种填料外，还有活塞环式的密封圈，如图 7-42 所示。该密封圈的结构和制造工艺都很简单，内圈可按间隙配合 2 级精度或过渡配合公差加工，现已成功地应用于压差为 2MPa 的级中。

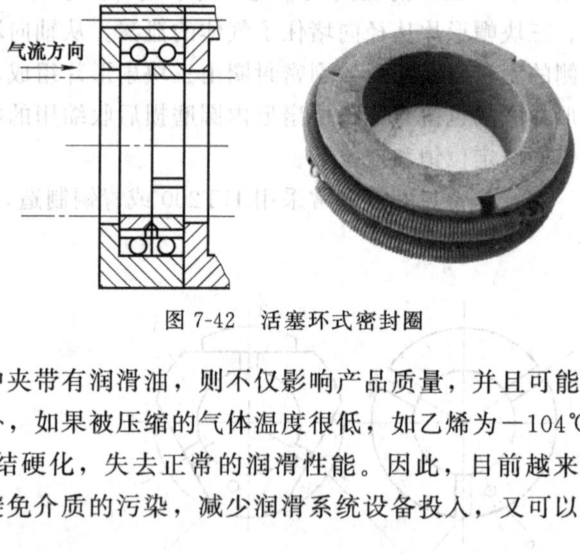

图 7-42 活塞环式密封圈

3. **自润滑材料与无油润滑压缩机**

在压缩机压缩的气体中，有许多是不允许被润滑油污染的，比如食品、生物制品、制糖业等部门，若在压缩气体中夹带有润滑油，则不仅影响产品质量，并且可能引起某些严重事故，如爆炸、燃烧等。另外，如果被压缩的气体温度很低，如乙烯为－104℃，甲烷为－150℃或更低，则润滑油早已冻结硬化，失去正常的润滑性能。因此，目前越来越多的压缩机采用无油润滑技术，既可以避免介质的污染，减少润滑系统设备投入，又可以节省大量润滑油。

自润滑材料的活塞环、填料、阀片等密封元件的结构形状与普通有油润滑的相似，主要差别在于材料不同。目前使用最多的是填充聚四氟乙烯，其次是尼龙、金属塑料。填充聚四氟乙烯是将聚四氟乙烯与一种或数种填充物如玻璃纤维、青铜粉、石墨、二硫化钼等按一定比例组成的混合物，经压制、烧结后，加工成所需的活塞环、密封圈和阀片等。

第四节　离心式压缩机结构原理

离心式压缩机是速度式压缩机的一种，依靠高速旋转的叶轮对气体所产生的离心力来压缩并输送气体。

一、离心式压缩机的应用

随着石油化工生产规模的扩大和机械加工工艺的发展，离心式压缩机得到了越来越广泛的应用。目前，离心式压缩机已被用来压缩和输送石油化工生产中的各种气体。近年来新建成的大型合成氨厂、乙烯厂均采用离心式压缩机，并实现了单机配套。例如年产30万吨的合成氨厂合成气压缩机（带循环级），以往需要多台大型活塞式压缩机，现在只需用一台由2万千瓦的汽轮机驱动的离心式压缩机即可满足生产要求，从而节约了大量投资，降低了生产成本。在年产30万吨的乙烯工厂中，裂解气压缩机、乙烯压缩机和丙烯压缩机均采用了汽轮机驱动的离心式压缩机，从而使乙烯的成本显著降低。在天然气液化方面已有采用流量为$48.2\times10^4m^3/h$的超低温（113K）离心式压缩机，其生产规模可达100万吨/年。

此外，离心式压缩机还广泛地应用于尿素、制氧、酸、碱等工业以及原子能工业的惰性气体的压缩。

由于设计和制造水平的提高，离心式压缩机已跨入了被活塞式压缩机占据的高压领域，迅速地扩大了它的应用范围。近几年来，离心式压缩机已成为石油、化工等部门用来强化生产的关键设备。

二、离心式压缩机的特点

目前，在生产中除了流量较小和超高压的气体压缩外，大多数倾向采用离心式压缩机，离心式压缩机有逐渐取代活塞式压缩机的趋势。实践证明，离心式压缩机（特别是用工业汽轮机驱动的离心式压缩机）与活塞式压缩机相比，具有以下特点。

① 生产能力大，供气量均匀。

② 结构简单紧凑，占地面积小，易损零件少，便于检修，运转可靠，连续运转周期长，一般能连续运转1～2年以上，所以不需要备机。其操作及维修所需的人力、物力比活塞压缩机少得多。

③ 气体介质不与润滑油接触，不污染被压缩的气体，有利于化工生产。这对于压缩不允许与油接触的气体（如氧气）特别适宜。

④ 离心式压缩机转速高，适合用工业汽轮机或燃气轮机直接驱动，可合理而又充分地利用大型石油化工厂的热能，降低能耗。

⑤ 离心式压缩机和汽轮机组比具有同等容量的活塞式压缩机和电动机组的价格低得多，所以建厂费用低。

⑥ 离心式压缩机比活塞式压缩机的效率低，一般低5%～10%，且不适于气量太小及压力较高的场合。同时，由于离心式压缩机稳定工况较窄，因此其气量调节虽较方便，但经济性较差。

三、离心式压缩机的总体结构及工作过程

图 7-43 所示为 DA120-61 离心式空气压缩机。其设计流量为 $125m^3/min$，排气压力为 6.24×10^5Pa，工作转速为 13900r/min，由功率为 800kW 的电动机通过增速器驱动。

离心式压缩机主要由转子、固定元件、轴承及密封装置等部件组成。其中转子由主轴、叶轮、联轴器、平衡盘等组成；机壳、隔板、吸气室、扩压器、弯道及回流器等称为固定元件；离心式压缩机的密封装置包括级间密封和轴端密封。人们习惯地将固定元件和密封装置统称为定子。

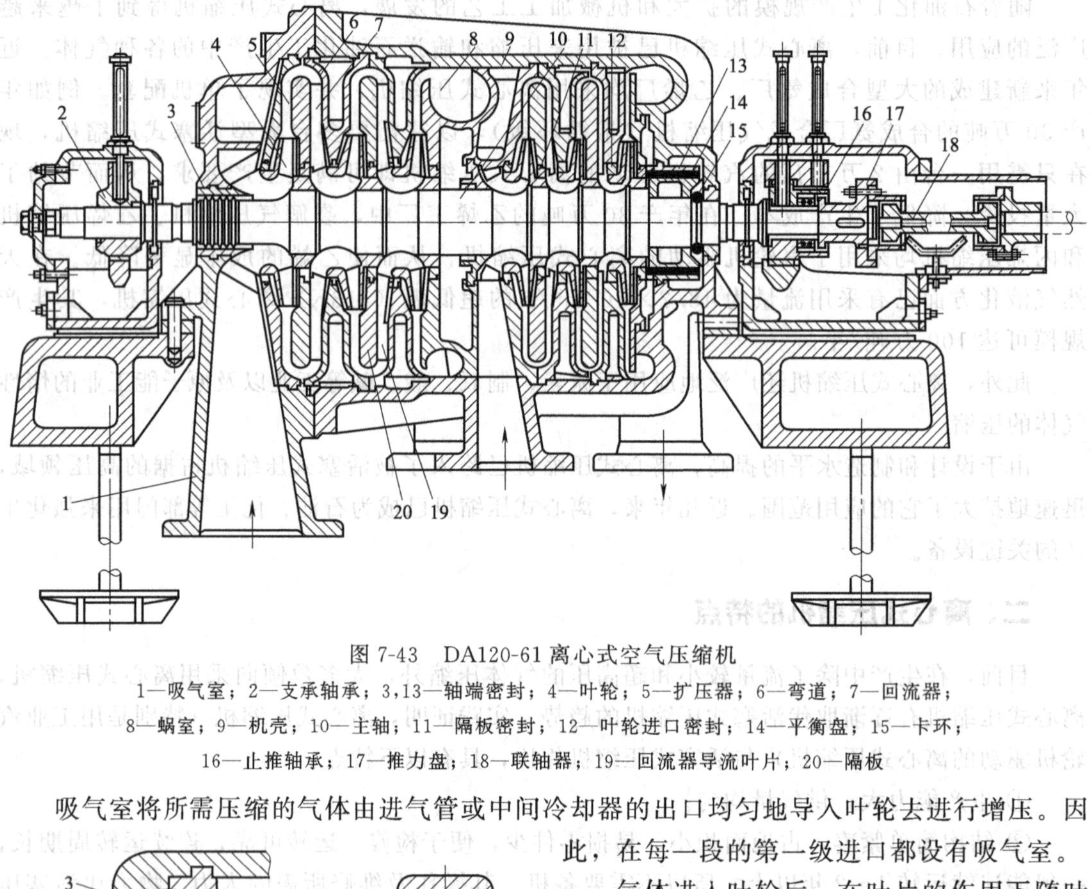

图 7-43 DA120-61 离心式空气压缩机

1—吸气室；2—支承轴承；3,13—轴端密封；4—叶轮；5—扩压器；6—弯道；7—回流器；8—蜗室；9—机壳；10—主轴；11—隔板密封；12—叶轮进口密封；14—平衡盘；15—卡环；16—止推轴承；17—推力盘；18—联轴器；19—回流器导流叶片；20—隔板

吸气室将所需压缩的气体由进气管或中间冷却器的出口均匀地导入叶轮去进行增压。因此，在每一段的第一级进口都设有吸气室。

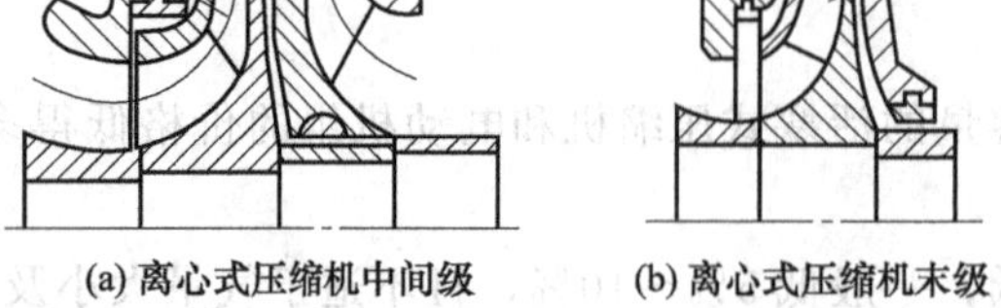

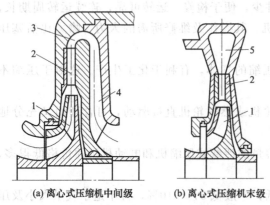

(a) 离心式压缩机中间级　(b) 离心式压缩机末级

图 7-44 离心式压缩机的中间级和末级结构

1—叶轮；2—扩压器；3—弯道；4—回流器；5—蜗壳

气体进入叶轮后，在叶片的作用下随叶轮高速旋转，在离心力作用下对气体做功，增加了气体的能量，使流出叶轮的气体压力和速度均得到提高。

气体从叶轮中流出时具有较高的速度，为了利用这部分速度能，通常在叶轮后设置有流通截面逐渐扩大的扩压器，以便将速度能转变为静压能，以提高气体的压力，如图 7-44（a）所示。扩压器后的气体通过弯道由离心力方向改变为向心力方向，再均匀地引入下级叶轮的进口。最后由蜗壳将扩压器或

叶轮后面的气体汇集起来并引出机外。由于蜗壳外径及流通截面的逐渐增大，在汇集气流的过程中它还起到一定的降速扩压作用，如图 7-44（b）所示。

四、离心式压缩机的工作原理

由图 7-43 可知，气体先由吸气室 1 吸入，流经叶轮 4 时，叶轮对气体做功，使气体的压力、温度、速度提高，比容减少。经叶轮出来而获得能量的气体，进入扩压器 5，使速度降低，动能转化为静压能，使压力进一步提高，最后经过弯道 6、回流器 7 导入下一级叶轮继续压缩。由于气体在压缩过程中温度升高，而气体在高温下压缩，功耗将会增大。为了减少功耗，在压缩过程中采用中间冷却，即由第三级叶轮出口的气体，不直接进入第四级，而是通过蜗室和出气管引导到外面的中间冷却器进行冷却；冷却后的低温气体，再经过吸气室进入第四级压缩；最后，从末级出来的高压气体由蜗壳收集并从排气管输出。

可见，离心式压缩机的工作过程与离心泵相同。机壳内高速旋转的叶轮带动气体一起旋转而产生离心力，从而把能量传递给气体，使气体的压力、温度升高，比容缩小。

五、离心式压缩机的主要性能参数

离心式压缩机的主要性能参数有排气压力、排气量、压力比、转速、功率和效率等。它们是衡量压缩机工作性能，正确选择及合理使用压缩机的重要依据。

① 排气压力　指气体在压缩机出口处的绝对压力，也称终压，单位常用 Pa 或 MPa 表示。

② 排气量　指压缩机单位时间内能压送的气体量。一般规定排气量是按照压缩机入口处的气体状态计算的体积流量，但也有按照压力 101.33Pa、温度 273K 时的标准状态下计算的排气量，单位常用 m^3/min 或 m^3/h 表示。

③ 压力比 ε　指出口绝对压力 p_d 与进口绝对压力 p_s 的比值。它表示了压缩机升高气体压力的能力。

④ 转速　压缩机转子单位时间的转数，单位常用 r/min 表示。

⑤ 功率　压缩机的功率指轴功率，即驱动机传递给压缩机轴的功率，单位常用 kW 表示。

⑥ 效率　效率是衡量压缩机性能好坏的重要指标。压缩机消耗了驱动机供给的机械能，使气体的能量增加，在能量转换过程中，并不是输入的全部机械能都可转换成气体增加的能量，而是有部分能量损失。损失的能量越少，气体获得的能量就越多，效率也就越高。

第五节　离心式压缩机零部件选用

一、转子

在离心式压缩机中，把由主轴、叶轮、平衡盘、推力盘、联轴器、套筒（或轴套）以及紧圈和固定环等转动元件组成的旋转体称为转子。图 7-45 为转子示意图。

1. 主轴

主轴的作用是支承旋转零件并传递扭矩。由于主轴上需安装多个零件且高速旋转，因此主轴结构必须考虑安装方便、平衡、对中等许多因素。主轴按结构一般分为阶梯轴、节鞭轴

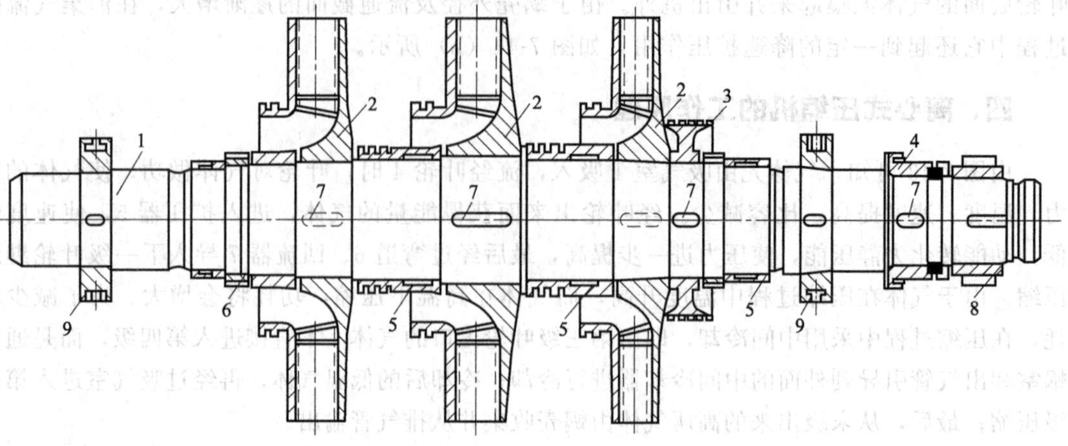

图 7-45 转子示意图

1—主轴；2—叶轮；3—平衡盘；4—推力盘；5—轴套；6—螺母；7—键；8—联轴器；9—平衡环

和光轴三种，常采用 35CrMo、40Cr、2Cr13 等钢材锻制而成。

2. 叶轮

叶轮是离心式压缩机中唯一对气体做功的部件。叶轮随主轴高速旋转，气体在叶轮叶片的作用下，跟着叶轮作高速旋转，受离心力作用以及叶轮里的扩压流动，在流出叶轮时，气体的压力、速度和温度都得到提高。

叶轮的结构形式及特点和离心泵叶轮相同。离心式压缩机常用闭式和半开式叶轮，闭式叶轮对气体流动有利。轮盖处设有密封，减少了内泄漏损失，因此效率较高。另外，叶轮和机壳侧面间隙也不像半开式叶轮那样要求严，可以适当放大，使检修时拆装方便。这种叶轮在制造上虽较前两种复杂，但有效率高等优点，故在压缩机中得到了广泛应用。半开式叶轮没有轮盖，通常采用径向直叶片，故又称半开式径向直叶片叶轮。由于叶轮侧面间隙很大，有一部分气体从叶轮出口倒流回进口，内泄漏损失大，因而这种叶轮的效率低于闭式叶轮。

固定离心式压缩机采用后弯式叶轮，移动离心式压缩机采用径向叶片式或前弯式叶轮。

根据加工方法不同，离心式压缩机叶轮还可分为铆接型、焊接型和整体型。

铆接型叶轮分为一般铆接和整体铣制铆接。一般铆接叶轮的叶片常用钢板压制成形，分别与轮盘、轮盖铆接在一起；一般铆接比整体铣制铆接材料利用率高，但强度低，多用在低、中压压缩机中叶片比较宽的情况下。整体铣制铆接叶轮的叶片在轮盘上铣出，利用穿孔铆接或者叶片榫头与轮盖铆接。整体铣制铆接叶轮由于取消了叶片的褶边，因此减少了气体的流动阻力损失，提高了叶轮效率；整体铣制铆接叶轮比一般铆接叶轮强度高，但材料浪费大，一般多用于窄叶轮加工。

焊接型叶轮在出口宽度较大时，叶片单独压制，然后分别与轮盘、轮盖焊接，可以在两面内部或外部用手工电弧焊或氩弧焊进行焊接。当叶片出口宽度较小时，多采用整体铣制然后焊接的方法进行加工。

整体型叶轮是用精密铸造和其他特殊工艺加工的叶轮，既省工时又省料，制造质量较高，特别适用于叶片出口宽度较小的窄叶轮。

轮盘及轮盖的材料一般采用优质碳素钢、合金钢，如 45、35CrMo、35CrMoV、34CrNi3Mo、18CrMnMoB 等；叶片可采用合金钢，如 20MnV、30CrMnSi、2Cr13 等；铆钉一般采用合金钢，如 20Cr、25Cr2MoVA、20CrMo、2Cr13 等。

3. 紧圈和固定环

叶轮及主轴上的其他零件与主轴的配合，一般都采用过盈配合，由于转子转速较高，因此离心惯性力的作用会使叶轮的轮盘内孔与轴的配合处发生松动，从而使叶轮产生轴向位移。为了防止轴向位移的发生，过盈配合后再采用埋头螺钉加以固定，但有的结构不允许采用螺钉固定，因此采用两半固定环及紧圈加以固定，其结构如图 7-46 所示。

固定环由两个半圈组成，加工时按尺寸加工成一圆环，然后锯成两半，其间隙不大于 3mm。装配时先把两个半圈的固定环装在轴槽内，随后将紧圈加热到大于固定环外径，并热套在固定环上，冷却后即可牢固地固定在轴上。

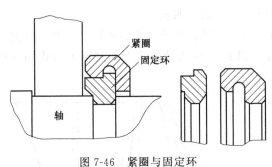

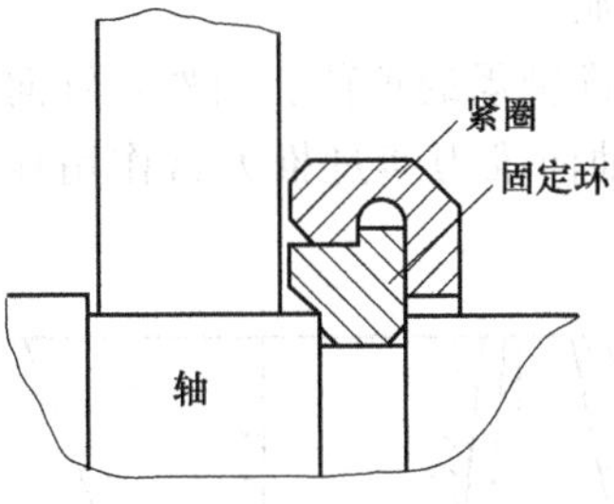

图 7-46 紧圈与固定环

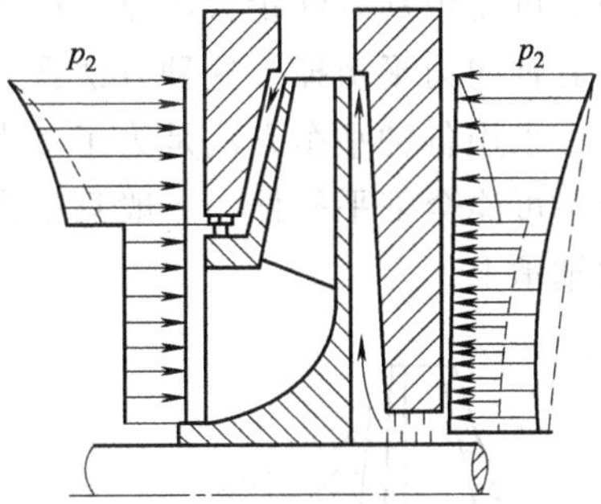

图 7-47 叶轮轴向力示意图

4. 轴向力及平衡装置

(1) 转子的轴向力

离心式压缩机在工作时，由于叶轮的轮盘和轮盖两侧所受的气体作用力不同，相互抵消后，还会剩下一部分力作用于转子，这个力即为轴向力，其作用方向从高压端指向低压端，如图 7-47 所示。如果轴向力过大，就会影响轴承寿命，严重的会使轴瓦烧坏，引起转子窜动，使转子上的零件和固定元件碰撞，以致机器受到破坏。因此，必须采取措施降低轴向力，以确保机器的安全运转。

(2) 轴向力的平衡方法

① 叶轮对称排列 单级叶轮产生的轴向力，其方向是指向叶轮入口的，如将多级叶轮采用对称排列，则入口方向相反的叶轮会产生方向相反的轴向力，如图 7-48 所示。叶轮的轴向力将互相抵消一部分，使总的轴向力大大降低。这种方法会造成压缩机本体结构和管路布置的复杂化。

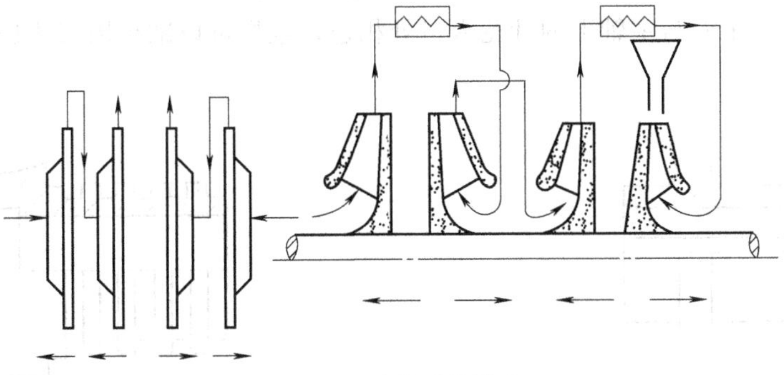

图 7-48 叶轮对称排列

② 平衡盘装置（平衡活塞） 平衡盘一般安装在气缸末级（高压端）的后端，其结构如图 7-49 所示。它的一侧受到末级叶轮出口气体压力的作用，另一侧与压缩机的进气管相接。平衡盘的外缘与固定元件之间装有迷宫式密封齿，这样既可以维持平衡两侧的压差，又可以减少气体的泄漏。由于平衡盘两侧的压力不同，于是在平衡盘上便产生了一个方向与叶轮的轴向力相反的平衡力，从而使大部分轴向力得到平衡。平衡盘结构简单，不影响气体管线的布置，应用广泛。

③ 叶轮背面加筋 对于高压离心式压缩机，还可以考虑在叶轮的背面加筋，如图 7-50 所示。该筋相当于一个半开式叶轮，在叶轮旋转时，它可以大大减小轮盘带筋部分的压力。压力分布如图 7-50 所示，图中的 *eij* 线为不带筋时的压力分布，而 *eih* 线为带筋时的压力分布。可见带筋时叶轮背面靠近内径处的压力显著下降，因此，合理选择筋的长度，可将叶轮部分轴向力平衡掉。这种方法在介质密度较大时，效果更为明显。

采用各种平衡方法是为了减少转子的轴向推力，以减轻止推轴承的负荷。当然，轴向推力不可能全部平衡掉，一般只平衡掉 70%左右，剩下 30%的轴向推力通过推力盘作用在推力轴承上。

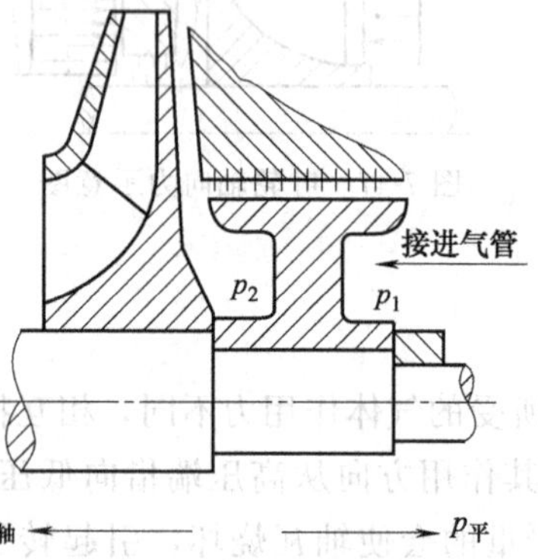

图 7-49 平衡盘示意图

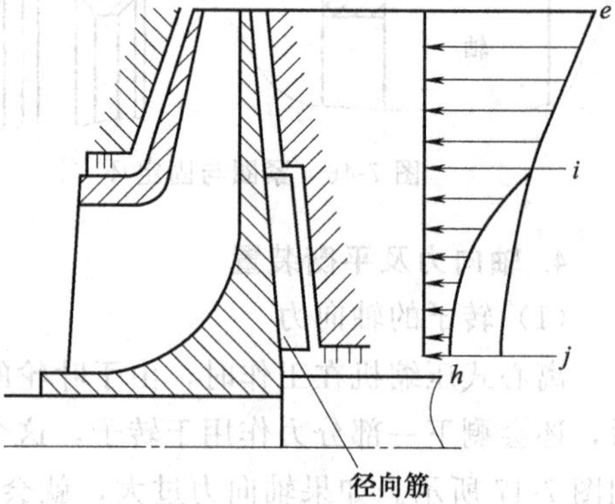

图 7-50 叶轮背面加筋装置

5. 推力盘

推力盘是将未能平衡掉的轴向力传递给止推轴承的装置，其结构如图 7-51 所示，推力盘固定在轴上。

6. 轴套

轴套的作用是使轴上的叶轮与叶轮之间保持一定的间距，防止叶轮发生轴向窜动。轴套的结构如图 7-52 所示，其一端开有凹槽，主要起密封作用；另一端加工有圆弧形凹面，此凹面在主轴上位置正好与主轴上的叶轮入口处相连，这样可以减少因气流进入叶轮所产生的涡流和摩擦损失。

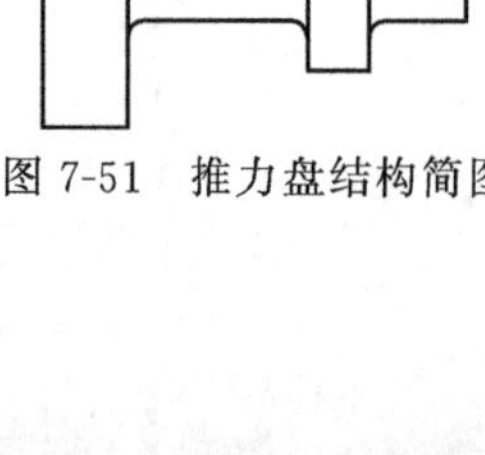

图 7-51 推力盘结构简图

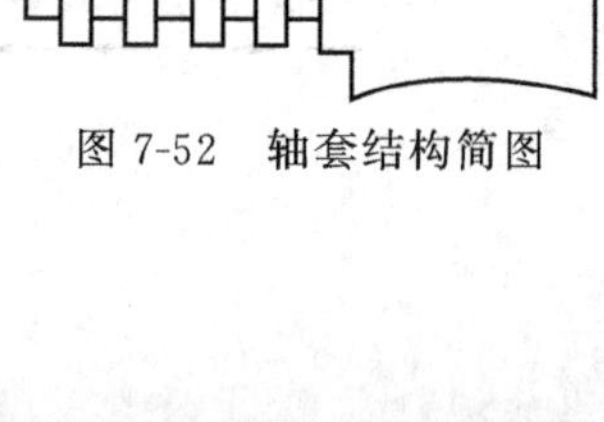

图 7-52 轴套结构简图

二、固定元件

离心式压缩机的吸气室、扩压器、弯道、回流室及蜗壳等统称为固定元件。它们的作用是把气体以一定的速度与方向由前一叶轮引到后一叶轮直至排出。在离心式压缩机中，各固定元件的效率直接与压缩机效率有关，即使叶轮效率较高但与固定元件不够协调，这样也会使压缩机整机效率下降。

1. 吸气室

吸气室又称为进气室，其作用是使气体按设计要求从大气、前置管道或中间冷却器均匀地流入叶轮。吸气室的形式较多，常见的有下列几种，如图7-53所示。

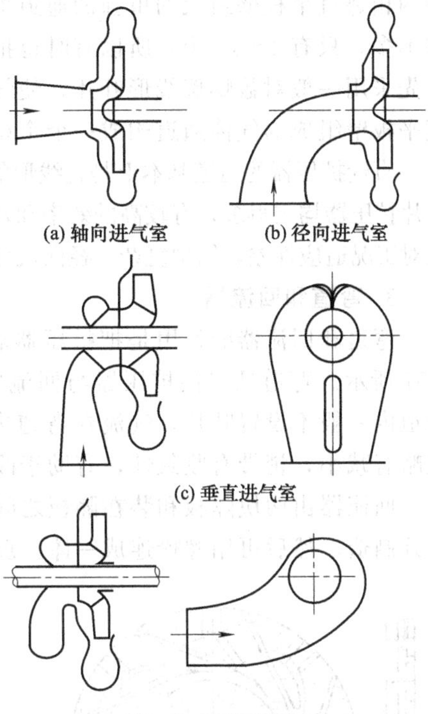

(a) 轴向进气室　(b) 径向进气室　(c) 垂直进气室　(d) 水平进气室

图 7-53　吸气室（进气室）

2. 扩压器

扩压器的作用是使从叶轮中出来的具有较高速度的气体减速，将气体的动能有效地转化为压力能。扩压器一般有无叶片扩压器、叶片扩压器和直壁扩压器三种形式。

(1) 无叶片扩压器

如图7-54所示，它是由两个平行壁构成的一个环形通道。气体从叶轮中通过环形流道流出，达到减速增压的目的。流道的后面可以与弯道、回流器相连，或是通过蜗壳把气流引到压缩机外面去。

无叶片扩压器的结构简单，造价低。由于没有叶片，当进气速度和方向变化时，对工况影响不显著，不存在进口冲击损失；无叶片扩压器可与不同出口角的叶轮匹配，具有良好的适应性。但无叶片扩压器的径向尺寸较大，气体流动路程较长，流动损失较大，故效率比叶片扩压器低。

(2) 叶片扩压器

叶片扩压器是在无叶片扩压器的环形通道中，沿圆周装有均匀分布的叶片，如图7-55所示。当气流经过叶片扩压器时，一方面因直径的加大而减速扩压，另一方面由于叶片的导流，可使气流的方向角逐渐加大，从而获得较大的减速增压效果。

叶片扩压器除具有扩压程度大的优点以外，其外形尺寸较无叶扩压器小，气流流动所经

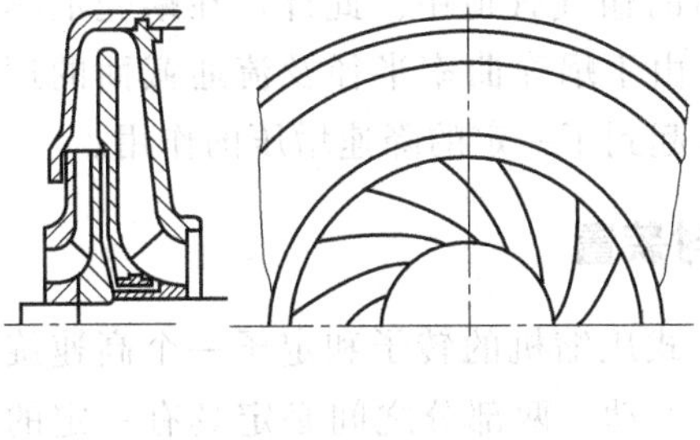

图 7-54　无叶片扩压器

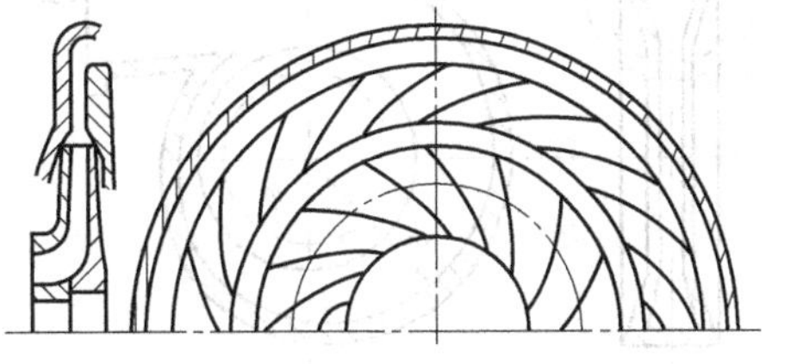

图 7-55　叶片扩压器

过的路程也短，效率较高；但因叶片存在，工况变化时，冲击损失较大，严重影响压缩机的效率，且稳定工作范围比无叶片扩压器小。为此在一些大型压缩机上已开始采用可调节叶片角度的叶片扩压器，以此来适应不同流量的变化，但其结构要复杂得多。

(3) 直壁扩压器

直壁扩压器实际上也是叶片扩压器的一种。由于其导叶间的通道有一段是由直线或接近于直线的段所组成的，因此称为直壁扩压器，如图 7-56 所示。这种形式的扩压器是一个个由两相邻直平板壁组成的单独的通道构成的，所以又称为通道扩压器，又因这种扩压器通道数不多，只有 4～12 个，所以有时也把这种扩压器称为少通道扩压器。扩压器的气流进口部分先采用一般对数螺旋线形叶片，使气流与无叶片扩压器中的流动相似，然后进入由两相邻直平板壁组成的气体通道构成一个个相连的通道。

直壁扩压器的通道基本上是直线形的，通道中的气流速度、压力分布要比一般弯曲形通道的叶片扩压器均匀得多，有较高的效率和较好的扩压效果，且气体流过时的流动损失较小。其缺点是对工况适应性差，结构复杂，径向尺寸太大，加工较困难，故仅适用于流量较小的压缩机。

3. 弯道和回流器

弯道和回流器的作用是把扩压器后的气体引导到下一级去继续进行压缩，其结构如图 7-57 所示。弯道是连接扩压器与回流室的一个半环形气体通道，通常由隔板和气缸组成。弯道内一般不设置叶片，气流在弯道内转 180°以后进入回流室。弯道前后的宽度一般相等或略有减小，稍带有收敛性，有助于改善流动情况。

回流器由两块隔板和装在隔板之间的反向导叶组成。反向导叶可以和机体铸成一体也可分开制造，然后再用螺栓连成一体。反向导叶片数一般为 12～18 片。

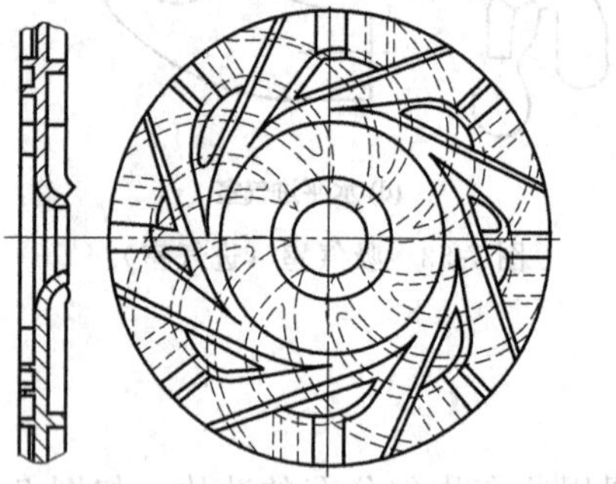
图 7-56 直壁扩压器

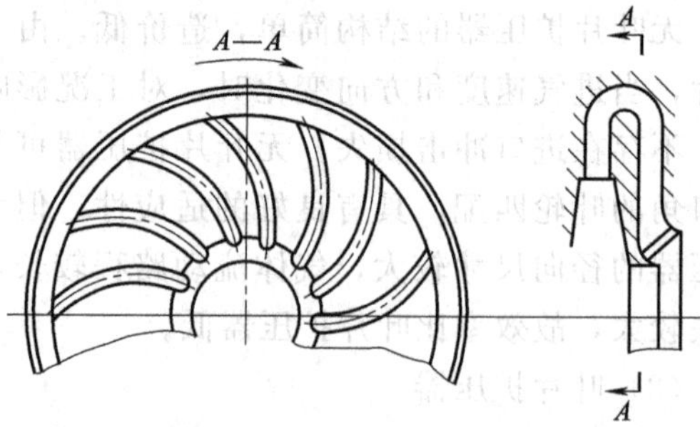

图 7-57 弯道和回流器

4. 蜗壳

蜗壳也称排气室，如图 7-58 所示，其作用是收集级中的气体，并将其导入中间冷却器或压缩机后面的输气管道中。此外，在蜗壳汇集气体的过程中，由于蜗壳曲率半径及流通截面的逐渐扩大，因此也起到了一定的降速增压的作用。

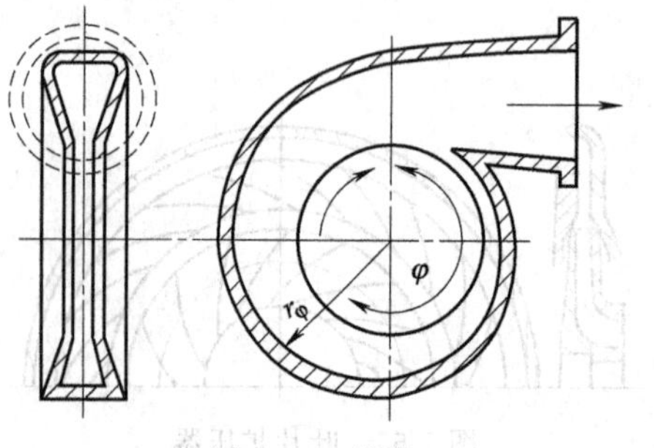

图 7-58 蜗壳

三、密封装置

由于离心式压缩机的转子和定子一个高速旋转而另一个固定不动，两部分之间必定具有一定的间隙，因此就一定会有气体在机器内产生内泄漏，同时还会产生外泄漏。为了减少或防止气体的这些泄漏，需要采用密封装置。防止机器内部流通部分各空腔之间泄漏的密封称为内部密封；防止或减少气体由机器向外部泄漏或由外部向机器内部泄漏（在机器内部气体压力低于外部气压时）的密封，称为外部密封或轴端密封。内部密封如轮盖、定距套和平衡盘上的密封，一般做成迷宫型。对于外部密封来说，如果压缩的气体有毒或易燃易爆（如氨气、甲烷、丙烷、石油气、氢气等）不允许漏至机外，则必须采用液体密封、机械接触式密封、抽气密封或充气密封等；如果压缩的气体无毒（如空气、氮气等），允许少量气体泄漏，则也可以采用迷宫型密封。

化工生产中的离心式压缩机常用的密封有迷宫型密封、浮环油膜密封、机械接触式密封和干气密封等，另外，近几年又出现了一种新型的磁流体密封。

1. 迷宫密封

迷宫密封一般为梳齿状的结构，故又称梳齿密封。其密封原理如图 7-59 所示。气体在梳齿状的密封间隙中流过时，由于流道狭直，因此气体的压力和温度都下降，而速度增加，即一部分静压能转变为动能。当气体进入梳齿之间的空腔时，由于流道的截面积突然扩大，这时气流形成很强烈的旋涡，速度几乎完全消失，动能转变成热能使气体的温度上升到原来的温度，而空腔中的压力不变仍保持间隙后的压力。气体依次通过各梳齿，压力不断降低，从而达到密封的目的。所以迷宫密封是将气体压力转变为速度，然后再将速度降低，达到内外压力趋于平衡，从而减少气体由高压向低压泄漏。

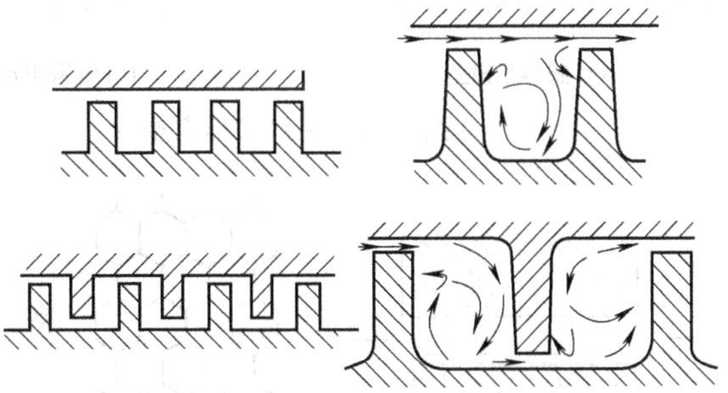

图 7-59　密封中气体的流动

迷宫密封的结构多种多样，压缩机内采用较多的有以下几种。

(1) 曲折型（图 7-60）

其特点是除了密封体上有密封齿（或密封片）外，轴上还有沟槽。曲折型迷宫密封有整体型和镶嵌型两种。整体型的缺点是密封齿间距不可能加工得太短，因而轴向尺寸长；采用镶嵌型可以大大缩短轴向尺寸。

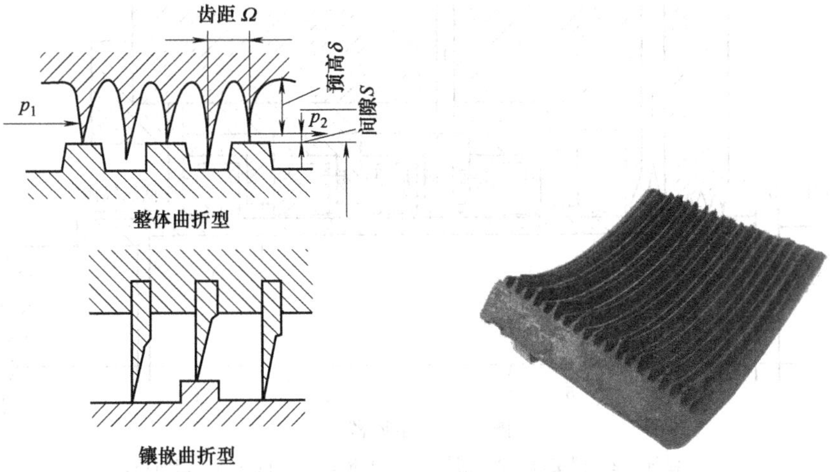

图 7-60　曲折型迷宫密封

(2) 平滑型（图 7-61）

这种密封或者是轴做成光轴，或者是密封体做成光滑的内表面，可分为整体平滑型和镶嵌平滑型。

(3) 台阶型（图 7-62）

这种密封多用于轮盖或平衡盘上的密封。

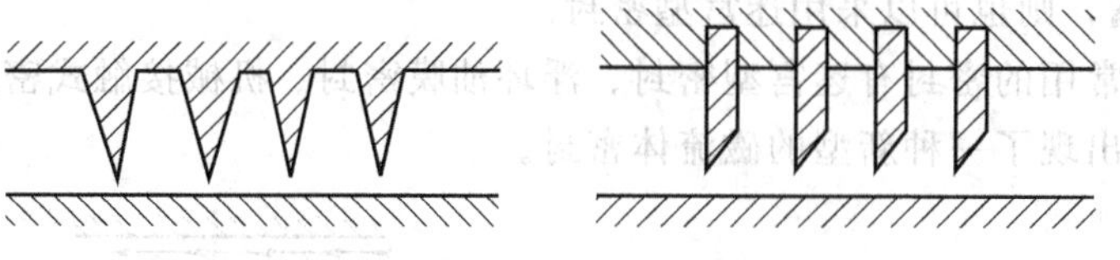

图 7-61 平滑型迷宫密封

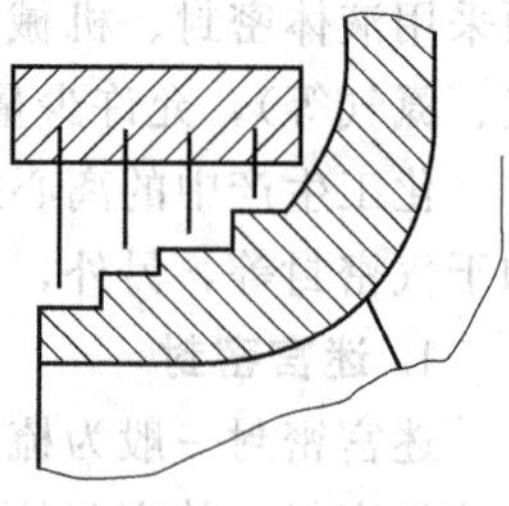

图 7-62 台阶型密封

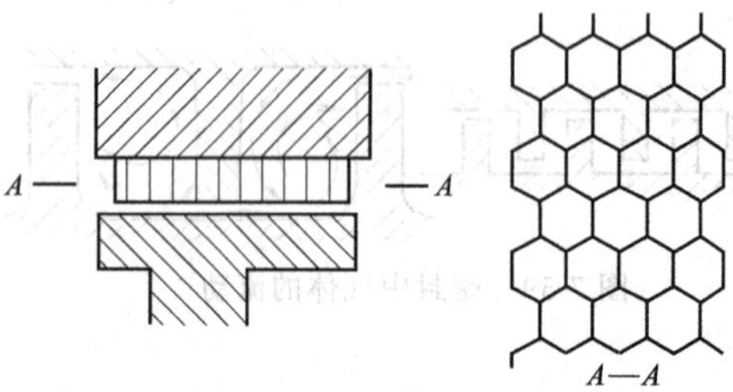

图 7-63 蜂窝型密封

(4) 蜂窝型（图 7-63）

蜂窝型密封加工工艺复杂，但密封效果好，密封片结构强度高。

迷宫密封中梳齿齿数一般为 4～35 片。梳齿的材料应比转子相应部分软，以防密封与转子发生接触时损坏转子。其常用材料一般采用青铜、铜锑锡合金、铝及铝合金。当温度超过 393K 时，可采用镍-铜-铁蒙乃尔合金或采用不锈钢条。当气体易燃易爆时，应采用不会产生火花的材料，如银、镍、铝或铝合金，也可采用聚四氟乙烯材料。迷宫密封是比较简单的一种密封装置，可用于机壳两端及级与级间的密封（其中级与级之间的密封几乎都是采用迷宫密封）。

2. 浮环密封

浮环密封的基本结构如图 7-64 所示。密封主要由几个浮动环组成，高压油由孔 12 注入密封体中，然后向左右两边溢出，左边为高压侧，右边为低压侧，流入高压侧的油通过高压

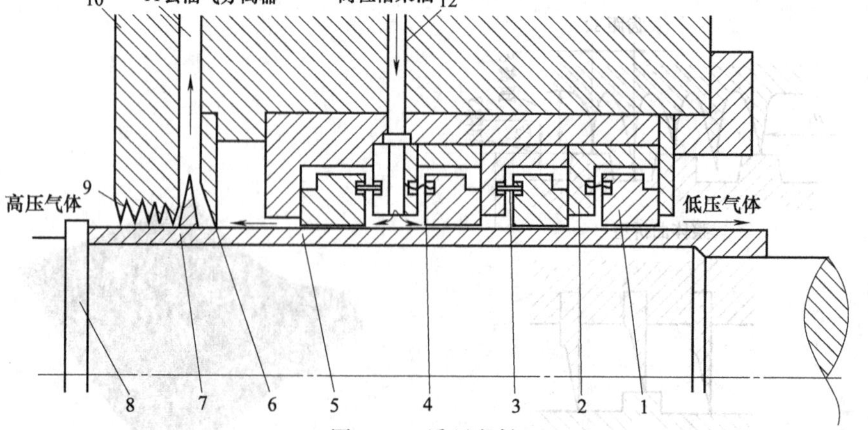

图 7-64 浮环密封

1—浮环；2—固定环；3—销钉；4—弹簧；5—轴套；6—挡油环；7—甩油环；8—轴；9—迷宫密封；10—密封；11—回油孔；12—进油孔

浮环、挡油环 6 及甩油环 7 由回油孔 11 排出。因为油压一般控制在略高于气体的压力，压差较小，所以向高压侧的漏油量很少。流入低压侧的油通过若干浮环（图中所示为三个）然后流出密封体。因为高压油与大气的压差较大，所以向低压侧的漏油量很大。浮环挂在轴套 5 上，径向上是活动的。当轴转动时，浮环被油膜浮起，为了防止浮环转动，一般加有销钉 3 来控制，这时所形成的油膜把间隙封闭以防止气体外漏。

浮环密封主要是高压油在浮环与轴套之间形成油膜而产生节流降压，阻止机内与机外的气体相通。由于是油膜起密封的主要作用，因此又称为油膜密封。

为了装配方便一般做成几个 L 形固定环，浮环就装在 L 形固定环的中间。高压环压差小，一般只采用一个。而低压环压差大，一般采用几个。为了使浮环与 L 形固定环之间的间隙不太大，用弹簧 4 将浮环压平。

浮环密封主要应用于离心式压缩机的轴封处，以防止机内气体逸出或空气吸入机内。如装置运转良好，则密封性能可做到绝对密封。它特别适用于高压、高速的离心式压缩机，所以在石油化工厂中广泛用于密封各种昂贵的高压气体以及各种易燃、易爆和有毒的气体。

3. 机械密封

机械密封又称端面密封，在泵中应用很广，并积累了许多经验。这种密封的特点是密封油的漏损率极低，是一般油密封的 1/10～1/5 倍，使用寿命比填料密封长。因此，在压缩机中，当被压缩的气体不允许向外泄漏时，也常常用到它。

4. 干气密封

干气密封是一种新型的非接触轴封，于 20 世纪 70 年代中期由美国的约翰·克兰密封公司研制开发，最早应用于离心式压缩机上。与其他密封相比，干气密封具有泄漏量少、摩擦磨损小、寿命长、能耗低、操作简单、密封稳定性和可靠性高、维修量低、被密封的流体不受油污染等特点。

图 7-65 为干气密封结构示意图。干气密封与机械密封在结构上并无太大区别，也由动环、静环、弹簧等组成，不同之处在于其动环端面开有气体动压槽。动环密封面分为两个功能区，即外区域和内区域。如图 7-66 所示，外区域由动压槽和密封堰组成，内区域又称密封坝，是指动环的平面部分。

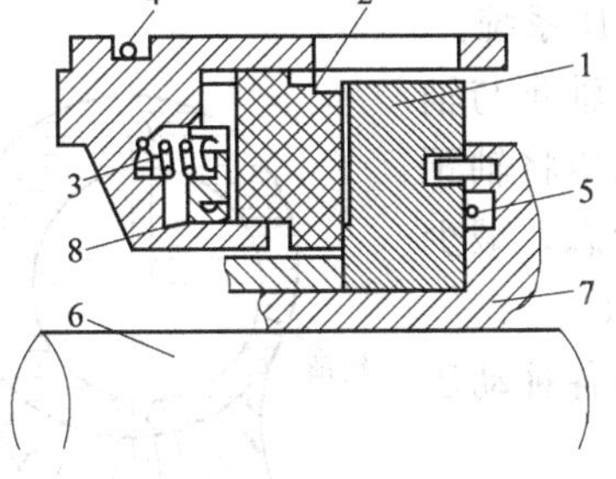

图 7-65　干气密封结构示意图

1—动环；2—静环；3—弹簧；
4,5,8—O 形环；6—转轴；7—组装件

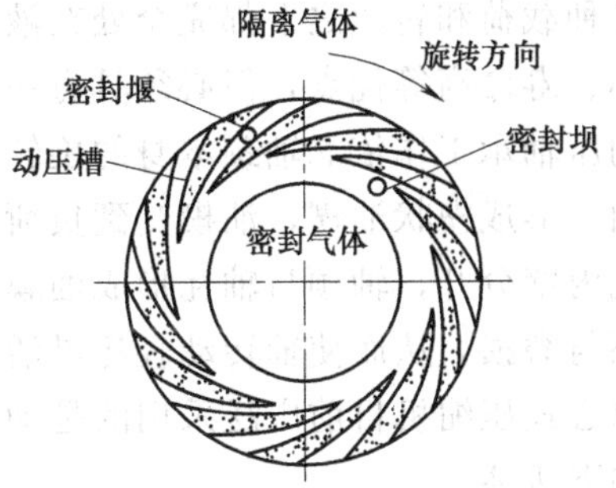

图 7-66　动环密封面结构

压缩机工作时，动环随转子一起转动，气体被引入动压槽，引入沟槽内的气体在被压缩的同时，遇到密封堰的阻拦，压力进一步升高。这一压力克服静环后面弹簧力和作用在静环上的流体静压力，把静环推开，使动环和静环之间的接触面分开而形成一层稳定的动压气

膜，此气膜对动环和静环的密封面提供充分的润滑和冷却。气膜厚度一般为几微米，这个稳定的气膜使密封端面间保持一定的密封间隙。气体介质通过密封间隙时，靠节流和阻塞的作用而被减压，从而实现气体介质的密封，几微米的密封间隙会使气体的泄漏率保持最小。

在压缩机应用领域，干气密封正逐渐替代浮环密封、迷宫密封和机械密封。在泵和反应釜上干气密封应用也越来越广泛。

5. 磁流体密封

磁流体密封是一种新型的密封。磁流体旋转轴封的工作原理如图 7-67 所示，永久磁环 2、极板 3 和轴（或套）4 等构成磁路。在磁场作用下，诱附磁流体于静止的极板与转动轴之间的间隙通道中，形成流体 O 形环，将间隙完全封堵，并且具有承压能力，防止气（或液）体由高压侧向低压侧的泄漏，达到完全密封的目的。磁流体是一种大小在 100×10^{-10} m 左右的固体微粒（金属氧化物）悬浮于载液中的胶状流体。它具有流体的特点，在外界磁场作用下才显磁性。选择不同的固体微粒或载液以及改变它们的组成配比，可得到不同性质的磁流体。

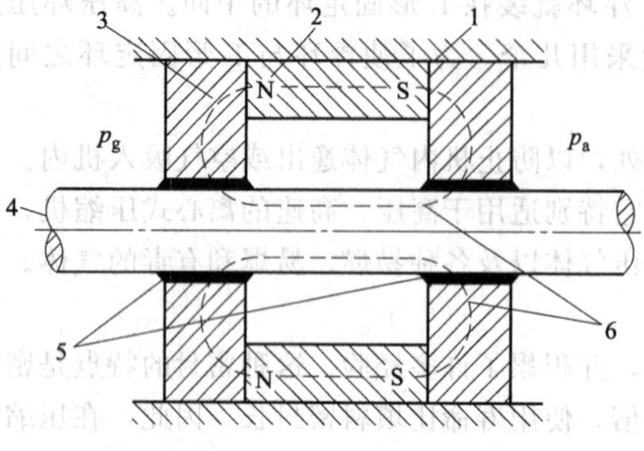

图 7-67 磁流体旋转轴封示意图

1—箱体；2—永久磁环；3—极板；4—转轴；5—磁流体 O 形环；6—磁力线；p_a—大气侧压力；p_g—气体侧压力

四、滑动轴承

离心式压缩机轴承为滑动轴承，根据承受载荷的不同分为径向轴承和止推轴承两类。径向轴承的作用是承受转子重量和其他附加径向力，保持转子转动中心和气缸中心一致，并在一定转速下正常旋转。止推轴承的作用是承受转子的轴向力，限制转子的轴向窜动，保持转子在气缸中的轴向位置。

滑动轴承按其工作原理又分为静压轴承和动压轴承。

静压轴承利用液压系统供给压力油于轴颈与轴承之间，使轴颈与轴承分开，从而保证轴承在各种载荷和转速之下都完全处在液体摩擦之中。因此静压轴承具有承载能力较高、摩擦阻力小、寿命高等优点，但必须具有一套完整的供油液压系统。

动压轴承工作依靠轴颈本身的旋转，把润滑油带入轴颈与轴瓦之间，形成楔状油楔，油楔受到负荷的挤压而产生油压将轴颈与轴瓦内壁分开，轴颈与轴瓦形成油膜处于液体摩擦状态，减少了摩擦与磨损，从而使轴转动轻巧灵活，如图 7-68 所示。

离心式压缩机目前广泛采用的是动压轴承，常见的各种动压轴承如下所述。

1. 径向轴承

径向轴承的结构形式很多，目前比较常用的是圆瓦轴承、椭圆瓦轴承和可倾瓦轴承。

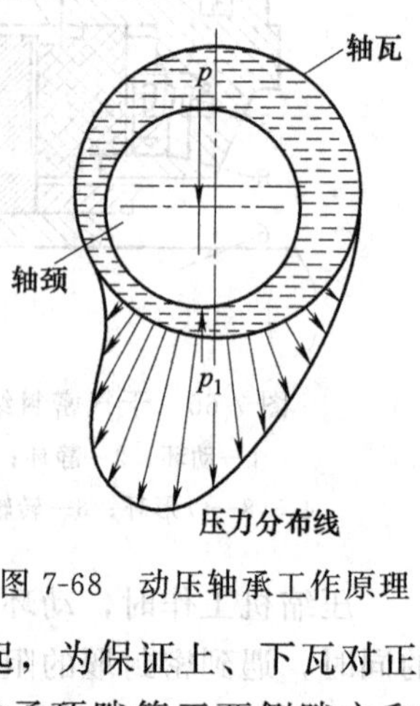

图 7-68 动压轴承工作原理

(1) 圆瓦轴承

图 7-69 所示为圆瓦轴承结构，上下两半瓦由螺钉 5 连接在一起，为保证上、下瓦对正，中心设有销钉 6。轴瓦内孔浇铸巴氏合金。轴颈放在轴瓦上时，轴承顶隙等于两侧隙之和。

轴颈和轴瓦的接触角不小于60°～70°，在此区域内保证完全接触。润滑油经由下轴瓦垫块3上的孔进入轴瓦并由轴颈带入油楔，经由轴承的两端而泄入轴承箱内。一般润滑油压力为0.039～0.049MPa（表压）。垫块1和3保证轴瓦在轴承壳中定位及对中，可以通过磨削垫片2和4来调整轴承位置。圆瓦轴承多用于低速、重载的离心式压缩机上。

（2）椭圆瓦轴承

椭圆瓦轴承的轴瓦内表面呈椭圆形，轴承侧隙大于或等于顶隙，一般顶隙约为轴径 d 的（1～1.5）/1000，侧隙约为轴径 d 的（1～3）/1000。轴颈在旋转中形成上下两部分油膜（图7-70），这两部分油膜的压力产生的合力与外载荷平衡。与圆瓦轴承相比椭圆瓦轴承稳定性好，在运转中若轴向上晃动，则上面的间隙变小，油膜压力变大，下面的间隙变大，油膜压力变小，两部分力的合力变化会把轴颈推回原来的位置，使轴运转稳定。同时由于其侧隙比圆柱轴承侧隙大，因此沿轴向流出的油量大，散热好，轴承温度低。但是，这种轴承的承载能力比圆瓦轴承低，由于产生上下两个油膜，功率消耗大，在垂直方向抗振性好，但水平方向抗振性差些。

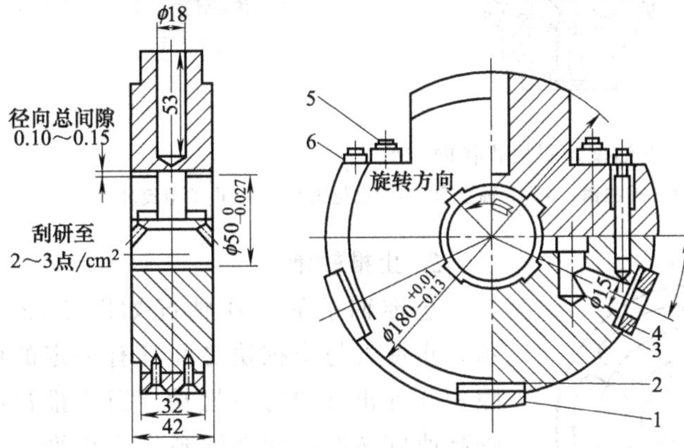

图7-69 圆瓦轴承

1,3—垫块；2,4—垫片；5—螺钉；6—销钉

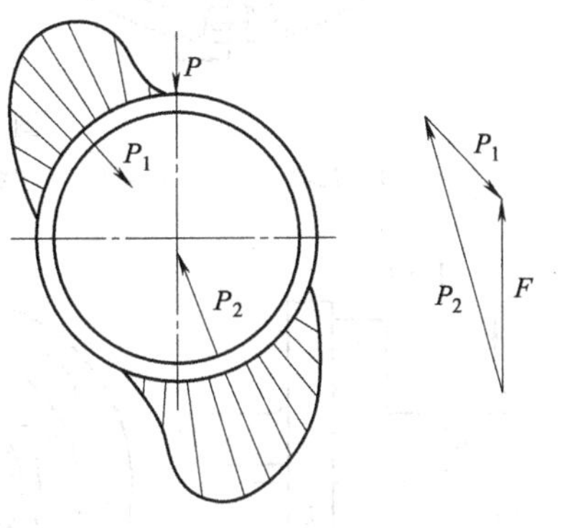

图7-70 椭圆瓦轴承

（3）可倾瓦轴承

又称倾斜块式径向轴承。可倾瓦轴承主要由轴承套、两侧油封和可以自由摆动的瓦块构成。这种轴承由三个或更多个瓦块所组成，一般是五块瓦，轴瓦可以摆动。如图7-71所示为五油楔倾斜块式径向轴承的结构，沿轴颈的周围均匀分布五个瓦块，各自可以绕自身的一个支点摆动。在轴颈的正下方有一个瓦块，以便停机时支承轴颈及冷态时用于找正。每块瓦的外径都小于轴承套的内径。瓦背圆弧与轴承套孔是线接触，它相当于一个支点。当机组转速、负荷等运行条件变化时，瓦块能在轴承套的支承面上自由地摆动，自动调节瓦块位置，形成最佳润滑油楔。为了防止轴瓦随轴颈沿圆周方向一起转动，每个瓦块上都用一个装在壳体上并与轴瓦松配的销钉或螺钉来定位。图7-71中所示的定位销在瓦块中间，也有不在中间的，进油道至定位销的距离比出口边至定位销的距离大。为了防止轴瓦沿轴向和径向窜动，把瓦块装在套内的T形槽中。瓦块浇注有巴氏合金，巴氏合金厚度为0.8～2.5mm。为保证巴氏合金与瓦块紧密贴合，在瓦块上预制出沟槽。轴承套上下水平剖分，安装在轴承座内，并用螺栓和定位销钉定位以保证对中，为了防止轴承套转动，装有一个径向定位销钉。一般情况下，轴承套外径紧配在轴承座内。也可以把轴承套做成凸球面，装在轴承座的

凹球面的支承上与其相吻合，从而轴承套可以自动调位，以适应轴的弯曲和轴颈不对中时所产生的偏斜。轴承的进油口数各不一样，有的轴承只有一个进油孔，有的轴承瓦块与瓦块间都有进油孔，但总是布置在不破坏油膜的地方，润滑油沿轴向排出去。在轴承两端的壳体上有一个凹槽相通的排油孔，润滑油集中到凹槽中，经过排油孔流回油箱，也有从上方排油孔排出的。可倾瓦轴承与其他轴承相比，其特点是由多块瓦组成，每一瓦块均可以摆动，因而使可倾瓦轴承在任何情况下都有利于形成最佳油膜，不易产生油膜振荡。

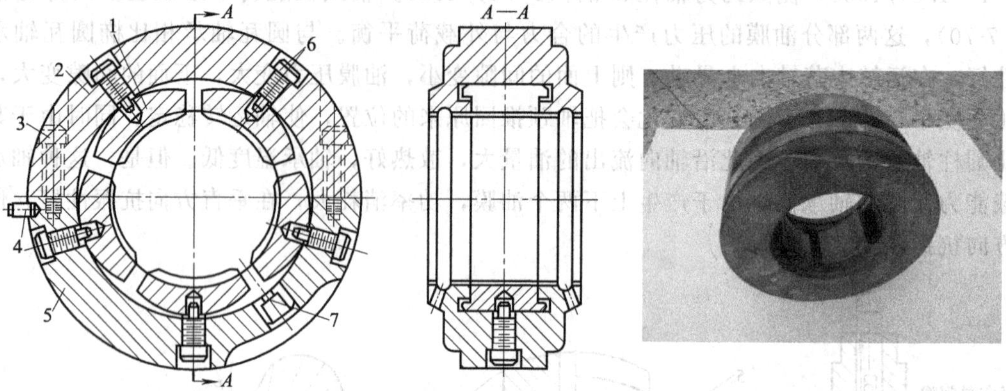

图 7-71　五油楔倾斜块式径向轴承

1—瓦块；2—上轴承套；3—螺栓；4—圆柱销；5—下轴承套；6—定位销钉；7—进油节流环

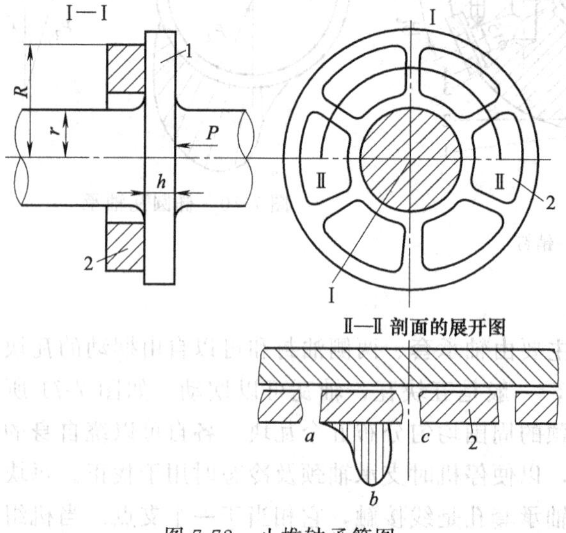

图 7-72　止推轴承简图

1—止推盘；2—止推块

2. 止推轴承

止推轴承的工作情况如图 7-72 所示，止推盘与止推块之间具有一定的间隙，并且止推块可以摆动。当止推盘随轴高速旋转时，润滑油被带入止推盘和止推块的间隙中，从而产生油压来平衡轴向力，同时形成油膜使止推盘与止推块处于液体摩擦状态，以减少其摩擦，保证止推轴承正常运行。

止推轴承的结构形式较多，在离心式压缩机上目前广泛采用的是金斯泊尔轴承和米契尔轴承。

(1) 金斯泊尔轴承

其结构原理如图 7-73 所示。它的活动部分是由扇形止推块 1、上摇块 2、下摇块 3 三层零件叠成的，故又称浮动叠层式止推轴承。其扇形止推块底部镶有硬质合金做成的支承面，支承在上摇块上可以自由摆动，上摇块则支承在下摇块上，下摇块本身又可在壳内摆动，它们彼此间均能作相对摆动，因此能更好地保证各块扇形止推块自动调位，受力更为均匀。

金斯泊尔轴承承载能力大，允许推力盘有较高的线速度，磨损较慢，使用寿命长，更适宜用于高速重载的离心式压缩机中。其缺点是轴向尺寸较大，制造工艺较复杂。

这种轴承在高速高压的离心压缩机中采用比较广泛。我国大型化肥厂进口的合成氨压缩

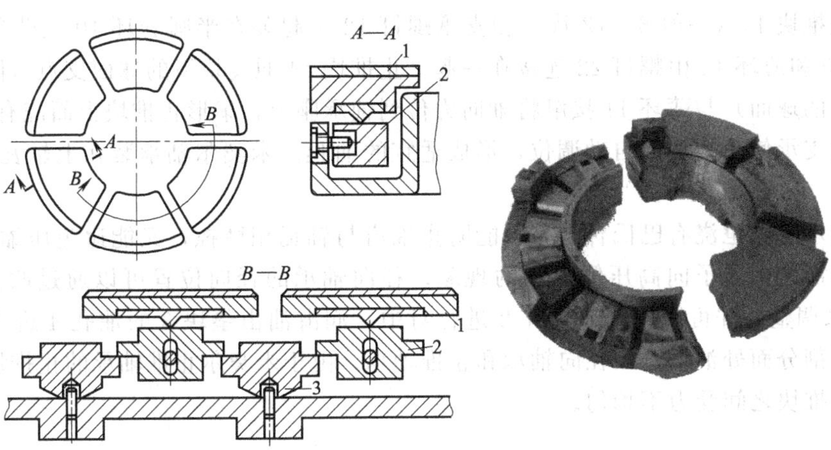

图 7-73 金斯泊尔止推轴承示意图

1—扇形止推块；2—上摇块；3—下摇块

机及二氧化碳压缩机中都采用这种轴承。

（2）米契尔轴承

图 7-74 为米契尔止推轴承和径向轴承组成的径向止推轴承的结构。米契尔止推轴承，主要由止推盘 20 和止推块 14 组成。止推盘 20 装在轴上随轴转动，沿圆周方向均匀分布的

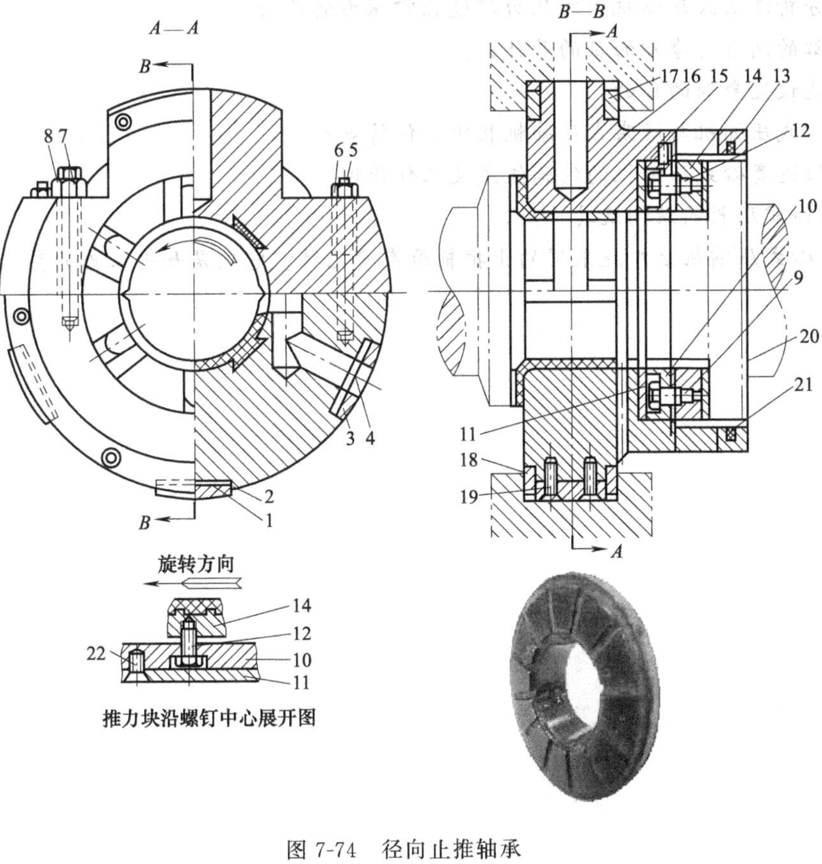

图 7-74 径向止推轴承

1,3—垫块；2—垫片；4—油孔；5—销钉；6,8—螺母；7,9,12,15,19,22—螺钉；10—套环；11—薄环；13—密封环；14—止推块；16—上轴瓦；17,18—轴向垫块；20—止推盘；21—下轴瓦

单层扇形止推块 14（一般 6～12 块）和支承螺钉 12 一起装在半圆套环 10 及薄环 11 之间，半圆套环 10 和薄环 11 由螺钉 22 连接在一起。止推块 14 通过块下的球面支点（图中是通过螺钉 9 头上的球面）与薄环 11 接触将轴向力传到轴承座上，扇形止推块上面浇有巴氏合金，底部的球面支承使止推块能自动调位，形成适宜的油膜。米契尔轴承装在上轴瓦 16 和下轴瓦 21 内。

径向轴承左侧也浇有巴氏合金，既能防止轴肩与轴瓦相摩擦，又能避免压缩机开机时，因气体冲力而产生转子向高压侧窜动的现象。径向轴承的径向位置可以通过改变垫块 17、18 的厚度来调整，并可以用调节垫片 2 进行对中。润滑油由垫块 3 的油孔 4 进入轴承，并沿轴瓦水平剖分面处油槽进入径向轴承和止推轴承。由于米契尔止推轴承的止推块直接与薄环接触，止推块之间受力不均匀。

【习题】

1. 活塞式压缩机润滑的目的有哪些方面？
2. 简述活塞式压缩机的主要优、缺点。
3. 何谓压缩机的级、段、列？
4. 活塞环为什么要设置切口？常见切口形式有哪些？各有何特点？
5. 试分析活塞式压缩机级间压力超过正常压力的原因。
6. 气缸的润滑与冷却的目的是什么？
7. 简述设置余隙的目的。
8. 离心式压缩机与活塞式压缩机相比有何特点？
9. 试叙述离心式压缩机的结构组成及工作原理。
10. 简述扩压器的结构及其作用。
11. 离心式压缩机上广泛采用的止推轴承有哪几种？它们是如何工作的？

第八章

泵结构拆装

【学习目标】

① 了解离心泵的结构、种类、工作原理。

② 能正确选用离心泵，合理选择离心泵零部件的结构、规格及材质。

③ 了解往复泵的结构、种类、工作原理。

④ 能正确选用往复泵，合理选择往复泵零部件的结构、规格及材质。

泵是提升液体、输送液体或使液体增加压力，把原动机的机械能变为液体能量的一种机器。由于化工生产中的原料、半成品、成品大多数为液体，因此泵的使用相当广泛，如化工厂用的各种酸泵、碱泵，炼油厂用的各类油泵，氮肥厂用的各种给排水泵等。泵一旦出现故障，往往会影响整个系统的工作，可见，泵是保证化工生产正常进行的重要机器之一。

第一节　泵类型选择

一、泵的分类

泵的品种系列繁多，分类方法也各不相同，通常按其作用原理不同分为三类：

① 叶片式泵。它是依靠泵内高速旋转的叶轮把能量传递给液体，进行液体输送的机械。这类泵有离心泵、轴流泵、混流泵、旋涡泵等。

② 容积式泵。它是利用泵内工作室容积的周期性变化来提高液体压力，达到输液的目的。工作容积的改变方式有往复运动和旋转运动两种，属于往复运动的有活塞式往复泵和柱塞式往复泵，属于旋转运动的有齿轮泵、螺杆泵等。

③ 其他类型泵。包括流体动力作用泵和电磁泵。流体动力作用泵是利用流体静压或工作流体的动能来输送液体的，如喷射泵；电磁泵则是利用电磁力来输送流体的。

（一）离心泵分类

1. 按工作叶轮数目分类

① 单级泵（图 8-1）：即在泵轴上只有一个叶轮。

② 多级泵（图 8-2）：即在泵轴上有两个或两个以上的叶轮，这时泵的总扬程为所有叶轮产生的扬程之和。

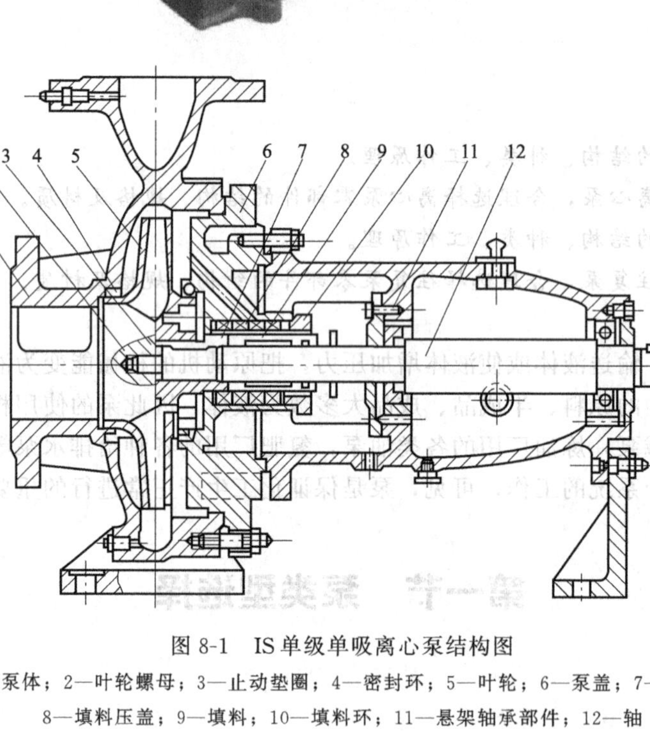

图 8-1 IS 单级单吸离心泵结构图

1—泵体；2—叶轮螺母；3—止动垫圈；4—密封环；5—叶轮；6—泵盖；7—轴套；
8—填料压盖；9—填料；10—填料环；11—悬架轴承部件；12—轴

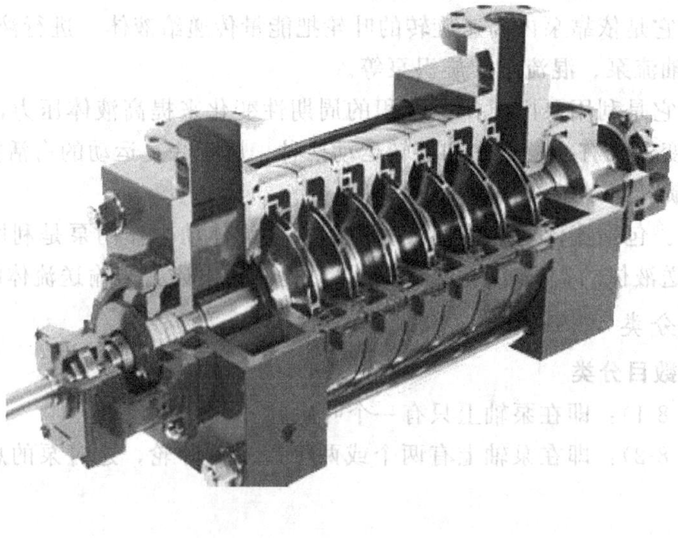

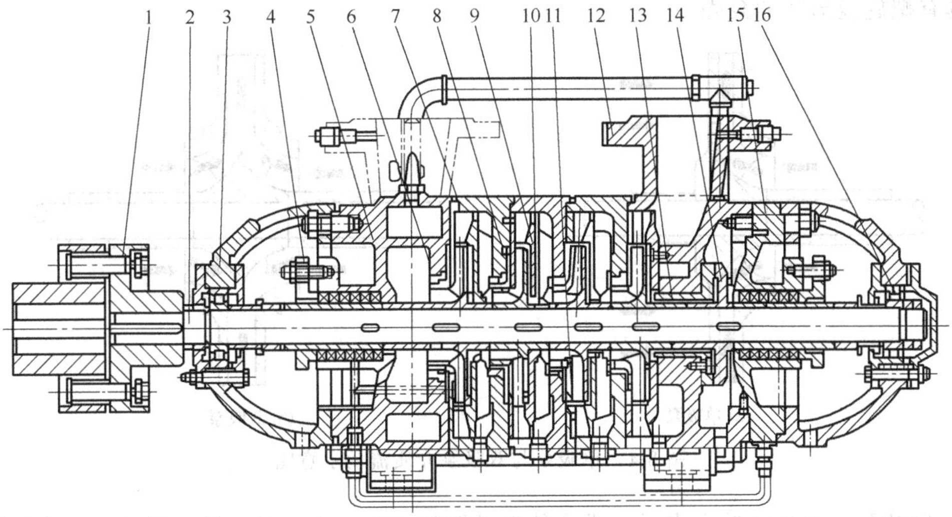

图 8-2 D型多级离心泵

1—销弹性轴器部件；2—轴；3—滚动轴承；4—填料压盖；5—吸入段；6—密封环；7—中段；8—叶轮；9—导叶；10—导叶套；11—拉紧螺栓；12—排出段；13—平衡套（环）；14—平衡盘；15—填料函体；16—轴承

2. 按工作压力分类

① 低压泵：压力低于 100mH_2O（1mH_2O=980.665Pa）。

② 中压泵：压力为 100～650mH_2O。

③ 高压泵：压力高于 650mH_2O。

3. 按叶轮进水方式分类

① 单侧进水式泵（图 8-1）：又叫单吸泵，即叶轮上只有一个进水口。

② 双侧进水式泵（图 8-3）：又叫双吸泵，即叶轮两侧都有一个进水口。它的流量比单吸式泵大一倍，可以近似看作是两个单吸泵叶轮背靠背放在一起。

图 8-4（a）是单吸泵介质流动示意图，图 8-4（b）是双吸泵介质流动示意图。

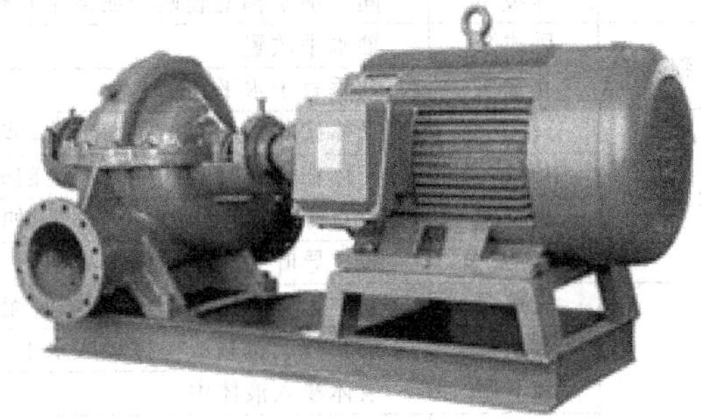

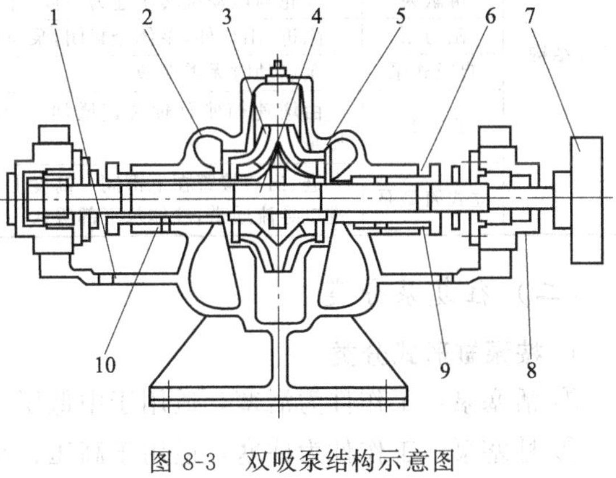

图 8-3 双吸泵结构示意图

1—泵体常；2—泵盖；3—叶轮；4—轴；5—双吸密封环；6—轴套；7—联轴器；8—轴承体；9—填料压盖；10—填料

4. 按泵壳接合缝形式分类

① 水平中开式泵：即在通过轴心线的水平面上开有接合缝。

② 垂直结合面泵：即接合面与轴心线相垂直。

5. 按泵轴位置分类

① 卧式泵：泵轴位于水平位置。

② 立式泵：泵轴位于垂直位置。

6. 按叶轮出来的水引向压出室的方式分类

① 蜗壳泵：水从叶轮出来后，直接

进入具有螺旋线形状的泵壳。

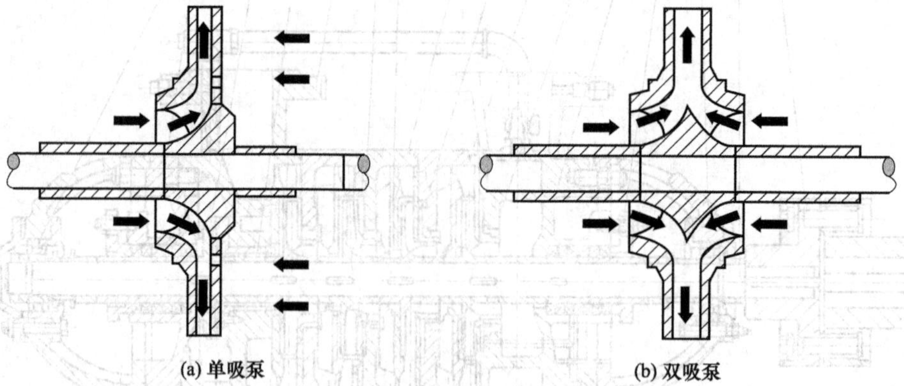

图 8-4 单吸泵与双吸泵介质流动示意图

② 导叶泵：水从叶轮出来后，进入外面设置的导叶，之后进入下一级或流入出口管。

此外，离心泵根据介质不同，可分为油泵、水泵、凝结水泵、排灰泵、循环水泵等。表 8-1 列举了几种常见离心泵的分类及特点。

表 8-1 离心泵的分类及特点

分类方式	类 型	离心泵特点
按吸入方式	单吸泵	液体从一侧流入叶轮，存在轴向力
	双吸泵	液体从两侧流入叶轮，不存在轴向力，泵的流量几乎比单吸泵增加一倍
按级数	单级泵	泵轴上只有一个叶轮
	多级泵	同一根泵轴上装两个或多个叶轮，液体依次流过每级叶轮，级数越多，扬程越高
按泵轴方位	卧式泵	轴水平放置
	立式泵	轴垂直于水平面
按壳体形式	分段式泵	壳体按与轴垂直的平面部分，节段与节段之间用长螺栓连接
	中开式泵	壳体在通过轴心线的平面上剖分
	蜗壳泵	装有螺旋形压水室的离心泵，如常用的端吸式悬臂离心泵
	透平式泵	装有导叶式压水室的离心泵
特殊结构	管道泵	泵作为管路的一部分，安装时无需改变管路
	潜水泵	泵和电动机制成一体浸入水中
	液下泵	泵体浸入液体中
	屏蔽泵	叶轮与电动机转子连为一体，并在同一个密封壳体内，不需采用密封结构，属于无泄漏泵
	磁力泵	除进、出口外，泵体全封闭，泵与电动机的连接采用磁钢互吸而驱动
	自吸式泵	泵启动时无需灌液
	高速泵	由增速箱使泵轴转速增加，一般转速可达 10000r/min 以上，也可称部分流泵或切线增压泵
	立式筒型泵	进、出口接管在上部同一高度上，有内、外两层壳体，内壳体由转子、导叶等组成，外壳体为进口导流通道，液体从下部吸入

（二）往复泵分类

1. 按泵缸形式分类

① 活塞泵：工作件为活塞，适用于中低压、较大流量的场合。

② 柱塞泵：工作件为柱塞，适用于高压、小流量的场合。

2. 按工作方式分类

① 单作用往复泵：将吸入阀和排出阀装在活塞的同侧，在一个工作循环中，只有一个

吸入过程和一个排出过程，如图 8-5 所示。

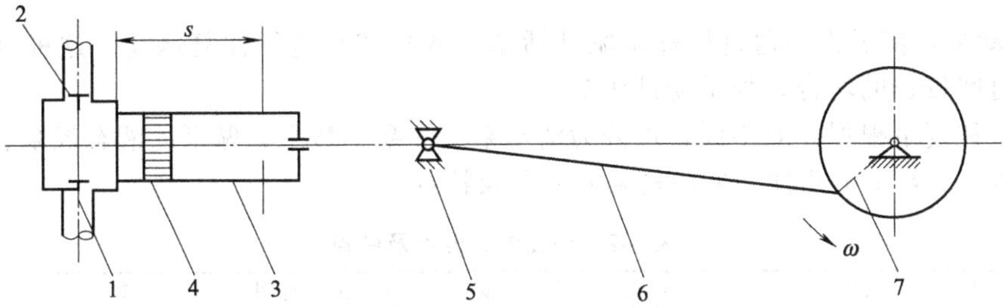

图 8-5　单作用往复泵

1—吸入阀；2—排出阀；3—排出阀；4—活塞；5—十字头；6—连杆；7—曲轴

② 双作用往复泵：泵缸两端均装有吸入阀和排出阀，在一个工作循环中，有两个吸入过程和两个排出过程，如图 8-6 所示。

③ 差动泵：泵缸的一端安装吸入阀和排出阀，泵的排液管与泵缸的另一端（没有吸入阀和排出阀）相连通，在一个工作循环中，有一个吸入过程和两个排出过程，如图 8-7 所示。若使吸入液体分两次均匀排出，则活塞面积应为活塞杆面积的两倍。

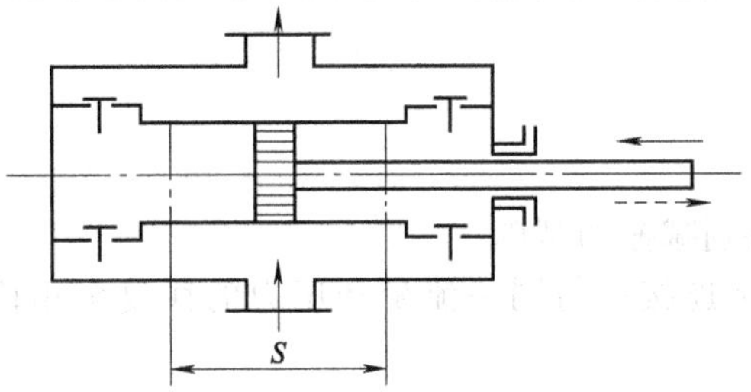

图 8-6　双作用往复泵

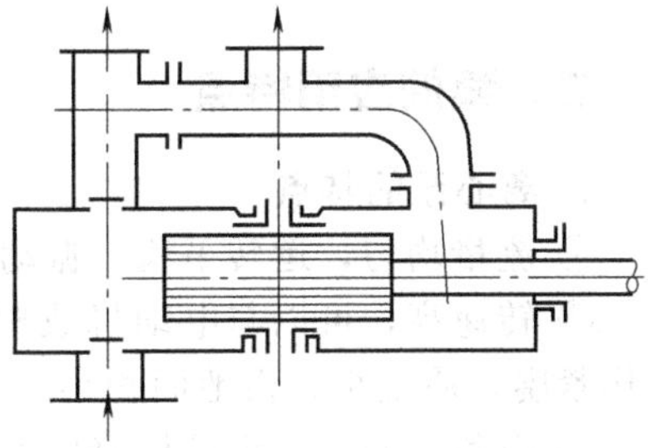

图 8-7　差动泵

3. **按泵缸数目分类**

① 单缸泵：只有一个气缸。

② 双缸泵：有两个气缸。

③ 多缸泵：有多个气缸，相当于多台单缸泵并联工作，流量和压力都比较均匀；但缸数过多，结构就复杂。

图 8-8 所示为三缸柱塞泵，瞬时流量和压力较为均匀稳定，应用广泛。这种泵的三个连杆装在同一根曲轴上，对应于第一个泵缸的曲柄方位相差 120°。曲柄每旋转一周，泵依次有三个吸液过程和三个排液过程。

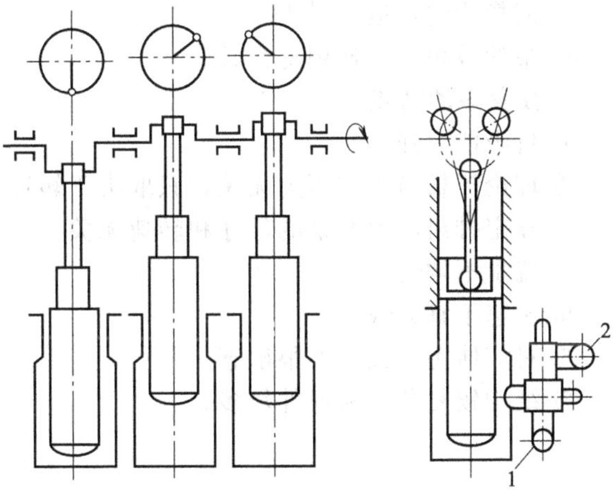

图 8-8　三缸柱塞泵

1—吸入口；2—压出口

4. **按驱动方式分类**

① 机动泵：用电机、内燃机等作为动力，通过曲柄机构使活塞（或柱塞）进行往复运动。

② 流体动力作用泵：用具有一定压力的水蒸气、压缩空气或液体来驱动活塞（或柱塞）

进行往复运动，最常用的是水蒸气，其动力缸的活塞杆与泵缸的活塞杆直接相连，一起进行往复运动。

③ 手动泵：依靠人力通过杠杆来驱动活塞（或柱塞）进行往复运动。这种泵一般用在工作间隔时间较长的场合，如手动试压泵。

此外，往复泵根据介质不同，可分为清水泵、油泵、酸泵、碱泵、液态烃泵、高黏度液体泵等。表 8-2 列举了几种常见往复泵的分类及特点。

表 8-2　往复泵的分类及特点

种类	结构	优点	缺点	适用范围	材料	特殊要求
盘状活塞式往复泵	活塞成盘状，长度为 0.8～1.0 倍的活塞直径	泵缸长度较短，流量大	泵缸分为两个空间，有压力差易泄漏	常用水泵，不适于高压	铸铁、钢、青铜或塑料	活塞上装设活塞环，以保持与缸壁间的密封
柱塞式往复泵	采用柱塞，柱塞小于 100mm 为实心，大于 100mm 为空心	不用安装活塞环，维修方便，能承受高压	加工成本高	柴油机高压油泵，气缸油注油器	铸钢、铸铁、青铜或合金钢	柱塞表面加工要精密加工，要有高硬度
隔膜式往复泵	利用活塞或柱塞的往复运动，再以气体液体或机械传动使隔膜反复鼓动	耐磨损或腐蚀	传动效果低	传送含有固体颗粒或酸碱类的液体		

二、泵的应用特点

1. 离心泵的特点

① 流量均匀，运转平稳，振动小，不需要特别减振的基础。

② 转速高，可以与电动机或蒸汽透平机直接连接；与同一流量和压力的往复泵相比，结构紧凑，质量小，占地面积小。

③ 设备、安装、维护检修费用较低。

④ 可利用调节阀方便地调节流量，操作简单，管理方便。

⑤ 流量均匀，运转噪声小。

⑥ 泵的效率高，使用寿命长。

2. 往复泵的特点

① 自吸能力强。

② 理论流量与工作压力无关，只取决于转速、泵缸尺寸及作用数。

③ 额定排出压力与泵的尺寸和转速无关。

④ 流量不均匀。

⑤ 转速不宜太快。

⑥ 对液体污染程度不很敏感。

⑦ 结构较复杂，易损件较多。

第二节　离心泵结构原理

一、离心泵的工作原理

离心泵的种类很多，但工作原理相同，构造大同小异。其主要工作部件是旋转叶轮和固定泵壳，如图 8-9 所示。叶轮是离心泵直接对液体做功的部件，其上有若干后弯叶片，一般为 4～8 片。离心泵工作时，叶轮由电机驱动作高速旋转运动（1000～3000r/min），迫使叶片间的液体也随之作旋转运动。同时因离心力的作用，使液体由叶轮中心向外缘作径向运动。液体流经叶轮获得能量，并以高速离开叶轮外缘进入蜗形泵壳。在蜗壳内，由于流道的逐渐扩大而减速，又将部分动能转化为静压能，达到较高的压强，最后沿切向流入压出管道。

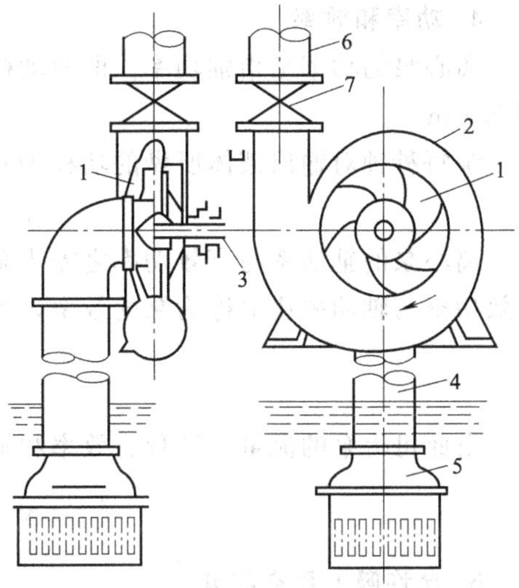

图 8-9　离心泵装置简图

1—叶轮；2—泵壳；3—泵轴；4—吸入管；5—底阀；6—压出管；7—出口阀

在液体受压由叶轮中心流向外缘的同时，在叶轮中心处形成真空。泵的吸入管路一端与叶轮中心处相通，另一端则浸没在输送的液体内，在液面压力（常为大气压）与泵内压力（负压）的压差作用下，液体经吸入管路进入泵内，只要叶轮转动不停，离心泵便不断地吸入和排出液体做。由此可见，离心泵主要是依靠高速旋转的叶轮所产生的离心力来输送液体的，故名离心泵。

离心泵若在启动前未充满液体，则泵内存在空气，由于空气密度很小，所产生的离心力也很小。吸入口处所形成的真空不足以将液体吸入泵内，虽启动了离心泵，但不能输送液体，此现象称为“气缚”。所以离心泵启动前必须向壳体内灌满液体，在吸入管底部安装带滤网的底阀。底阀为止逆阀，防止启动前灌入的液体从泵内漏失。滤网防止固体物质进入泵内。靠近泵出口处的压出管道上装有调节阀，供调节流量时使用。

二、离心泵的主要性能参数

表示离心泵工作性能的参数有流量、扬程（压头）、转速、功率、效率、允许吸上真空高度和允许汽蚀余量等。

1. 流量

单位时间内泵所输出的液体量，称为流量。常有体积流量和质量流量两种。

体积流量用 Q 表示，单位用米^3/秒（m^3/s）或米^3/小时（m^3/h）、升/秒（L/s）。

质量流量用 G 表示，单位用千克/秒（kg/s）或吨/小时（t/h）。

2. 扬程

泵给予单位液体的能量称为扬程，其单位为米（m）。它表示泵能提升液体的高度，和流体力学中压头的单位是一样的，因此泵的扬程又称为泵的压头，用符号 H 表示。

泵的扬程是指全扬程或总扬程，它包括吸上扬程和压出扬程。吸上扬程包括实际吸上扬程和吸上扬程损失；压出扬程包括实际压出扬程和压出扬程损失。泵样本或铭牌上给出的扬程数值，是用水做实验测出的全扬程。

3. 转速

在工程单位制中离心泵的转速为泵轴每分钟的转数，用符号 n 表示，单位为转/分（r/min）。在 SI 制中转速为泵轴每秒钟的转数，用符号 n_f 表示，单位为升/秒（L/s）。

泵的转数改变时，其流量、扬程、功率等都要发生变化。

4. 功率和效率

离心泵的功率是指轴功率，即原动机传给泵轴的功率，用符号 N 表示，单位为瓦（W）即 N·m/s。

泵每秒钟对输出液体所做的功称为有效功率，用符号 N_e 表示。

$$N_e = QH\rho g \quad (W) \tag{8-1}$$

离心泵的轴功率与有效功率之差为泵内损失的功率，其大小可用效率来衡量。离心泵的有效功率与轴功率比值称为泵的效率，用符号 η 表示，即：

$$\eta = \frac{N_e}{N} \tag{8-2}$$

由此可得泵的流量、扬程、效率和轴功率的关系是：

$$N = \frac{QH\rho g}{\eta} \quad (W) \tag{8-3}$$

5. 允许吸上真空高度

允许吸上真空高度表示泵的吸上扬程的最大值，即泵在正常工作而不产生汽蚀的情况下，将液体从储槽液面吸入到泵进口中心的高度，以符号 H_s 表示，单位是米（m）。允许吸上真空高度越高，表示泵的抗汽蚀性能越好，一般泵的允许吸上真空高度为 2.5～9m。

泵的样本或铭牌上的允许吸上真空高度是在标准大气压（760mmHg）下用常温（293K）清水试验得到的。通常将临界状态下（即刚好由于汽蚀而不能正常工作时）的吸上扬程减去 0.3mH_2O，作为泵的允许吸上真空高度。

6. 允许汽蚀余量

允许汽蚀余量是指泵入口处液体的压力高于被输送液体在当时温度下饱和蒸汽压的富余能量，用符号 Δh 表示，单位是米（m）。

允许汽蚀余量也是表示泵汽蚀性能的参数。若允许汽蚀余量越小，则说明泵的性能越好。

提高离心泵抗汽蚀能力的措施一般有采用双吸叶轮、增大叶轮入口直径、增加叶片入口处宽度、采用螺旋诱导轮、采用抗汽蚀材料制造叶轮、提高叶轮表面光洁度等。

第三节 离心泵零部件选用

一、叶轮及叶片

离心泵的主要零件有：叶轮、泵轴、泵体（泵壳）、泵盖、密封环、填料、填料压盖、托架等。在泵体内，叶轮入口处有吸液室，叶轮出口处有压液室。

1. 叶轮

离心泵输送液体是依靠泵体内高速旋转的叶轮对液体做功而实现的。叶轮的尺寸、形状和制造精度对泵的性能有很大影响。叶轮按其结构形式可分为闭式叶轮、半开式叶轮和开式叶轮三种。

(1) 闭式叶轮［图 8-10 (a)］

叶轮的两侧分别有前、后盖板，两盖板间有数片叶片，叶轮内形成密闭的流道。这种叶轮效率较高，应用最多，适用于输送澄清的液体。闭式叶轮有单吸式和双吸式两种，单吸式叶轮比双吸式叶轮输液量大。

（2）半开式叶轮［图 8-10（b）］

这种叶轮只有后盖板，吸入口一侧没有盖板（即前盖板）。这种叶轮的效率比开式叶轮高，比闭式叶轮低，适用于输送黏稠及含有固体颗粒的液体。

（3）开式叶轮［图 8-10（c）］

叶轮的两侧均没有盖板。这种叶轮效率低，适用于输送污水、含沙及含纤维的液体。

2. **叶片**

叶轮内部叶片的弯曲方向决定了离心泵的扬程大小，叶片有三种形式，如图 8-11 所示。

(a) 闭式叶轮　(b) 半开式叶轮　(c) 开式叶轮

图 8-10　叶轮的三种主要形式

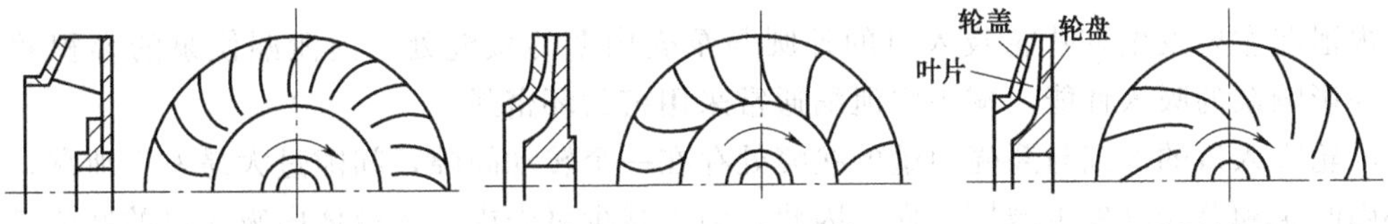

(a) 前弯叶片式　(b) 径向(出口)叶片式　(c) 后弯叶片式

图 8-11　叶片弯曲形式

① 前弯叶片。叶片的弯曲方向与叶轮旋转方向相同，产生的能量头较大，其中动能部分所占的比例较大，因而流动损失大，效率较低。

② 后弯叶片。叶片弯曲方向与叶轮旋转方向相反，产生的能量头较低，但静压能所占的比例较大；加上流动损失较小，因而效率较高。

③ 径向叶片。叶片的弯曲方向与叶轮的直径方向相同，产生的能量头和效率介于前两者之间。

二、蜗壳与导轮

液体从离心泵的叶轮出来以后具有很大的动能，为了减少能量损失，必须降低液体流速，把一部分动能转变为静压能。蜗壳与导轮的作用就是降低泵内液体流速，使一部分动能转变为静压能，所以又称为转能装置。此外，蜗壳还起着把从叶轮出来的液体收集起来送往出水管的作用。

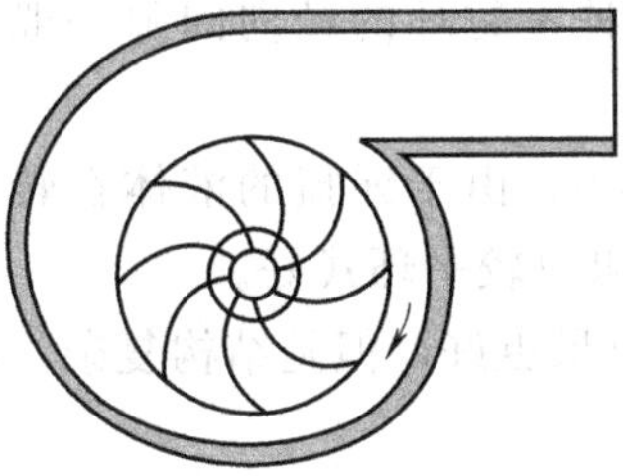

图 8-12　蜗壳示意图

1. **蜗壳**（图 8-12）

蜗壳又称螺旋形泵壳。蜗壳呈螺旋线形，其内道逐渐扩大，出口为扩散管状。液体从叶轮流出后，其流速可以平缓地降低，使很大一部分动能转变为静压能。

蜗壳的优点是制造比较方便，性能曲线的高效率区比较宽，车削叶轮后，泵的效率变化比较小。其缺点是形状不对称，在使用时，作用在转子上的径向压力不均匀，易使泵轴弯曲。所以在多级泵中只是首段（吸入段）和尾段（排出段）采用，而在中段采用导轮装置。

2. 导轮

导轮安装在多级离心泵叶轮的外周，由两个圆环形盖板及夹在其间的导叶和后盖板背面的若干反导叶构成。导轮是一个固定不动的圆盘，正面有包在叶轮外缘的正向导叶，背面有将液体引向下一级叶轮入口的反向导叶。液体从叶轮甩出后，平缓地进入导轮，沿正向导叶继续向外流动，速度逐渐降低，静压能不断提高。液体经导轮背面的反向导叶进入下一级叶轮。

导轮与蜗壳相比，优点是外形尺寸小，缺点是效率低。由于导轮中有多个叶片，当泵的实际工况偏离时，液体流出叶轮时的运动轨迹与导轮叶片形状不一致，使其产生较大的冲击损失，因此泵的效率低。

三、密封装置

泄漏是离心泵工作的常见故障，根据泄漏位置不同，分为内泄漏和外泄漏两种，防止泄漏须采用不同的密封装置。

1. 内泄漏

内泄漏主要发生在叶轮吸入口的外圆与泵壳内壁的接缝处。内泄漏使泵的容积效率降低，并影响泵的吸入性能。减小内泄漏通常采用密封环密封。

叶轮吸入口的外圆与泵壳内壁的接缝处存在一个转动间隙，间隙过大易发生泄漏，间隙太小则叶轮和泵壳易发生摩擦磨损。因此，为了减少泵壳内高压液体向吸入口的回流量，同时也为了减少叶轮与泵壳之间的磨损，延长叶轮和泵壳的寿命，通常在泵壳上镶嵌一个可拆换的金属密封环，又称口环。

密封环可做成多种形式（图 8-13），以增加回流阻力，提高密封效果。

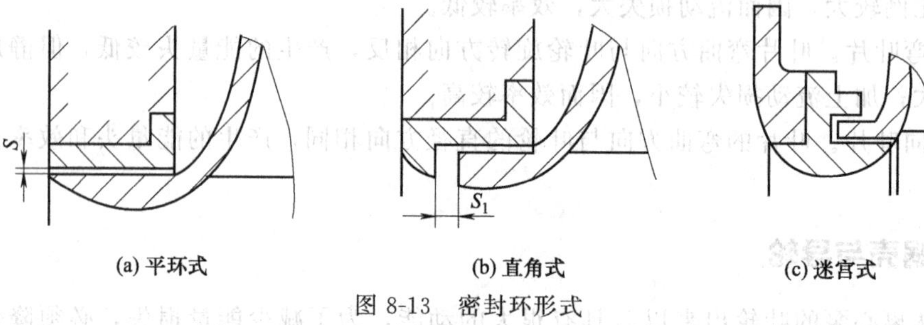

(a) 平环式　(b) 直角式　(c) 迷宫式

图 8-13 密封环形式

平环式密封环结构简单，制造方便，但是密封效果差。这种密封环的径向间隙一般为 0.1～0.2mm。

直角式密封环轴向间隙比径向间隙大得多，一般为 3～7mm，由于漏损的液体在转过 90°之后其速度降低了，因此造成的涡流和冲击损失小，密封效果也较平环式好。

迷宫式密封环由于增加了密封间隙的沿程阻力，因而密封效果更好，但是结构复杂，制造困难，在一般离心泵中很少采用。

密封环的磨损会使泵的效率降低，当密封间隙超过规定值时，应及时更换。密封环应采用耐磨材料制造，常用的材料有铸铁、青铜等。

2. 外泄漏

外泄漏主要发生在泵轴穿出泵壳部位，当泵内为正压时，介质漏出泵外，既降低了泵的容积效率，造成物料的浪费，又易造成事故；当泵内为负压时，空气易漏入泵内造成所谓“气缚”，使泵难以形成足够的真空度而影响泵的正常工作。目前对外泄漏通常采用填料密封和机械密封。

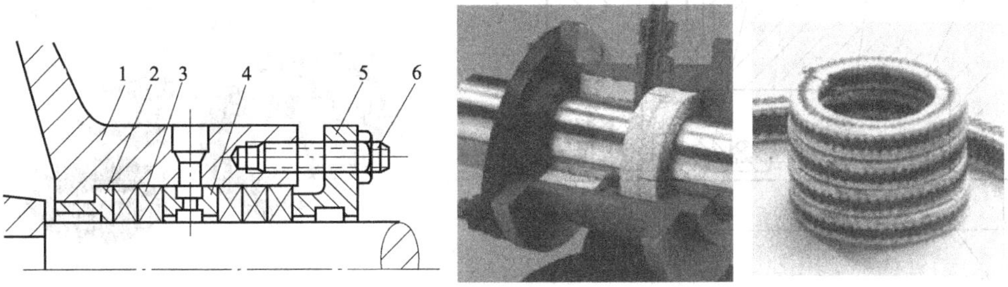

图 8-14　填料密封

1—填料函；2—底衬套；3—填料；4—水封环；5—填料压盖；6—双头螺栓

(1) 填料密封

填料密封是依靠填料和轴（或轴套）的外圆表面紧密接触来实现密封的。它是由填料函、填料（又名盘根）、水封环、填料压盖、底衬套和双头螺栓等组成，如图 8-14 所示。填料缠绕在轴或轴套上，用填料压盖和螺栓压紧，底衬套防止填料被挤入泵内，填料中间的水封环四周开有小孔，通过水封管与泵的压液室相通，引入压力水形成水封，并冷却润滑填料。填料密封的严密性可以用松紧填料压盖的方法来调节。填料压得太紧虽然能减少泄漏，但是会增加填料与轴套之间的摩擦，降低机械效率并加剧填料和轴套的磨损，严重时可能造成抱轴现象，发热、冒烟，甚至将填料烧毁；若填料压得太松则泄漏增加。填料密封的松紧度以液体成滴状从填料缝隙中漏出为宜，对于有毒、易燃、腐蚀及贵重液体，由于要求泄漏量较小或不准泄漏，因此可以通过另一台泵将清水或其他无害液体打到水封环中进行密封，以保证有害液体不漏出泵外。输送高温液体的离心泵，其填料密封装置可做成带有水冷夹套的，夹套内通入冷却水使填料和轴套不致过热。

常用的填料有浸油石棉填料和浸石墨石棉绳填料。以石棉为基材的填料对轴的磨损较严重，且石棉对人体有害，使用量已逐渐减少。目前研制了一些新型耐高温、耐磨损以及耐强腐蚀性的填料，如碳纤维、石墨纤维、膨胀石墨、合成树脂纤维等。尤其是膨胀石墨，具有良好的耐热性，并具有一定的柔韧性、可压缩性、回弹性和自润滑性，对轴磨损小。膨胀石墨在轴封中作为填料的应用已逐渐增多。

填料密封由于材料来源广泛，加工容易，价格便宜，结构简单，维护方便，常在一些密封要求不太严的地方使用。但它在耐蚀性、耐热性、润滑性及防渗透性等方面不能完全满足化工生产需要，因而逐渐被机械密封所取代。

(2) 机械密封

机械密封又称端面密封，是一种旋转轴用动密封，也是目前解决旋转密封的一种较理想的密封形式。机械密封由于具有泄漏量小、使用寿命长、功率损耗小、不需要经常维修等优点而获得迅速发展和广泛应用，但是机械密封也存在结构复杂、制造精度要求高、摩擦副和其他元件材料不易选配、造价较高等缺点。

机械密封有多种结构，但无论哪种结构，都由动环和静环组成的密封端面、由弹性元件为主要零件的缓冲补偿机构及辅助密封圈几部分组成。图 8-15 所示为典型的机械密封结构，它由静环 1、动环 2、压盖 3、弹簧 4、弹簧座 5、固定螺钉 6、密封圈 7 和 8、防转销 9 组成。

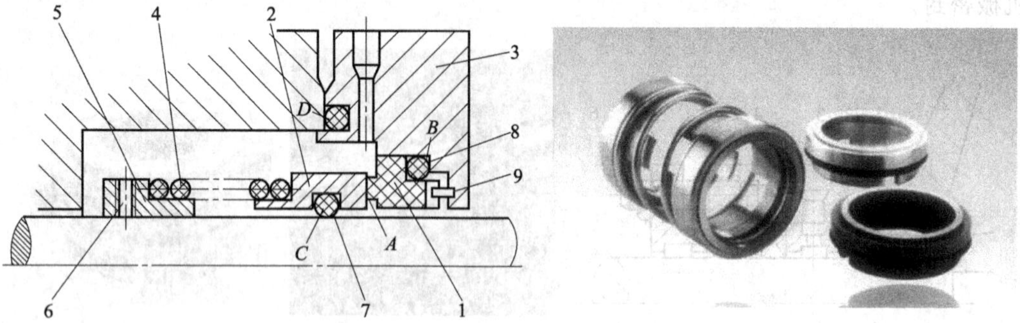

图 8-15 机械密封

1—静环；2—动环；3—压盖；4—弹簧；5—弹簧座；6—固定螺钉；7,8—辅助密封圈；9—防转销

机械密封有可能泄漏的途径为静环与压盖之间、动环与静环贴合面之间、静环与轴之间、压盖与泵体之间。除动、静环贴合面 A 属动密封外，其余 B、C、D 均属静密封，静密封较易达到密封效果。较难密封的是动环与静环的贴合面，在高速相对滑动下，要求密封性好，又要求耐磨性高，因此是端面密封装置中的关键部位。

1）工作原理

机械密封是依靠静环与动环的端面相互贴合，并作相对转动而构成的密封装置。图8-15 所示为离心泵常用的单端面密封，现以其为例来说明密封原理。动环利用密封圈固定在泵轴上，随轴一起转动，静环通过静环密封圈和防转销固定在泵壳上，静止不动。泵运转时，动环随轴旋转，于是动环与静环的接触端面间发生相对运动。动环和静环是一对作相对滑动的摩擦副，在它们之间有很小的间隙，并在密封面上保持有一层液膜。工作状态下，动环的左侧作用有介质压力和弹簧力，右侧作用有液膜压力，动环上所受合力指向右侧，使动环紧紧挤压在静环上，从而在密封端面上产生一定的压紧力（称密封比压），由于动静环之间的间隙很小，介质通过密封端面时阻力很大，因此阻止了泄漏。液膜的存在可润滑摩擦副，从而减轻磨损，保证了密封效果。动环与静环相对滑动的过程中，密封端面会产生磨损，动环可以轴向移动进行补偿，从而保证密封端面的贴合始终良好。

2）主要零件

① 动环是机械密封最主要的零件之一，它的耐磨性及与静环组成摩擦副的密封性直接影响机械密封的使用寿命与密封性能。因此要求动环具有较强的耐磨和抗变形能力，同时还要求具备耐高温变形、耐腐蚀的能力等。制作动环的材料常选用较硬的氧化铝、氮化硅、碳化钨、碳化硼、陶瓷等，也有用堆焊与喷焊的钴基、镍基、铁基合金等涂层的。

② 静环固定在泵壳的压盖上静止不动，它与动环组成密封端面防止介质泄漏。静环与动环相对滑动时也会产生端面磨损，同样要求静环具有良好的耐磨性，它是直接影响机械密封使用寿命和密封性能的主要零件之一。静环用较软材料制成，静环维修、更换较动环容易。常用的材料是以浸渍树脂为主的石墨，其中又以环氧树脂居多。在动静环配合中，硬度

大的动环的密封面宽度应比硬度小的静环密封面宽度大，以防运转时动环嵌入静环中。

③ 弹簧在机械密封中主要起缓冲补偿作用，弹簧的弹性力是机械密封产生合理端面比压的主要因素，有的密封还靠弹簧传动。弹簧的种类较多，如单弹簧、多弹簧、并圈弹簧和带钩弹簧等。弹簧还有左旋弹簧，右旋弹簧之分。在选用单弹簧时，必须根据转轴的转向来选择弹簧的旋向。一般从电机端（静环端）向泵的叶轮端看，转轴转向为顺时针时应选右旋弹簧，反之则选左旋弹簧。弹簧除须满足强度、刚度要求外．还要具备耐高温、耐腐蚀等性能。

④ 辅助密封圈主要用于各静密封部位。辅助密封圈断面形式有 O 形和 V 形两种。辅助密封圈材料要求有良好的弹性、耐老化性、耐介质的溶胀性，长期工作后永久变形小，耐温范围广等。常用的材料有聚四氟乙烯、丁腈橡胶、硅橡胶、氟橡胶、膨胀石墨以及金属材料等。

⑤ 弹簧座通过固定螺钉固定在轴上，用于对弹簧定位，并把轴的转矩传递给弹簧及动环，使得动环与轴一起转动。

⑥ 防转销用来固定静环，防止静环与动环一起转动。

3）机械密封装置的冷却

机械密封装置工作时，由于动环和静环的密封面不断产生摩擦热使摩擦副温度升高，严重时会使动环和静环间的液体汽化，以致液膜破坏造成摩擦副严重磨损。当温度高达一定值后，会使摩擦副及其他零件老化、变形，失去密封性能，缩短使用寿命。为了消除这些不良影响，必须对不同工作条件下的机械密封装置采取适宜的冷却措施。常用的冷却措施有冲洗法和冷却法。

四、轴向力及其平衡装置

在离心泵中，液体是在低压力 p_1 下进入叶轮，而在高压力 p_2 下流出叶轮，高压液体同时还流入叶轮与泵壳之间的间隙，分别作用在轮盖和轮盘上。由于 p_2 大于 p_1，加之轮盖和轮盘尺寸大小不同，使得叶轮两侧所受的液体压力不等，轮盘侧压力大于轮盖侧压力，因而产生了一个沿轴向指向入口的轴向推力作用在转子上，如图 8-16 所示。

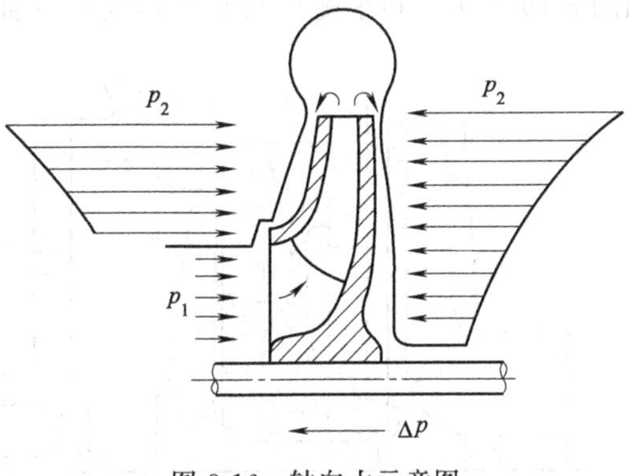

图 8-16 轴向力示意图

除此之外，叶轮还受到由于液体进出叶轮的方向及速度不同而产生的反冲力的作用，其方向与轴向力相反。泵在启动时，由于泵内正常压力还没有建立，因此反冲力的作用比较明显，如多级泵在启动时转子后窜就是这个原因。但泵在正常运转中这个力比较小，并被轴向力抵消，所以一般可不考虑。

轴向力的存在使转子发生向吸入口的窜动，造成振动并使叶轮入口外缘与密封环发生摩擦，严重时使泵不能正常工作。因此，必须设法减小和消除轴向力，并限制转子的轴向窜动。平衡轴向力的措施常用于叶轮上开平衡孔、泵体上装平衡管、叶轮对称排列及设置平衡盘装置等。

1. 叶轮上开平衡孔

在轮盘上与吸入口相对应的位置上对称地开几个平衡孔，使叶轮背面的高压液体经

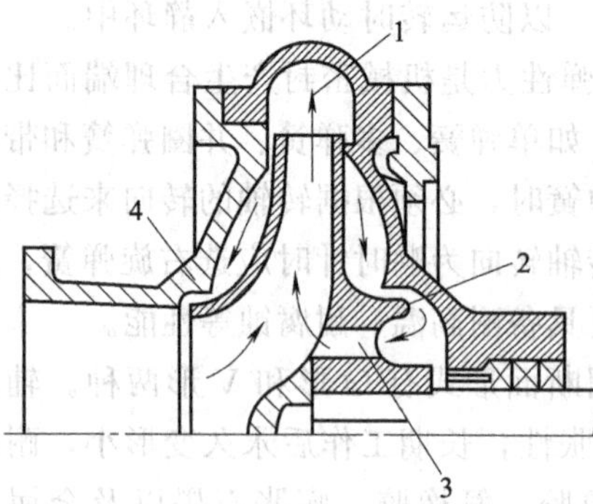

图 8-17 开平衡孔

1—高压液流；2—加装的密封环；
3—平衡孔；4—泵壳上的密封环

小孔流进叶轮，从而可减小叶轮两侧的压差，平衡掉部分轴向力，如图 8-17 所示。这种平衡轴向力的方法很简单，但是有一部分液体流回叶轮吸入口，降低了泵的容积效率。通常取平衡孔总截面积为密封环间隙环形截面积的 3～6 倍。采用开平衡孔方法后，一般尚有 10%～25% 的轴向力得不到平衡，而必须依靠泵的轴承来承担。这种方法只适用于单级泵。

2. 泵体上装平衡管

在泵体上装一根平衡管，使叶轮背面空间与泵的吸入口接通，并在轮盘上装有密封环，使叶轮两侧压力基本平衡，如图 8-18 所示。此种措施的优缺点与叶轮上开平衡孔基本相同，常用于多级离心泵。

3. 叶轮的对称排列

可以采取背靠背排列叶轮的方法或采用双吸叶轮，使两侧受力相等，基本上不存在轴向力的平衡问题。

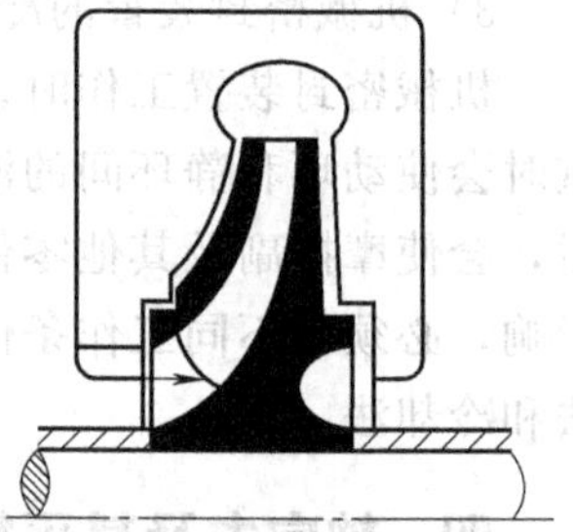

图 8-18 装平衡管

4. 平衡盘装置

对于分段式多级泵由于叶轮沿一个方向装在轴上，其指向泵吸入口的轴向力很大，用前述方法都不足以平衡，因此只有用平衡盘来平衡轴向力。平衡盘装置是由装在泵轴上的平衡盘和固定在泵壳上的平衡环组成的，安装在离心泵末级叶轮后面，如图 8-19 所示。在平衡盘与平衡环间有一轴向间隙 b，在平衡盘与平衡套之间有一径向间隙 b_0，平衡盘后面的平衡室与泵的吸入口用管子接通。这样，泵启动后，作用在平衡盘左侧的压力大于平衡盘右侧的压力，这个压差就是平衡力，方向与作用在叶轮上的轴向力方向相反。

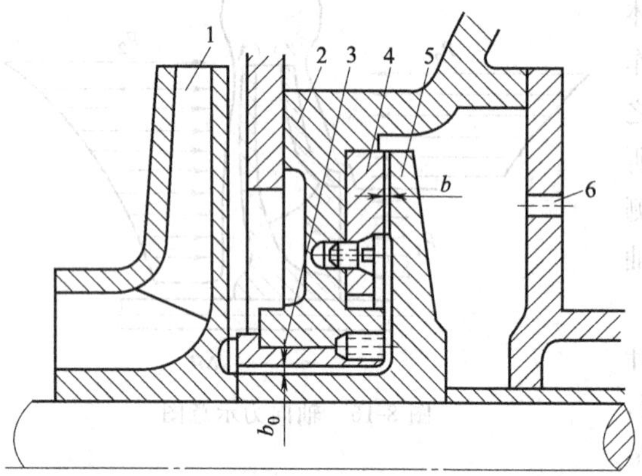

图 8-19 平衡盘装置

1—末级叶轮；2—尾段；3—平衡套；4—平衡环；
5—平衡盘；6—接吸入口的管孔

离心泵工作时，当叶轮上的轴向力大于平衡盘上的平衡力时，泵的转子就会向吸入口方向窜动，使平衡盘的轴向间隙减小，增加液体的流动阻力，因而减少了由轴向间隙流出的液体，提高了平衡盘左侧的压力，即增加了平衡盘上的平衡力。随着平衡盘向左移动，平衡力逐渐增加，当平衡盘移动到某一个位置时，平衡力与轴向力相等达到平衡。同样，当轴向力小于平衡力时，转子将向右移动，平衡盘轴向间隙增大，液体流向右侧，移动一定距离后轴向力与平衡力将达到新的平衡。实际工作中，转子永远也不会停止在某一位置，而是在某一平衡位置不停地左右轴向脉动而自动平衡轴向力。由于这一特点，使平衡盘得到广泛应用。

第四节　往复泵结构原理

往复泵属于容积泵的一种，它依靠活塞在泵缸内运动，使泵缸工作容积周期性地扩大与缩小来吸、排液体。往复泵的工作原理与离心泵完全不同，可分为吸入和排出两个过程。

吸入过程：当活塞从泵缸左端向右端移动时，泵缸内工作室的容积逐渐增大，同时压力降低，排出阀紧闭，储液槽内的液体在压差作用下，沿吸入管顶开吸入阀进入工作室，直至活塞移动到最右端，泵缸内充满液体。

排出过程：当活塞从泵缸右端向左端移动时，工作室内液体受到挤压，压力升高，吸入阀关闭，排出阀打开，使液体从排出管排出。

活塞由一端移至另一端的距离 s 称为活塞的行程或冲程，左、右两端点称为止点。

第五节　往复泵零部件选用

往复泵通常由两大部分组成，一端是实现机械能转换成压力能并直接输送液体的部分，称为液缸部分或液力端；另一端是动力和传动部分，称为动力端；另外还有附属配套部分。往复泵的液力端由缸体（泵缸）、活塞、吸入阀和排出阀等组成。动力端主要由曲轴、连杆、十字头等组成。活塞（或柱塞）的往复运动是通过曲柄连杆机构来实现的。往复泵的结构如图 8-20 所示。

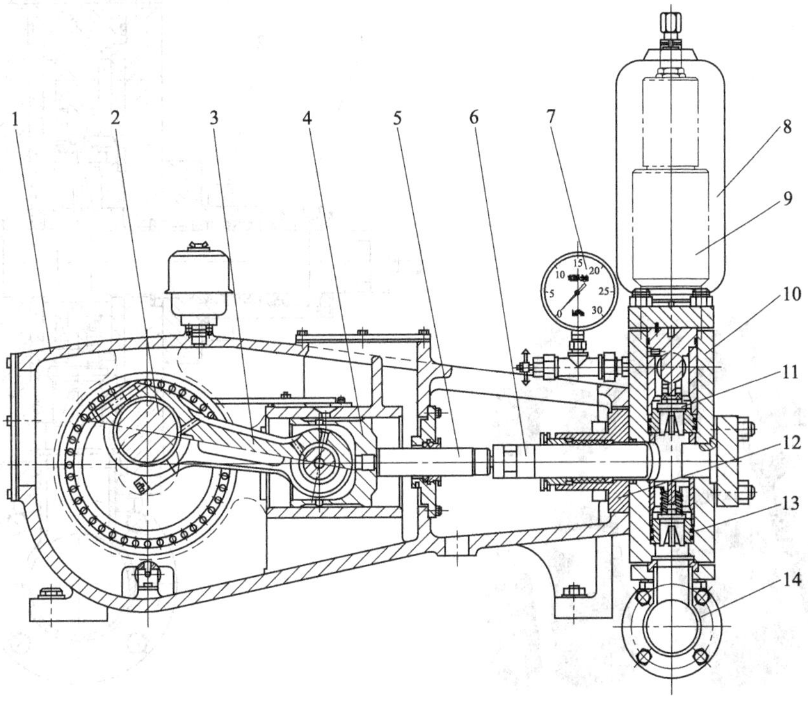

图 8-20　往复泵结构图

1—机身（传动箱）；2—曲轴；3—连杆；4—十字头；5—连接杆；6—柱塞；7—耐震压力表；8—蓄能器；9—安全阀；10—液缸体（泵头）；11—排出阀总成；12—密封函总成；13—吸入阀总成；14—吸入管总成

一、往复泵动力端

1. **曲轴**

曲轴是往复泵关键部件之一，多采用曲拐轴整体形式，完成由旋转运动变为往复直线运动。为了使其平衡，各曲柄销与中心互成120°（图8-21）。

2. **连杆**

连杆将柱塞上的推力传递给曲轴，又将曲轴上的旋转运动变为柱塞的往复运动。连杆截面采用工字形，大头为剖分式，轴瓦采用对分薄壁瓦形式，小头瓦采用轴套式，并以其定位。

二、往复泵液力端

1. **泵头**

泵头由不锈钢整体锻造而成，吸、排液阀垂直布置，吸液孔在泵头底面，排液孔在泵头侧面，同阀腔相通，简化了排出管路系统（图8-22）。

2. **活塞**（柱塞）

活塞（柱塞）表面镀有镍铬合金，具有良好的减摩防腐性能。

3. **吸入阀和排出阀**

吸入阀、排出阀及阀座具有适合输送黏度较大液体的低阻尼、锥形阀结构，接触面有较

图8-21 往复泵动力端

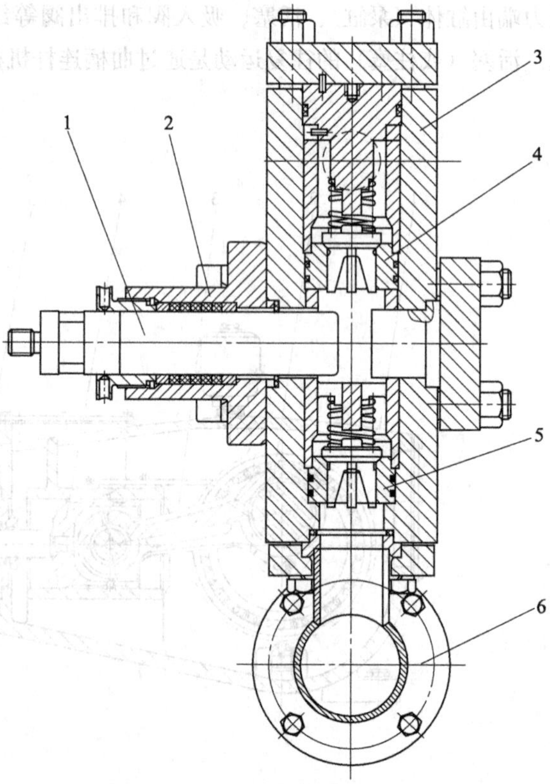

图8-22 往复泵液力端

1—柱塞；2—密封函总成；3—液缸体（泵头）；4—排出阀总成；5—吸入阀总成；6—吸入管总成

高的硬度和较好的密封性能，以保证吸入阀和排出阀具有足够的使用寿命。

4. 密封函

密封函与泵头以法兰连接，柱塞的密封采用碳素纤维纺织的矩形软填料，具有良好的高压密封性能。

三、附属配套部分

1. 止回阀

泵头排出的液体，通过低阻尼止回阀流入高压管道，液体反向流动时，用以阻止液体流回泵体。

2. 稳压器

泵头排出的高压脉动液体，经过稳压器后，变为较平稳的液体流动。

3. 润滑系统

润滑系统主要由齿轮油泵从油箱中抽油，给曲轴、十字头、轴瓦等转动部位提供润滑。

4. 压力表

压力表有普通压力表和电接点压力表两种。电接点压力表属自动传输压力值的仪表系统，它可以达到自动监测的目的。

5. 安全阀

在排出管路上安装有微启式弹簧安全阀，它能保证泵在额定工作压力时的管路密封，超压时自动打开，起卸压保护作用。

【习题】

1. 什么叫离心泵的汽蚀？
2. 离心泵的工作原理是什么？
3. 离心泵如何分类？
4. 单级离心泵轴向力如何平衡？
5. 离心泵的叶轮如何分类？各用在何种场合？
6. 填料密封中水封环的作用是什么？
7. 往复泵有何性能特点？
8. 往复泵的工作原理是什么？
9. 往复泵如何分类？

第九章

离心机结构拆装

【学习目标】

① 掌握离心机的种类、结构特点、工作原理及适用场合。

② 能够根据物料和使用需要选择合适的离心机，并能分析其工作特点。

利用机械作用力，对固-液、液-液、气-液、气-固等非均相混合物进行分离的设备称为机械分离设备。根据被分离介质特点和所用分离设备的不同，工业中常用的分离设备主要有离心分离设备、过滤分离设备、除尘除雾设备、干燥设备等，本部分重点介绍离心分离设备——离心机。

第一节　离心机类型选择

离心机是利用旋转部件（转鼓）在工作时所产生的离心力，来实现固液、悬浮液、乳浊液及其他物料的分离或浓缩的机器。它具有体积小、分离效率高、生产能力大、操作方便以及附属设备少等特点，目前已广泛应用于石油、化工、轻工、医药、食品、冶金、能源、船舶、国防、生物工程和环境治理等过程中。

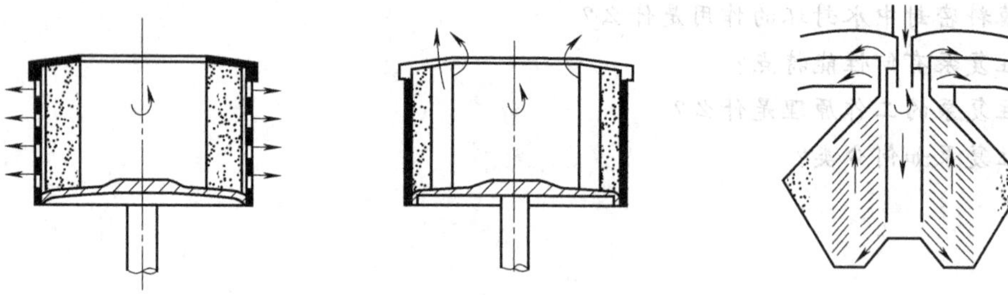

(a)　(b)　(c)

图 9-1　离心机工作原理

离心机的离心分离过程一般分为离心过滤、离心沉降和离心分离三大类，工作原理如图 9-1 所示。由于工业生产中介质的种类很多，它们的密度、黏度、浓度等各不相同，为了满足不同的需要，离心机有不同的品种和规格。为了便于选型，工业上对离心机常按运转的连续性、分离过程、分离因素和卸料方式等进行分类。其按运转的连续性分为间歇运转、连续运转离心机；按分离过程分为过滤式、沉降式离心机和分离机；按分离因素分为常速、高速、超高速离心机；按卸料方式分为人工卸料、机械卸料、惯性卸料离心机；按转鼓轴线在空间的位置分为立式和卧式离心机。

离心机是一种复杂的机器，对于某一种具体型式的离心机而言，无论采用哪一种分类方法都不能完整地反映其结构和操作特点。目前，我国已制定了离心机型号的表示方法和国家标准。

按照国家标准，离心机型号是由一组不同的参数及代号组成的，其各部分意义如下：

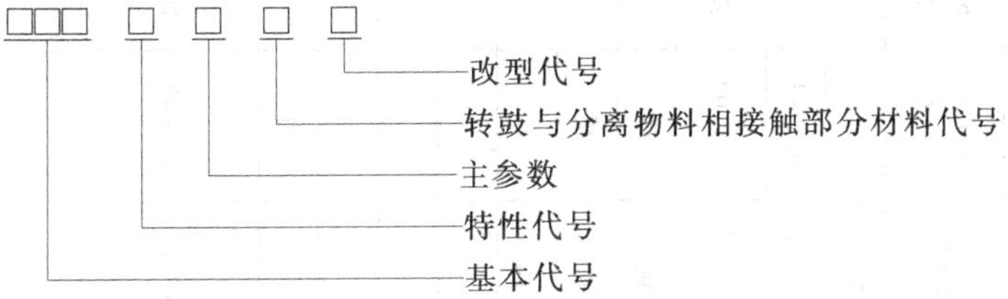

说明如下：

基本代号由三个大写汉语拼音字母组成，分别代表类、组、型。类表示离心机的形式，如 S——三足式、X——上悬式、G——刮刀卸料、I——离心力卸料、H——活塞推料、L——螺旋卸料等。组表示各机型主轴的位置、卸料方式及转鼓的级数等特点，如 G——刮刀下卸料、W——卧式、L——立式等。型用来表示分离过程，如 G——过滤式、C——沉降式、Z——沉降过滤组合式等。

特性代号用以表示离心机的操作方法、防爆、密封等特性，也用大写字母表示，具体查阅离心机手册。

主参数是指离心机转鼓内径或转鼓内径×转鼓工作长度，用阿拉伯数字表示，单位为 mm。

转鼓与分离物料相接触部分材料代号用材料名称中具有代表性的大写汉语拼音字母表示。

改型代号是指当离心机结构或性能有显著变化时，按顺序在原型号尾部分别用 A、B、C 等英文字母以示区别。

示例：SS300-N 表示三足式人工上部卸料过滤式离心机，转鼓内径为 300mm，材料为耐蚀钢；SGC800-S 表示三足手动刮刀卸料沉降离心机，转鼓内径为 800mm，材料为塑料。

工业中应用三足式离心机、刮刀式离心机、活塞推料离心机、螺旋卸料离心机、高速离心机较多，因此本章主要介绍它们的工作原理、结构和性能特点。

离心机的种类和型号很多，每一种都有各自的特点和适用范围，因此，选择离心机是一个复杂的过程，在此仅介绍离心机选择的一般原则。

选择离心机时，首先考虑被分离物料的性质以确定分离方式，即离心过滤、离心沉降或离心分离，然后再按分离要求进一步确定离心机的具体型式和规格。

（一）选择离心机时考虑的因素

1. 分离物料的性质

分离物料的性质主要有混合物料的浓度和黏度；固相颗粒的形状和大小、相对密度和可压缩性；液相的相对密度、黏度、挥发性及其他危险性，如易燃、易爆、有毒、强腐蚀性等。

表 9-1　国产离心机和分离机的应用范围

机　型		过滤离心机				沉降离心机		分离机				
		间歇式		活塞式		螺旋卸料		管式	室式	碟式分离机		
		三足式 上悬式	刮刀式 虹吸式	单级	双级	圆锥	圆柱			人工卸料	喷嘴排渣	环阀排渣
分离因数		500～1000	1000～2000	200～500	200～500	≤2500	≤2500	>10000	5000～8000	5000～10000	5000～8000	5000～10000
进料特性	固相浓度/%	10～60	10～60	30～70	30～80	3～40	3～40	≤1	≤1	<1	≤10	≤5
	颗粒直径/μm	>10	>10	≥250	≥250	≥5	≥5	0.1～1	0.1～1	0.5～1	≥1	≥1
	两相密度差/(g/cm³)	—	—	—	—	≥0.1	≥0.1	≥0.02	≥0.02	≥0.02	≥0.02	≥0.02
用途	液相澄清	—	—	—	—	可	良	优	优	优	良	优
	液-液分离	—	—	—	—	可	可	优	优	优	—	优
	沉降浓缩	—	—	—	—	良	良	优	优	优	优	优
	固相脱液	优	优	优	优	良	良	—	—	—	—	—
	洗涤效果	优	优	良	优	可	可					
	晶体破碎	低	高	中	中	中	中					
	固相分级	—	—	—	—	可	可	可	可	可	可	可
出料情况	固相含湿量/%	3～40	3～40	3～40	3～40	10～80	10～80	10～45	10～45	10～45	70～90	40～70
生产能力	干渣/(t/h)	约 5	约 8	约 10	约 14	约 5	约 5					
	悬浮液/(m³/h)							约 6	约 18	约 10	约 100	约 90
代表性分离物料		糖 棉纱	硫铵 重碱	碳铵 食盐	硫酸铵 硝化棉	聚氯乙烯	树脂 污泥	动植物油 润滑油	啤酒 电解液	奶油 油	酵母 淀粉	抗菌素 油

2. 分离效果

分离效果主要包括液相或者分离液的澄清度（含固相量）、滤渣或沉渣的干燥度（含湿量）、洗涤效果、颗粒允许的破碎程度等。

3. 工艺要求和经济性

分离过程的工艺要求和经济性主要考虑操作温度、生产能力、自动化程度、转鼓材料以及经济性要求等因素。

（二）乳浊液的分离

乳浊液（包括含微量固相的乳浊液）的分离主要依靠两相的相对密度差来进行，因此在选择分离方法时，只考虑离心沉降和离心分离方式，通常采用分离机。

（三）悬浮液的分离

悬浮液的分离根据被分离物料的性质可以选择沉降式离心机或分离机，也可以选用过滤式离心机。当悬浮液中固相含量大，粒子直径较大（大于 0.1mm），但固相的密度与液相的密度接近，而工艺上要求获得含湿量较低的固相和需要对固相进行洗涤时，应首先考虑过滤离心机。当悬浮液中液相的黏度较大，而固相含量少，粒子直径较小（小于 0.1mm），固体具有压缩性，滤网容易被堵塞而又无法再生时，则应首先考虑沉降式离心机或分离机。

过滤式离心机中，三足式、上悬式离心机由于是在低速或停机情况下卸料，因此对固相颗粒的磨损较小，而刮刀卸料离心机的卸料对固相颗粒有较大的磨损、破坏，活塞推料离心机对固相颗粒的磨损介于上悬式与刮刀式之间。

表 9-1 综合了各种国产离心机和分离机的应用范围，选择时可供参考。

第二节　离心机结构原理与零部件选用

一、三足式离心机

1. 种类

三足式离心机是世界最早出现的一种离心机，它是一种立式离心机，是典型的离心过滤形式。目前工业上常用的三足式离心机有人工上部卸料和机械下部卸料两种形式。

2. 结构及工作原理

人工上部卸料三足式离心机主要由转鼓、主轴、轴承座、底盘、立柱、外壳、皮带轮、电机等组成，其结构如图 9-2 所示。转鼓装在主轴上，主轴垂直安装在轴承座的一对轴承内；轴承座、外壳、电动机、V 形带轮等安装在底盘上，再用三根摆杆悬吊在三个支柱的球面座上，摆杆上套有缓冲弹簧使其处于悬挂状态，摆杆两端分别用球面与底盘和支柱相连接，使整个底盘可以摆动，有利于降低由于物料分布不均所带来的振动，使其运转平稳。当工作完成而需要停车时，关闭电机，再转动机壳侧面的制动器把手使制动带刹住制动轮，离心机便停止工作。

工作时由电机通过三角皮带带动固定在主轴上的转鼓旋转，物料在离心力场中所含液体通过滤布、转鼓壁上的小孔被甩到外壳内，在底盘汇集后由滤液口排出，固体则被拦截在转鼓内的滤布上；当湿含量达到要求需停车卸料时，离心机便停止工作，并靠人工将物料由转

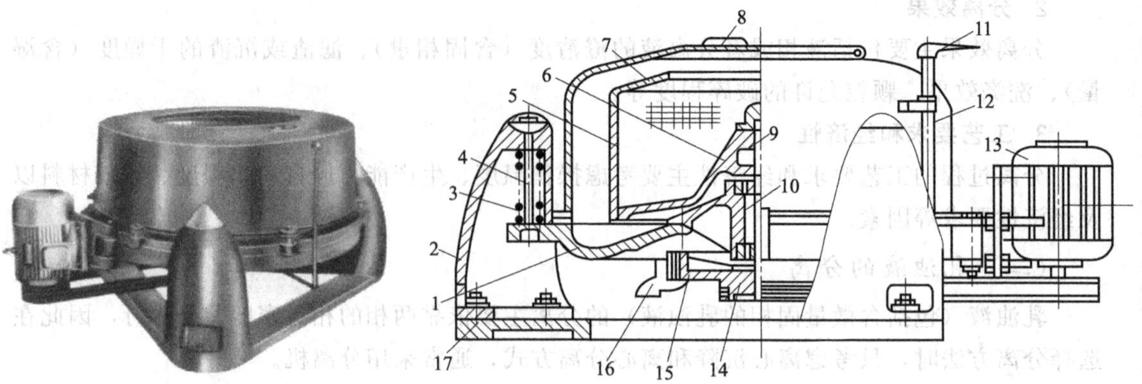

(a) 外观图　　　　(b) 内部结构图

图 9-2　上部卸料三足式离心机

1—底盘；2—支柱；3—缓冲弹簧；4—摆杆；5—转鼓体；6—转鼓底；7—拦液板；8—机盖；9—主轴；10—轴承座；11—制动器把手；12—外壳；13—电动机；14—V 带轮；15—制动轮；16—滤液出口；17—机座

鼓上部卸出。这种离心机为间歇操作，每个操作循环一般由启动、加料、过滤、洗涤、甩干、停车、卸料过程组成。为使机器工作时运转平稳，物料加入时应均匀分布，对悬浮液的分离，应在离心机启动运行平稳后将物料逐渐加入转鼓；对膏状物料的分离，应在离心机启动前将物料放入转鼓内，并使其均匀分布。

三足式离心机具有结构简单，制造、安装、维护方便，成本低，操作容易；对物料适应性强，根据需要可随意调节分离时间；运转平稳、振动小；固体颗粒几乎不受破损；容易实现密封和防爆等优点。但也存在生产辅助时间长、劳动强度大、间歇操作、生产能力低等缺点。因此三足式离心机的发展方向是实现卸料机械化和操作自动化。目前三足式离心机广泛应用于化工、制药、食品等行业部门。

二、卧式刮刀卸料离心机

（一）种类

卧式刮刀卸料离心机是刮刀式卸料离心机的典型代表，是一种连续运转、间歇操作、用刮刀来卸料的离心机，它的加料、卸料均在离心机全速运行的条件下进行。

卧式刮刀卸料离心机种类很多，按照分离原理，卧式刮刀卸料离心机有过滤式、沉降式、虹吸式三种。过滤式最为普遍；虹吸式在 1973 年才首次出现，但发展迅速，三、四年就开发出了系列产品，具有许多独特的特点；沉降式用得较少。根据工艺要求，每种卧式刮刀卸料离心机都可设计成普通型和密闭防爆型，以适用于易燃、易爆、有毒和强腐蚀性物料的分离。

卧式刮刀卸料离心机按其转鼓在主轴上布置的不同，可分为悬臂式、筒支式、深凹式三种结构，如图 9-3 所示。

(1) 悬臂式

如图 9-3 (a) 所示，转鼓在两轴承之外，成为悬臂支承形式。此种结构的操作、维护、检修很方便，特别是刮刀结构和卸料斗很好布置，轴承不妨碍进、出料管的布置，因此，该结构使用较多。但其也存在刚性差、临界转速低、有振动等缺点，当转鼓直径较大时，不宜

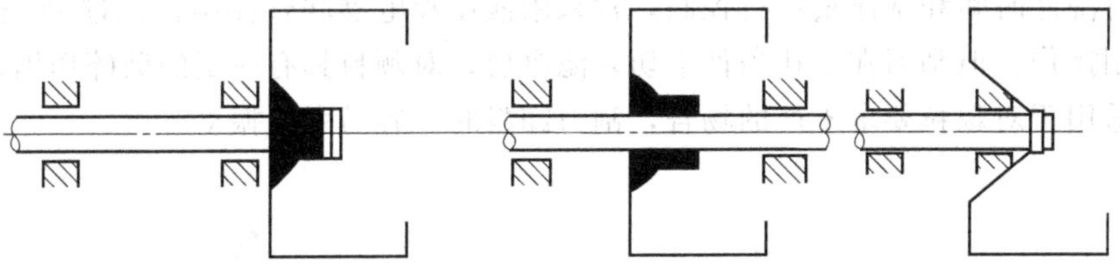

图 9-3　转鼓在轴上的布置

采用。

（2）简支式

如图 9-3（b）所示，转鼓在两轴承之间，采用该布置形式的离心机系统的刚性较好，临界转速高，运转平稳，振动小。当轴同时穿过转鼓和轴承时，受到它们的阻碍作用，给操作维护及卸料带来很多困难，因此，这种结构只适合大尺寸的离心机采用。

（3）深凹式

如图 9-3（c）所示，该种结构的离心机能使转鼓的质心与前轴承最为靠近，并将转鼓底锥孔尽量向转鼓口靠近，克服了臂长的不利影响，提高了转子的临界转速，使机器运转非常平稳，振动减少。但它深嵌在凹底内的轴承给装配、维护、检修等都带来了很大的不便。

（二）结构及工作原理

悬臂型卧式刮刀卸料离心机是目前用得最多的一种卧式刮刀卸料离心机，它主要由机座、回转体（转鼓、主轴、皮带轮）、机壳、门盖、进料装置、卸料装置、洗涤装置等部件组成，如图 9-4 所示。

在机座上装有机壳和轴承箱，轴承箱由轴承、主轴和带轮等组成，转鼓由转鼓筒体、转鼓和拦液板构成，转鼓体上开有便于液体排出的过滤孔。在门盖上装有料斗、卸料机构及提升刮刀的提升液压缸，通过油压构件来带动刮刀上升而刮卸掉物料滤饼。门盖上装有进料管，当进料阀打开后，悬浮液经进料管进入转鼓，通过耙齿或时间继电器对进料量进行控制，使进料量不超过最大允许装料量。洗涤管装在门盖上，在时间继电器的控制下，开启和关闭控制阀，冲洗掉滤饼层，必要时也可以冲洗滤网，使滤网再生。转鼓内装有滤网，滤网由衬网和面网组成。机座后端装有油泵电机和齿轮油泵，机座箱体内装有由液压油和液压管路元件所组成的液压控制系统，控制各个油缸活塞的运动，在电气联合作用下，实现机器的手动或者自动控制。转鼓由电动机通过皮带带动旋转。

卧式刮刀卸料离心机的种类很多，按刮刀刮取物料的运动形式分为上提式刮刀卸料离心机和旋转式刮刀卸料离心机，按刮刀的宽窄分为宽刮刀卸料离心机和窄刮刀卸料离心机。宽刮刀长度稍短于转鼓长度，在刮料时只有径向移动，适用于较松软的滤饼。窄刮刀长度远小于转鼓长度，刮料时不仅有径向移动，而且还有轴向移动，适用于较密实的滤饼。

卧式刮刀卸料离心机在工作时，先空转启动达到额定转速后，再打开进料阀。悬浮液沿进料管进入转鼓内，并随转鼓一起转动。在离心力场中，液体通过滤网经滤孔甩出，并从机壳排出。固体物料被截留在滤网上，当滤饼达到一定厚度时，关闭进料阀门，停止进料，并进行甩干、洗涤、干燥等操作，然后将合格的滤饼用刮刀刮下，刮下的固体物料沿卸料槽卸出。为了更好地分离物料，每次加料前均应清洗掉滤网上残留的部分滤渣。

卧式刮刀卸料离心机对物料的适应性强，可以处理各种粒度和浓度的物料，设有洗涤装置，能够对洗涤时间和洗涤量进行控制，常采用液压和电器联合控制，通过PC机可以实现全自动控制操作。但刮刀在全速条件下切入滤饼层，对颗粒具有一定的破碎作用，因此该种离心机仅适用于对颗粒要求不严的场合，刮刀卸料时，容易引起振动。

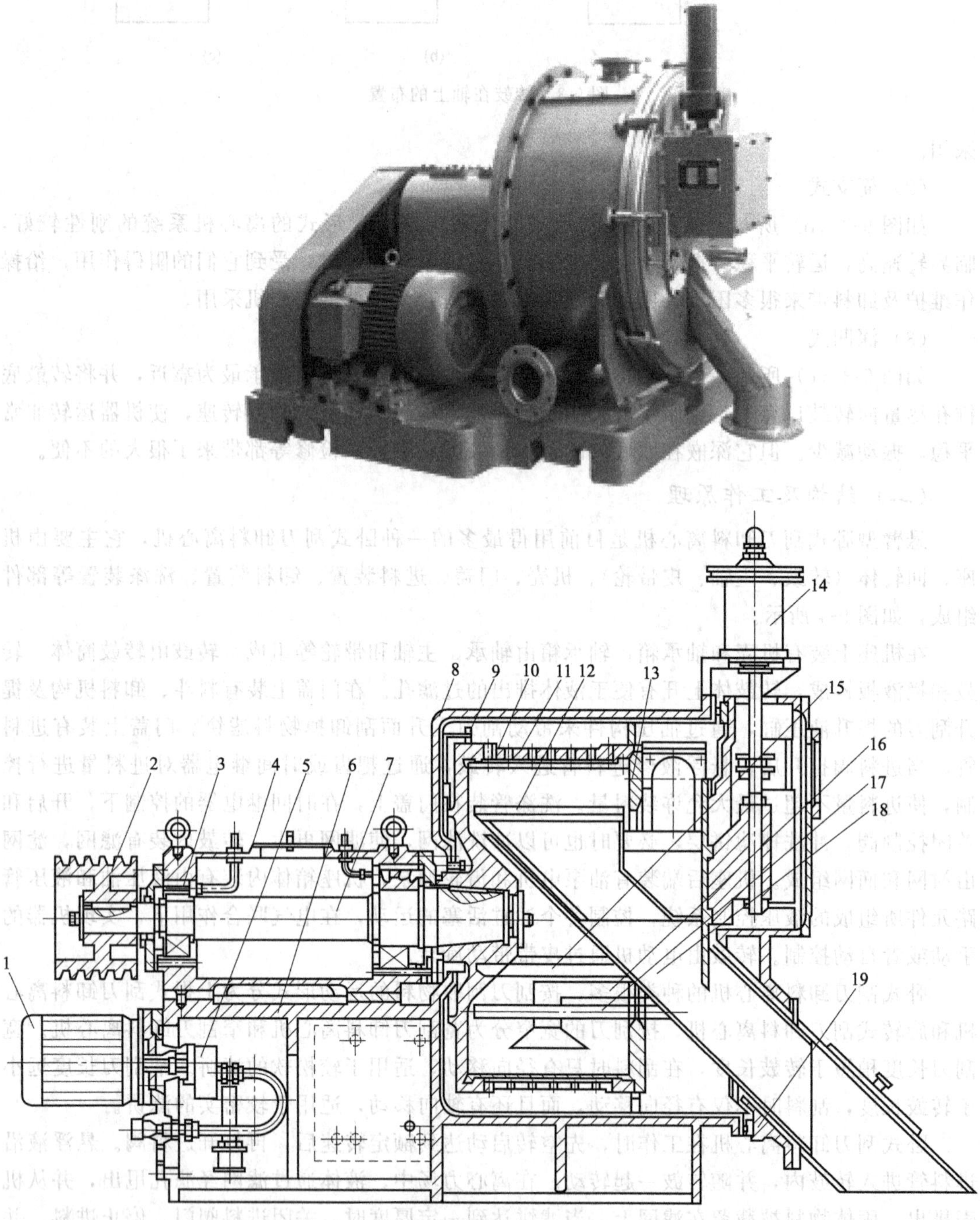

图 9-4　悬臂型卧式刮刀卸料离心机

1—油泵电机；2—皮带轮；3—双列向心球面滚子轴承；4—轴承箱；5—齿轮油泵；6—机座；7—主轴；8—机壳；9—转鼓底；10—转鼓筒体；11—滤网；12—刮刀；13—拦液板；14—提升油缸；15—耙齿；16—进料管；17—洗涤液管；18—料斗；19—门盖

三、活塞推料离心机

（一）种类

活塞推料离心机是一种连续运转、自动操作、采用液压脉动卸料方式的离心机。操作时不需要停机而在全速下进行所有工艺过程，包括加料、分离、洗涤、甩干等。活塞推料离心机按照级数有单级、双级和多级之分，也有柱锥双级的形式。目前我国以生产单级、双级和柱锥双级的活塞推料离心机为主。

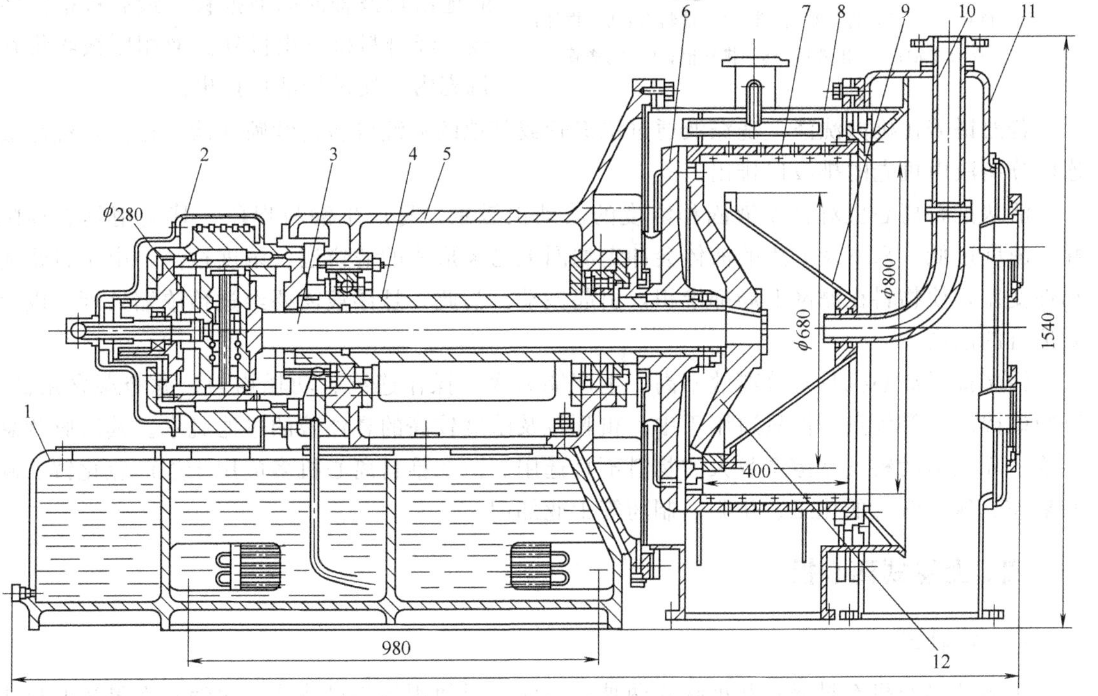

图 9-5　HY800-N 型卧式活塞推料离心机

1—机座；2—复合油缸；3—推杆；4—空心主轴；5—轴承箱；6—转鼓；7—筛网；8—中机壳；9—布料斗；10—进料管；11—前机壳；12—推料盘

（二）结构与工作原理

单级活塞推料离心机主要由机座、主轴、轴承座、转鼓、推料盘、中机壳、前机壳、复合油缸、液压系统和电控系统等组成，图 9-5 所示是典型的 HY800-N 型活塞推料离心机的结构。转鼓固定在空心轴上，转鼓内壁装有条状或板式筛网，滤网间隙较大，适用于固相颗粒大于 0.1mm、固相浓度大于 30%的结晶或纤维状物料的分离。推料盘固定在推杆的一端上，推杆的另一端与复合油缸的活塞相连，活塞与油缸之间用导向键相连，工作时一起作回转运动；在活塞两侧流入压力油，使推料盘在转鼓内作往复运动。

活塞推料离心机的工作原理如图 9-6 所示，空心轴带动转鼓空载启动达到全速运转后，物料通过进料管连续进入推料盘上的圆锥形布料斗中，然后又均匀地进入转鼓，与转鼓一起旋转。在离心力作用下，滤液经筛网间隙和转鼓壁上的小孔甩出转鼓外，固相则被截留在筛网上，形成圆柱状滤饼层。推料盘借助于液压控制系统作往复运动，当推料盘向前运动时，滤饼层被向前推移一段距离；而当推料盘后移时，空出的筛网上又形成新的滤饼层。由于推料盘不停地往复运动，滤饼层被不断地沿转鼓轴向向前推移，最后被推出转鼓，经排料槽排出机外。液相则被收集在机壳内，通过排液口排出。

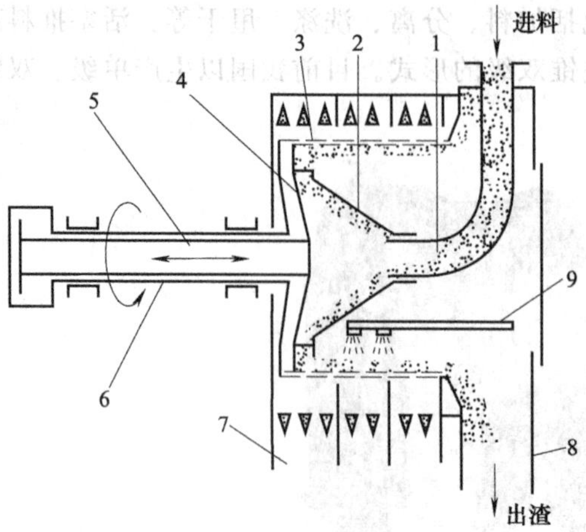

图 9-6　单级活塞推料离心机工作原理图

1—进料管；2—布料管；3—转鼓；4—推料盘；5—推杆；6—空心主轴；7—排液口；8—排料槽；9—洗涤管

若滤饼需在机内洗涤，洗涤液通过洗涤管或其他的冲洗设备连续喷在滤饼层上，洗涤液连同分离液由机壳的排液口排出。

活塞推料离心机对悬浮液固相浓度的波动很敏感，易产生漏料现象，其应用具有局限性。浓度过低，来不及分离的液体会冲走滤网上已经形成的滤饼层；浓度过高，由于料浆流动性变差，使物料在滤网上局部堆积，引起振动。为此，悬浮液需要经过预浓缩处理，以得到适宜的浓度。

活塞推料离心机具有分离效率高、生产能力大、操作连续、功耗均匀、滤渣湿含量低、颗粒破碎度小等优点，但只适用于中、粗颗粒及浓度较高的悬浮液的过滤脱水。其对胶状悬浮物、无定形物料及摩擦系数大的物料不宜选用。活塞推料离心机多应用于生产硫化铵、碳酸氢铵、氯化铵等的化工、化肥、制药等工业部门。

四、上悬式离心机

（一）种类

上悬式离心机有过滤式和沉降式两种，目前广泛使用的是过滤式。过滤式上悬离心机主要用来分离砂糖、葡萄糖、味精、聚氯乙烯、树脂等物料中粒度为 0.1～1mm 的中颗粒和粒度为 0.01～0.1mm 的细颗粒，尤其适用于分离黏稠的物料。

（二）结构与工作原理

上悬式离心机由机架、电机、控制盘、转鼓、机壳、支承装置、封闭罩升降装置等组成，如图 9-7 所示。离心机主轴的下端通过转鼓底的轮毂与转鼓连接，主轴的上端与球面悬挂支承装置相连，机架横梁上固定支承装置和电机，借助挠性联轴器将电机与离心机主轴连接起来，主轴下部还装有可沿主轴上下滑动的轴套，轴套上部铰接有手动或者液压驱动的杠杆系统，且装有物料分布器和锥形封闭罩。加入转鼓的物料落在转动的物料分布器上，借助离心力的作用均匀分布在转鼓内。锥形封闭罩的作用是在分离过程中，封闭转鼓的下料口，防止物料飞溅落入下料口，同时防止从下料口将空气吸入转鼓内而形成涡流，影响分离过程。分离完成而进行卸料时，则利用杠杆提升锥形封闭罩，使卸料装置的刮刀刮下的滤渣或者通过重力作用落下的滤渣从下料口排出。

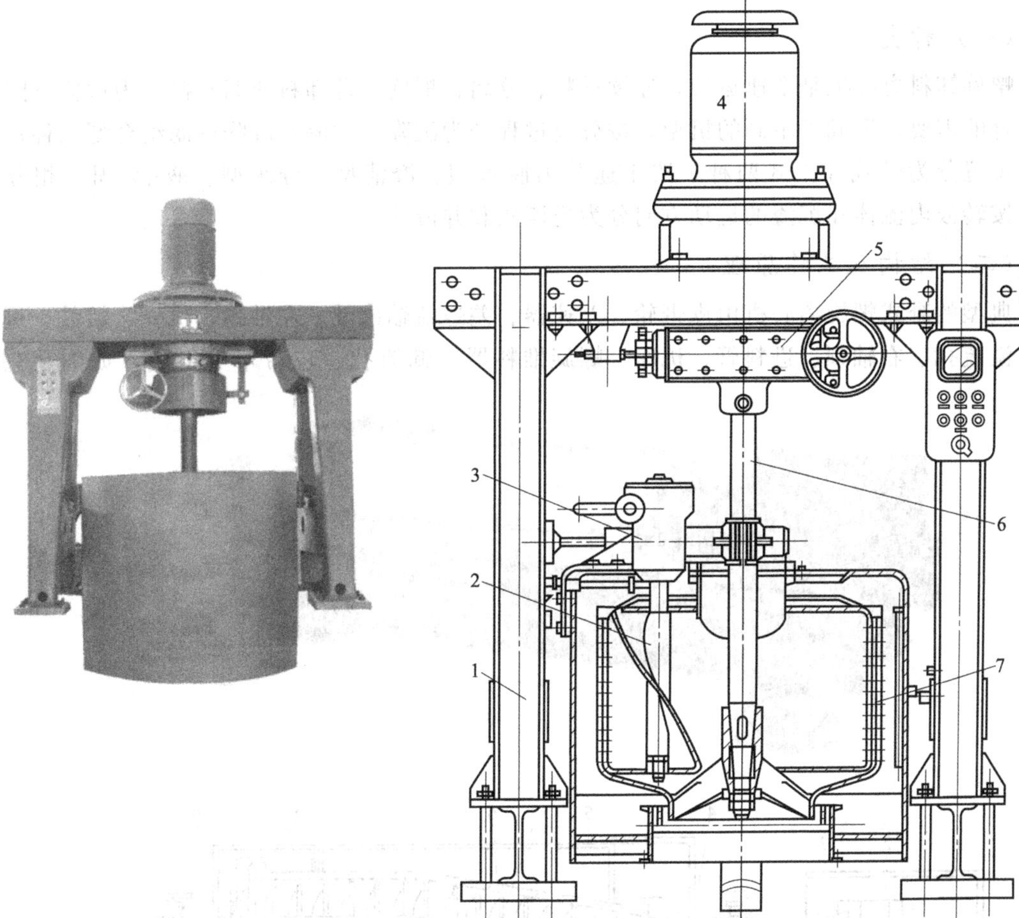

(a) 外观图　　(b) 结构图

图 9-7　机械卸料上悬式离心机

1—机架；2—刮刀；3—刮刀操纵机构；4—电机；5—刹车装置；6—主轴；7—转鼓

上悬式离心机的转鼓结构随卸料方式而异，借助于物料重力卸料的转鼓为筒-锥组合，通过刮刀等机械装置卸料的转鼓则为圆筒形。为使刮刀沿转鼓全高范围刮下物料，转鼓底近似平底。重力卸料的圆筒形转鼓长径比需控制在 0.5～0.7 之间，以便物料在转鼓内能够均匀分布，滤渣能够得到充分洗涤。筒-锥组合型的圆筒与圆锥相连处应圆滑过渡，以免物料堆积。圆锥部分的半锥角应小，以使滤渣能够在重力作用下沿锥面自动下滑。

上悬式离心机为间隙式重力、机械或人工卸料式离心机，一个操作循环的内容包括加料、分离、洗涤、脱水、卸料、滤布再生等工序。工作时的操作是在离心机低速加料后，加速至全速进行分离，分离结束后利用制动器调至低速进行卸料，洗涤滤网后进行下一个工作循环，为此应采用双速或者多速电机。

上悬式离心机的特点是转鼓具有良好的铅垂性和稳定性；采用的细长悬臂主轴及挠性连接，使转鼓的运转非常平稳；电机与主轴采用挠性连接，允许离心机主轴有一定的摆动；采用下部卸料，大大减轻劳动强度，同时对保护电机及转动装置、简化结构和操作均有好处。

五、螺旋卸料离心机

（一）种类

螺旋卸料离心机是全速运转，连续进料、分离、螺旋输送卸料的离心机。为适应不同应用场合的需要，形成了不同的机型，按分离过程分为沉降、过滤及沉降过滤组合型三种；按转鼓位置分为卧式和立式两种；按用途分为脱水型、澄清型、分级型、液-液-固三相分离型；按转鼓内流体和沉渣的运动方向分为逆流式和并流式。

（二）结构及工作原理

典型的卧式螺旋离心机由皮带轮、差速器、差速器输出轴、左轴颈、机壳、转鼓、进料孔、溢流孔、右轴颈、进料管、机座、螺旋推料器、卸渣孔、皮带罩等组成，如图 9-8 所

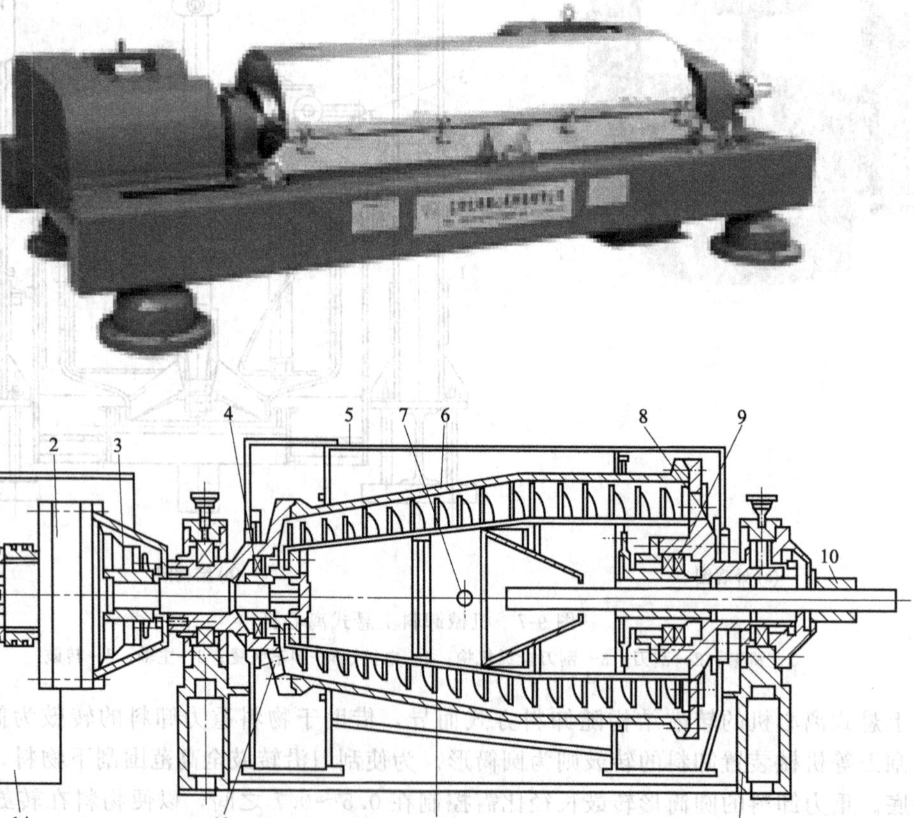

图 9-8　卧式螺旋卸料沉降离心机

1—皮带轮；2—差速器；3—差速器输出轴；4—左轴承；5—机壳；6—转鼓；7—进料孔；8—溢出孔；9—右轴承；10—进料管；11—机座；12—螺旋推料器；13—卸渣孔；14—皮带罩

示。它的主要工作部件是无孔沉降式转鼓、螺旋推料器、差速器及转鼓的传动和过载保护装置。转鼓和螺旋推进器通过左、右空心轴的轴颈，同轴心地安装在主轴承上，并通过轴承座固定于机座上。螺旋推进器由螺旋叶片和内筒组成，螺旋叶片外缘与转鼓内壁之间有一微小间隙。转动装置由差速器和皮带轮组成，差速器由固定太阳轮、行星轮、行星架、输出轴等组成，皮带轮通过连接键连接于轴上。常用的差速器有摆线针齿轮减速器和双级 2K-H 渐开线圆柱齿轮减速器，前者多用于小功率传动，后者可用于大、中、小功率的传动。按照螺旋离心机的总体布置，有的将差速器安装于离心机大端，有的安装在小端，从载荷在整个离心机分配的角度考虑，差速器宜安装在转鼓小端，这也有利于在大端安装进料管。

工作时由电机的带轮通过 V 形带来驱动主轴上的皮带轮，并带动转鼓旋转，转鼓带动差速器回转，由于差速器的差动作用使螺旋与转鼓有一转速差，经差速器变速后，由差速器的输出轴带动螺旋推料器以一定的差速与转鼓同心回转。悬浮液经加料管连续输送进机内，从螺旋推料器内筒的进料孔进入转鼓内。在离心机力的作用下，悬浮液在转鼓内形成环形液流，固相颗粒在离心力作用下沉降到转鼓内壁上。由于差速器的差动作用，使螺旋推料器与转鼓之间形成相对运动，沉渣被螺旋叶片推送到转鼓小端的干燥区进一步脱水，然后经滤渣孔排出。液相形成一个内环，环行液层深度通过转鼓大端的液流挡板进行调节。在转鼓大端的端盖上开有 3～8 个圆形或者椭圆形的澄清液溢流孔，当澄清液达到一定深度时，便从此孔排出机壳外，其工作原理如图 9-9 所示。

调节转鼓的转速、转鼓与螺旋的转速差、进料量、溢流孔径向尺寸等参数，可以改变分离液的含固量和沉渣的含湿量。

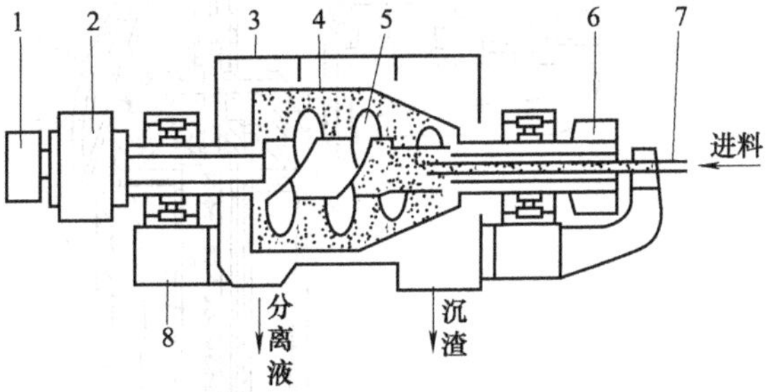

图 9-9　卧式螺旋卸料沉降离心机示意图

1—带轮；2—差速器；3—机壳；4—转鼓；5—螺旋输送器；6—主带轮；7—进料管；8—机座

螺旋卸料离心机具有操作连续自动、分离效果好、对物料的适应性强、结构紧凑、分离因数高、单机生产能力大、应用范围广等优点；但也有固相沉渣的含湿量比过滤离心机低、洗涤效果不好、结构复杂、价格高等缺点。目前已广泛应用于化工、轻工、能源、制药、食品及环境保护等行业。

六、高速离心机

（一）种类

高速离心机也称为管式分离机，它是转鼓成管状的高速沉降式离心机。转鼓直径较小，长度较长，转速较高，用于处理难于分离的低浓度悬浮液和乳浊液，也用于分离固相颗粒直径较小、轻重两相（或固-液两相）密度差很小的悬浮液。

高速离心机根据需要有不同形式，按转鼓形式分为澄清型和分离型，按封闭形式分为开式和闭式。澄清型用于含少量高分散固体粒子的悬浮液澄清，且只有一个液体出口；分离型用于乳浊液（或含少量固体粒子）的分离，液体收集器有轻液和重液两个出口。闭式机型的机壳是密闭的，液体出口上有液封装置，可防止易挥发组分的蒸汽外泄。

（二）结构及工作原理

高速离心机由主轴、轻液收集器、重液收集器、桨叶、转鼓、刹车装置、进料管、机座、皮带轮、皮带张紧装置组成，如图 9-10 所示。经过精密加工的管状转鼓由细长轴上悬支承，并由电机经皮带轮带动。转鼓下部支承在可沿径向作微量滑移的滑动轴承上，并设有减振装置，以防启动、制动时的振动。转鼓内装有互成 120°夹角的三片桨叶，以使物料及时地达到转鼓的转速，在转鼓的中部或下部的外壁上装有两个制动闸块。

离心机工作时，当达到正常转速后，物料在 20～30kPa 压力下从进料管加入到转鼓下部，被转鼓内互成 120°夹角的三片桨叶带动与转鼓同速旋转。在离心力的作用下，轻、重两种液体分离，重液层靠近转鼓鼓壁，轻液层靠近转鼓中心，重液和轻液沿转鼓向上作轴向运动，并分别从转鼓上部的轻、重液收集器排出。分离悬浮液时，应将重液出口堵塞。分离固液物料时，运行一段时间后，转鼓内沉积的滤渣增多，当分离澄清度下降到不符合要求时，需停车清理转鼓内的沉渣。

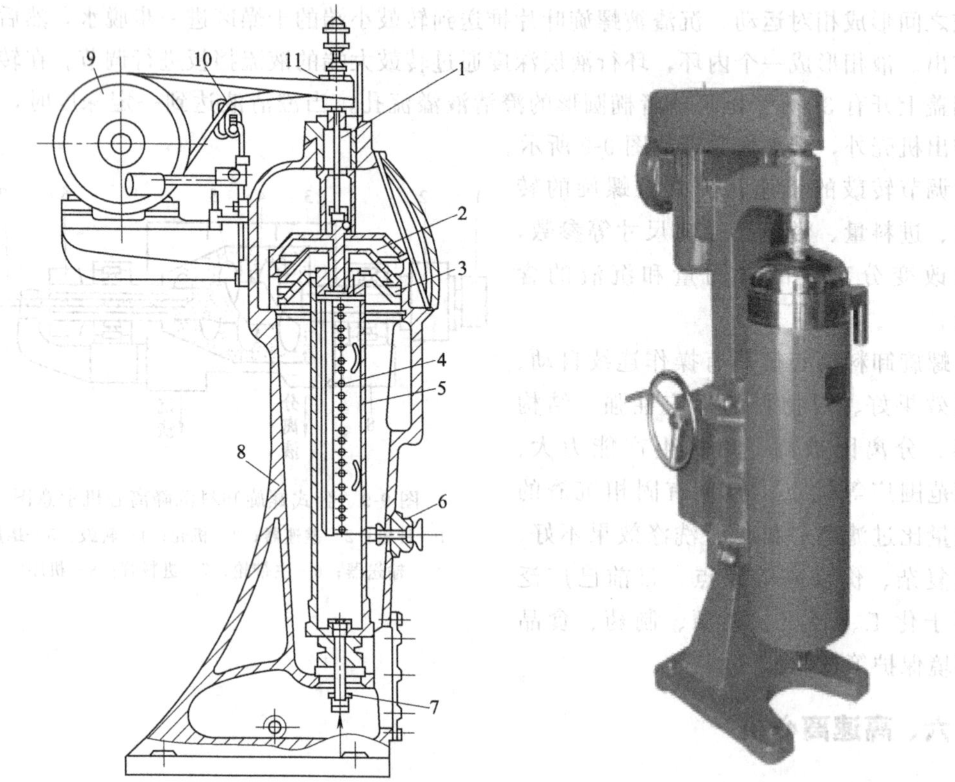

图 9-10　管式分离机

1—主轴；2,3—轻、重液收集器；4—桨叶；5—转鼓；6—刹车装置；
7—进料管；8—机座；9,10—皮带轮；11—张紧装置

高速离心机转鼓直径一般为 50～150mm，长度与直径比为 4～8，分离因数高达 $(1.5\sim6.5)\times10^4$，因此分离效果好，适用于处理固体颗粒直径为 0.01～100μm、固相浓度小于1%、固液相密度差或轻重相密度差大于10kg/m^3 且难以分离的乳浊液或悬浮液，常用于油料、油漆、制药、化工等行业。高速离心机结构简单、运转可靠，能获得极纯的液相和

密实的固相，但固相的排出需停机拆开转鼓后进行，单机生产能力较低。

【习题】

1. 离心分离与其他分离相比有何特点？利用离心机进行分离有哪几个过程？

2. 离心机的型号是怎样编制的？它们分别代表什么意义？

3. 三足式离心机由哪些部分组成？它是如何进行工作的？

4. 刮刀式离心机由哪些部分组成？它是如何进行工作的？刮刀卸料装置的种类有哪些？转鼓在轴上的布置形式有哪些？

5. 简述卧式活塞推料离心机的工作原理及结构特点。

6. 简述上悬式离心机的结构特点及工作原理。

7. 简述螺旋卸料离心机的结构特点和工作原理。

8. 简述高速离心机的特点。

第十章

风机结构拆装

【学习目标】

① 了解离心式鼓风机、罗茨鼓风机和凉水塔用轴流风机的典型结构，主要零部件的基本结构、工作原理、工作特性及应用场合。

② 能根据工艺要求初步掌握离心式鼓风机、罗茨鼓风机和凉水塔轴流风机的选用。

第一节 风机类型选择

风机是依靠输入的机械能，提高气体压力并排送气体的机械，它是一种从动流体机械。

风机是我国对气体压缩和气体输送机械的习惯简称，通常所说的风机包括通风机、鼓风机、压缩机。气体压缩和气体输送机械是把旋转的机械能转换为气体压力能和动能，并将气体输送出去的机械。风机的主要结构包括叶轮、机壳、进风口、支架、电机、皮带轮、联轴器、消音器、传动件（轴承）等。

风机按使用材质，分为铁壳风机（普通风机）、玻璃钢风机、塑料风机、铝风机、不锈钢风机等。

风机按气体流动方向分为离心式、轴流式、斜流式（混流式）和横流式等类型。

① 离心风机　气流轴向进入风机的叶轮后主要沿径向流动。这类风机根据离心作用的原理制成，产品包括离心通风机、离心鼓风机和离心压缩机。

② 轴流风机　气流轴向进入风机的叶轮，近似地在圆柱表面上沿轴线方向流动。这类风机包括轴流通风机、轴流鼓风机和轴流压缩机。

③ 回转风机　利用转子旋转改变气室容积来进行工作。常见的有罗茨鼓风机、回转压缩机。

风机按用途分为压入式局部风机（压入式风机）和隔爆电动机。

风机按加压形式分为单级、双级和多级加压风机。

风机按压力分为低压风机、中压风机和高压风机。

风机的性能参数主要有流量、压力、功率、效率和转速。另外，噪声和振动的大小也是主要的风机设计指标。流量也称风量，以单位时间内流经风机的气体体积表示。压力也称风压，是指气体在风机内压力的升高值，有静压、动压和全压之分。功率是指风机的输入功率，即轴功率。风机有效功率与轴功率之比称为效率，风机全压效率可达 90%。

风机在各行业中均有广泛的用途，一般用于通风换气、降温、除尘，燃料燃烧所需空气的供应及燃烧后烟气的排出。在化工生产中，主要用于空气、半水煤气、烟道气、氧化氮、氧化硫、氧化碳及其他生产过程中气体的排送和加压。

第二节　风机结构原理与零部件选用

一、离心式鼓风机的工作原理

离心式鼓风机有单级［图 10-1（a)］和多级［图 10-1（b)］之分。当叶轮转动时，

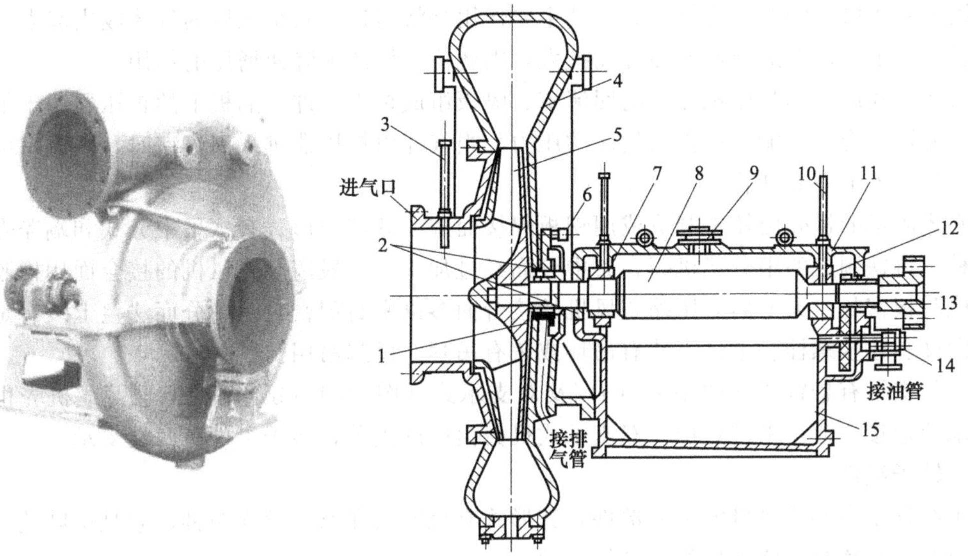

(a) 悬臂式结构形式

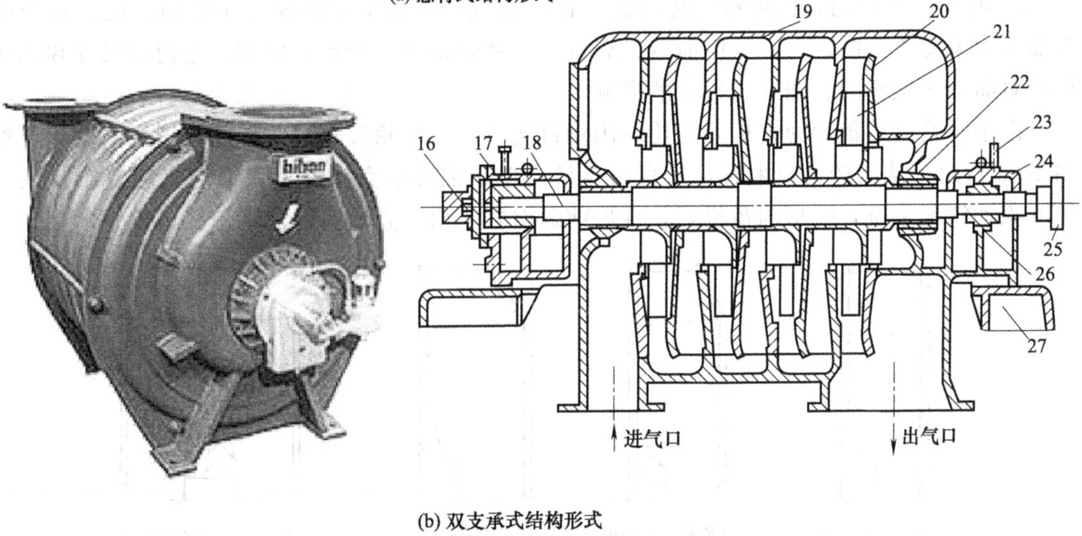

(b) 双支承式结构形式

图 10-1　离心式鼓风机结构图

1—排气管；2,22—密封；3,10,23—温度计；4,19—机壳；5,21—叶轮；6—油杯；7,17—止推轴承；8,18—主轴；9—通气罩；11,24—轴承箱；12,26—径向轴承；13,25—联轴器；14,16—主油泵；15,27—底座；20—回流室

气体由吸入管进入机壳，并在离心力作用下由出口排出。对多级鼓风机，气体依次经过第一级工作叶轮，进入扩压器降速增压，然后进入第二级工作叶轮加速，再进入第二级扩压器降速增压，最后由出口排出。离心式鼓风机的出口压强一般不超过 0.3MPa（表压），其压缩比不高，所以不需要冷却装置，其叶轮的圆周速度达 300m/s。

二、结构与主要零部件

离心式风机主要由机壳、叶轮、主轴、轴承、轴承座（箱）、密封组件、润滑装置、靠背轮（或皮带轮）、支架及其他辅助零部件等组成。

(1) 机壳

单级离心式风机的机壳为蜗壳式。其主要作用是将通过叶轮增压后的气体收集起来，使其流向管道。由于蜗壳的流通截面逐渐扩大，因此使气体产生降速增压的作用。

多级离心式风机则是由机壳内的回流室、隔板组成机壳组件，隔板上的扩压器用于把气体的速度能转化为静压能，以提高气体的压力。当气体由扩压器进入回流室时，回流室可均匀地将气体引入下一级叶轮。

离心式风机的机壳由铸铁制成或用钢板焊接而成，其结构形式有水平中分式和端盖壳组合式两种。铸铁制成的中分式机壳，其中分面经过加工。一般离心式风机的接合面用橡胶垫或石棉橡胶板密封，大型离心压缩式风机的接合面多以密封剂密封。中分面法兰上装有定位销、导向杆和连接螺栓。上机壳装有吊环或铸有吊耳，供起吊用。

机壳的支承有悬臂式［图 10-1（a）］及双支承式［图 10-1（b）］两种。悬臂式机壳由螺栓与轴承箱连接，通过平键定位。双支承式机壳由机座支承，转子组件由两端支承。

(2) 转子组件

转子组件是离心式风机的主要部件，其形式有悬臂式和双支承式两种，它是由叶轮、主轴、密封套、平衡盘、联轴器等部件组成的。

① 叶轮　其功用是将机械能传递给气体，使气体在通道中增加静压能和动能。其全部零部件均由优质钢制造，一般由前盘、后盘、叶片和轴盘（轮毂）构成，它们的尺寸和几何形状对离心式风机的性能有着很大的影响。

由于叶轮的后盘均为直板并与轮毂用铆钉连接，故叶轮形式主要指前盘形式的变化，如图 10-2 所示。从制造情况来看，平直前盘最简单，锥形前盘次之，弧形前盘较复杂。从气体的流动情况来看，弧形前盘最好，锥形前盘次之，而平直前盘的流动情况最差。

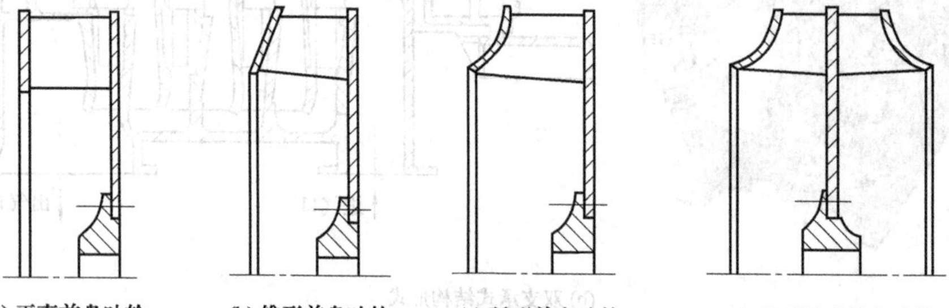

(a) 平直前盘叶轮　(b) 锥形前盘叶轮　(c) 弧形前盘叶轮　(d) 双吸弧形前盘叶轮

图 10-2　前盘叶轮的基本形状

叶轮按叶片的弯曲方向可分为三种：后弯叶片（叶片出口安装角＜90°）、径向叶片（叶片出口安装角＝90°）和前弯叶片（叶片出口安装角＞90°）。从气体所获得的压力来看，前弯叶片最大，径向叶片稍次，后弯叶片最小。从效率来看，后弯叶片最高，径向叶片居中，前弯叶片最低。从结构尺寸来看，在流量和转速一定时，达到相同的压力前提下，前弯叶轮直径最小，径向叶轮直径稍次，后弯叶轮直径最大。

叶片的基本形状又分弧形叶片、直线形叶片和机翼形叶片三种，如图 10-3 所示。直线形叶片制造简单，机翼形叶片气动性能好且叶片强度高。目前大型离心式风机多采用后弯机翼形叶片，而中、小型离心式风机则用后弯弧形叶片或后弯直线形叶片。

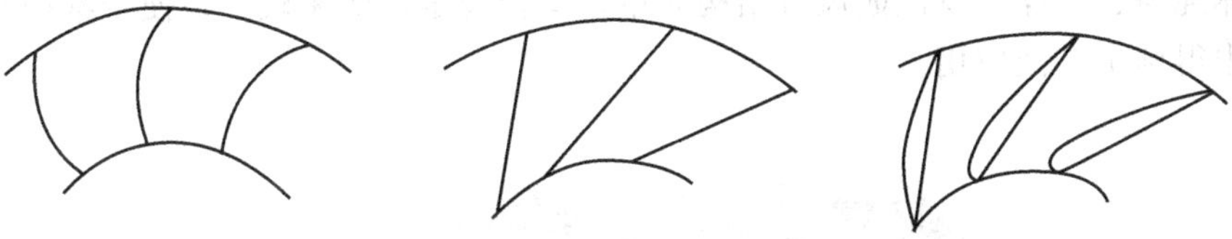
(a) 弧形叶片　(b) 直线形叶片　(c) 机翼形叶片

图 10-3　叶片的基本形状

② 主轴　其作用是支承所有旋转件并传递扭矩。主轴在运转过程中同时受到径向力、轴向力以及扭矩的作用，处于复合应力状态。因此，主轴一般采用优质碳素钢或耐腐蚀的不锈钢加工而成，并作调质热处理，以提高其力学性能。

③ 联轴器　是用来连接轴和传递旋转力矩的重要部件，也可用作安全装置。

(3) 密封组件

为防止离心式风机在运行时漏气（外漏）和多级离心式风机在运行时产生级间串气（内漏），防止润滑油泄漏及灰尘、水分等进入轴承，离心式风机在壳体、轴承或级间等部位采用密封组件。密封的作用原理是使流体流经密封件时，因受阻力产生压力降而防止泄漏。

离心式风机的轴伸出机壳外面的轴封或多级离心式风机的级间密封，主要采用轮盖密封和隔板密封，这两种密封多采用梳齿形迷宫密封，轴端密封则采用迷宫密封和胀圈式密封（图 10-4、图 10-5），轴瓦的油封亦采用迷宫式密封或其他形式的密封。

金属密封的材料多采用软金属铝或铜制成，以防损坏转子。

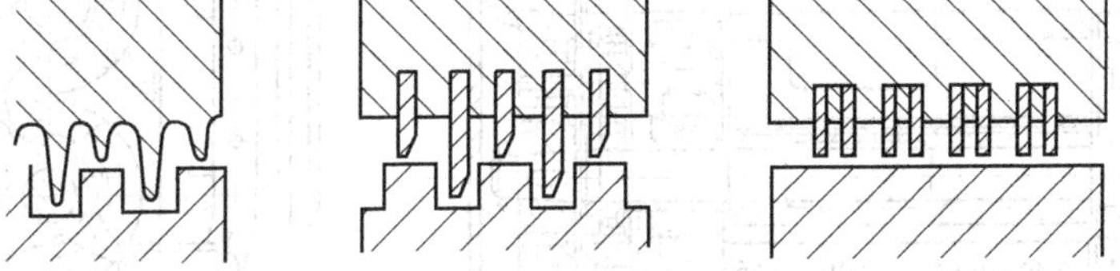
(a) 整体气封　(b) 镶片气封　(c) 梳齿气封

图 10-4　迷宫式气封

(4) 轴承

轴承是支承转子、保证转子能平稳旋转的部件，并能承受转子所产生的径向推力和轴向推力。滑动轴承和滚动轴承在离心式风机中均有应用。

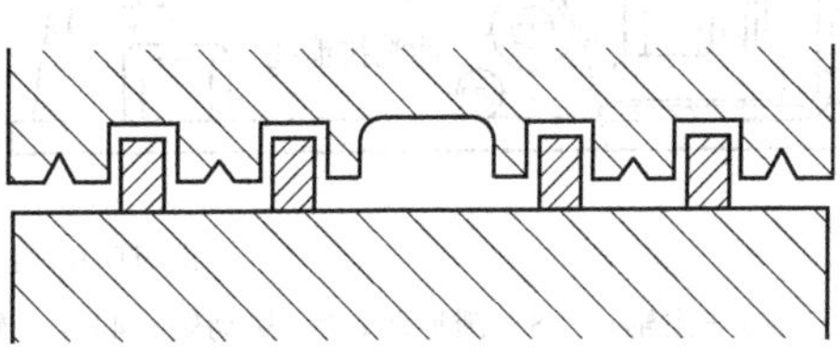
图 10-5　胀圈式气封

(5) 润滑装置

离心式风机的润滑装置以直通式压注油杯、压配式压注油杯、针阀式注油杯、旋盖式油杯及油标使用最多。在离心压缩式的大型风机中，则以油泵、油箱、滤油器、油冷却器、稳压器及安全阀等构成一个加压循环的润滑系统。

三、罗茨鼓风机

罗茨鼓风机是回转容积式鼓风机的一种，其特点是输风量与回转数成正比，当鼓风机的出口阻力有变化时，输送的风量并不因此受显著的影响。由于工作转子不需要润滑，因此所输送的气体纯净、干燥。罗茨鼓风机结构简单，运行稳定，效率较高，便于维护和保养，在化工生产中得到了广泛应用。

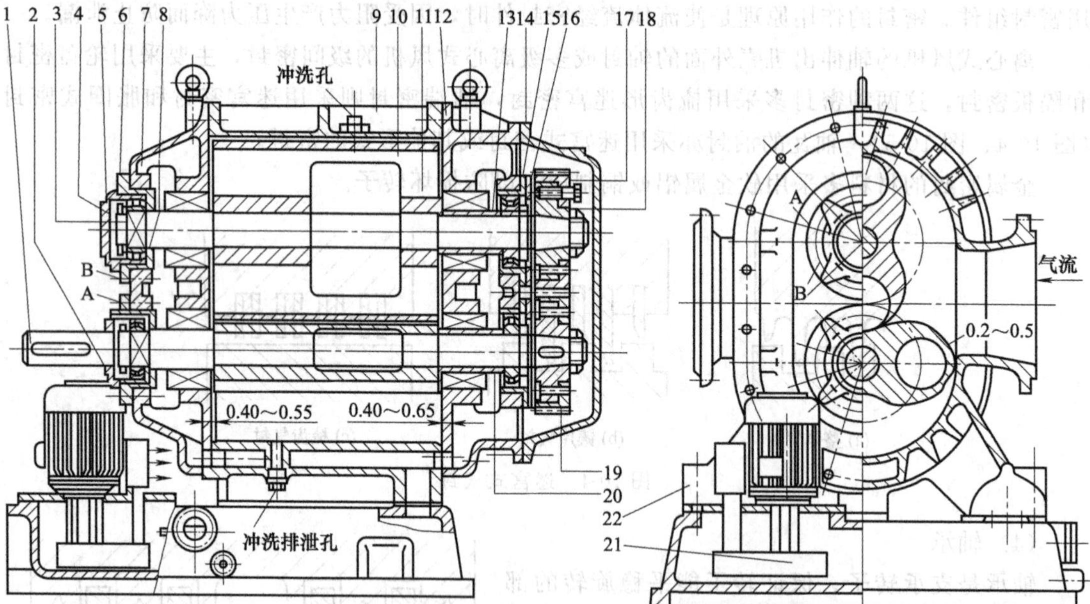

图 10-6 L36 型罗茨鼓风机结构图

1—主轴；2,8—圆形环；3—从动轴；4,16—轴承盖；5,20—轴承；6,15—轴承座；7—前盖板；9—机壳；10—转子；11—轴端密封；12—后盖板；13—衬套；14—齿轮箱；17,19—齿轮圈；18—轮毂；21—电泵；22—油管

罗茨鼓风机按结构形式分为立式和卧式两种。卧式罗茨鼓风机的两根转子中心线在同一

水平面内，鼓风机的进、出风口分别在机座的上部和下部侧面。立式罗茨鼓风机的两根转子中心线在同一垂直面内，鼓风机的进、出风口分别在机座的两侧面。通常情况下，流量大于 $40m^3/min$ 时制成卧式，流量小于 $40m^3/min$ 时制成立式。

此外，罗茨鼓风机按冷却方式又可分为风冷式和水冷式。风冷式罗茨鼓风机运行中的热量采取自然空气冷却，为了增加散热面积，机壳表面采用翘片式的结构。水冷式罗茨鼓风机运行中的热量用冷却水强制冷却，在机壳表面制造水夹套，使冷却水在夹套中循环冷却。

1. 罗茨鼓风机的结构

罗茨鼓风机的结构与齿轮泵相似，主要由机壳、前后墙板、主轴、从动轴、密封、传动齿轮以及一对断面呈∞形的转子等组成，如图 10-6 所示。在一个长圆形的机壳内有两个转子，分别固定在由轴承支承的相互平行的主轴与从动轴上，主轴与从动轴轴端装有相同的啮合齿轮，主动轴通过联轴器或皮带轮与电动机相连。两个转子之间及转子与机壳之间分别留有 0.4mm 和 0.3mm 左右的间隙，以使转子既能自由转动，又不过多漏气。

2. 罗茨鼓风机的工作原理

罗茨鼓风机的工作原理如图 10-7 所示。当电动机带动主动轴转动时，安装在主动轴上的齿轮便带动从动轴上的齿轮按相反方向同步旋转，与此同时，相啮合的两个转子也随之转动。当转子在图 10-7（a）所示位置时，转子左侧与进气口相通，右侧与排气口相通，上方转子与机壳间所形成的空间内包含有与进气压力相同的气体；当转子转过一个小角度达到图 10-7（b）所示位置时，上部空间与排气口相通，排气管内高压气体的突然导入使该空间内的气体受到压缩，压力升至排气压力，并随着转子的进一步旋转，容积不断减小，从排气口排出；同时，在转子的左侧，空间容积增大，压力降低，外界气体从吸气口吸入，并随转子进入下部空间达到图 10-7（c）所示位置；图 10-7（c）所示位置与图 10-7（a）所示位置的情况基本相同，只是气体所处的空间及转子的位置发生了变换；转子旋转至图 10-7（d）所示位置，下部空间的气体先被压缩，而后排出，直至转子旋转到图 10-7（e）所示位置为止；图 10-7（e）所示位置与图 10-7（a）所示位置完全相同。转子不停地旋转，气体就不断地被吸入、压缩和排出。转子每旋转一周的排气量，即为上、下空间的容积之和。

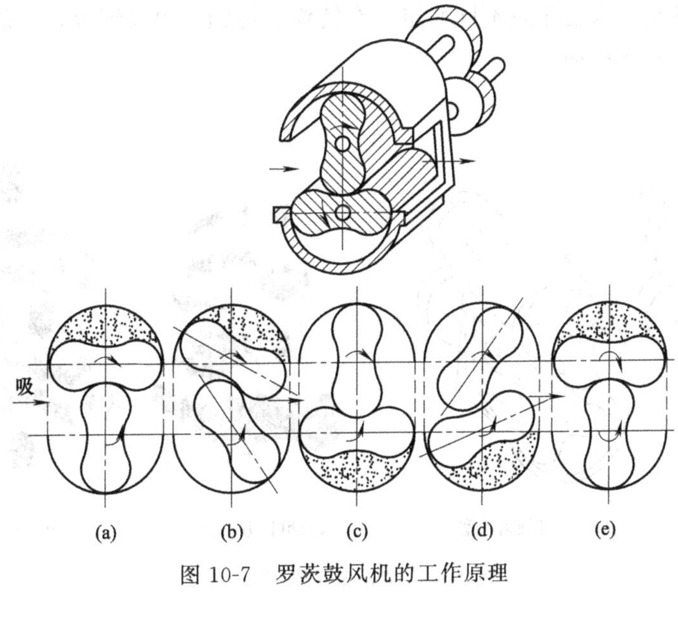

图 10-7　罗茨鼓风机的工作原理

从工作原理看，罗茨鼓风机的旋转方向并无规定。上部转子作顺时针旋转，下部转子作逆时针旋转，气体则从左边吸入、右边排出；若改变两转子的旋转方向，则气体从右边吸入、左边排出。如果风口是上下安置的，则最好使气体从上面进入、下面排出，这样可利用下面气体较高的压力抵消一部分转子和轴的重量，以减小轴承所受的压力。

3. 罗茨鼓风机的主要零部件

(1) 机壳

机壳的作用是与转子共同形成密封容积。其材料由输送气体的性质和压力而定，常用铸铁和铸钢制成。因为转子在机壳内旋转，所以机壳与转子间应留有一定的间隙，以保证转子与机壳不发生碰撞。

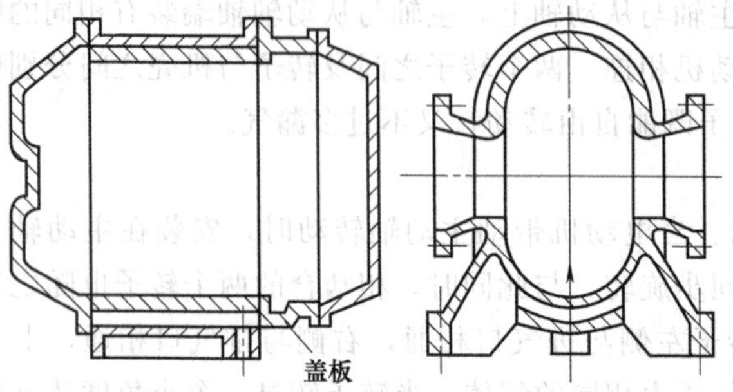

图 10-8　机壳的结构

机壳的结构形式有三种。一种是机壳由壳体和机盖两部分组成；一种是机壳由壳体和前、后盖三部分组成。这两种结构形式较简单，但转子与机壳间间隙的测量、检修和调整较为困难。还有一种机壳共由六部分组成，其壳体分为上下两半，前、后盖板也分为上部鼓风翼盖、下部阻风翼盖。壳体的边上有凸缘，相互可用螺栓连接，机壳中部水平方向有进、出口，如图 10-8 所示。这种结构为检修时测量、调整转子与机壳间的间隙提供了方便。

(2) 转子

转子是罗茨鼓风机的主要部件，由叶轮和轴组成。小型叶轮可制成实心的，中型叶轮为了减轻重量，可制成空心。

叶轮有两叶型和三叶型两种，如图 10-9 所示。三叶型叶轮每转动一圈进行三次吸、排气，与两叶型相比，气体脉动变少，负荷变化小，机械强度高，噪声低，振动也小。

转子所用的材质由输送介质不同而定，有铸铁、铸钢、铝及铜等，一般使用的罗茨鼓风机转子大多采用铸铁或铸钢。

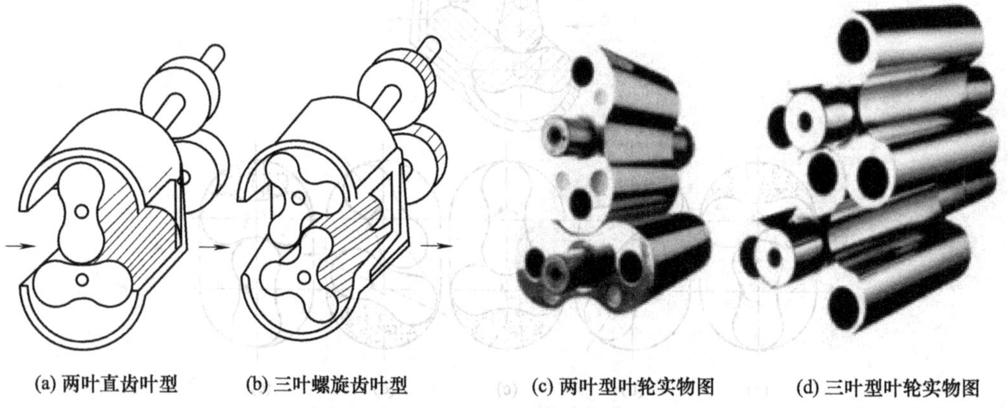

(a) 两叶直齿叶型　(b) 三叶螺旋齿叶型　(c) 两叶型叶轮实物图　(d) 三叶型叶轮实物图

图 10-9　罗茨鼓风机转子结构

(3) 传动齿轮

罗茨鼓风机的主动齿轮和从动齿轮采用同步齿轮，既作传动，又起叶轮定位作用。同步齿轮由齿轮圈和齿轮毂组成，用圆锥销定位。

传动齿轮的形式有直齿圆柱齿轮、斜齿圆柱齿轮和人字齿轮三种。直齿圆柱齿轮制造方便，缺点是转速较高时容易引起冲击，噪声较大。斜齿圆柱齿轮传动比较平稳，不会引起冲击，适用于转速较高和功率较大的鼓风机，但斜齿轮传动轴向力较大。人字齿轮运转平稳，噪声小，强度高，但制造、安装和调整比较复杂。

齿轮装在齿轮箱内，主动轮一端与联轴器相连。传动齿轮材料一般为铸铁或铸钢，齿形要求准确，这样可降低磨损，减小振动和噪声。

(4) 轴承与轴封装置

轴承的作用是支承转子和轴转动。罗茨鼓风机的轴承可采用滚动轴承和滑动轴承。滚动轴承摩擦系数小，轴向尺寸小，径向间隙小，维护方便，使用广泛。滑动轴承可用在高转速场合，其承载能力更大，同时结构简单，现场施工容易。

罗茨鼓风机主轴是伸出机壳的，为了防止气体沿轴与壳体间隙处外漏或空气内漏，需设置轴封装置。罗茨鼓风机的轴封装置有胀圈式、迷宫式、填料式、机械密封式、骨架油封式等，针对不同的环境、介质、转速，采用不同的密封方式。罗茨鼓风机常用的轴封装置如图10-10～图10-12所示。

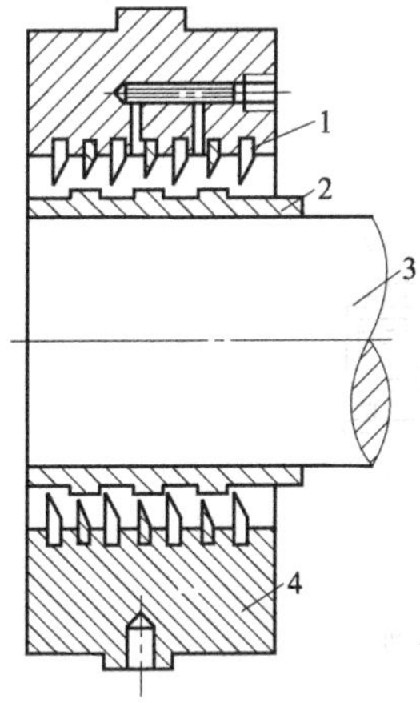

图10-10　胀圈式轴封装置

1—密封环；2—轴套；3—轴；4—密封环座

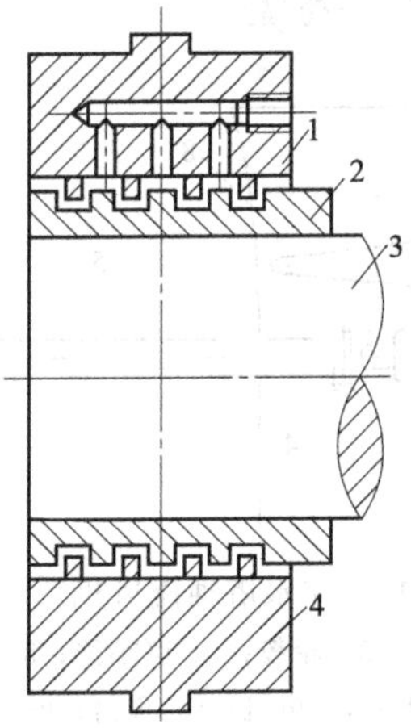

图10-11　迷宫式轴封装置

1—密封环；2—轴套；3—轴；4—密封环座

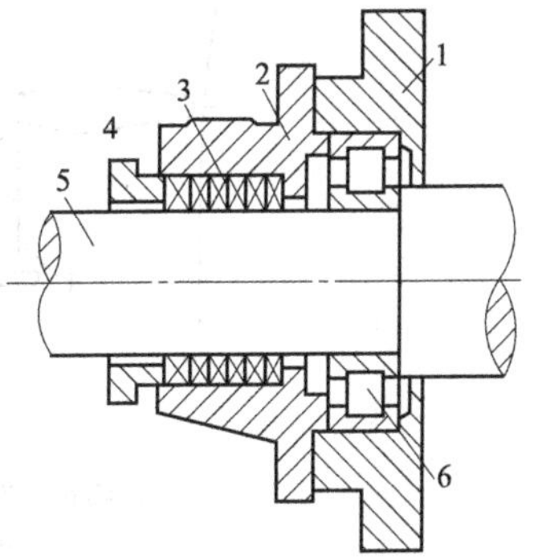

图10-12　填料式轴封装置

1—轴承箱；2—轴封填料外壳；3—填料；4—填料压盖；5—轴；6—滚动轴承

四、凉水塔用轴流风机

1. 分类

轴流式通风机按出口压力可分为低压和高压两种。低压轴流式通风机在标准状态下，通风机全压 $p_{tF}<493\text{Pa}$。高压轴流式通风机在标准状态下，通风机全压 $p_{tF}=493\sim4930\text{Pa}$。此外，按结构形式可分为筒式、简易筒式、风扇轴流式通风机。按轴的配置方向可分为立式轴流通风机、卧式轴流通风机。

凉水塔用轴流风机用于凉水塔的冷却通风，属于低压通风机，主要用于电站、化工循环水的冷却散热，其特点是风压低、风量大。常用的国产型号有L30A型、L30Ⅰ型和L30Ⅱ型等，国外型号常采用美国MARLEY公司生产的轴流式通风机，如三十万吨合成氨凉水塔所用轴流式通风机HP-4。

2. 典型结构

凉水塔用轴流风机一般由叶轮、减速箱、轮毂、整流罩、联轴器等部分组成，如图10-13所示。风机叶片有4～8片，采用玻璃纤维增强塑料（玻璃钢）制造，叶片用螺栓固定在轮毂上，叶片角度在10°～30°内可调。轮毂既支承叶片，又起气封罩的作用。叶片通过称重，按重量大小对称装在轮毂上，再进行静平衡检查调整。风筒的作用是创造良好的空气动力条件，减小通风阻力和湿空气回流，有利于湿热空气的排出。风筒的形状多采用抛物线形或双曲线形。

风机齿轮箱采用螺旋伞齿轮传动，齿轮箱与电机采用空心传动轴和两对联轴器连接。由于传动轴较长，因此必须进行动平衡，保证运转平稳可靠。

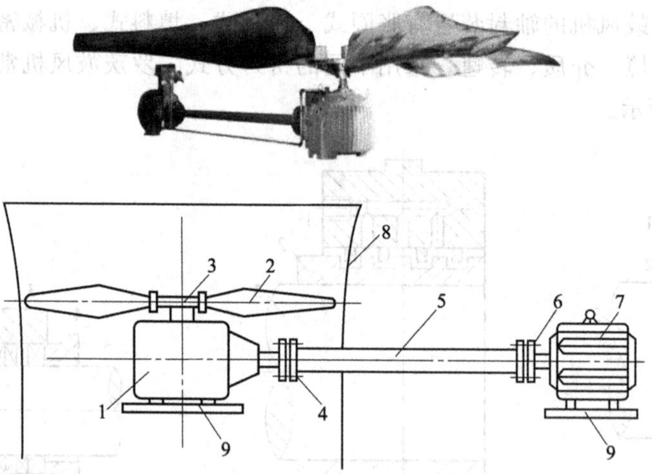

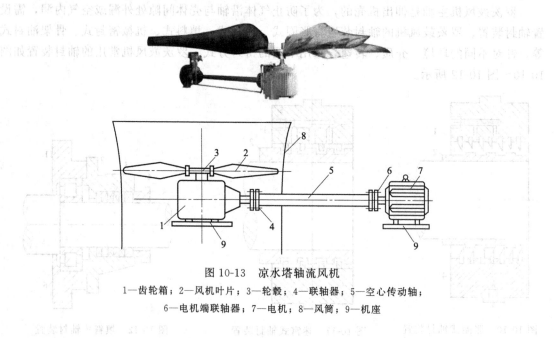

图10-13 凉水塔轴流风机

1—齿轮箱；2—风机叶片；3—轮毂；4—联轴器；5—空心传动轴；6—电机端联轴器；7—电机；8—风筒；9—机座

【习题】

1. 试述风机的分类及在石油化工生产中的应用。
2. 试述离心式风机的结构组成及工作原理。
3. 离心式鼓风机的转子由哪些部件组成？
4. 卧式罗茨鼓风机为什么要从上面进风、下面出风？
5. 凉水塔用轴流风机有哪些种类？
6. 试分析离心式鼓风机和罗茨鼓风机密封装置的原理和结构形式的异同点。
7. 离心式鼓风机与离心式压缩机相比有何异同点？

附录 1　换热器压力试验报告

检查项目	压力试验　□ 水压试验 □ 气压试验 □ 气密性试验		设备名称
试验部位		设备位号	
试验压力/MPa		压力表量程/MPa	
试验介质		压力表精度等级	
氯离子含量/(mg/L)		保压时间/min	

试验曲线

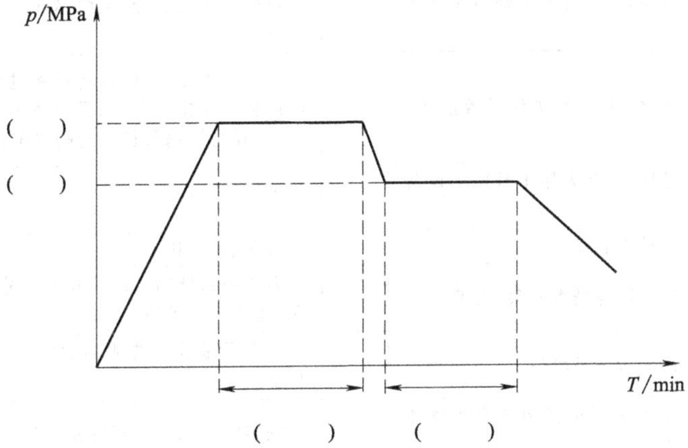

泄漏部位		备注：
可见变形部位		
异常响声		
试验结果		

试验员 1	试验员 2	试验员 3	日期

附录 2 换热器拆装与检验考核表

换热器工位号：__________ 考核时间：__________ 考核成绩：__________

项目	考核内容	记录	备注	分值	扣分
换热器装拆及试压前的准备 6分	填写领料清单并完成领取工作		完成	3	
	拆装、试压总清单填写正确与否		填错、漏填一项扣0.5分，扣完为止	3	
换热器壳程试压 30分	按试压系统图组装壳程试压设备所选部件及组装顺序是否正确		部件安装拿错1件扣1分，步骤错一步扣1分，扣完为止	2	
	换热器各密封处垫片安装是否正确		错装一个扣1分，扣完为止	2	
	各法兰连接处螺栓紧固的次序以及方法是否正确		错一对法兰扣1分，扣完为止	2	
	盲板、试压改造盲板安装是否到位		盲板泄漏扣1分，试压改造盲板上各连接件连接不紧造成泄露1处扣1分，扣完为止	2	
	试压用管件、阀门、仪表有无装错		阀安装不正扣1分，表盘方向不一致扣1分，节流阀方向有误扣1分	3	
	试压前有无排气、排气是否干净，各检验部位是否擦拭干净		错1项或漏1项扣1分	2	
	试验压力操作是否准确		到实验压力时没有向裁判示意即降压扣1分，实验压力操作有误扣1分，合格压力范围为1.15～1.35MPa	2	
	对设备进行检查时压力为________MPa		未降压扣1分，降压操作有误扣1分，合格压力范围为0.9～1.1MPa	2	
	试压是否有泄漏，若有泄漏则重新试压过程是否正确		带压返修扣2分，最终试压不合格扣2分(有漏点)	4	
	泄压及试压设备的拆除方法是否正确		带压排水扣1分，设备拆除过程及工具使用错1项扣1分，水没有排入水沟扣1分，打开与柱塞泵相连的阀泄压扣1分	3	
	安装设备过程时，有无用工具敲击设备(铜棒除外)		有，扣1分	1	
	折流板方向是否装错		方向装反，扣1分	1	
	压力检验报告填写是否完整、正确		有1项目填错或漏填扣0.5分，直至扣完(备注部分可填可不填)	3	
	设备内液体是否尽量放尽		没有尽量放尽造成拆除时液体较多扣1分	1	
换热器管程试压 27分	按管程试压系统图选择组装管程试压所需部件是否正确		安装时错拿1个部件扣1分	1	
	换热器各部件组装顺序是否正确		错装一步扣1分	1	
	换热器各密封处垫片、密封圈安装是否正确		错装一个扣0.5分，扣完为止	1	
	各法兰连接处螺栓紧固的次序以及方法是否正确		错一对法兰扣1分	2	
	排水盲板、试压改造盲板安装是否到位		盲板泄漏扣1分，试压改造盲板上各连接件连接不紧1处扣1分，扣完为止	2	
	排水阀是否有泄露及装正		有泄露或安装有误各扣1分	2	

续表

<table>
<tr><th>项目</th><th>考核内容</th><th>记录</th><th colspan="2">备注</th><th>分值</th><th>扣分</th></tr>
<tr><td rowspan="8">换热器管程试压 27 分</td><td>试压前有无排气、排气是否干净，各检验部位是否擦拭干净</td><td></td><td colspan="2">错 1 项或漏 1 项扣 1 分</td><td>2</td><td></td></tr>
<tr><td>试验压力下操作是否准确</td><td></td><td colspan="2">到实验压力时没有向裁判示意稳压扣 1 分，实验压力操作有误扣 1 分，合格压力范围为 1.7～1.9MPa</td><td>2</td><td></td></tr>
<tr><td>对设备进行检查时压力为________MPa</td><td></td><td colspan="2">未降压扣 1 分，降压操作有误扣 1 分，合格压力范围为 1.45～1.65MPa</td><td>2</td><td></td></tr>
<tr><td>试压是否有泄露，若有泄漏则重新试压过程是否正确</td><td></td><td colspan="2">带压返修扣 2 分，最终试压不合格扣 2 分(有漏点)</td><td>4</td><td></td></tr>
<tr><td>泄压及试压设备的拆除方法是否正确</td><td></td><td colspan="2">带压排水扣 1 分，设备拆除过程及工具使用错 1 项扣 1 分，水没有排入水沟扣 1 分</td><td>3</td><td></td></tr>
<tr><td>安装设备过程时，有无用工具敲击设备(铜棒除外)</td><td></td><td colspan="2">有，扣 1 分</td><td>1</td><td></td></tr>
<tr><td>有无法兰安装不平行，偏心</td><td></td><td colspan="2">有 1 对，扣 1 分</td><td>1</td><td></td></tr>
<tr><td>压力检验报告填写是否完整、正确</td><td></td><td colspan="2">有 1 项目填错或漏填扣 0.5 分，直至扣完(备注部分可填可不填)</td><td>3</td><td></td></tr>
<tr><td rowspan="2">试压系统、换热器的拆除及现场清理 4 分</td><td>拆除后，是否对照清单，完好归还和放好设备部件、仪表、管件、工具等</td><td></td><td colspan="2">遗留或损坏 1 件均扣 1 分，扣完为止</td><td>2</td><td></td></tr>
<tr><td>拆除结束后是否清扫整理现场恢复原样</td><td></td><td colspan="2">没恢复原样扣 1 分，清扫不干净或整理不整洁扣 1 分</td><td>2</td><td></td></tr>
<tr><td rowspan="3">文明安全操作 9 分</td><td>整个试压、装拆过程中操作者穿戴是否规范，是否越限</td><td></td><td colspan="2">穿戴不规范扣 1 分，越限 1 次扣 1 分，扣完为止</td><td>2</td><td></td></tr>
<tr><td>是否有撞头、伤害到别人或自己、物件掉地等不安全操作</td><td></td><td colspan="2">螺栓、螺母、垫片掉地每次扣 0.5 分，其他情况每次扣 1 分</td><td>5</td><td></td></tr>
<tr><td>是否服从裁判管理</td><td></td><td colspan="2">不服从扣 2 分</td><td>2</td><td></td></tr>
<tr><td rowspan="10">操作质量及时间 24 分</td><td>拆装、试压过程的合理性</td><td></td><td colspan="2">按评分细则说明分项扣分，每项 1 分</td><td>4</td><td></td></tr>
<tr><td rowspan="9">拆装、试压总时间 T</td><td rowspan="9"></td><td>$T \leqslant 110\text{min}$</td><td>20</td><td rowspan="9">20</td><td rowspan="9"></td></tr>
<tr><td>$110\text{min} < T \leqslant 120\text{min}$</td><td>17.5</td></tr>
<tr><td>$120\text{min} < T \leqslant 130\text{min}$</td><td>15</td></tr>
<tr><td>$130\text{min} < T \leqslant 140\text{min}$</td><td>12.5</td></tr>
<tr><td>$140\text{min} < T \leqslant 150\text{min}$</td><td>10</td></tr>
<tr><td>$150\text{min} < T \leqslant 160\text{min}$</td><td>7.5</td></tr>
<tr><td>$160\text{min} < T \leqslant 170\text{min}$</td><td>5</td></tr>
<tr><td>$170\text{min} < T \leqslant 180\text{min}$</td><td>2.5</td></tr>
<tr><td>$180\text{min} < T$</td><td>0</td></tr>
</table>

检验员签名：________________

附录 3　板式塔故障处理考核表

注意事项：

① 总分：100 分。

② 考核时间：90min。

一、考核要求与内容

① 对水压试验后设备存在的故障进行处理。

② 若塔设备中为有毒介质，则在检修中应如何防范、处理？

③ 对于所设置设备故障正确判断，编排排除故障的处理方法。

二、评分表

项目	考核内容	评分标准	分值	得分
设备存在的故障处理 70 分	确定有几个泄漏点，然后回答如何处理	回答错误一处扣 10 分，扣完为止	30	
	实际处理结果	没完成一处扣 10 分，扣完为止	40	
设备故障的诊断和排除故障前的准备 5 分	凡进入装有易燃、易爆、有毒、有窒息性物质的设备内检修时，应：①切断____，挂上__警告牌；②排除______的压力；③在进料、进气管道上安装________；④清洗置换，经______合格后并设有专人监护，方可进入设备内	每空 1 分，扣完为止	5	
塔设备故障的诊断和排除方法 15 分	工作表面结垢是由于____________，应该________________	每空 2 分，扣完为止	5	
	连接处失去密封能力是由于________，应该________________	每空 2 分，扣完为止	5	
	塔体厚度减薄是由于____________，应该________________	每空 2 分，扣完为止	5	
文明安全操作 5 分	伤害到别人或自己等不安全操作的次数；是否服从管理；钳工台上是否保持清洁，垫好阻燃革；工具是否归还原位	一项 1 分，扣完为止	5	
小组互评 5 分	写评分理由		5	

附录 4　工作危害分析（JHA）记录表 1

单位：　　车间　　　　　　　　　　　　　编号：

工作/任务：浮阀塔检修　　　　　　　　　　区域/工艺过程：________

分析人员：(安全员)　　(工程师)　　(班长)　　日期：________

审核人：(主任)

序号	工作步骤	危害或潜在事件	主要后果	以往发生频率及现有安全控制措施					L	S	风险度（R）	建议改正/控制措施
				发生频率	管理措施	员工胜任程度	设备设施现状	防范控制措施				
1	编制施工方案	施工方案缺乏危害识别及 HSE 控制措施	违反国家有关法律法规制度标准	过去偶尔发生	有操作规程但偶尔不执行	胜任但偶尔出差错		有，偶尔失去作用或出差错	2	5	10	加强检查和考核
2	办理作业许可证并进行交接确认	地点和设备位号找不准或交接出差错	不符合公司 HSE 的操作程序和规定制度	过去偶尔发生	有操作规程但偶尔不执行	胜任但偶尔出差错		有，偶尔失去作用或出差错	2	2	4	
		环境和检修条件不满足安全要求	不符合公司 HSE 的操作程序和规定制度	过去偶尔发生	有操作规程但偶尔不执行	胜任但偶尔出差错		有，偶尔失去作用或出差错	2	2	4	
		未按规定办理或作业票证不合格	违反国家有关法律法规制度标准	极不可能发生	有操作规程且严格执行	高度胜任		有，偶尔失去作用或出差错	1	5	5	
3	人员安排	工种安排不齐全或替代	不符合公司 HSE 的操作程序和规定制度	过去偶尔发生	有操作规程但偶尔不执行	胜任但偶尔出差错		有，偶尔失去作用或出差错	2	2	4	
		人数安排不够	不符合公司 HSE 的操作程序和规定制度	过去偶尔发生	有操作规程但偶尔不执行	胜任但偶尔出差错		有，偶尔失去作用或出差错	2	2	4	
		健康状况为亚健康或不健康	不符合公司 HSE 的操作程序和规定制度	过去偶尔发生	有操作规程但偶尔不执行	胜任但偶尔出差错		有，偶尔失去作用或出差错	2	2	4	
4	工器具准备	工具不符合防爆等级要求，施工器具无安全防护设施或损坏	不符合公司 HSE 的操作程序和规定制度	过去偶尔发生	有操作规程但偶尔不执行	胜任但偶尔出差错		有，偶尔失去作用或出差错	2	2	4	

续表

序号	工作步骤	危害或潜在事件	主要后果	以往发生频率及现有安全控制措施					L	S	风险度(R)	建议改正/控制措施
				发生频率	管理措施	员工胜任程度	设备设施现状	防范控制措施				
5	检修条件确认	作业票证不齐全	不符合公司 HSE 的操作程序和规定制度	过去偶尔发生	有操作规程但偶尔不执行	胜任但偶尔出差错		有，偶尔失去作用或出差错	2	2	4	
		化验分析不按规定或票证的时间、地点、部位与现场不符	不符合公司 HSE 的操作程序和规定制度	过去偶尔发生	有操作规程但偶尔不执行	胜任但偶尔出差错		有，偶尔失去作用或出差错	2	2	4	
		安全防范措施不落实	不符合公司 HSE 的操作程序和规定制度	过去偶尔发生	有操作规程但偶尔不执行	胜任但偶尔出差错		有，偶尔失去作用或出差错	2	2	4	
		监护人不在场	不符合公司 HSE 的操作程序和规定制度	过去偶尔发生	有操作规程但偶尔不执行	胜任但偶尔出差错		有，偶尔失去作用或出差错	2	2	4	
6	穿戴劳保用品	未按规定着装	不符合公司 HSE 的操作程序和规定制度	过去偶尔发生	有操作规程但偶尔不执行	胜任但偶尔出差错		有，偶尔失去作用或出差错	2	2	4	
7	拆装人孔	人孔带压拆装	不符合公司 HSE 的操作程序和规定制度	过去偶尔发生	有操作规程但偶尔不执行	胜任但偶尔出差错		有，偶尔失去作用或出差错	2	2	4	
		扳手或螺栓掉下	不符合公司 HSE 的操作程序和规定制度	过去偶尔发生	有操作规程但偶尔不执行	胜任但偶尔出差错		有，偶尔失去作用或出差错	2	2	4	
		有蒸汽或物料泄漏	不符合公司 HSE 的操作程序和规定制度	过去偶尔发生	有操作规程但偶尔不执行	胜任但偶尔出差错		有，偶尔失去作用或出差错	2	2	4	
8	拆、吊、装塔板	塔板松动、脱落或多层作业	不符合公司 HSE 的操作程序和规定制度	过去偶尔发生	有操作规程但偶尔不执行	胜任但偶尔出差错		有，偶尔失去作用或出差错	2	2	4	
9	内件及浮阀修补	临时用电、动火、登高、进塔作业的票证未办或不合格	不符合公司 HSE 的操作程序和规定制度	过去偶尔发生	有操作规程但偶尔不执行	胜任但偶尔出差错		有，偶尔失去作用或出差错	2	2	4	
10	回装检查确认	塔板、内件和浮阀未安装和修补好	不符合公司 HSE 的操作程序和规定制度	过去偶尔发生	有操作规程但偶尔不执行	胜任但偶尔出差错		有，偶尔失去作用或出差错	2	2	4	
		回装前未找设备员和工艺员验收确认	不符合公司 HSE 的操作程序和规定制度	过去偶尔发生	有操作规程但偶尔不执行	胜任但偶尔出差错		有，偶尔失去作用或出差错	2	2	4	
		塔底出口管有脏污或遗留物品工艺人员未查出	不符合公司 HSE 的操作程序和规定制度	过去偶尔发生	有操作规程但偶尔不执行	胜任但偶尔出差错		有，偶尔失去作用或出差错	2	2	4	
11	完工清理	工器具和配件剩料及废料的抛扔	不符合公司 HSE 的操作程序和规定制度	过去偶尔发生	有操作规程但偶尔不执行	胜任但偶尔出差错		有，偶尔失去作用或出差错	2	2	4	

附录 5 工作危害分析（JHA）记录表 2

单位：　车间　　　　　　　　　　　　　　编号：

工作/任务：泡罩塔检修　　　　　　　　　区域/工艺过程：________

分析人员：（安全员）　（工程师）　（班长）　　日期：________

审核人：（主任）

序号	工作步骤	危害或潜在事件	主要后果	以往发生频率及现有安全控制措施					L	S	风险度（R）	建议改正/控制措施
				发生频率	管理措施	员工胜任程度	设备设施现状	防范控制措施				
1	编制施工方案	施工方案缺乏危害识别及 HSE 控制措施	违反国家有关法律法规制度标准	过去偶尔发生	有操作规程但偶尔不执行	胜任但偶尔出差错		有，偶尔失去作用或出差错	2	5	10	加强安全检查和安全监督
2	办理作业许可证并进行交接确认	地点和设备位号找不准或交接出差错	不符合公司 HSE 的操作程序和规定制度	过去偶尔发生	有操作规程但偶尔不执行	胜任但偶尔出差错		有，偶尔失去作用或出差错	2	2	4	
		环境和检修条件不满足安全要求	不符合公司 HSE 的操作程序和规定制度	过去偶尔发生	有操作规程但偶尔不执行	胜任但偶尔出差错		有，偶尔失去作用或出差错	2	2	4	
		未按规定办理或作业票证不合格	违反国家有关法律法规制度标准	极不可能发生	有操作规程且严格执行	高度胜任		有，偶尔失去作用或出差错	1	5	5	
3	人员安排	工种安排不齐全或替代	不符合公司 HSE 的操作程序和规定制度	过去偶尔发生	有操作规程但偶尔不执行	胜任但偶尔出差错		有，偶尔失去作用或出差错	2	2	4	
		人数安排不够	不符合公司 HSE 的操作程序和规定制度	过去偶尔发生	有操作规程但偶尔不执行	胜任但偶尔出差错		有，偶尔失去作用或出差错	2	2	4	
		健康状况为亚健康或不健康	不符合公司 HSE 的操作程序和规定制度	过去偶尔发生	有操作规程但偶尔不执行	胜任但偶尔出差错		有，偶尔失去作用或出差错	2	2	4	
4	工器具准备	工具不符合防爆等级要求，施工器具无安全防护设施或损坏	不符合公司 HSE 的操作程序和规定制度	过去偶尔发生	有操作规程但偶尔不执行	胜任但偶尔出差错		有，偶尔失去作用或出差错	2	2	4	

续表

序号	工作步骤	危害或潜在事件	主要后果	以往发生频率及现有安全控制措施					L	S	风险度（R）	建议改正/控制措施
				发生频率	管理措施	员工胜任程度	设备设施现状	防范控制措施				
5	检修条件确认	作业票证不齐全	不符合公司 HSE 的操作程序和规定制度	过去偶尔发生	有操作规程但偶尔不执行	胜任但偶尔出差错		有，偶尔失去作用或出差错	2	2	4	
		化验分析不按规定或票证的时间、地点、部位与现场不符	不符合公司 HSE 的操作程序和规定制度	过去偶尔发生	有操作规程但偶尔不执行	胜任但偶尔出差错		有，偶尔失去作用或出差错	2	2	4	
		安全防范措施不落实	不符合公司 HSE 的操作程序和规定制度	过去偶尔发生	有操作规程但偶尔不执行	胜任但偶尔出差错		有，偶尔失去作用或出差错	2	2	4	
		监护人不在场	不符合公司 HSE 的操作程序和规定制度	过去偶尔发生	有操作规程但偶尔不执行	胜任但偶尔出差错		有，偶尔失去作用或出差错	2	2	4	
6	穿戴劳保用品	未按规定着装	不符合公司 HSE 的操作程序和规定制度	过去偶尔发生	有操作规程但偶尔不执行	胜任但偶尔出差错		有，偶尔失去作用或出差错	2	2	4	
7	拆装人孔	人孔带压拆装	不符合公司 HSE 的操作程序和规定制度	过去偶尔发生	有操作规程但偶尔不执行	胜任但偶尔出差错		有，偶尔失去作用或出差错	2	2	4	
		扳手或螺栓掉下	不符合公司 HSE 的操作程序和规定制度	过去偶尔发生	有操作规程但偶尔不执行	胜任但偶尔出差错		有，偶尔失去作用或出差错	2	2	4	
		有蒸汽或物料泄漏	不符合公司 HSE 的操作程序和规定制度	过去偶尔发生	有操作规程但偶尔不执行	胜任但偶尔出差错		有，偶尔失去作用或出差错	2	2	4	
8	拆、吊、装塔板	塔板松动、脱落或多层作业	不符合公司 HSE 的操作程序和规定制度	过去偶尔发生	有操作规程但偶尔不执行	胜任但偶尔出差错		有，偶尔失去作用或出差错	2	2	4	
9	内件及泡罩修补	临时用电、动火、登高、进塔作业的票证未办或不合格	不符合公司 HSE 的操作程序和规定制度	过去偶尔发生	有操作规程但偶尔不执行	胜任但偶尔出差错		有，偶尔失去作用或出差错	2	2	4	
10	回装检查确认	塔板、内件和泡罩未安装和修补好	不符合公司 HSE 的操作程序和规定制度	过去偶尔发生	有操作规程但偶尔不执行	胜任但偶尔出差错		有，偶尔失去作用或出差错	2	2	4	
		回装前未找设备员和工艺员验收确认	不符合公司 HSE 的操作程序和规定制度	过去偶尔发生	有操作规程但偶尔不执行	胜任但偶尔出差错		有，偶尔失去作用或出差错	2	2	4	
		塔底出口管有脏污或遗留物品工艺人员未查出	不符合公司 HSE 的操作程序和规定制度	过去偶尔发生	有操作规程但偶尔不执行	胜任但偶尔出差错		有，偶尔失去作用或出差错	2	2	4	
11	完工清理	工器具和配件剩料及废料的抛扔	不符合公司 HSE 的操作程序和规定制度	过去偶尔发生	有操作规程但偶尔不执行	胜任但偶尔出差错		有，偶尔失去作用或出差错	2	2	4	

附录 6 工作危害分析（JHA）记录表 3

单位：______车间　　　　　　　　编号：

工作/任务：填料塔检修　　　　　　区域/工艺过程：______

分析人员：（安全员）　（施工技术员）　（班组长）　　日期：______

审核人：（主任）

序号	工作步骤	危害或潜在事件	主要后果	以往发生频率及现有安全控制措施					L	S	风险度（R）	建议改正/控制措施
				发生频率	管理措施	员工胜任程度	设备设施现状	防范控制措施				
1	编制施工方案	施工方案缺乏危害识别及 HSE 控制措施	违反国家有关法律法规制度标准	过去偶尔发生	有操作规程但偶尔不执行	胜任但偶尔出差错		有，偶尔失去作用或出差错	2	5	10	加强检查和考核
2	办理作业许可证并进行交接确认	地点和设备位号找不准或交接出差错	不符合公司 HSE 的操作程序和规定制度	过去偶尔发生	有操作规程但偶尔不执行	胜任但偶尔出差错		有，偶尔失去作用或出差错	2	2	4	
		环境和检修条件不满足安全要求	不符合公司 HSE 的操作程序和规定制度	过去偶尔发生	有操作规程但偶尔不执行	胜任但偶尔出差错		有，偶尔失去作用或出差错	2	2	4	
		未按规定办理或作业票证不合格	违反国家有关法律法规制度标准	极不可能发生	有操作规且严格执行	高度胜任		有，偶尔失去作用或出差错	1	5	5	
3	人员安排	工种安排不齐全或替代	不符合公司 HSE 的操作程序和规定制度	过去偶尔发生	有操作规程但偶尔不执行	胜任但偶尔出差错		有，偶尔失去作用或出差错	2	2	4	
		人数安排不够	不符合公司 HSE 的操作程序和规定制度	过去偶尔发生	有操作规程但偶尔不执行	胜任但偶尔出差错		有，偶尔失去作用或出差错	2	2	4	
		健康状况为亚健康或不健康	不符合公司 HSE 的操作程序和规定制度	过去偶尔发生	有操作规程但偶尔不执行	胜任但偶尔出差错		有，偶尔失去作用或出差错	2	2	4	
4	工器具准备	工具不符合防爆等级要求，施工器具无安全防护设施或损坏	不符合公司 HSE 的操作程序和规定制度	过去偶尔发生	有操作规程但偶尔不执行	胜任但偶尔出差错		有，偶尔失去作用或出差错	2	2	4	

续表

序号	工作步骤	危害或潜在事件	主要后果	以往发生频率及现有安全控制措施					L	S	风险度（R）	建议改正/控制措施
				发生频率	管理措施	员工胜任程度	设备设施现状	防范控制措施				
5	检修条件确认	作业票证不齐全	不符合公司 HSE 的操作程序和规定制度	过去偶尔发生	有操作规程但偶尔不执行	胜任但偶尔出差错		有，偶尔失去作用或出差错	2	2	4	
		化验分析不按规定或票证的时间、地点、部位与现场不符	不符合公司 HSE 的操作程序和规定制度	过去偶尔发生	有操作规程但偶尔不执行	胜任但偶尔出差错		有，偶尔失去作用或出差错	2	2	4	
		安全防范措施不落实	不符合公司 HSE 的操作程序和规定制度	过去偶尔发生	有操作规程但偶尔不执行	胜任但偶尔出差错		有，偶尔失去作用或出差错	2	2	4	
		监护人不在场	不符合公司 HSE 的操作程序和规定制度	过去偶尔发生	有操作规程但偶尔不执行	胜任但偶尔出差错		有，偶尔失去作用或出差错	2	2	4	
6	穿戴劳保用品	未按规定着装	不符合公司 HSE 的操作程序和规定制度	过去偶尔发生	有操作规程但偶尔不执行	胜任但偶尔出差错		有，偶尔失去作用或出差错	2	2	4	
7	拆装人孔	人孔带压拆装	不符合公司 HSE 的操作程序和规定制度	过去偶尔发生	有操作规程但偶尔不执行	胜任但偶尔出差错		有，偶尔失去作用或出差错	2	2	4	
		扳手或螺栓掉下	不符合公司 HSE 的操作程序和规定制度	过去偶尔发生	有操作规程但偶尔不执行	胜任但偶尔出差错		有，偶尔失去作用或出差错	2	2	4	
		有蒸汽或物料泄漏	不符合公司 HSE 的操作程序和规定制度	过去偶尔发生	有操作规程但偶尔不执行	胜任但偶尔出差错		有，偶尔失去作用或出差错	2	2	4	
8	塔内填料弄出清洗	支承板脱落或吊桶突然掉下	不符合公司 HSE 的操作程序和规定制度	过去偶尔发生	有操作规程但偶尔不执行	胜任但偶尔出差错		有，偶尔失去作用或出差错	2	2	4	
9	内件或支承板拆装及修补	临时用电、动火、登高、进塔作业的票证未办或不合格	不符合公司 HSE 的操作程序和规定制度	过去偶尔发生	有操作规程但偶尔不执行	胜任但偶尔出差错		有，偶尔失去作用或出差错	2	2	4	
10	回装检查确认	塔内件和填料未安装好或不足	不符合公司 HSE 的操作程序和规定制度	过去偶尔发生	有操作规程但偶尔不执行	胜任但偶尔出差错		有，偶尔失去作用或出差错	2	2	4	
		回装前未找设备员和工艺员验收确认	不符合公司 HSE 的操作程序和规定制度	过去偶尔发生	有操作规程但偶尔不执行	胜任但偶尔出差错		有，偶尔失去作用或出差错	2	2	4	
		塔底出口管有脏污或遗留物品工艺人员未查出	不符合公司 HSE 的操作程序和规定制度	过去偶尔发生	有操作规程但偶尔不执行	胜任但偶尔出差错		有，偶尔失去作用或出差错	2	2	4	
11	完工清理	工器具和配件剩料及废料的抛扔	不符合公司 HSE 的操作程序和规定制度	过去偶尔发生	有操作规程但偶尔不执行	胜任但偶尔出差错		有，偶尔失去作用或出差错	2	2	4	

附录7 反应釜压力检验报告

一、压力检验目的

二、压力检验数据记录 设备名称：

试验种类		试验日期	
压力表编号		精度：	量程：
试验介质		水中氯离子含量	
试验环境温度	℃	介质温度	℃
规定试验压力	MPa	实际试验压力	MPa
规定保压时间	min	实际保压时间	min
设备内径	mm	设备壁厚	mm

三、压力检验过程及试验应力校核计算

四、压力检验结论

五、问题思考

① 在水压试验前为何要进行试验应力的验算？

② 水压试验的合格标准是什么？

操作者________________ 检验者________________ 日期________________

附录8 搅拌反应釜拆装与检验考核表

注意事项：

① 总分：100分。

② 考核时间：120min。

一、考核要求

学生应在规定时间内拆装反应釜：

① 包括附属管线、电力电缆、仪表电缆及试压管线。

② 学生可参考附图及现场实物进行拆装。

③ 技术要求：拆卸应按基本规定进行，安装后应达到可以开车的目的，要水（物料）有水（物料），要电有电，仪表正确指示，阀门开启关闭灵活，密封点不泄漏，所有工具要正确恢复原位，地上无异物。

二、考核内容、评分表

项目	考核内容	评分标准	分值	得分
反应釜本体拆卸前的准备工作 15分	是否断电，是否挂警示牌	缺一样扣2.5分	5	
	仪表电缆是否都拆除，是否绝缘	少拆除一根扣2分，扣完为止	5	
	加热元器件拆卸是否正确	不正确扣5分，设备上没有加热元器件不扣分	5	
反应釜本体拆卸 35分	拆电机、减速机机架部件是否正确	不正确扣5分	5	
	小吊车使用是否安全，是否按吊车使用规程使用，是否有专人负责	有一个地方不对扣2分，扣完为止	10	
	是否碰坏减速机上的视油孔	碰坏扣4分	4	
	三爪拉马分离联轴器与搅拌轴是否正确	不正确扣5分	5	
	轴封拆装是否正确，并判断是填料密封还是机械密封	不正确扣3分，判断填写不对扣2分	5	
	封头吊离是否正确	不正确扣4分	4	
	判断搅拌器形式名称	判断填写不对扣2分	2	
反应釜本体安装 30分	安装顺序是否正确	错一个顺序扣2分，扣完为止	10	
	安装任务是否完成	没完成一个地方扣2分，扣完为止	10	
	设备相应电线、电缆是否接好	没接好一根扣2分，扣完为止	5	
	压力试验是否合格	不合格扣5分	5	
拆装现场情况 10分	设备拆除后，是否完好归还和放好仪表、零部件、工具等	遗留一件扣1分，少或损坏一件均扣1分，扣完为止	6	
	结束后是否清扫现场	没清扫现场扣3分，没清扫干净扣1分	4	
文明安全操作 5分	伤害到别人或自己等不安全操作的次数；是否服从管理；钳工台上是否保持清洁，垫好阻燃革；工具是否归还原位	一项1分，扣完为止	5	
小组互评 5分	写评分理由		5	

附录9 搅拌反应釜故障处理考核表

注意事项：

① 总分：100分。

② 考核时间：60min。

一、考核要求与内容

① 对设备存在的故障进行处理。

② 假想反应釜中现存有易燃易爆液态介质，检修中应如何防范、处理？

③ 对于所设置设备故障正确判断，编排排除故障的处理方法。

二、评分表

项目	考核内容	评分标准	分值	得分
设备存在的故障处理 70分	确定有几个泄漏点，然后回答如何处理	回答错误一处扣10分，扣完为止	30	
	实际处理结果	没完成一处扣10分，扣完为止	40	
设备故障的诊断和排除故障前的准备 5分	凡进入装有易燃、易爆、有毒、有窒息性物质的设备内检修时，应：①切断______，挂上______警告牌；②排除______的压力；③在进料、进气管道上安装______；④清洗置换，经______合格后并设有专人监护，方可进入设备内	每空1分，扣完为止	5	
反应釜故障的诊断和排除方法 15分	釜中有异样的杂音时，原因是__________，____________________，釜体有可能泄漏的地方是____________	每空5分，扣完为止	15	
文明安全操作 5分	伤害到别人或自己等不安全操作的次数；是否服从管理；钳工台上是否保持清洁，垫好阻燃革；工具是否归还原位	一项1分，扣完为止	5	
小组互评 5分	写评分理由		5	

附录 10　维修任务及报告单

维修部门：

班级		组别	
维修项目名称		设备维修日期	
维修内容安全措施			
故障原因 维修措施			
故障原因 维修措施			
故障原因 维修措施			
维修情况存在问题			
维修竣工时间	年　月　日	维修人签字	
维修组长意见	签字		
维修处长验收意见	签字		
维修总监验收意见	签字		

参 考 文 献

[1] 朱方鸣主编. 化工机械结构原理. 北京：高等教育出版社，2009.
[2] 王绍良主编. 化工设备基础. 北京：化学工业出版社，2002.
[3] 向寓华主编. 化工容器与设备. 北京：高等教育出版社，2009.
[4] 靳兆文主编. 化工检修钳工实操技能. 北京：化学工业出版社，2010.